Trainingsbuch zur Analysis 1

Klaus Fritzsche

Trainingsbuch zur Analysis 1

Tutorium, Aufgaben und Lösungen

 Springer Spektrum

Prof. Dr. Klaus Fritzsche
Fachbereich C Mathematik und Naturwissenschaften
Bergische Universität Wuppertal
Wuppertal, Deutschland

ISBN 978-3-642-37795-2   ISBN 978-3-642-37796-9 (eBook)
DOI 10.1007/978-3-642-37796-9

Die Deutsche Nationalbibliothek verzeichnet diese Publikation in der Deutschen Nationalbibliografie;
detaillierte bibliografische Daten sind im Internet über http://dnb.d-nb.de abrufbar.

Springer Spektrum
© Springer-Verlag Berlin Heidelberg 2013

Planung und Lektorat: Dr. Andreas Rüdinger, Barbara Lühker

Gedruckt auf säurefreiem und chlorfrei gebleichtem Papier

Springer Spektrum ist eine Marke von Springer DE.
Springer DE ist Teil der Fachverlagsgruppe Springer Science+Business Media.
www.springer-spektrum.de

Vorwort

„Selber rechnen macht dick, das seht Ihr ja an mir" war der Running Gag meines durchaus wohlbeleibten Mathematiklehrers am Gymnasium. Was er eigentlich damit meinte, blieb mir zeitlebens im Bewusstsein und bestätigte sich in der Praxis immer wieder von Neuem. Mathematik kann man nur lernen, indem man sie selbst aktiv betreibt. Am Anfang steht die Theorie, entweder nach Väter Art im Hörsaal vom Ordinarius vorgetragen und vom Studierenden passiv erduldet, oder in einem guten Buch – womöglich mit einem Textmarker in der Hand – nachgelesen oder ganz modern interaktiv am Computer erarbeitet. Aber der Regensburger Trichter, der einem die Weisheit direkt in den Kopf befördert, wurde noch immer nicht erfunden. Die Stunde der Wahrheit schlägt, wenn das erste Übungsblatt verteilt wird und bearbeitet werden muss. Dann ist Hilfe gefragt, und da soll dieses Buch zum Einsatz kommen.

Der Aufbau des Buches orientiert sich an [GkA1], aber im Literaturverzeichnis wird eine Auswahl der gängigsten Lehrbücher so detailliert vorgestellt, dass der Leser auch mit seinem Lieblingslehrbuch oder seiner Lieblings-Vorlesungsmitschrift problemlos arbeiten kann. In der Analysis von einer Veränderlichen geht es um die erste Begegnung mit infinitesimalen Prozessen, insbesondere um eine Einführung in die Differential- und Integralrechnung. Die meisten Lehrbücher zu diesem Thema sind nach dem gleichen Schema aufgebaut: Einführung der reellen Zahlen, Konvergenz von Folgen und Reihen, stetige Funktionen, Differenzierbarkeit und Integrierbarkeit, letztere häufig im Sinne Riemanns. Enthalten in diesem Curriculum ist in der Regel eine logisch saubere Definition der elementaren Funktionen, und als Höhepunkt werden Funktionenfolgen, Taylorreihen und Erweiterungen des Integralbegriffs betrachtet.

Hier wird dieses Programm folgendermaßen in vier Kapiteln entwickelt: In Kapitel 1 (Die Sprache der Analysis) geht es um Grundbegriffe und Sprachregelungen. Logik und Mengenlehre werden behandelt, die Zahlensysteme $\mathbb{N}$, $\mathbb{Z}$, $\mathbb{Q}$, $\mathbb{R}$ und schließlich auch die Menge $\mathbb{C}$ der komplexen Zahlen, der Funktionsbegriff und Beispiele dazu, insbesondere Polynome und rationale Funktionen. Vieles davon greift Themen der Schulmathematik auf, vertieft und präzisiert sie, und schafft so die gemeinsame sprachliche Grundlage für das Verständnis der weiteren Kapitel. Die größte Herausforderung für den Anfänger ist dabei sicherlich das Hineinfinden in mathematische Beweistechniken und das Verstehen des Vollständigkeitsaxioms der reellen Zahlen und seiner Konsequenzen. Diese beiden Themen werden in den Tutorien, Beispielen und Lösungshinweisen besonders intensiv behandelt. Kapitel 2 enthält alles zum Grenzwertbegriff: Folgen, Reihen, Stetigkeit, Potenzreihen und elementare Funktionen, und schließlich den riemannschen Integralbegriff als Möglichkeit der Flächenberechnung. Der Titel „Calculus" des dritten Kapitels bezieht sich auf den harten Kern der Differential- und Integralrechnung, der seinen Ursprung in den Untersuchungen von Newton und Leibniz hat und bis heute in der von Richard

Courant beeinflussten englischsprachigen Literatur als Calculus bezeichnet wird. Dieser Abschnitt bildet einen besonderen Schwerpunkt des Trainings. Im vierten Kapitel (Vertauschung von Grenzprozessen) versammeln sich die etwas schwierigeren Themen, vom Begriff der gleichmäßigen Konvergenz von Funktionenfolgen bis hin zu endlichen und uneigentlichen Parameterintegralen. Dazwischen geht es um die Taylorentwicklung und um numerische Verfahren.

Zur besseren Orientierung wird zum Anfang jedes Abschnittes – und manchmal auch mittendrin – in einem (wie hier) grau unterlegten Kasten kurz zusammengefasst, welche Inhalte vorausgesetzt werden.

Die wichtigsten Definitionen und Sätze werden bei dieser Gelegenheit zitiert. Das ist als Anregung zu verstehen, sich noch einmal mit dem relevanten Vorlesungsstoff zu beschäftigen, so wie es jeder Student tun sollte, bevor er sich um die Lösung der fälligen Übungsaufgaben bemüht. Es wird aber in diesem Augenblick nicht erwartet, dass man schon alles verstanden hat, denn dann wäre das Folgende ja überflüssig. Vielmehr wartet nun auf den Leser ein Tutorium zu ausgewählten wichtigen Inhalten. Schwerpunkte bilden zum Beispiel die Praxis der Grenzwertbestimmung, die Einschätzung des Verhaltens unendlicher Reihen, eine Analyse des Ableitungsbegriffes und der Bedeutung des Mittelwertsatzes oder die Tricks zur Auswertung komplizierter Integrale. In einem Buch dieses Umfanges ist es natürlich nicht möglich, auf alle Themen der Analysis so detailliert einzugehen. Wer schon zu Anfang große Probleme mit Logik, Mengenlehre und Axiomatik hat, sei etwa auf das Buch „Mathematik für Einsteiger" ([MfE]) hingewiesen, das gerade dabei Hilfestellung bietet. Und wer umgekehrt alles hier Behandelte noch sehr einfach findet und ausführlichere Unterstützung eher bei Randthemen wie der Approximation stetiger Funktionen, Differentialgleichungen zweiter Ordnung, der Gammafunktion oder der Variationsrechnung sucht, der wird sicher in einem der im Literaturverzeichnis angegebenen Werke Hilfe finden, vielleicht bei Günter Köhler ([GKoe]) oder Konrad Königsberger ([KKoe]).

Im Rahmen der Tutorien finden sich allerdings auch ein paar weiterführende theoretische Untersuchungen. Dazu gehören zum Beispiel Details zum Vollständigkeitsaxiom, Beweise zu Regelfunktionen und der Klasse der Riemann-integrierbaren Funktionen, zum Rechnen mit Potenzreihen und andere Dinge. Soweit dafür Sätze gebraucht werden, die ein wenig anspruchsvoller sind und deren Verständnis für das Nachfolgende nicht unbedingt erforderlich ist, werden deren Beweise mit einem Stern gekennzeichnet. Sie beginnen also mit „**Beweis:** * " und enden (wie alle Beweise) mit dem Symbol ■. Es wird natürlich empfohlen, auch diese Beweise durchzuarbeiten. Aber wem das zunächst zu mühsam ist, der kann sie erst mal überspringen und später darauf zurückkommen.

Ergänzt werden die Tutorien durch zahlreiche Beispiele, von kleinen Mini-Beweisen bis hin zu anspruchsvolleren Rechnungen, wie etwa der Reihenentwicklung des Tangens, der Auswertung uneigentlicher Integrale mit Hilfe von Parameterintegralen oder der Lösung des Brachystochronen-Problems.

Am Ende jedes Abschnittes stehen Übungsaufgaben, die so gut wie alle dem Buch [GkA1] entnommen wurden. Neu ist allerdings, dass hier die Aufgaben durch Hinweise, Lösungshilfen oder Hintergrundinformationen ergänzt werden, natürlich abhängig vom Schwierigkeitsgrad der jeweiligen Aufgabe. In einem Anhang werden schließlich die vollständig durchgerechneten Lösungen dieser Aufgaben zusammengefasst.

Wie man mit diesem Buch umgeht, ist natürlich jedem Leser selbst überlassen. Ich appelliere aber eindringlich an Sie, die Reihenfolge einzuhalten: Ein wenig Theorie, ausführliches Nacharbeiten der Beispiele und dann ran an die Übungsaufgaben! Sie sollten immer zuerst versuchen, die Aufgaben ohne Hilfe zu lösen. Geht das nicht, so lesen Sie die Hinweise. Oftmals helfen die ein ganzes Stück weiter. Und erst, wenn es dann immer noch nicht klappt, können Sie sich die Lösung im Anhang ansehen. Ich wünsche Ihnen Glück und viel Erfolg dabei und verspreche Ihnen, dass Sie sich mit zunehmendem Erfolg auch zunehmend für die Mathematik begeistern werden.

Herzlich bedanken möchte ich mich auch diesmal für die gute und bewährte Zusammenarbeit mit Barbara Lühker und Andreas Rüdinger von Springer Spektrum, ohne deren Hilfe dieses Buch nie entstanden wäre.

Wuppertal, im März 2013   Klaus Fritzsche

Inhaltsverzeichnis

1 Die Sprache der Analysis

In diesem Kapitel werden die Instrumente, Hilfsmittel, Methoden und Sprechweisen bereitgestellt, die man für die Analysis braucht. Dazu gehören Logik, Mengen und Abbildungen, Beweismethoden, ein bisschen Axiomatik und eine Einführung in die Welt der Zahlen und Vektoren, sowie der Umgang mit Polynomen.

1.1 Mengen von Zahlen

Es gibt eine axiomatische Mengentheorie, die beliebig schwierig werden und einen an den Rand unüberschaubarer logischer Abgründe führen kann. Diese Theorie ist Anfängern kaum zuzumuten, deshalb gibt es die „naive Mengenlehre", die am Anfang jedes Mathematikstudiums steht, die wichtigsten Grundbegriffe aus der Welt der Mengen vorstellt und die ernsthaften logischen Probleme und ihre (partiellen) Lösungen schamhaft verschweigt. Hier in diesem Abschnitt wird eine besonders naive Mengenlehre betrieben, die sich im Wesentlichen auf die Vorstellung der Symbolik beschränkt. Für einen Analysis-Kurs reicht das aus, denn man wird ja diesen neuen Begriffen in den nachfolgenden Abschnitten immer und immer wieder in konkreten Situationen begegnen, so dass sich durch den praktischen Umgang mit ihnen allmählich ein Gewöhnungseffekt einstellt.

Folgende Begriffe werden künftig als bekannt vorausgesetzt:

Aussagen und ihre Verneinung, die logischen Verknüpfungen $\land$, $\lor$, $\neg$, $\implies$ und $\iff$, Mengen und ihre Elemente, Vereinigungs-, Schnitt- und Differenzmenge, der Begriff der Teilmenge, eine „naive" Vorstellung von den Mengen $\mathbb{N}$, $\mathbb{Z}$ und $\mathbb{Q}$ der natürlichen, ganzen und rationalen Zahlen. Man sollte unter anderem Teilermengen T_n (also Mengen aller ganzzahligen Teiler) einer ganzen Zahl n verstehen.

Viele, aber nicht alle Darstellungen der Analysis beginnen mit den Axiomen der reellen Zahlen. Deshalb werden diese hier kurz vorgestellt. Es wird aber selten explizit darauf Bezug genommen, das Rechnen mit reellen Zahlen wird als bekannt vorausgesetzt. Das ist ein etwas hemdsärmliges Vorgehen. Wer ganz genau verstehen will, warum z.B. $(-1) \cdot (-1) = 1$ ist, kommt natürlich um die Axiomatik nicht herum.

In der Wissenschaft ist es genau wie im täglichen Leben üblich, Begriffe, Dinge oder Lebewesen mit gemeinsamen Merkmalen durch Vergabe eines neuen Namens zu einem neuen Objekt zusammenzufassen:

So werden z.B. unter der Bezeichnung *Arachnida* oder *Spinnentiere* ca. 36 000 Tierarten zusammengefasst.

Gewisse chemische Elemente, deren Atome keine Elektronen aufnehmen oder abgeben können, bezeichnet man als *Edelgase*.

Das französische Volk ist ein Begriff für die Gesamtheit aller Menschen, deren Pass die französische Staatsangehörigkeit nachweist.

Auch in der Mathematik hat man schon immer Objekte zu neuen Begriffen zusammengefasst: *die Gesamtheit aller Quadratzahlen, das Kontinuum der reellen Zahlen* usw. Wollte man Aussagen über die Gesamtheit und nicht über einzelne Objekte machen, so war man auf nicht einheitlich festgelegte und oft recht verkrampft wirkende Sprechweisen angewiesen, es war die Rede vom *Inbegriff* oder der *Mannigfaltigkeit* solcher Objekte. Dem machte **Georg Cantor** 1895 durch folgende Festlegung ein Ende.

> *Unter einer **Menge** verstehen wir jede Zusammenfassung M von bestimmten wohlunterschiedenen Objekten unserer Anschauung oder unseres Denkens (welche die **Elemente** von M genannt werden) zu einem Ganzen.*

Diese Formulierung genügt nicht den strengen Anforderungen an eine mathematische Definition. Bei etwas bösartiger Interpretation stößt man rasch auf Widersprüche, die Bildung der Menge $M = \{x : x \notin x\}$ führt in eine logische Katastrophe.[1] Allerdings war das schon Cantor bewusst, er hätte eine Konstruktion wie M nicht als Zusammenfassung bestimmter wohlunterschiedener Objekte aufgefasst.

Cantor schuf seine Mengenlehre, um mit unendlichen Mengen adäquat arbeiten zu können. Solche Mengen findet man fast ausschließlich im Bereich des abstrakten Denkens, insbesondere in der Mathematik.

Beispiele

1. In der Euklidischen Geometrie der Ebene besteht eine Gerade aus unendlich vielen Punkten. Wäre das nicht der Fall, so müsste man auf die Gültigkeit aller geometrischen Konstruktionsverfahren verzichten, denn es könnte passieren, dass sich zwei Geraden durchdringen, ohne sich zu treffen:

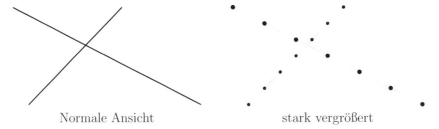

Normale Ansicht   stark vergrößert

2. Die wohl einfachste und bekannteste unendliche Menge ist die Menge $\mathbb{N}$ der natürlichen Zahlen 1, 2, 3, …. Um zu sehen, dass $\mathbb{N}$ unendlich ist, muss man die Logik dieser Aussage analysieren. Die Grundregeln der Logik wurden im wesentlichen schon von Aristoteles festgelegt, über ihre Gestalt herrschte unter den großen Philosophen jener Zeit Einvernehmen. Die wichtigste Festlegung war dabei die Regel, dass jede vernünftige Aussage entweder wahr oder

---

[1] Weder die Aussage $M \in M$ noch die Aussage $M \notin M$ kann wahr sein.

falsch ist. Akzeptiert man diese Regel, so muss $\mathbb{N}$ entweder unendlich oder endlich sein. Deshalb reicht es zu zeigen, dass $\mathbb{N}$ nicht endlich sein kann.

Wäre $\mathbb{N}$ endlich, so gäbe es in $\mathbb{N}$ ein größtes Element. Wir wollen diese Zahl n_0 nennen. Sie müsste sicher eine entsetzlich große Zahl sein, kein Papier der Welt würde ausreichen, um sie aufzuschreiben. Dennoch wäre n_0 eine natürliche Zahl, und mit n_0 wäre auch $n_0 + 1$ eine natürliche Zahl. Aber $n_0 + 1$ ist größer als n_0, und das kann nicht sein, wenn n_0 schon die größte natürliche Zahl ist. So zeigt man mit einem „Widerspruchsbeweis", dass $\mathbb{N}$ nicht endlich sein kann. Also muss $\mathbb{N}$ eine unendliche Menge sein.

In der Analysis interessiert man sich für die reellen Zahlen. Allerdings wird in der Schule selten umfassend geklärt, was reelle Zahlen sind. Die unendlichen Dezimalbrüche liefern eine gute Vorstellung von den reellen Zahlen, und das Rechnen mit den reellen Zahlen ist jedem vertraut. Vom wissenschaftlichen Standpunkt aus ist dieses Vorgehen natürlich nicht sehr befriedigend. Es gibt zwei Möglichkeiten, zu einem solideren Fundament zu kommen.

1. Man kann die reellen Zahlen aus schon bekannten Dingen konstruieren, etwa aus den natürlichen Zahlen (die dann ihrerseits erst mal konstruiert werden müssten, z.B. mit den Mitteln der Mengenlehre). Der Weg ist mühselig. Man könnte beispielsweise jede reelle Zahl als eine unendliche Folge von Ziffern auffassen. Schwierig wird dann die algorithmische Beschreibung der Rechenoperationen. Eine andere Möglichkeit besteht darin, aus $\mathbb{N}$ schrittweise die Zahlenbereiche $\mathbb{Z}$ und $\mathbb{Q}$ aufzubauen, und schließlich die reellen Zahlen als Grenzwerte von Folgen rationaler Zahlen zu konstruieren. Dieser Weg erfordert mathematische Hilfsmittel aus der Mengenlehre, die erst zur Verfügung gestellt werden müssten. Das ist zeitaufwändig und für manche Anfänger doch zu schwer.

2. Deutlich kürzer ist die axiomatische Einführung. Ein Axiomensystem ist eine Sammlung von grundlegenden Aussagen, deren Wahrheit vorausgesetzt wird. Sie stellen die Spielregeln dar, an die man sich fortan zu halten hat. Die Axiome müssen nicht erklären, was reelle Zahlen sind, sie müssen nur ihre Eigenschaften beschreiben. Dazu gehört:

   (a) Reelle Zahlen können nach den üblichen Regeln addiert werden. Dazu gehören auch die Subtraktionsregeln.

   $a + (b + c) = (a + b) + c$ und $a + b = b + a$. Es gibt ein Null-Element $0 \in \mathbb{R}$, so dass $a + 0 = a$ für alle a gilt, und zu jedem $a \in \mathbb{R}$ gibt es das Negative $-a$ mit $a + (-a) = 0$. Statt $a + (-b)$ schreibt man auch $a - b$.

   (b) Reelle Zahlen können nach den üblichen Regeln multipliziert werden. Dazu gehören auch die Divisionsregeln, inklusive des Verbotes, durch Null zu dividieren.

   $a \cdot (b \cdot c) = (a \cdot b) \cdot c$ und $a \cdot b = b \cdot a$. Es gibt ein Eins-Element $1 \neq 0$, so dass $a \cdot 1 = a$ für alle a gilt, und zu jedem $b \neq 0$ gibt es ein Inverses b^{-1} mit $b \cdot b^{-1} = 1$. Statt

$a \cdot b^{-1}$ schreibt man auch a/b. Wie man sieht, wurde die Division durch Null per Axiom verboten. Würde man darauf verzichten, so gäbe es Widersprüche.

(c) Es gilt das Distributivgesetz, durch das eine Verbindung zwischen Addition und Multiplikation hergestellt wird.

$a \cdot (b + c) = a \cdot b + a \cdot c$

(d) Die reellen Zahlen können ihrer Größe nach angeordnet werden, so dass man „positive" Zahlen auszeichnen kann. Summe und Produkt positiver Zahlen sind wieder positiv.

Ist a eine reelle Zahl, so ist entweder $a > 0$, $-a > 0$ oder $a = 0$. Sind $a, b > 0$, so ist $a + b > 0$ und $a \cdot b > 0$. Statt $b - a > 0$ schreibt man auch $a < b$.

(e) Es gilt das Vollständigkeitsaxiom, das besagt, dass die reellen Zahlen ein Kontinuum bilden, also keine Lücken besitzen. Dieses Axiom wird erst in Abschnitt 1.3. vorgestellt.

Mengen mit (a), (b) und (c) nennt man „Körper". Neben den reellen Zahlen bildet auch die Menge $\mathbb{Q}$ der rationalen Zahlen einen Körper. Und es gibt auch sehr exotische Beispiel wie etwa den Körper $\mathbb{F}_2 := \{0, 1\}$. In ihm wird wie üblich multipliziert, und es kommt die überraschende Additionsregel $1 + 1 = 0$ hinzu. Gilt neben (a), (b) und (c) auch noch (d), so spricht man von einem „angeordneten Körper". $\mathbb{Q}$ und $\mathbb{R}$ sind angeordnet, nicht aber der Körper $\mathbb{F}_2$ (denn die Eins ist immer positiv, und dann müsste auch $0 = 1 + 1$ positiv sein, was nicht sein kann). Mit Hilfe des Vollständigkeitsaxioms (e) wird aus einem angeordneten Körper der Körper der reellen Zahlen.

Die axiomatische Einführung entbindet einen natürlich nicht von der Pflicht, ein Modell für $\mathbb{R}$ zu konstruieren, um die Existenz der reellen Zahlen zu beweisen. Aber diese Aufgabe kann man auf später verschieben, denn aus den Axiomen lassen sich schon alle gewünschten Aussagen der Analysis herleiten.

Ist $\mathbb{R}$ konstruiert oder axiomatisch eingeführt, so kann man die „kleineren" Zahlenbereiche $\mathbb{N}$, $\mathbb{Z}$ und $\mathbb{Q}$ als Teilmengen von $\mathbb{R}$ wiederfinden. Wie das im Einzelnen geht, kann man der begleitenden Literatur entnehmen.

Um nun weitere Aussagen zu erhalten, muss man diese beweisen. Ein „Beweis" ist die logische Herleitung einer Aussage aus den Axiomen und den zuvor schon bewiesenen Aussagen.

Der einfachste Typ eines Beweises ist der **direkte Beweis**. Dabei handelt es sich um eine Abfolge von Implikationen (also logischen Folgerungen $\mathscr{A} \implies \mathscr{B}$), an deren Anfang die Axiome, alle Voraussetzungen und alle schon bewiesenen Sätze stehen. Am Ende steht die zu beweisende Aussage.

Beispiel

Für beliebige reelle Zahlen a, b, c soll die Aussage „$a > b \implies a + c > b + c$" bewiesen werden. Der Beweis könnte folgendermaßen aussehen:

(1) $a > b \implies a - b > 0$. Das ergibt sich aus der Definition von „$a > b$".

(2) Es ist $(a + c) - (b + c) = (a - b) + (c - c) = a - b > 0$. Das ergibt sich aus den Rechenregeln von $\mathbb{R}$ und dem Ergebnis von (1).

(3) Es ist $a + c > b + c$ (nach Definition und Aussage (2)).

Bemerkung: Die Gleichungskette in (2) ist eine stark abgekürzte Schreibweise für die folgende Kette von Implikationen:

$$
\begin{aligned}
c - c = 0 \quad &\implies \quad (a - b) + (c - c) = a - b \\
&\implies \quad (a - b) + (c - c) > 0 \text{ (wegen (1))} \\
&\implies \quad (a + c) - (b + c) > 0 \text{ (nach den Rechenregeln von } \mathbb{R})
\end{aligned}
$$

Ein **indirekter Beweis** oder **Beweis durch Widerspruch** ist etwas komplizierter. Um eine Aussage $\mathscr{A} \implies \mathscr{B}$ zu beweisen, fügt man der Voraussetzung $\mathscr{A}$ noch eine weitere Voraussetzung hinzu, nämlich die „Annahme" $\neg\mathscr{B}$. Es sollte nicht überraschen, dass man mit Hilfe von zwei Voraussetzungen leichteres Spiel als nur mit einer Voraussetzung hat. Aber das Ziel kann jetzt natürlich nicht die Aussage $\mathscr{B}$ sein, das wäre unsinnig. Stattdessen versucht man, durch eine mehr oder weniger umfangreiche Kette von Implikationen zu einer offensichtlich falschen Aussage $\mathscr{C}$ zu gelangen, dem „Widerspruch".

Hat man beim Beweis $\mathscr{A} \wedge \neg\mathscr{B} \implies \mathscr{C}$ alles richtig gemacht, so ist diese zusammengesetzte Implikation wahr. Weil $\mathscr{C}$ aber falsch ist und nur aus einer **falschen** Aussage eine falsche Aussage folgen kann, muss auch die Prämisse $\mathscr{A} \wedge \neg\mathscr{B}$ falsch sein. Die ursprüngliche Voraussetzung $\mathscr{A}$ wird natürlich als wahr angesehen. Es bleibt nur der Ausweg, dass $\neg\mathscr{B}$ falsch ist. Und damit ist man am Ziel, $\mathscr{B}$ muss wahr sein. Quod erat demonstrandum! (Was zu beweisen war).

Beispiel

Bewiesen werden soll die Aussage „$n \in \mathbb{N}$ und n^2 ungerade $\implies n$ ungerade."

Wir machen die Annahme „n gerade". Das bedeutet, dass n ein Vielfaches von 2 ist: $n = 2k$. Dann ist $n^2 = 4k^2 = 2 \cdot (2k^2)$ auch ein Vielfaches von 2, also gerade. Da n nicht zugleich gerade und ungerade sein kann, ist damit ein Widerspruch erreicht. Die Annahme muss falsch sein, die Behauptung ist bewiesen.

In Wirklichkeit liegt hier ein Sonderfall vor. Die Aussagen $\mathscr{A} \implies \mathscr{B}$ und $\neg\mathscr{B} \implies \neg\mathscr{A}$ sind äquivalent, wie man sofort mit Hilfe einer Wahrheitstafel zeigen kann. Beweist man die zweite Implikation, so ist automatisch auch die erste Implikation bewiesen. Man spricht von **Kontraposition**, einem Beweistyp, der oft mit dem Widerspruchsprinzip verwechselt wird, der aber weniger komplex ist. Einen echten Widerspruchsbeweis $\mathscr{A} \implies \mathscr{B}$ erkennt man daran, dass beide Voraussetzungen $\mathscr{A}$ und $\neg\mathscr{B}$ verwendet werden und der Widerspruch $\mathscr{C}$ nichts mit $\mathscr{A}$ zu tun haben muss.

Betrachten wir deshalb ein weiteres Beispiel: Für reelle Zahlen $a, b \geq 0$ soll die Ungleichung

$$\frac{a+b}{2} \geq \sqrt{ab}$$

bewiesen werden (die Ungleichung zwischen dem arithmetischen und dem geometrischen Mittel).

Die Prämisse $\mathscr{A}$ wird hier nicht explizit genannt. Vorausgesetzt wird das Rechnen mit (positiven) reellen Zahlen. Die Annahme $\neg\mathscr{B}$ ist die Aussage $\frac{a+b}{2} < \sqrt{ab}$.

Aus $\mathscr{A}$ und $\neg\mathscr{B}$ folgt nun $a + b < 2\sqrt{ab}$.

$$\begin{aligned} \implies & \quad (a+b)^2 < 4ab \\ \implies & \quad a^2 - 2ab + b^2 < 0 \\ \implies & \quad (a-b)^2 < 0. \end{aligned}$$

Die letzte Aussage ist offensichtlich falsch, ein Quadrat kann nicht negativ sein. Das ist der gewünschte Widerspruch, die Annahme muss falsch sein.

Ein weiterer Beweistyp ist die **Fallunterscheidung**. Wenn die Voraussetzungen eines Satzes von einem Parameter x abhängen, der endlich viele Werte $x_1, x_2, \ldots, x_n$ annehmen kann, dann reicht es, für jeden Parameterwert einen eigenen Beweis zu liefern. Weil dann der Wert von x als zusätzliche Information zur Verfügung steht, ist das einfacher, als einen Beweis für alle x zugleich zu führen. Statt um einzelne Werte kann es dabei übrigens auch um Wertemengen gehen.

Beispiel

Es soll gezeigt werden: Ist x eine reelle Zahl, so ist $x^2 \geq 0$.

Es liegt nahe, folgende drei Fälle zu betrachten: $x = 0$, $x > 0$ und $x < 0$.

1. Ist $x = 0$, so ist $x^2 = x \cdot x = 0$.
2. Ist $x > 0$, so folgt aus den Anordnungsaxiomen, dass $x^2 = x \cdot x > 0$ ist.
3. Ist $x < 0$, so ist $-x > 0$ und $x^2 = (-1) \cdot (-1) \cdot x^2 = (-x) \cdot (-x) > 0$.

Will man eine Gleichheit von Mengen ($M_1 = M_2$) beweisen, so muss man zeigen, dass die beiden Mengen die gleichen Elemente besitzen. Das bedeutet, dass man die logische Äquivalenz „$x \in M_1 \iff x \in M_2$" beweisen muss, oder ausführlicher die folgende Aussage:

$$(x \in M_1 \implies x \in M_2) \land (x \in M_2 \implies x \in M_1).$$

Es sagt sich schnell, dass zwei Aussagen äquivalent sind, aber dabei kann man leicht etwas übersehen. Deshalb kann es vorteilhafter sein, die beiden Implikationen einzeln zu beweisen.

Beispiel

Ist die Aussage $x^2 = 4 \iff x = 2$ wahr?

Ist $x = 2$, so ist $x^2 = 2 \cdot 2 = 4$. Die Implikation „$x = 2 \implies x^2 = 4$" ist offensichtlich wahr.

Ist umgekehrt die Gleichung $x^2 = 4$ erfüllt, so gibt es zwei Lösungen $x_1 = 2$ und $x_2 = -2$. Deshalb ist die Implikation „$x^2 = 4 \implies x = 2$" nicht zwingend, und das bedeutet, dass die Äquivalenz „$x^2 = 4 \iff x = 2$" nicht wahr ist.

Aufgaben

1.1.1. Welche der folgenden Aussagen sind wahr?

a) $\sqrt{2} \in \mathbb{Q}$.

b) Für beliebiges $x \in \mathbb{R}$ gehört $x\sqrt{2}$ zu $\mathbb{R} \setminus \mathbb{Q}$.

c) $9 \in T_{39} \cap T_{81}$ **oder** $7 \in T_{12} \cup T_{56}$.

d) $6 \in \{n \in \mathbb{Z} : n^2 - 6n - 5 \geq 0\}$.

e) $-2 \in \{x \in \mathbb{Z} : x^2 < 2\}$.

Wie ist die Aufgabenstellung zu verstehen? Man könnte natürlich jeweils kurz mit „wahr" oder „falsch" antworten. Besser ist es, die Antworten auch zu begründen. Solche Begründungen bezeichnet der Mathematiker als „Beweise". Es geht hier also darum, mal selbst ein paar einfache Beweise zu formulieren. Das ist für die meisten Neuland. Aus bekannten Tatsachen, Axiomen und vorher bewiesenen Aussagen soll die Antwort logisch hergeleitet werden. Dabei stolpert man über mehrere Schwierigkeiten. Zunächst ist nicht klar, was man voraussetzen darf. Hier, beim allerersten Versuch, darf man ruhig etwas improvisieren und alle persönlichen mathematischen Kenntnisse und Erfahrungen einbringen. Später sollte man sich natürlich strenger an die Regeln halten und nur das verwenden, was schon zuvor behandelt und hergeleitet wurde. Die zweite Schwierigkeit stellt der Beweis selber dar. Das ist der kreative Teil der mathematischen Arbeit, man muss sich also etwas einfallen lassen. Zum Glück sind hier die Fragen noch derart einfach, dass das jeder schaffen kann. Und wer es nicht schafft, der findet die ausführlichen Antworten im Lösungs-Anhang.

1.1.2. Bestimmen Sie alle Elemente der folgenden Mengen:

a) $(T_{200} \cap T_{160} \cap T_{64}) \cup T_{12}$.

b) $\{x \in \mathbb{Z} : 3x^2 - 8x + 5 > 0\}$.

c) $\{x \in \mathbb{Q} : \sqrt{2x - 3} + 5 - 3x = 0\}$.

d) $\{x \in \mathbb{N} : 2x + 1 < 6\}$.

e) $\{\mathrm{ggT}(a, b) : 4 < a < b < 12\}$.

Was heißt „alle Elemente"? Wenn die jeweilige Menge endlich und nicht zu groß ist, reicht es ja, alle Elemente aufzuzählen. Ist sie aber unendlich, so ist eine besonders einfache Beschreibung gesucht, aus der man sofort anschaulich eine Vorstellung von der Menge gewinnen kann. Unter Umständen muss man dafür eine Gleichung oder Ungleichung auflösen.

1.1.3. Zeigen Sie, dass $A \cup (B \cap C) = (A \cup B) \cap (A \cup C)$ ist.

Eine Mengengleichheit der Gestalt $X = Y$ beweist man am besten, indem man die logische Äquivalenz „$x \in X \iff x \in Y$" beweist, entweder durch logische Umformungen oder durch den Einsatz von Wahrheitstafeln.

1.1.4. Sei $A \Delta B := (A \cup B) \setminus (A \cap B)$ die „symmetrische Differenz" von A und B. Zeigen Sie:

1. $A \Delta B = B \Delta A$.

2. Beweisen Sie die Formel $(A \Delta B) \Delta C = A \Delta (B \Delta C)$.

3. Zeigen Sie, dass aus $A \Delta B = A \Delta C$ die Aussage $B = C$ folgt.

Die erste Aussage ist trivial.

1.1.5. Bei dieser Aufgabe sollen nur die Axiome der reellen Zahlen benutzt werden. Die rationale Zahl a/b werde definiert als die eindeutig bestimmte Lösung der Gleichung $b \cdot x = a$.

a) Folgern Sie, dass $b \cdot (a/b) = a$ und $n = n/1$ ist.

b) Zeigen Sie, dass zwei rationale Zahlen a/b und c/d genau dann gleich sind, wenn $ad = bc$ ist.

c) Beweisen Sie die Bruch-Rechenregeln:

$$\frac{ax}{bx} = \frac{a}{b}, \quad \frac{a}{b} \cdot \frac{c}{d} = \frac{ac}{bd}, \quad \frac{a}{b} + \frac{c}{d} = \frac{ad + bc}{bd} \quad \text{und} \quad \left(\frac{a}{b}\right)^{-1} = \frac{b}{a}.$$

Man braucht einige einfache Folgerungen aus den Axiomen:

1. Negatives und Inverses sind jeweils eindeutig bestimmt.

2. Ist $a \in \mathbb{R}$ beliebig, so ist $a \cdot 0 = 0$.

3. Sind $a, b \in \mathbb{R}$ mit $a \cdot b = 0$, so ist $a = 0$ oder $b = 0$.

4. Es ist $(-1) \cdot (-1) = 1$.

Weil a/b hier als die eindeutig bestimmte Lösung der Gleichung $bx = a$ definiert wurde und $b(b^{-1}a) = (bb^{-1})a = 1 \cdot a = a$ ist, muss $a/b = b^{-1}a$ sein.

Man beachte auch immer die Schlussrichtung. Am Anfang sollten die Voraussetzungen und am Ende die zu beweisende Aussage stehen. Dazwischen kann eine Gleichungskette oder eine Folge von Implikationen zwischen einzelnen Gleichungen stehen. Die beiden Möglichkeiten darf man nicht durcheinander bringen.

Beispiel

Sei $a \cdot b = 0$ und $a \neq 0$. Dann ist

$$0 = a^{-1} \cdot (a \cdot b) = (a^{-1}a)b = 1 \cdot b = b.$$

So wird die Gleichung $b = 0$ durch eine korrekte Gleichungskette aus den Voraussetzungen hergeleitet. Genauso hätte man auch schreiben können:

$$
\begin{aligned}
a \cdot b = 0 \;&\implies\; a^{-1} \cdot (a \cdot b) = 0 \\
&\implies\; (a^{-1}a)b = 0 \\
&\implies\; 1 \cdot b = 0 \;\implies\; b = 0.
\end{aligned}
$$

Dies ist eine korrekte Kette von Implikationen zwischen Gleichungen. Leider werden diese Dinge gerne durcheinander gebracht. In Tests und Klausuren findet man häufig bei Anfängern (und manchmal auch bei Fortgeschrittenen) unsinnige Formulierungen wie folgt:

$$0 = \bar{a}^{1}(a \cdot b) \Rightarrow (\bar{a}^{1}a)b \Rightarrow 1 \cdot b \Rightarrow b$$

Warum ist das völliger Unsinn?

1.2 Induktion

Aus der Logik werden jetzt die Quantoren $\forall$ („für alle") und $\exists$ („es gibt") als bekannt vorausgesetzt, aus der Mengenlehre beliebige Vereinigungen und Durchschnitte, sowie der Begriff $P(M)$ der Potenzmenge (also der Menge aller Teilmengen) von M. Darüber hinaus geht es um natürliche Zahlen und elementare Kombinatorik. In der Literatur wird die Menge $\mathbb{N}$ der natürlichen Zahlen gerne als kleinste „induktive" Teilmenge von $\mathbb{R}$ eingeführt. Man braucht hier nicht unbedingt zu wissen, was eine induktive Menge ist, aber man sollte natürlich die charakteristische Eigenschaft der natürlichen Zahlen kennen, das Induktionsprinzip:

Ist $M \subset \mathbb{N}$ eine Teilmenge, $1 \in M$ und mit $n \in M$ stets auch $n + 1 \in M$, so ist $M = \mathbb{N}$.

Hieraus ergibt sich das Prinzip des Beweises durch Induktion, das unten ausführlich diskutiert werden wird. Zu den wichtigsten Beispielen zählt der Beweis der Bernoulli'schen Ungleichung:

$$(1 + x)^n > 1 + nx \text{ für } x > -1, \, x \neq 0 \text{ und } n \geq 2.$$

Weitere Themen sind das Summen- und Produktzeichen, die Fakultäten

$$n! = 1 \cdot 2 \cdot 3 \cdots n$$

und die Binomialkoeffizienten

$$\binom{n}{k} = \frac{n!}{k!(n-k)!}.$$

Damit kann man einige einfache kombinatorische Probleme behandeln und zum Beispiel zeigen, dass die Potenzmenge einer n-elementigen Menge $n!$ Elemente besitzt, oder dass $\binom{n}{k}$ die Anzahl der k-elementigen Teilmengen einer n-elementigen Menge ist.

Als weitere wichtige Formeln ergeben sich:

$$(a + b)^n = \sum_{k=0}^{n} \binom{n}{k} a^{n-k} b^k \quad \text{(binomische Formel),}$$

$$\sum_{i=0}^{n} x^i = \frac{x^{n+1} - 1}{x - 1} \quad \text{für } x \in \mathbb{R}, \, x \neq 1 \text{ und } n \in \mathbb{N}$$

$$\text{(geometrische Summenformel),}$$

$$\text{und } \sum_{i=1}^{n} i = \frac{n(n+1)}{2} \quad \text{(Gauß'sche Summenformel).}$$

Egal, auf welche Weise die natürlichen Zahlen eingeführt werden: Da sie dem Zählen dienen sollen, gibt es zwei Forderungen:

- Die 1 gehört zur Menge $\mathbb{N}$ der natürlichen Zahlen, mit ihr beginnt man zu zählen.

- Von jeder natürlichen Zahl n aus kann man um 1 weiterzählen, die Zahl $n + 1$ gehört wieder zu $\mathbb{N}$.

Beide Eigenschaften zusammen bilden das Induktionsprizip. $\mathbb{N}$ ist die kleinste Menge von Zahlen, die dieses Prinzip erfüllt. Damit können Aussagen über natürliche Zahlen durch Induktion bewiesen werden. Ein Induktionsbeweis ist keine Zauberei. Dennoch lauern Fallen und Verständnisprobleme.

Der **Induktionsanfang** ist der Beweis dafür, dass die fragliche Aussage für $n = 1$ wahr ist. Oft wirkt diese Aussage so simpel, dass man nicht erkennt, was überhaupt gezeigt werden soll, oder dass man sie sogar ganz vergisst.

Der **Induktionsschluss** bereitet manchem noch mehr gedankliche Schwierigkeiten. Geht es um den Beweis einer Aussage $\mathscr{A}(n)$ für alle $n \in \mathbb{N}$, so muss beim Induktionsschluss nicht die Aussage $\mathscr{A}(n+1)$ bewiesen werden, sondern die Implikation $\mathscr{A}(n) \implies \mathscr{A}(n+1)$. Dass die Voraussetzung $\mathscr{A}(n)$ benutzt werden darf, ist ein starkes Geschütz. Deshalb sind Induktionsbeweise sehr wirkungsvoll und bei Experten beliebt. Und – nach einiger Übung – auch bei Anfängern.

Beispiele

1. Jemand behauptet: „$n(n+1)$ ist für jede natürliche Zahl n ungerade!" Als Beweis führt er einen Induktionsschluss durch: Wenn $n(n+1)$ ungerade ist, dann folgt:

$$\begin{aligned}(n+1)\big((n+1)+1\big) &= (n+1)(n+2) \\ &= n(n+1) + 2(n+1),\end{aligned}$$

und diese Zahl ist wieder ungerade.

Was stimmt hier nicht? Der Induktionsanfang wurde vergessen, und er wäre auch falsch. Tatsächlich ist $n(n+1)$ sogar immer gerade.

2. Sind $g_1, \ldots, g_n$ verschiedene Geraden in der Ebene, von denen keine zwei parallel sind, so gehen alle durch einen Punkt. So unwahrscheinlich dies klingt, wir versuchen einen Induktionsbeweis:

Der Induktionsanfang ist unproblematisch, die Aussage ist klar für $n = 1$ und $n = 2$. Nun sei die Aussage für ein $n \geq 2$ bewiesen, wir zeigen sie für $n + 1$. Es seien $n + 1$ verschiedene Geraden $g_1, \ldots, g_{n+1}$ gegeben, von denen keine zwei parallel sind. Nach Induktionsvoraussetzung gehen $g_1, \ldots, g_n$ durch einen Punkt P, und auch $g_2, \ldots, g_{n+1}$ gehen durch einen Punkt Q. Ist $P = Q$, so ist man fertig. Ist $P \neq Q$, so ist g_2 die Verbindungsgerade von P und Q, und dasselbe gilt für g_n. Also muss $g_2 = g_n$ sein, und das widerspricht der Voraussetzung. Damit ist (scheinbar) alles bewiesen.

Hier ist der Fehler schon deutlich schwerer zu finden. Das Problem ist der Schluss von 2 auf 3. Es sei also $n = 2$, und es seien drei verschiedene Geraden g_1, g_2, g_3 gegeben, von denen keine zwei parallel sind. Gehen g_1 und g_2 durch P, sowie g_2 und g_3 durch $Q \neq P$, so ist g_2 die Verbindungsgerade von P und Q. Weil in diesem Fall aber $n = 2$ ist, tritt der Widerspruch aus dem obigen Induktionsschritt nicht auf, und der Beweis kann so nicht funktionieren.

Vielleicht rätselt der eine oder andere immer noch, was an dem obigen Beweis falsch war. Als Induktionsanfang muss der Beweis für $n = 1$ reichen. Es kann nicht der Sinn des Induktionsprinzips sein, dass man auch noch die Fälle $n = 2$ und $n = 3$ und womöglich noch weitere Spezialfälle gesondert behandelt. Was ist also in Wirklichkeit schief gegangen? Beim Induktionsschluss wurde benutzt, dass g_2 und g_n verschiedene Geraden sind. Das geht nur, wenn $n > 2$ (also $n \geq 3$) ist. Wenn aber der Induktionsanfang für $n = 1$ und $n = 2$ erledigt wurde, darf man beim Schluss von n auf $n + 1$ nur voraussetzen, dass $n \geq 2$ ist. Und wenn man als Anfang nur den Fall $n = 1$ behandelt hätte, dürfte man beim Schluss nur $n \geq 1$ voraussetzen. Darauf muss geachtet werden.

3. Beliebte Beispiele für die Anwendung des Induktionsprinzips sind Summenformeln. Um eine solche Formel per Induktion beweisen zu können, muss man sie erst mal haben. Hat man sie aber gefunden, so ist ein nachträglicher Induktionsbeweis eigentlich überflüssig. Es gibt dennoch eine Daseinsberechtigung für solche Beweise. Zum einen dienen sie dem Anfänger zur Übung des Induktionsprinzips, aber darüber hinaus kann es auch sein, dass man die Formel errät (oder aus dem Gedächtnis rekonstruiert) und dann mit dem Induktionsbeweis verifiziert.

Behauptung: $\displaystyle\sum_{i=1}^{n-1} i(i+1) = \frac{(n-1)n(n+1)}{3}$.

BEWEIS: Die linke Seite der Gleichung ist ein Ausdruck $A(n)$, die rechte ein Ausdruck $B(n)$. Zu beweisen ist die Gleichung $A(n) = B(n)$ für alle $n \in \mathbb{N}$. Per Induktion erledigt man das, indem man zunächst die Gleichung $A(1) = B(1)$ beweist, und dann die Implikation

$$A(n) = B(n) \implies A(n+1) = B(n+1).$$

Induktionsanfang: Es ist $A(1)$ eine leere Summe (also eine Summe ohne Summanden), und die hat definitionsgemäß den Wert Null. Andererseits ist $B(1) = \big((1-1) \cdot 1 \cdot (1+1)\big)/3 = 0$, also offensichtlich $A(1) = B(1)$. Um logische Fehler zu vermeiden, empfiehlt sich bei solchen Beweisen von Formeln, immer die linke Seite und die rechte Seite getrennt zu berechnen und dann zu vergleichen.

Induktionsschluss: Vorausgesetzt wird die Gleichung $A(n) = B(n)$. Dann folgt:

$$
\begin{aligned}
A(n+1) &= A(n) + n(n+1) \\
&= \frac{(n-1)n(n+1)}{3} + \frac{3n(n+1)}{3} \\
&= \frac{n(n+1)}{3}\big((n-1)+3\big) \\
&= \frac{n(n+1)(n+2)}{3} = B(n+1).
\end{aligned}
$$

∎

4. Es soll die Ungleichung $2^n > \binom{n}{3}$ für alle natürlichen Zahlen $n \geq 3$ bewiesen werden. Mit Induktion geht das folgendermaßen:

Induktionsanfang: Da die Aussage nur für $n \geq 3$ sinnvoll ist und bewiesen werden soll, muss beim Induktionsanfang der Fall $n = 3$ behandelt werden. Nun ist

$$2^3 = 8 \quad \text{und} \quad \binom{3}{3} = 1.$$

Weil $8 > 1$ ist, ist der Induktionsanfang damit erledigt.

Induktionsschluss: Es ist

$$\binom{n}{3} = \frac{(n-2)(n-1)n}{6} \quad \text{und} \quad \binom{n+1}{3} = \frac{(n-1)n(n+1)}{6},$$

also

$$2 \cdot \binom{n}{3} = \binom{n+1}{3} \cdot \frac{2n-4}{n+1}.$$

Für $n \geq 5$ ist $(2n-4)/(n+1) \geq 1$, also $2 \cdot \binom{n}{3} \geq \binom{n+1}{3}$.

Ist nun $2^n > \binom{n}{3}$, so folgt: $2^{n+1} = 2 \cdot 2^n > 2 \cdot \binom{n}{3} \geq \binom{n+1}{3}$. Leider gilt das nur für $n \geq 5$. Die Fälle $n = 4$ und $n = 5$ müssen noch extra untersucht werden. Tatsächlich ist aber

$$2^4 = 16 > 4 = \binom{4}{3} \quad \text{und} \quad 2^5 = 32 > 10 = \binom{5}{3},$$

der erweiterte Induktionsanfang ist damit nachträglich auch erledigt.

Dies ist ein Fall, wo der Induktionsbeweis unnötig kompliziert ist, und wo er zudem überhaupt nicht gebraucht wird: Es ist nämlich 2^n die Anzahl aller Teilmengen der Menge $\{1, 2, \ldots, n\}$, während $\binom{n}{3}$ nur die Anzahl aller 3-elementigen Teilmengen ist. Hieraus folgt die Ungleichung sofort. Wie man sieht, kann man sich beim Beweisen geschickt oder ungeschickt anstellen.

Das Summenzeichen wurde hier schon mehrfach benutzt, Erklärungen dazu findet man zur Genüge in der Literatur. Es soll hier nur noch mal auf das Problem der Umnummerierung eingegangen werden.

Beispiel

Wie berechnet oder vereinfacht man die folgende Summe?

$$S := \sum_{i=3}^{7} (-1)^i 2^{i-1} x^i - \sum_{i=1}^{5} (-1)^{i+1} 2^i x^{i+1} = S_1 - S_2.$$

Da alle Einzel-Summanden aus einem konstanten Koeffizienten und einer Potenz der Variablen x bestehen, kann man keinen Endwert berechnen, man kann den Ausdruck höchstens vereinfachen. Es bietet sich an, alles nach den Potenzen von x zu ordnen. Das geht leichter, wenn man x^{i+1} in S_2 durch die Potenz x^j (mit $j = i+1$) ersetzt. Läuft i von 1 bis 5, so läuft anschließend j von 2 bis 6.

$$S_2 = \sum_{i=1}^{5}(-1)^{i+1}2^i x^{i+1} = \sum_{j=2}^{6}(-1)^j 2^{j-1} x^j.$$

Der Durchschnitt der Indexbereiche $\{3, 4, \ldots, 7\}$ (bei S_1) und $\{2, 3, \ldots, 6\}$ (bei S_2) ist der Bereich $\{3, 4, 5, 6\}$. Deshalb teilt man beide Summen auf, in eine Summe über den gemeinsamen Indexbereich und den verbleibenden Term. Das sieht folgendermaßen aus:

$$
\begin{aligned}
S_1 - S_2 &= \sum_{i=3}^{6}(-1)^i 2^{i-1} x^i + (-1)^7 2^6 x^7 - (-1)^2 2^1 x^2 - \sum_{j=3}^{6}(-1)^j 2^{j-1} x^j \\
&= -2x^2 + \sum_{i=3}^{6}\Big((-1)^i 2^{i-1} - (-1)^i 2^{i-1}\Big)x^i - 2^6 x^7 \\
&= -2x^2 - 64x^7 \quad (\text{oder} = -2x^2(1 + 32x^6)).
\end{aligned}
$$

Mehr Vereinfachung ist nicht möglich.

Aufgaben

1.2.1. Verneinen Sie die folgenden Ausdrücke:

a) Für alle x gilt die Aussage $A(x)$.

b) Für alle x gibt es ein y, so dass die Aussage $A(x, y)$ gilt.

Es gibt ein Kochrezept für die Verneinung quantifizierter Aussagen. Beginnend von links wird jeder Quantor $\exists$ durch ein $\forall$ und jedes $\forall$ durch ein $\exists$ ersetzt, und die Aussage, die am Schluss rechts übrig bleibt, wird verneint. Man sollte das Ergebnis aber unbedingt mit dem vergleichen, was einem der „gesunde Menschenverstand" als Antwort suggeriert. Später, wenn die Aussagen abstrakter werden, geht das nicht mehr so leicht.

1.2.2. Untersuchen Sie, ob die folgenden beiden Aussagen äquivalent sind:

- Für alle x existiert ein y, so dass die Aussage $A(x, y)$ gilt.
- Es existiert ein y, so dass für alle x die Aussage $A(x, y)$ gilt.

Will man die Äquivalenz der beiden Aussagen beweisen, so muss man entweder zeigen, dass beide wahr sind, oder, dass beide falsch sind (unabhängig von der Bedeutung von $A(x, y)$). Will man zeigen, dass die Aussagen nicht äquivalent sind, so muss man nur ein Beispiel für $A(x, y)$ finden, bei dem die eine Aussage wahr und die andere falsch ist.

1.2.3. Beweisen Sie die Formeln

$$\left(\bigcup_{i \in I} A_i \right) \cap B = \bigcup_{i \in I} (A_i \cap B) \quad \text{und} \quad \left(\bigcap_{i \in I} A_i \right) \cup B = \bigcap_{i \in I} (A_i \cup B).$$

Beweisen Sie für Teilmengen $A_i \subset X$ die Formel

$$X \setminus \bigcup_{i \in I} A_i = \bigcap_{i \in I} (X \setminus A_i).$$

Wie die Gleichheit von Mengen zu beweisen ist, wurde schon im vorigen Abschnitt gezeigt. Hier sollte man zudem die logische Definition beliebiger Vereinigungen und Durchschnitte verwenden.

Eine Existenzaussage „$\exists\, x$ mit $\mathscr{A}(x)$" ist wahr, wenn es ein spezielles Element x_0 gibt, so dass $\mathscr{A}(x_0)$ wahr ist. Per Verneinung wird man dann auch mit All-Aussagen fertig.

1.2.4. Beweisen Sie: 3 teilt $n^3 + 2n$ für alle $n \in \mathbb{N}$.

Hier ist eine Idee erforderlich. Die Aussage ist leichter zu beweisen, wenn man mehr Informationen über n zur Verfügung hat. Dafür bietet sich die Methode der Fallunterscheidung an (ist etwa $n = 7$, so ist $n^3 + 2n = 343 + 14 = 357$, und diese Zahl ist durch 3 teilbar). Aber man kann nicht alle Zahlen einzeln testen. Welche Fallunterscheidung bietet sich also an? Da es um die Teilbarkeit durch 3 geht, kann man ja mal den Rest betrachten, den n bei Division durch 3 lässt. Dann gibt es nur 3 Fälle. Eine Alternative wäre der Griff nach der Induktion, auch dabei gewinnt man zusätzliche Informationen über n.

1.2.5. Zeigen Sie:

a) $n^3 + 11n$ ist durch 6 teilbar

b) $10^n + 18n - 28$ ist durch 27 teilbar

Zu (a): Eine Zahl ist genau dann durch 6 teilbar, wenn sie durch 2 und durch 3 teilbar ist. Zu (b): Man lese sorgfältig die Hinweise zu Aufgabe 1.2.4, aber man versuche um Gottes Willen keine Fallunterscheidung mit 27 Fällen!

1.2.6. Zeigen Sie: $0 < a < b \implies a^n < b^n,\ \forall\, n \in \mathbb{N}$. Was passiert, wenn nicht beide Zahlen positiv sind?

Die Anordnungsaxiome liefern den Fall $n = 2$, und eine Wiederholung der Argumente per Induktion den allgemeinen Fall.

1.2.7. Beweisen Sie die Ungleichung $(1 - a)^n < \dfrac{n}{1 + na}$ für $n \in \mathbb{N}$ und $0 < a < 1$.

Beim Herumjonglieren mit den Termen ist es gut, wenn man sich an die Bernoulli'sche Ungleichung erinnert. Und man achte beim endgültigen Aufschreiben auf die richtige Schlussrichtung!

1.2.8. Beweisen Sie die binomische Formel durch vollständige Induktion.

Das ist eine reine Fleißaufgabe, bei der die Additionsformel für Binomialkoeffizienten zum Einsatz kommt.

1.2.9. Beweisen Sie durch vollständige Induktion die Formeln

$$\sum_{k=1}^{n} k = \frac{n(n+1)}{2} \quad \text{und} \quad \sum_{k=1}^{n} k^2 = \frac{n(n+1)}{6}\,(2n+1)\,.$$

Hier soll einfach nur das Induktionsprinzip geübt werden.

1.2.10. Beweisen Sie die Beziehung

$$\binom{n}{k} = \sum_{i=k}^{n} \binom{i-1}{k-1}$$

Auh hier könnte man Induktion verwenden.

1.2.11. Benutzen Sie die Methode der Teleskopsummen zur Berechnung der Summe

$$S_n = \sum_{k=1}^{n} \frac{1}{k(k+1)}\,.$$

*Ist eine Folge von Zahlen $a_m, a_{m+1}, a_{m+2}, \ldots$ gegeben, so bezeichnet man die Summe $\sum_{j=m}^{n} A_j$ mit $A_j := a_{j+1} - a_j$ als **Teleskop-Summe**, weil sie sich (wegen des doppelten Auftretens der Terme a_j) stark reduziert, nämlich zu $a_{n+1} - a_m$.*

Hier muss man also versuchen, die Summanden $A_k = \dfrac{1}{k(k+1)}$ als Differenz $A_k = a_{k+1} - a_k$ zu schreiben.

1.2.12. Beweisen Sie die Beziehung $n^2 = \displaystyle\sum_{i=0}^{n-1} (2i+1)$, indem Sie beide Seiten auf die Summe $\sum (i^2 - (i-1)^2)$ zurückführen.

Der Hinweis steht schon in der Aufgabe selbst.

1.2.13. Finden Sie eine Formel für $P_n = \displaystyle\prod_{k=2}^{n} \left(1 - \frac{1}{k^2}\right)$ und beweisen Sie diese mit vollständiger Induktion.

Man kann z.B. ein paar Spezialfälle ausrechnen und dann versuchen, die allgemeine Formel zu erraten. Es ist

$$P_2 = \frac{3}{4}, \; P_3 = \frac{2}{3} = \frac{4}{6}, \; P_4 = \frac{2}{3} \cdot \frac{15}{16} = \frac{5}{8}.$$

Wem das nichts sagt, der kann vielleicht mit Folgendem etwas anfangen:

$$1 - \frac{1}{k^2} = \frac{k^2 - 1}{k^2} = \frac{(k-1) \cdot (k+1)}{k \cdot k}\,.$$

1.2.14. a) Zeigen Sie: Für jede reelle Zahl x ist $x^2 \geq 0$. Folgern Sie daraus, dass $1 > 0$ ist. Zeigen Sie, dass $\{1\} \cup \{x \in \mathbb{R} : x \geq 2\}$ induktiv ist und folgern Sie daraus, dass es zwischen 1 und 2 keine natürliche Zahl gibt.

b) Zeigen Sie: Ist $n \in \mathbb{N}$, so ist $n = 1$ oder es gibt ein $m \in \mathbb{N}$ mit $m + 1 = n$. Folgern Sie daraus: Sind $n, m \in \mathbb{N}$ mit $n < m + 1$, so ist $n \leq m$.

*a) Die erste Aussage wurde schon in Abschnitt 1.1 behandelt, der Rest ist (relativ) einfach, man muss nur sorgfältig die Eigenschaften einer induktiven Menge verifizieren. Eine Teilmenge $M \subset \mathbb{R}$ heißt **induktiv**, falls sie die 1 und mit jedem Element x auch das Element $x + 1$ enthält.*

b) Dieser Teil ist etwas zum Knobeln und erfordert vorsichtiges, schrittweises Vorgehen. Viel Erfolg!

1.3   Vollständigkeit

Das Rechnen mit Beträgen wird als bekannt vorausgesetzt. Besonders wichtig sind dabei die beiden **_Dreiecksungleichungen_**:

$$|a + b| \leq |a| + |b| \quad \text{und} \quad |a - b| \geq |a| - |b|.$$

Mit Hilfe des Betrages kann der Begriff der ε-**_Umgebung_** eingeführt werden:

$$U_\varepsilon(a) := \{x \in \mathbb{R} : |x - a| < \varepsilon\}.$$

Unter dem **_Supremum_** einer Menge M versteht man deren kleinste obere Schranke, unter dem **_Infimum_** die größte untere Schranke von M. Das Vollständigkeitsaxiom besagt dann (in einer seiner möglichen Formulierungen):

Jede nicht leere und nach oben beschränkte Menge besitzt ein Supremum (in $\mathbb{R}$).

Bei unbeschränkten Mengen werden auch $+\infty$ bzw. $-\infty$ als Supremum bzw. Infimum zugelassen.

Aus dem Vollständigkeitsaxiom folgt der wichtige **Satz von Archimedes**:

Zu jeder reellen Zahl x gibt es eine natürliche Zahl n mit $n > x$.

Damit kann man z.B. zeigen, dass $a_n := 1/n$ eine Nullfolge ist. Dabei heißt eine Folge (a_n) von reellen Zahlen eine **_Nullfolge_**, falls gilt:

$$\forall \varepsilon > 0 \ \exists n_0, \text{ so dass } \forall n \geq n_0 : |a_n| < \varepsilon.$$

Ein wichtiges Beispiel ist die Folge (q^n) mit $0 \leq q < 1$.

Eine weitere Anwendung des Vollständigkeitsaxioms ist der Beweis der Existenz der n-ten Wurzel aus einer reellen Zahl $a \geq 0$.

„Supremum" und „Infimum" gehören meist zu den ersten Begriffen in der Analysisvorlesung, die den Anfänger verstören. „Wozu braucht man das?" ist dann eine häufig gestellte Frage.

Ja, wozu muss man eigentlich wissen, was das Supremum einer Menge ist? In der Analysis geht es um stetige Veränderungen, um die Bestimmung von Tangenten an krummlinige Kurven und um die Berechnung von krummlinig begrenzten Flächen. In all diesen Fällen beginnt man mit einfach berechenbaren Approximationen und führt anschließend einen Grenzprozess durch. Solche Grenzübergänge werden ausführlich in Kapitel 2 diskutiert, und sie können nur gelingen, weil die reellen Zahlen keine Lücken aufweisen. Dies wiederum ist kein Naturgesetz, sondern Ausdruck unserer Vorstellung von einem Kontinuum. Die reellen Zahlen stellen eine Konstruktion des menschlichen Geistes dar, und sie sind so konstruiert, dass sie keine Lücken besitzen. Da hier axiomatisch vorgegangen wird, muss die Lückenfreiheit irgendwie in einem „Vollständigkeits-Axiom" gefordert werden. Dafür gibt es verschiedene Möglichkeiten, eine der einfachsten wurde hier gewählt: Ist $M \subset \mathbb{R}$ eine nach oben beschränkte Menge, so kann man unter allen oberen Schranken eine kleinste finden, eben das „Supremum". Dies ist eine obere Schranke von M, die entweder das größte Element von M ist, oder die kleinste aller oberen Schranken, die nicht zu M gehören. Das reicht, um später alle erforderlichen Grenzübergänge durchführen zu können, und deshalb muss man Suprema (oder Infima) berechnen können.

Beispiele

1. Es sollen Supremum und Infimum der Menge $M := \{2x/(x+3) : x > 0\}$ bestimmt werden.

   Zunächst sollte man irgend eine untere und obere Schranke finden.

   Da $2x/(x+3)$ für jedes $x > 0$ selbst wieder positiv ist, ist 0 sicher eine untere Schranke von M. Was wäre, wenn es noch eine untere Schranke $c > 0$ gäbe? Da wir eigentlich jedes noch so kleine $c > 0$ ausschließen wollen, können wir ohne weiteres annehmen, dass $c < 2$, also $2 - c > 0$ ist. Jedes Element von M müsste $\geq c$ sein, und das bedeutet, dass $2x \geq c(x + 3)$ für alle $x > 0$ ist, also $(2 - c)x \geq 3c$ für alle $x > 0$. Wir wollen ja zeigen, dass wir auf dem Holzweg sind, und dafür genügt es, ein spezielles $x > 0$ zu finden, für das die letzte Ungleichung nicht gilt. Das ist aber ganz einfach: Setzt man $x = 2c/(2 - c)$ ein, so kommt die unsinnige Ungleichung $2c \geq 3c$ heraus. Das kann nicht sein. Also ist $0 = \inf(M)$.

   Nun zu oberen Schranken: Ist $x > 0$, so ist $2x/(x + 3) = 2/(1 + 3/x) < 2$. Damit ist 2 eine obere Schranke. Vielleicht schon die kleinste obere Schranke? Nehmen wir an, dass es eine obere Schranke $C < 2$ gibt. Dann wäre $2x \leq C(x + 3)$, also $(2 - C)x \leq 3C$, für alle $x > 0$. Aber mit $x = 4C/(2 - C)$ würde man $4C < 3C$ erhalten, und das ist unmöglich. Damit ist $\sup(M) = 2$.

2. Manchmal ist es etwas einfacher: Sei $M := \{x \in \mathbb{R} \: : \: \exists n \in \mathbb{N} \text{ mit } x = 1/n - (-1)^n\}$.

In einem solchen Fall ist es ratsam, erst mal ein paar Elemente auszurechnen. Setzen wir $x_n := 1/n - (-1)^n$, so ist $x_1 = 2$, $x_2 = -1/2$, $x_3 = 4/3$, $x_4 = -3/4$ und $x_5 = 6/5$. Es scheint so, als sei -1 eine untere und 2 eine obere Schranke. Um klarer zu sehen, nutzen wir die Tatsache, dass man zwei Fälle unterscheiden kann:

Ist n ungerade, so ist $x_n = 1 + 1/n$. Ist n gerade, so ist $x_n = -1 + 1/n$. Weil immer $-1 < -1 + 1/n < 1 + 1/n < 2$ ist, ist -1 tatsächlich eine untere Schranke und 2 eine obere Schranke. Weil die 2 sogar ein Element von M ist, ist $\sup(M) = 2$. Beim Infimum ist es nicht ganz so klar, weil -1 nicht zu M gehört. Um sicher zu gehen, führt man am besten einen Widerspruchsbeweis. Angenommen, es gibt eine untere Schranke $c > -1$. Dann ist

$$-1 < c \leq -1 + \frac{1}{n} \quad \text{für alle geraden } n \in \mathbb{N}.$$

Wie kommen wir jetzt zu einem Widerspruch? Dem Gefühl nach kommt $-1 + 1/n$ der Zahl -1 von oben beliebig nahe. Dann gäbe es ein n_0 mit $-1 + 1/n_0 < c$. Nach kurzer Umformung führt das zu der Ungleichung $n_0 > 1/(1 + c)$. Und die kann nach dem Satz von Archimedes erfüllt werden. Jetzt muss nur noch die korrekte Schlussrichtung hergestellt werden:

Nach Archimedes gibt es eine natürliche Zahl $n_0 > 1/(1 + c)$. Die kann sogar gerade gewählt werden. Dann ist $-1 + 1/n_0 < c$, und das steht im Widerspruch dazu, dass $-1 + 1/n \geq c$ für alle geraden $n \in \mathbb{N}$ ist. Also ist tatsächlich $\inf(M) = -1$.

Man beachte, dass der Satz von Archimedes schon das Vollständigkeitsaxiom voraussetzt. Dass man letzteres braucht, ist nicht verwunderlich, denn ohne Vollständigkeitsaxiom wäre die Suche nach einem Supremum in der Regel vergeblich.

In der Literatur wird gerne auch das Dedekind'sche Schnitt-Axiom als Vollständigkeitsaxiom benutzt. Der folgende Satz zeigt, dass dieses äquivalent zu unserem Axiom ist. Seine Aussage wird später nicht gebraucht. Wer sich aber etwas intensiver mit Beweistechniken beschäftigen will, sollte den Beweis und die nachfolgenden Bemerkungen ruhig einmal genau durcharbeiten.

Satz: *Folgende Aussagen sind äquivalent:*

1. *Jede nicht-leere, nach oben beschränkte Teilmenge $M \subset \mathbb{R}$ besitzt ein Supremum.*

2. *Sind $A, B \subset \mathbb{R}$ zwei nicht-leere Teilmengen mit $A \cup B = \mathbb{R}$ und $A \cap B = \varnothing$, so dass $a < b$ für alle $a \in A$ und $b \in B$ gilt, so gibt es ein $c \in \mathbb{R}$, so dass $a \leq c \leq b$ für alle $a \in A$ und $b \in B$ gilt.*

Die Zerlegung von $\mathbb{R}$ in die beiden Mengen A und B nennt man einen **Dede-kind'schen Schnitt**, und die Zahl c die zugehörige **Schnittzahl**.

BEWEIS: (1) $\Longrightarrow$ (2): Sind die Mengen A und B wie in (2) gegeben, so liegt es nahe, $c := \sup(A)$ zu setzen. Offensichtlich gilt dann $a \leq c$ für alle $a \in A$. Gäbe es ein $b \in B$ mit $b < c$, so wäre dieses b (wie alle Elemente von B) eine obere Schranke von A, aber kleiner als c. Das widerspricht der Supremumseigenschaft von c, es muss auch $c \leq b$ für alle $b \in B$ gelten.

(2) $\Longrightarrow$ (1): Sei $M \subset \mathbb{R}$, $M \neq \varnothing$ und nach oben beschränkt. Es sei dann B die (offensichtlich nicht-leere) Menge aller oberen Schranken von M, und $A := \mathbb{R} \setminus B$. Dann ist $A \cup B = \mathbb{R}$ und $A \cap B = \varnothing$. Weil M mindestens ein Element x_0 besitzt und dann $x_0 - 1$ keine obere Schranke von M ist, ist auch $A \neq \varnothing$.

Ist $a \in A$ und $b \in B$, so gibt es ein $x \in M$ mit $a < x \leq b$. Also ist $a < b$. Damit erfüllen A und B alle Bedingungen von (2), und es gibt eine reelle Zahl c mit $a \leq c \leq b$ für alle $a \in A$ und $b \in B$.

Wir vermuten, dass c das gesuchte Supremum von M ist. Dafür genügt es zu zeigen, dass c nicht in M liegen kann (denn dann ist c automatisch die kleinste obere Schranke von M). Läge c in A, so gäbe es ein $x \in M$ mit $c < x$ (denn c wäre keine obere Schranke von M), und zugleich wäre c das größte Element von A. Es gibt aber eine Zahl y mit $c < y < x$ (z.B. $y := (c + x)/2$). Die könnte weder in A noch in B liegen. Das ist ein Widerspruch, und damit ist alles bewiesen. $\blacksquare$

Bemerkung: Einfachere mathematische Beweise sind oft Selbstläufer. Betrachten wir zum Beispiel den zweiten Teil des obigen Beweises. Gegeben ist die Menge M mit all ihren Eigenschaften, gesucht ist ihr Supremum, also eine Zahl am oberen Rand von M. Benutzt werden soll das Dedekind-Prinzip. Dafür braucht man zwei Mengen A und B. Woher soll man die nehmen? Weil sie $\mathbb{R}$ in zwei disjunkte Teile zerlegen sollen, reicht es, eine von ihnen zu finden, die andere ist dann die Komplementärmenge.

Weil das „Schnitt-Element" c genau zwischen A und B liegen wird, sollte wohl eine der Mengen (nämlich die „rechte" Menge B) aus den Elementen oberhalb von M bestehen. Das ist noch etwas vage formuliert (was soll „oberhalb" genau bedeuten?), aber da nach der kleinsten oberen Schranke gesucht wird, kann man es ja mal mit der Menge aller oberen Schranken versuchen, die ist klar definiert und liegt oberhalb von M. Damit ist auch A festgelegt, das sind alle reelle Zahlen, die nicht obere Schranke von M sind. Dedekind liefert das Schnitt-Element c, das nach Konstruktion tatsächlich irgendwo am oberen Ende von M zu liegen scheint. Und im Glauben an das Gute in der Welt wählt man die Zahl c als Kandidaten für das Supremum (ein anderer Kandidat ist ja weit und breit nicht zu sehen).

Da das Schnitt-Element nur entweder das kleinste Element der oberen Menge B oder das größte Element der unteren Menge A sein kann, hat man eine Fallunterscheidung zur Hand, die einem das Leben leichter macht. Der erste Fall liefert genau das, was man braucht. Also muss nur noch der zweite Fall ausgeschlossen werden. Wie immer, wenn man nicht so recht weiterkommt, bemüht man das Widerspruchsprinzip, das liefert noch eine zusätzliche Voraussetzung. Im vorliegenden Fall bedeutet das, dass c **keine** obere Schranke von M ist, aber genau zwischen A und B liegt. Jetzt muss man ganz genau sagen, was das heißt: c ist keine obere Schranke von M. Es muss im Niemandsland zwischen A und B noch ein Element von M geben. Aber das kann nicht sein, zwischen A und B liegt nur die leere Menge. Das ist der gewünschte Widerspruch, der zweite Fall kann nicht eintreten.

Aufgaben

1.3.1.   a) Zeigen Sie, dass $\big| |a| - |b| \big| \leq |a - b|$ für alle $a, b \in \mathbb{R}$ gilt.

b) Lösen Sie die Gleichung $|x + 1| + |x - 1| + |x - 3| = 3 + x$.

c) Lösen Sie die Ungleichung $|2x - 1| < |x - 1|$.

Ein Schlüssel zum Umgang mit Betrags-Ungleichungen ist die folgende Äquivalenz:

$$|x| < c \iff -c < x < c.$$

So kann man jede Betrags-Ungleichung durch zwei gewöhnliche Ungleichungen ersetzen. Ein weiterer nützlicher Trick ist das Einschieben von Nullen: Es ist $x = x + (a - a) = (x - a) + a$, also $|x| = |(x - a) + a| \leq |x - a| + |a|$. Und analog ist $|x| = |a - (a - x)| \geq |a| - |a - x|$. Spielt man mit diesen Beziehungen etwas herum, so kommt man den Lösungen der Aufgaben näher.

Gilt es, Gleichungen oder Ungleichungen zwischen Beträgen von Ausdrücken der Gestalt $ax + b$ zu lösen, so ist es nützlich, die Bereiche zu ermitteln, wo $ax + b$ negativ, positiv oder $= 0$ ist. Ist $a > 0$, so folgt:

$$ax + b \begin{cases} < 0 & \text{für } x < -b/a \\ = 0 & \text{für } x = -b/a \\ > 0 & \text{für } x > -b/a. \end{cases}$$

Dementsprechend ist $|ax + b| = -(ax + b)$, $= 0$ oder $= ax + b$, abhängig von x.

1.3.2.   Bestimmen Sie Infimum und Supremum der folgenden Mengen und untersuchen Sie jeweils, ob sie zur Menge gehören oder nicht.

a) $M_1 := (0, 1) \setminus \{1/n : n \in \mathbb{N}\}$,

b) $M_2 := \bigcup_{n \in \mathbb{N}} [1/n, \, 1 - 1/n]$,

c) $M_3 := \{x \in \mathbb{R} : |x^2 - 1| < 2\}$.

Soll Infimum oder Supremum einer Menge M bestimmt werden, so ist es nützlich, wenn man bereits eine Vermutung hat und diese nur beweisen muss. Dazu wähle man (im Falle des Supremums) eine obere Schranke von M und versuche dann, die solange zu verkleinern, bis man glaubt, dass dies nicht mehr zu verbessern ist. Manchmal hilft dabei eine Skizze oder eine genauere Beschreibung der Menge M. Die dann erhaltene „beste" Zahl s ist ein guter Kandidat für das Supremum von M. Für den Beweis muss man zeigen, dass s immer noch eine obere Schranke von M ist, dass aber jede kleinere Zahl (etwa der Gestalt $s - \varepsilon$) keine obere Schranke mehr ist. Letzteres lässt sich eventuell durch Widerspruch beweisen, oder durch direkte Angabe einer Zahl $y > s - \varepsilon$, die noch zu M gehört.

1.3.3. Zeigen Sie, dass $a_n = 2/(1 - 3n)$ eine Nullfolge ist.

Für den Nachweis einer Nullfolge gibt es zwei klassische Verfahren:

- *Ist (a_n) eine Nullfolge und $0 \leq |b_n| \leq |a_n|$, so ist auch (b_n) eine Nullfolge. Dieses Argument greift z.B. bei der Folge $(b_n) = (1/n^2)$, die man mit $(a_n) = (1/n)$ vergleichen kann.*

- *Man versucht einen direkten Konvergenzbeweis, beruhend auf der Definition einer Nullfolge (a_n):*

$$\forall \varepsilon > 0 \, \exists n_0 \in \mathbb{N}, \text{ so dass für alle } n \geq n_0 \text{ gilt: } |a_n| < \varepsilon.$$

Am Schluss des Beweises muss eine Ungleichung der Form $|a_n| < \varepsilon$ erreicht werden. Der Trick ist, mit dieser Ungleichung zu beginnen und sie umzuformen, bis man eine (von ε abhängige) Bedingung an n erhält. Dann schreibt man die Argumente in umgekehrter Reihenfolge auf, damit die Schlussrichtung stimmt. Das setzt natürlich voraus, dass alle Folgerungen auch wirklich umkehrbar sind.

1.3.4. Ist $b_n := 1 - n/(n + 1)$ eine Nullfolge?

Eine sehr einfache Aufgabe!

1.3.5. Zeigen Sie, dass $c_n := (1 + 2 + \cdots + n)/n^2$ keine Nullfolge ist.

Man könnte folgendem Trugschluss unterliegen:

$$c_n = \frac{1 + 2 + \cdots + n}{n^2} = \frac{1}{n^2} + \frac{2}{n^2} + \cdots + \frac{1}{n}$$

ist Summe von Nullfolgen und daher selbst eine. Was ist daran falsch? Und wie kann man c_n besser ausrechnen? Dafür sollte man alles Bisherige aufmerksam verfolgt haben.

1.3.6. Es seien (a_n) und (b_n) Nullfolgen mit positiven Gliedern. Ist dann

$$c_n := (a_n^2 + b_n^2)/(a_n + b_n)$$

ebenfalls eine Nullfolge?

Leider steht im Zähler nicht $a_n^2 - b_n^2 = (a_n - b_n)(a_n + b_n)$, dann wäre alles ganz einfach. So muss man sich etwas anderes einfallen lassen. Dass a_n und b_n positiv sind, erleichtert das Leben. Dann gibt es zu jedem $\varepsilon > 0$ ein n_0, so dass $0 < a_n < \varepsilon$ für $n \geq n_0$ ist.

1.3.7. Es seien $x, y \geq 0$ reelle Zahlen. Zeigen Sie:

a) $\sqrt{xy} = \sqrt{x} \cdot \sqrt{y}$.

b) Im allgemeinen ist $\sqrt{a + b} \neq \sqrt{a} + \sqrt{b}$.

c) Ist $x > y$, so ist auch $\sqrt{x} > \sqrt{y}$.

d) Es ist $\sqrt{xy} \leq \dfrac{x + y}{2}$.

Man erinnere sich an die Definition der Quadratwurzel.

1.4 Funktionen

„Funktion" und „Abbildung" sind nur zwei Bezeichnungen für den gleichen Begriff, nämlich eine eindeutige Zuordnung zwischen den Elementen zweier Mengen, dem Definitions- und dem Wertebereich. Einfache Beispiele sind affin-lineare und quadratische Funktionen, aus der Schule kennt man – zumindest rein anschaulich – Sinus, Cosinus, Exponentialfunktion und Logarithmus (deren exakte Definition erfolgt hier erst in Kapitel 2). Typische Eigenschaften von Funktionen, wie „gerade", „ungerade", „periodisch", „monoton wachsend" und „fallend" dürften allgemein bekannt sein, ebenso wie die Verkettung von Funktionen. Die Eigenschaften „injektiv", „surjektiv" und „bijektiv" werden unten noch mal ausführlich erklärt. In dem Zusammenhang tauchen auch die identische Abbildung und die Umkehrabbildung auf.

Will man den Begriff der Funktion exakt definieren, so muss man etwas ausholen: Eine **Relation** auf einer Menge A ist eine Teilmenge $R \subset A \times A$. Gehört ein Paar (x, y) zu der Menge R, so schreibt man:

$$x \sim y \quad \text{oder} \quad x \underset{R}{\sim} y \quad \text{(,,x steht (bzgl. R) in Relation zu y")}$$

Eine Relation $\sim$ auf einer Menge A heißt **reflexiv**, falls $x \sim x$ für alle $x \in A$ gilt. Das bedeutet, dass R die „Diagonale" $\Delta_A := \{(x, x) : x \in A\}$ enthält.

Die Relation heißt **symmetrisch**, falls gilt: Ist $x \sim y$, so ist auch $y \sim x$. Das bedeutet, dass R symmetrisch zur Diagonalen liegt.

Schließlich heißt die Relation **transitiv**, falls gilt: Ist $x \sim y$ und $y \sim z$, so ist $x \sim z$. An der Menge R kann man die Transitivität allerdings nur mühsam erkennen.

Beispiele

1. Die einfachste Relation ist die „Gleichheit": Dabei ist $R := \{(x, x) : x \in A\}$ die „Diagonale" $\Delta_A \subset A \times A$, und die Beziehung $x \sim y$ bedeutet einfach, dass $x = y$ ist. Die Gleichheit besitzt alle oben beschriebenen Eigenschaften:

   (a) $\forall x \in A : x = x$ (reflexiv).

   (b) $\forall x, y \in A : x = y \implies y = x$ (symmetrisch).

   (c) $\forall x, y, z \in A : x = y \wedge y = z \implies x = z$ (transitiv).

   Eine Relation, die zugleich reflexiv, symmetrisch und transitiv ist, nennt man eine **Äquivalenzrelation** (nicht zu verwechseln mit der logischen Äquivalenz). Eine beliebige Äquivalenzrelation ist der Gleichheit in gewisser Weise zwar ähnlich, kann aber im Detail doch ganz anders aussehen. Man könnte etwa auf der Menge $\mathbb{Z}$ aller ganzen Zahlen eine Relation wie folgt einführen:

   $$x \sim y \; :\Longleftrightarrow \; x - y \text{ ist durch 2 teilbar.}$$

Man überzeugt sich leicht davon, dass je zwei gerade Zahlen äquivalent sind, und dass auch je zwei ungerade Zahlen äquivalent sind. Eine gerade und eine ungerade Zahl können dagegen nicht äquivalent sein. Die Äquivalenz bedeutet also nicht unbedingt die Gleichheit in jeder Beziehung, aber die Gleichheit in Bezug auf eine oder mehrere ausgewählte Eigenschaften. In unserem Beispiel sind zwei Zahlen genau dann äquivalent, wenn sie bei Division durch 2 den gleichen Rest lassen.

2. Sei $A = \mathbb{R}$ und $R := \{(x, y) \in A \times B : x < y\}$. Das sind alle Punkte oberhalb der Diagonalen, die Beziehung $x \sim y$ bedeutet diesmal, dass $x < y$ ist. Diese Relation ist zwar transitiv, aber weder reflexiv, noch symmetrisch.

3. Die Menge $R := \{(x, y) \in \mathbb{R} \times \mathbb{R} : x^2 + y^2 = 1\}$ definiert eine symmetrische Relation auf $\mathbb{R}$, die allerdings weder reflexiv, noch transitiv ist. Wir können dieser Relation keine anschauliche Bedeutung geben. Anders sieht das bei der Relation $R := \{(x, y) \in \mathbb{R} \times \mathbb{R} : x^2 = y^2\}$ aus. Die ist offensichtlich reflexiv, symmetrisch und transitiv, also eine Äquivalenzrelation. Zwei reelle Zahlen sind in diesem Sinne äquivalent, wenn $x = \pm y$ ist, wenn x und y also den gleichen Abstand von der Null haben.

Man kann den Begriff der Relation verallgemeinern, indem man auch für zwei verschiedene Mengen M und N Teilmengen $R \subset M \times N$ betrachtet. Eine solche verallgemeinerte Relation kann natürlich niemals eine Äquivalenzrelation sein. Ist etwa $P = \{2, 3, 5, 7, \ldots\}$ die Menge aller Primzahlen, so kann man folgende Relation $R \subset P \times \mathbb{Z}$ einführen:

$$R := \{(x, y) \in P \times \mathbb{Z} : x \text{ ist Primteiler von } y\}.$$

Die Paare $(2, -6)$ und $(3, -6)$ liegen dann zum Beispiel in R, das Paar $(3, 2)$ natürlich nicht.

Sind M und N zwei nicht-leere Mengen, so versteht man unter einer **Funktion** oder **funktionalen Relation** eine Relation $G \subset M \times N$ mit folgender Eigenschaft:

Zu jedem Element $x \in M$ gibt es genau ein Element $y \in N$ mit $(x, y) \in G$.

Die funktionale Relation liefert also eine eindeutige Zuordnung $f : M \to N$ mit der Menge G als Graph. Damit ist eine mengentheoretisch saubere Definition des Funktionsbegriffes vorgelegt. Ich halte allerdings den etwas umgangssprachlicheren Begriff der eindeutigen Zuordnung für wesentlich einsichtiger. Die weiter oben betrachtete Relation $R \subset P \times \mathbb{Z}$ ist übrigens keine Funktion, denn R enthält beispielsweise die Punkte $(2, 6)$, $(2, 8)$, $(2, 10)$ usw., während bei einer Funktion $G \subset M \times N$ gilt:

$$(x, y_1) \in G \ \wedge \ (x, y_2) \in G \implies y_1 = y_2.$$

Eine Funktion besteht immer aus Definitionsbereich, Wertebereich und funktionaler Zuordnung. Die Funktionen $f : \mathbb{R} \to \mathbb{R}$ und $g : \mathbb{R} \to \mathbb{R}$ mit $f(x) := 2x$ und $g(x) :=$

$x^2 - 1$ haben zwar den gleichen Definitionsbereich und Wertebereich, unterscheiden sich aber deutlich in der funktionalen Zuordnung. Die Funktionen $f_1 : \mathbb{R} \to \mathbb{R}$, $f_2 : \{x \in \mathbb{R} : x \geq 0\} \to \mathbb{R}$ und $f_3 : \mathbb{R} \to \{x \in \mathbb{R} : x \geq 0\}$ mit $f_1(x) = f_2(x) = f_3(x) := x^2$ liefern zwar alle drei die gleiche funktionale Zuordnung, sie unterscheiden sich aber beim Definitions- bzw. Wertebereich. Deshalb handelt es sich um drei verschiedene Funktionen! Dies wird gerne mal vergessen.

Beispiel

Eine affin-lineare Funktion $f : \mathbb{R} \to \mathbb{R}$ hat die Gestalt $f(x) = mx + c$ (mit $c \neq 0$). Ihr Graph $G_f = \{(x, y) \in \mathbb{R} \times \mathbb{R} : y = mx + c\}$ ist eine Gerade in der Ebene. Das stimmt immer, aber umgekehrt ist nicht jede Gerade der Graph einer Funktion. Eine Gerade L ist eine Teilmenge der Ebene, die folgendermaßen beschrieben wird:

$$L = \{(x, y) \in \mathbb{R} \times \mathbb{R} : ax + by = r\}, \text{ mit } (a, b) \neq (0, 0).$$

Die Bedingung $(a, b) \neq (0, 0)$ ist erforderlich, denn sonst bleibt nur die Gleichung $r = 0$ übrig, die garnichts beschreibt. Es reicht aber, wenn einer der beiden Koeffizienten $a, b \neq 0$ ist. Ist $b \neq 0$, so kann man durch b teilen, und die Gleichung $ax + by = r$ lässt sich zur Gleichung $y = mx + c$ mit $m = -a/b$ und $c = r/b$ umformen. In diesem Fall ist L tatsächlich der Graph einer Funktion. Ist $b = 0$, so muss $a \neq 0$ sein. Dann wird aus der Gleichung $ax + by = r$ die simple Gleichung $x = r/a$. Das beschreibt eine vertikale Gerade, die parallel zur y-Achse verläuft und durch den Punkt $(r/a, 0)$ geht. Eine solche vertikale Gerade kann nicht Graph einer Funktion sein, denn dem Punkt $x = r/a$ werden unendlich viele Werte zugeordnet, und allen anderen Punkten nichts. Der Faktor m in der Funktionsgleichung $y = mx + c$ heißt die *Steigung* der Geraden $L = \{(x, y) : y = mx + c\}$. Nun appelliere ich an das Schulwissen:

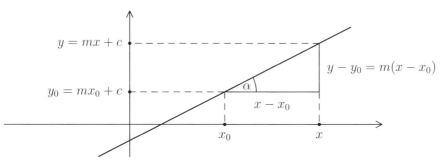

In dem rechtwinkligen Dreieck mit den Ecken (x_0, y_0), (x, y_0) und (x, y) ist

$$\tan \alpha = \frac{y - y_0}{x - x_0} = \frac{m(x - x_0)}{x - x_0} = m.$$

Also ist die Steigung m der Tangens des Steigungswinkels α.

Häufig wird eine affin-lineare Funktion f gesucht, für die zwei Werte vorgeschrieben sind, etwa $f(x_1) = y_1$ und $f(x_2) = y_2$. Dann ist der Ansatz $f(x) = m(x - x_1) + y_1$ ratsam, denn dann ist automatisch schon $f(x_1) = y_1$. Die zweite Bedingung, $f(x_2) = y_2$, ergibt die Gleichung $y_2 = m(x_2 - x_1) + y_1$, also $m = \dfrac{y_2 - y_1}{x_2 - x_1}$. So einfach ist das!

Neu und normalerweise nicht aus der Schule bekannt sind die Begriffe „injektiv", „surjektiv" und „bijektiv", und sie machen dementsprechend erst mal Probleme. Der Graph einer Funktion $f : M \to N$ ist eine Teilmenge $G \subset M \times N$ mit der Eigenschaft, dass sie von jeder „vertikalen Geraden" $\{(x, y) \in M \times N : x = c\}$ genau einmal getroffen werden.

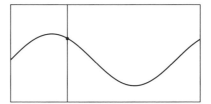

Dass f **_injektiv_** ist, bedeutet, dass der Graph G von jeder „horizontalen Geraden" $\{(x, y) \in M \times N : y = d\}$ **höchstens** einmal getroffen wird. **_Surjektiv_** ist f genau dann, wenn G von jeder horizontalen Geraden **mindestens** einmal getroffen wird. Und **_bijektiv_** ist eine Funktion, die injektiv und surjektiv ist, deren Graph also jede horizontale Gerade **genau** einmal trifft.

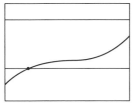
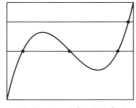
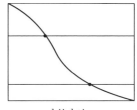

injektiv, nicht surjektiv   surjektiv, nicht injektiv   bijektiv

Leider gibt es kein immer funktionierendes Rezept für den Nachweis von Injektivität und Surjektivität. Für die Surjektivität muss man zeigen, dass die Gleichung $f(x) = y$ für jedes vorgegebene y lösbar ist. Das kann leicht sein, oder sehr schwer. Dann braucht man zusätzliche Hilfsmittel (z.B. Stetigkeitsbetrachtungen), die hier noch nicht zur Verfügung stehen. Für die Injektivität muss man die eindeutige Lösbarkeit der Gleichung $f(x) = y$ für jedes vorgegebene y zeigen. Das erscheint besonders abschreckend. Wenn die Gleichung allerdings auflösbar ist und sich dabei x als Funktion von y ergibt (wie z.B. im Falle $y = f(x) = x^3$, wo $x = \sqrt[3]{y}$ ist), dann ist die Sache doch recht einfach. In vielen Fällen kann man sogar statt der Injektivität die noch stärkere Eigenschaft „streng monoton wachsend (oder fallend)" nachweisen. Das ist erstaunlicherweise oft leichter, weil die Voraussetzung $x_1 < x_2$ (aus der $f(x_1) < f(x_2)$ oder $f(x_1) > f(x_2)$ hergeleitet werden soll) neben der Ungleichheit von x_1 und x_2 noch die Aussage $x_2 - x_1 > 0$ liefert. Leider geht das nicht immer, denn nicht jede injektive Funktion ist monoton, wie die folgende auf $[-1, 1]$ definierte Funktion zeigt:

$$f(x) := \begin{cases} -x - 1 & \text{für } -1 \leq x < 0, \\ x & \text{für } 0 \leq x \leq 1. \end{cases}$$

Beispiele

1. Sei $f : \mathbb{R}_+ := \{x \in \mathbb{R} : x > 0\} \to \mathbb{R}$ definiert durch $f(x) := \dfrac{x}{1+x}$. Ist f injektiv bzw. surjektiv?

   Wenn man mal einige Werte ausrechnet, kommt man bald zu der Vermutung, dass f nur Werte zwischen 0 und 1 annimmt. Auf jeden Fall besitzt f keine negativen Werte, kann also nicht surjektiv sein. Es erscheint sinnvoll, den Wertebereich einzuschränken und f als Funktion von $\mathbb{R}_+$ nach $(0, 1)$ auf-zufassen. Das geht, denn $x/(1 + x)$ ist für $x \in \mathbb{R}_+$ positiv und kleiner als $(1 + x)/(1 + x) = 1$. Nun ist die Frage der Surjektivität wieder offen. Um sie zu beantworten, muss die Gleichung $y = x/(1 + x)$ für jedes $y \in (0, 1)$ gelöst werden. Tatsächlich ist die Auflösung nach x sehr einfach, man erhält $x = y/(1 - y)$. Bei einem Mathematiker sollten immer die Alarmglocken klingeln, wenn ein Nenner auftaucht. Der darf nicht Null werden. Aber da $0 < y < 1$ vorausgesetzt wurde, ist $1 - y > 0$ und sogar $y/(1 - y) \in \mathbb{R}_+$. Alles ist gut, in der abgeänderten Version ist f surjektiv.

   Statt der Injektivität versuchen wir gleich, die strenge Monotonie zu zeigen. Sei $0 < x_1 < x_2$. Da man die Ungleichung $x_1/(1 + x_1) < x_2/(1 + x_2)$ zeigen muss, wird man gerne diese solange umformen, bis etwas offensichtlich Richtiges herauskommt. Das wäre hier die Ungleichung $x + xy < y + xy$. Allerdings ist diese Argumentation die berüchtigte „falsche Schlussrichtung". Um die zu vermeiden, fangen wir gleich von der richtigen Seite aus an:

   $$\begin{aligned} 0 < x_1 < x_2 &\implies x_1 + x_1 x_2 < x_2 + x_1 x_2 \\ &\implies x_1(1 + x_2) < x_2(1 + x_1) \\ &\implies \frac{x_1}{1 + x_1} < \frac{x_2}{1 + x_2}. \end{aligned}$$

   Die Divisionen beim letzten Schritt sind zulässig, denn es handelt sich um Multiplikationen mit positiven Zahlen.

   Damit ist gezeigt, dass f streng monoton wachsend und damit erst recht injektiv ist. Insgesamt ist $f : \mathbb{R}_+ \to (0, 1)$ sogar bijektiv. Mit Hilfe der Umkehrfunktion $y \mapsto y/(1 - y)$ hätte man das noch leichter herausfinden können.

2. Sei $f : (-1/2, \infty) = \{x \in \mathbb{R} : x > -1/2\} \to \mathbb{R}$ definiert durch $f(x) := x^2 + x$. Wie steht es hier mit der Injektivität und Surjektivität?

Offensichtlich ist der Graph von f eine Parabel. Um deren Gestalt zu erkennen, bringt man f am besten in die Normalform:

$$f(x) = \left(x + \frac{1}{2}\right)^2 - \frac{1}{4}.$$

Die Parabel ist nach oben geöffnet und hat ihren Scheitelpunkt bei $(x_s, y_s) = (-1/2, -1/4)$. Um f also surjektiv zu machen, muss man auf jeden Fall den Wertebereich auf $(-1/4, \infty)$ verkleinern. Das reicht dann auch, denn die Gleichung $x^2 + x = y$ lässt sich nach x auflösen:

$$x^2 + x = y \iff \left(x + \frac{1}{2}\right)^2 = y + \frac{1}{4}$$
$$\iff x = -\frac{1}{2} \pm \sqrt{y + \frac{1}{4}}.$$

Ist $y > -1/4$, so ist der Radikand und dann auch die Wurzel positiv. Wählt man außerdem vor der Wurzel das Plus-Zeichen, so erhält man ein $x > -1/2$, also im Definitionsbereich von f. Damit ist die Surjektivität gezeigt.

Die Injektivität zeigen wir wieder, indem wir die noch stärkere strenge Monotonie beweisen. Ist $x > -1/2$ und $t > 0$, so ist $2x + 1 > 0$ und

$$\begin{aligned} f(x + t) &= (x+t)^2 + (x+t) = x^2 + x + 2xt + t^2 + t \\ &= f(x) + t^2 + t(2x+1) > f(x), \end{aligned}$$

also $f(x) < f(x+t)$. Das zeigt, dass f streng monoton wachsend und insbesondere injektiv ist.

Ein erfahrener Mathematiker würde natürlich sagen: An der Gestalt der Parabel kann man sofort ablesen, dass $f : (-1/2, \infty) \to (-1/4, \infty)$ surjektiv und streng monoton wachsend ist. Hier geht es aber darum, die allgemeinen Techniken an Hand einfacher Beispiele zu erlernen.

Aufgaben

1.4.1. Skizzieren Sie die folgenden Mengen! Handelt es sich jeweils um den Graphen einer Funktion?

$$\begin{aligned} M_1 &= \{(x, y) \in \mathbb{R}^2 : x \cdot y = 1\}, \\ M_2 &= \{(x, y) \in \mathbb{R}^2 : x = y^2\}, \\ M_3 &= \{(x, y) \in \mathbb{R}^2 : y = \mathrm{sign}(x) \cdot \sqrt{|x|}\}, \\ M_4 &= \{(x, y) \in \mathbb{R}^2 : x = y^3\}. \end{aligned}$$

Dabei ist $\mathrm{sign}(x) := \begin{cases} 1 & \text{falls } x > 0, \\ 0 & \text{für } x = 0, \\ -1 & \text{falls } x < 0. \end{cases}$

Die Aufgabe ist so einfach, dass sich Hinweise erübrigen. Man bedenke aber, dass zu einer Funktion unbedingt Definitions- und Wertebereich gehören.

*Durch $x \mapsto \text{sign}(x)$ wird die sogenannte **Signum-Funktion** definiert, die jeder reellen Zahl ihr Vorzeichen zuordnet. Man beachte dabei: Ist $a < 0$, so ist $-a > 0$ und daher $\text{sgn}(-a) = 1$.*

1.4.2. Bestimmen Sie die Funktion $f : [-1, 4] \to \mathbb{R}$ mit $f(-1) = f(4) = 0$ und $f(1) = 4$, die zwischen -1 und 1 bzw. 1 und 4 jeweils affin-linear ist. Bestimmen Sie weiterhin eine quadratische Funktion $g : \mathbb{R} \to \mathbb{R}$, deren Graph eine nach unten geöffnete Parabel mit Scheitelpunkt $(1, 4)$ und $g(4) = 0$ ist.

Das ist Schul-Mathematik. Man setzt die gesuchten Funktionen mit unbestimmten Koeffizienten an und berechnet die Koeffizienten aus den Vorgaben.

1.4.3. Seien $f : \mathbb{R} \to \mathbb{R}$ und $g : \mathbb{R} \to \mathbb{R}$ definiert durch

$$f(x) := \begin{cases} 2x + 3 & \text{falls } x < 0, \\ x^2 + 3 & \text{falls } x \geq 0. \end{cases} \qquad g(x) := \begin{cases} 2x - 1 & \text{falls } x \leq 2, \\ x + 1 & \text{falls } x > 0. \end{cases}$$

Berechnen Sie $f \circ g$ und $g \circ f$.

*So wie angegeben ist g garnicht eindeutig definiert. Es muss also ein **Druckfehler** vorliegen, den man korrigieren sollte. Es soll natürlich $g(x) = x + 1$ für $x > 2$ heißen.*

Studenten freuen sich, wenn sie einen solchen Druckfehler entdecken, und sie begnügen sich dann gerne damit, den Fehler anzugeben und auf die Lösung zu verzichten. Die Korrektoren sehen das nicht so gerne, es sei denn, es geht um einen kniffligen Druckfehler, der womöglich zur Unlösbarkeit der Aufgabe führt. Mehr Anerkennung erntet man, wenn man derart offensichtliche Druckfehler wie den obigen sinnvoll korrigiert und danach die Aufgabe löst.

Zur Lösung der Aufgabe kann man nur sagen: Sind f und g abschnittsweise definiert, so berechne man die Verknüpfungen $f \circ g$ und $g \circ f$ auch abschnittsweise.

1.4.4. Sei $f : A \to B$ eine Abbildung, $F : A \to A \times B$ definiert durch $F(x) := (x, f(x))$. Zeigen Sie, dass F injektiv ist.

Die Aufgabe ist so trivial, wie es scheint. Das gefürchtete Wort „trivial" sollte man zwar nicht über Gebühr beanspruchen, aber hier erscheint es – bezogen auf die Lösung – angebracht. Das heißt nicht, dass man nicht vorher verstanden haben muss, was „injektiv" bedeutet (und das mag für den einen oder anderen schon genügend nicht-trivial sein).

1.4.5. Die *charakteristische* Funktion χ_M einer Menge $M \subset \mathbb{R}$ ist definiert durch

$$\chi_M(x) := \begin{cases} 1 & \text{falls } x \in M \text{ ist}, \\ 0 & \text{falls } x \notin M \text{ ist}. \end{cases}$$

Beweisen Sie die Formeln

$$\chi_{M \cap N} = \chi_M \cdot \chi_N \qquad \text{und} \qquad \chi_{M \cup N} = \chi_M + \chi_N - \chi_M \cdot \chi_N.$$

Da die linken Seiten nur die Werte 0 oder 1 annehmen können, muss man zeigen, dass die rechten Seiten dies in den gleichen Punkten tun.

1.4.6. Sind $f : A \to B$ und $g : B \to C$ injektiv (bzw. surjektiv), so ist auch $g \circ f : A \to C$ injektiv (bzw. surjektiv).

Sei umgekehrt $g \circ f$ injektiv (bzw. surjektiv). Zeigen Sie, dass dann f injektiv (bzw. g surjektiv) ist.

Das ist ein einfaches Spiel mit den Definitionen (oder ggf. mit der Kontraposition davon).

1.4.7. Sei $f : \mathbb{R} \to \mathbb{R}$ definiert durch

$$ f(x) := \begin{cases} 2x - 1 & \text{für } x \le 2, \\ x + 1 & \text{für } x > 2. \end{cases} $$

Zeigen Sie, dass f bijektiv ist, und bestimmen Sie f^{-1}.

Man kann entweder Injektivität und Surjektivität direkt zeigen, oder gleich eine Funktion angeben, die sich als Umkehrfunktion erweist. Eine Skizze ist sehr hilfreich.

1.4.8. $f, g : I \to \mathbb{R}$ seien streng monoton wachsend.

1. Geben Sie ein Beispiel dafür an, dass $f \cdot g$ nicht unbedingt monoton wachsend sein muss.

2. Unter welchen zusätzlichen Voraussetzungen ist $f \cdot g$ dennoch monoton wachsend ist.

Dies ist ein Aufgabentyp, der Kreativität erfordert. Bei Teil (1) suche man nach einer Funktion, die nicht monoton wachsend ist, z.B. nach einer geraden Funktion f mit $f(-x) = f(x)$. Vielleicht kann man die als Produkt zweier ungerader Funktionen schreiben, und wenn man Glück hat, liefert das das Gewünschte. Bei Teil (2) sollte man sich das Leben nicht zu schwer machen, sondern sich überlegen, wie das Beispiel in (1) zustande gekommen ist.

1.4.9. Sei $f : \mathbb{R} \to \mathbb{R}$ eine Funktion mit den folgenden Eigenschaften:

1. Es gilt die Funktionalgleichung $f(x + y) = f(x) + f(y)$.

2. f ist streng monoton wachsend.

3. Es ist $f(1) = a$.

Zeigen Sie, dass $f(x) = ax$ für alle $x \in \mathbb{R}$ gilt.

Diese Aufgabe ist ein Klassiker. Ich weiß nicht, wer im ersten Semester von allein auf die Lösung kommt, ein kleiner Tüftler muss man schon sein. Später wird man sich dann aber in ähnlichen Fällen immer wieder an die Methode erinnern. Die Idee ist, von Spezialfällen auszugehen und dann Schritt für Schritt zum allgemeinen Fall vorzustoßen. „Spezialfall" bedeutet: Man untersuche erst mal, was man über $0, 1$ und andere ganze Zahlen herausbekommt. Dann kann man irgendwann zu rationalen und schließlich zu allgemeinen reellen Zahlen übergehen.

1.5   Vektoren und komplexe Zahlen

Wir machen hier einen Abstecher in die Welt des Mehrdimensionalen, die im ersten Semester eigentlich meist der Einführung in die Lineare Algebra vorbehalten ist. Deshalb beschränken wir uns bei der Darstellung auf das Notwendigste. Vektoren im $\mathbb{R}^n$ werden als Zeilenvektoren $\mathbf{a} = (a_1, \ldots, a_n)$ dargestellt. Die Vektorraum-Struktur auf dem $\mathbb{R}^n$ wird durch komponentenweise Addition und Multiplikation mit Skalaren verwirklicht. Die euklidische Norm des Vektors $\mathbf{a}$ ist die Zahl $\|\mathbf{a}\| = \sqrt{a_1^2 + \cdots + a_n^2}$, der euklidische Abstand zweier Vektoren $\mathbf{a}$ und $\mathbf{b}$ die Zahl $\operatorname{dist}(\mathbf{a}, \mathbf{b}) = \|\mathbf{b} - \mathbf{a}\|$ und das euklidische Skalarprodukt von $\mathbf{a}$ und $\mathbf{b}$ die Zahl $\mathbf{a} \cdot \mathbf{b} = a_1 b_1 + \cdots + a_n b_n$. Eine wichtige Formel ist an dieser Stelle die **Schwarz'sche Ungleichung**:

$$\text{Für } \mathbf{a}, \mathbf{b} \in \mathbb{R}^n \text{ ist} \quad |\mathbf{a} \cdot \mathbf{b}| \le \|\mathbf{a}\| \cdot \|\mathbf{b}\|.$$

Die ermöglicht auch die Einführung des Winkels zwischen zwei Vektoren $\mathbf{a}, \mathbf{b} \ne \mathbf{0}$ durch

$$\mathbf{a} \cdot \mathbf{b} = \|\mathbf{a}\| \cdot \|\mathbf{b}\| \cos \angle(\mathbf{a}, \mathbf{b}).$$

Die Vektoren $\mathbf{a}$ und $\mathbf{b}$ heißen **orthogonal** zueinander, falls $\mathbf{a} \cdot \mathbf{b} = 0$ ist. Ist $\mathbf{a} \ne \mathbf{0}$, so versteht man unter der **orthogonalen Projektion** eines Vektors $\mathbf{x}$ auf $\mathbf{a}$ den Vektor $\operatorname{pr}_{\mathbf{a}}(\mathbf{x}) := \dfrac{\mathbf{a} \cdot \mathbf{x}}{\mathbf{a} \cdot \mathbf{a}} \cdot \mathbf{a}$. Der Vektor $\mathbf{x} - \operatorname{pr}_{\mathbf{a}}(\mathbf{x})$ steht dann auf $\mathbf{a}$ senkrecht.

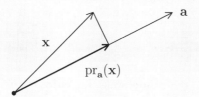

In der Vektorsprache lassen sich einige geometrische Objekte besonders leicht beschreiben, wie zum Beispiel parametrisierte Geraden $L = \{\mathbf{x} = \mathbf{a} + t\mathbf{v} : t \in \mathbb{R}\}$, Strecken $S = \{\mathbf{x} = \mathbf{a} + t(\mathbf{b} - \mathbf{a}) : 0 \le t \le 1\}$, offene Kugeln $B_r(\mathbf{a}) = \{\mathbf{x} \in \mathbb{R}^n : \operatorname{dist}(\mathbf{x}, \mathbf{a}) < r\}$, abgeschlossene Kugeln $\overline{B}_r(\mathbf{a}) = \{\mathbf{x} \in \mathbb{R}^n : \operatorname{dist}(\mathbf{x}, \mathbf{a}) \le r\}$ und Sphären $S_r^{n-1}(\mathbf{a}) = \{\mathbf{x} \in \mathbb{R}^n : \operatorname{dist}(\mathbf{x}, \mathbf{a}) = r\}$.

Versieht man die Vektoren des $\mathbb{R}^2$ mit einer zusätzlichen Multiplikation, so erhält man den Körper $\mathbb{C}$ der komplexen Zahlen. Bezeichnet man dabei $(1, 0)$ mit 1 und $(0, 1)$ mit i (imaginäre Einheit), so schreibt sich jede komplexe Zahl in kartesischen Koordinaten in der Form $z = x + \mathrm{i}y$ mit reellen Zahlen x und y, dem Real- und Imaginärteil von z. Weil $\mathrm{i}^2 = -1$ ist, fasst man i auch als Wurzel aus -1 auf. Man beachte aber, dass diese Wurzel nicht eindeutig bestimmt ist, denn es ist auch $(-\mathrm{i})^2 = -1$, und in $\mathbb{C}$ ist es (im Gegensatz zu $\mathbb{R}$) nicht möglich, unter z und $-z$ ein „positives" Element auszuzeichnen. Durch Spiegelung an der x-Achse gelangt man zur konjugiert-komplexen Zahl $\bar{z} = x - \mathrm{i}y$. Dann ist der Betrag von z, die Zahl $|z| = \sqrt{z\bar{z}} = \sqrt{x^2 + y^2}$, nichts anderes als die euklidische Norm des Vektors (x, y), und es ist $z^{-1} = \bar{z}/|z|^2$.

Eine komplexe Zahl vom Betrag 1 liegt auf dem Einheitskreis (dem Kreis mit Radius 1 um 0). So ergibt sich für jede komplexe Zahl $z \neq 0$ auch eine Polarkoordinaten-Darstellung

$$z = r(\cos t + \mathrm{i} \sin t), \text{ mit } r > 0 \text{ und } t \in [0, 2\pi).$$

Zumindest Vektoren in der Ebene $\mathbb{R}^2$ und im Raum $\mathbb{R}^3$ haben die meisten schon in der Schule kennengelernt. Üblicherweise schreibt man dort die Vektoren als „Spalten":

$$\begin{pmatrix} x_1 \\ x_2 \end{pmatrix} \quad \text{oder} \quad \begin{pmatrix} x_1 \\ x_2 \\ x_3 \end{pmatrix}.$$

In der Physik verwendet man gerne die „Pfeil-Schreibweise" $\vec{x}$, und in älteren Büchern tauchen die Vektoren häufig in Fraktur-Schreibweise auf: $\mathfrak{x}$ statt x oder $\vec{x}$. Die Verwendung von Frakturbuchstaben ist typisch deutsch, in moderneren Büchern hat sich die internationale Methode durchgesetzt, Vektoren „fett" zu schreiben, und das wird hier auch so gemacht: $\mathbf{x}$, $\mathbf{y}$ usw. Da sich das an der Tafel schlecht verwirklichen lässt und niemand mehr Sütterlin-Buchstaben kennt, verwendet man im Unterricht und in Vorlesungen meist x oder $\vec{x}$ statt $\mathbf{x}$ oder $\mathfrak{x}$. Neben die Verwirrung um die Schreibweise des den Vektor bezeichnenden Buchstaben tritt die zweite Verwirrung: Zeile oder Spalte? Ich verwende hier „Zeilenvektoren":

$$\mathbf{x} = (x_1, \ldots, x_n).$$

Auch hierbei geht es nur um die Schreibweise und **nicht** um den Inhalt. Ein Vektor im $\mathbb{R}^n$ ist ein Gebilde aus n Komponenten, mit dem man auf ganz bestimmte Weise rechnen kann. Ob man die Komponenten nebeneinander oder übereinander schreibt, ist völlig egal. In der linearen Algebra spielen Verknüpfungen zwischen Matrizen und Vektoren eine wichtige Rolle, und dabei bietet die Spaltenschreibweise für Vektoren praktische Vorteile, man kann sich die Formeln besser einprägen. In der Analysis nutze ich gerne den rein schreibtechnischen Vorteil der Zeilenvektoren. Matrizen tauchen erst in Analysis 2 auf, und da kann ich mit Hilfe des Transponierens $\mathbf{x} \mapsto \mathbf{x}^\top$ jederzeit zwischen Zeilen- und Spaltenvektoren wechseln. Wer noch nicht weiß, was eine Matrix oder gar das Transponierte einer Matrix ist, der braucht sich nicht zu beunruhigen. In diesem Buch wird das nicht benötigt.

Zahlen kann man addieren und multiplizieren. Vektoren kann man auch addieren, wobei eine Summe $\mathbf{x}_1 + \mathbf{x}_2 + \cdots + \mathbf{x}_n$ sehr schön anschaulich zu verstehen ist. Stellt man sich einen Vektor als einen vom Nullpunkt ausgehenden Pfeil vor, so verschiebt man den zweiten Vektor (parallel) so, dass er an der Spitze des ersten Vektors startet, dann den dritten so, dass er an der Spitze des zweiten (verschobenen) Vektors startet usw. Am Schluss ergibt sich als Summe der Pfeil, der vom Nullpunkt zur Spitze des letzten Pfeils geht:

Rein rechnerisch ist es noch viel einfacher. Man addiert einfach die Komponenten der Vektoren.

Die Multiplikation eines Vektors mit einer reellen Zahl (einem Skalar) bedeutet die Streckung (oder Stauchung) des Vektors um den Betrag, den der Skalar angibt. Ist der negativ, so führt das zu einer Umkehrung der Richtung des Vektors.

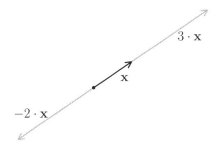

Man kann zwar auch zwei Vektoren miteinander multiplizieren (Skalarprodukt $\mathbf{x} \bullet \mathbf{y}$), aber das Ergebnis ist dann ein Skalar, also kein Vektor mehr.

Werden mehrere Vektoren mit reellen Zahlen multipliziert und dann addiert, so spricht man von einer ***Linearkombination***:

$$\alpha_1 \cdot \mathbf{x}_1 + \cdots + \alpha_n \cdot \mathbf{x}_n = \sum_{i=1}^{n} \alpha_i \mathbf{x}_i \quad \text{(Linearkombination der Vektoren } \mathbf{x}_1, \ldots, \mathbf{x}_n\text{)}.$$

Solche Linearkombinationen treten auch in ungewohnten Situationen auf. Sind f und g zwei reelle Funktionen mit gleichem Definitionsbereich (etwa einem Intervall $I \subset \mathbb{R}$), so kann man die Funktion $f + g : I \to \mathbb{R}$ definieren durch $(f + g)(x) := f(x) + g(x)$ für $x \in I$. Ist $\alpha \in \mathbb{R}$, so kann man $\alpha f : I \to \mathbb{R}$ definieren durch $(\alpha f)(x) := \alpha \cdot f(x)$. Also verhalten sich Funktionen genauso wie Vektoren, und man kann auch Linearkombinationen von Funktionen bilden, von der Gestalt $\alpha_1 f_1 + \cdots + \alpha_n f_n$, mit Funktionen $f_1, \ldots, f_n$ und reellen Zahlen $\alpha_1, \ldots, \alpha_n$.

Vektoren werden hier eingeführt, um „vektorwertige" Funktionen von einer Veränderlichen behandeln zu können. Der Umgang mit solchen Funktionen unterscheidet sich kaum von dem mit skalaren Funktionen, aber man kann sich dabei schon ein wenig an vektorielle Schreibweisen gewöhnen, die dann in Analysis 2 sehr wichtig werden. Darauf könnte man zur Not auch erst mal verzichten, aber die komplexen Zahlen werden spätestens in Abschnitt 2.4 bei der exakten Einführung der Winkelfunktionen eine entscheidende Rolle spielen. Außerdem treten sie auf natürliche

Weise als Nullstellen von Polynomen auf, was für Partialbruch-Zerlegungen wichtig ist (siehe Abschnitt 1.6).

Die Grundrechenarten (Addition, Multiplikation, Subtraktion und Division) funktionieren bei den komplexen Zahlen genauso wie bei den reellen Zahlen, man muss nur die zusätzliche Regel $i \cdot i = -1$ beachten. Anders sieht das beim Wurzelziehen aus, aber das wird erst in 2.4 thematisiert. Folgendes gilt es jetzt schon zu beachten:

- Es ist oft vorteilhafter, „komplex" statt „reell" zu rechnen. So ist etwa $z\overline{z}$ dem Ausdruck $\mathrm{Re}(z)^2 + \mathrm{Im}(z)^2$ durchaus vorzuziehen.

- Die Darstellung einer komplexen Zahl in der Form $z = x + i\,y$ ist nur dann eindeutig, wenn x und y tatsächlich reell sind. Der „Koeffizientenvergleich"

$$a + i\,b = c + i\,d \implies (a = c) \wedge (b = d)$$

  funktioniert nur korrekt, wenn a, b, c, d reell sind.

- Ein Rechenergebnis sollte möglichst **nicht** in der Form z/w vorgelegt werden. Ist $z = x + i\,y$ und $w = u + i\,v$, so liefert das Erweitern mit $\overline{w}$ das Ergebnis

$$\frac{z}{w} = \frac{z\,\overline{w}}{w\overline{w}} = \frac{(x + i\,y)(u - i\,v)}{u^2 + v^2} = \frac{xu + yv}{u^2 + v^2} + \frac{yu - xv}{u^2 + v^2}\,i$$

  als reelle Linearkombination von 1 und i. In komplexer Schreibweise reicht $(z\overline{w})/(w\overline{w})$.

- Komplexe Zahlen besitzen kein Vorzeichen, es gibt keine Unterscheidung zwischen positiven und negativen Zahlen. Ist $z = -3 + 2\,i$, so wird $-z = 3 - 2\,i$ durch den entgegengesetzten Vektor repräsentiert. Keine der beiden Zahlen kann man vor der anderen bevorzugen. So ist auch ein Größenvergleich „$z > w$" zwischen komplexen Zahlen sinnlos, es sei denn, z und w liegen beide auf der reellen Achse.

Beispiele

1. Sei $z = 5 - 3\,i$ und $w = 2 + 7\,i$. Dann ist

$$
\begin{aligned}
z + w &= (5 + 2) + (-3 + 7)\,i = 7 + 4\,i, \\
z \cdot w &= \big(5 \cdot 2 - (-3) \cdot 7\big) + \big(5 \cdot 7 + (-3) \cdot 7\big)\,i = 31 + 14\,i, \\
z - w &= (5 - 2) + (-3 - 7)\,i = 3 - 10\,i
\end{aligned}
$$

   und $\quad \dfrac{z}{w} = \dfrac{(5 - 3\,i)(2 - 7\,i)}{(2 + 7\,i)(2 - 7\,i)} = \dfrac{-11}{53} + \dfrac{-41}{53}\,i.$

2. Es soll $|z - w|$ ausgerechnet werden. Dafür berechnet man besser die **reelle** Zahl $|z - w|^2 = (z - w)\overline{(z - w)}$ und zieht daraus die (positive) Wurzel:

$$|z - w| = \sqrt{(3 - 10\,i)(3 + 10\,i)} = \sqrt{3^2 + (-10)^2} = \sqrt{109} \approx 10.44.$$

3. Jede komplexe Zahl $z \neq 0$ kann in der Form $z = r(\cos t + \mathrm{i} \sin t)$ geschrieben werden. Dabei sind $r > 0$ und $t \in [0, 2\pi)$ eindeutig bestimmt. Diese Polarkoordinatendarstellung wird sich später als sehr wichtig erweisen. Deshalb möchte man bei komplexen Zahlen häufig zwischen kartesischer und Polarkoordinatendarstellung wechseln.

Die eine Richtung ist eine einfache Berechnung. Ist von einer komplexen Zahl z der Betrag $r = 2$ und der Winkel $t = \pi/12$ (also $15°$) gegeben, so ist

$$z = 2\left(\cos \frac{\pi}{12} + \mathrm{i} \sin \frac{\pi}{12}\right) = 2 \cdot \left(\sqrt{\frac{1}{2} + \frac{1}{4}\sqrt{3}} + \mathrm{i} \sqrt{\frac{1}{2} - \frac{1}{4}\sqrt{3}}\right) \approx 1.9318 + 0.5176\,\mathrm{i}\,.$$

Ist umgekehrt die komplexe Zahl $z = \dfrac{5}{2}\left(1 + \sqrt{3}\,\mathrm{i}\right)$ gegeben, so ist $|z| = \sqrt{z\bar{z}} = \sqrt{4 \cdot 25/4} = 5$ und der Winkel t gegeben durch

$$\cos t + \mathrm{i} \sin t = \frac{z}{|z|} = \frac{1}{2} + \frac{1}{2}\sqrt{3}\,\mathrm{i}\,.$$

Offensichtlich ist dann $t = \pi/3$ (also $= 60°$).

Aufgaben

1.5.1. Berechnen Sie den Vektor

$$\mathbf{x} := 2 \cdot (1, -1, 3) + 7 \cdot (2, 5, -2) - 10 \cdot (3, -4, -5).$$

1.5.2. Berechnen Sie die Norm der Vektoren $\mathbf{a} = (1, 2, 3)$, $\mathbf{b} = (8, -1, 3)$ und $\mathbf{c} = (2p, 7p, -9p)$ (für beliebiges $p > 0$), sowie den Abstand von $\mathbf{b}$ und $\mathbf{c}$.

Dies ist eine einfache Rechnung, genau wie die Lösung von Aufgabe 1.5.1.

1.5.3. Berechnen Sie die orthogonale Projektion von $\mathbf{x}_0 = (10, 4, 5)$ auf die Gerade $L = \{\mathbf{x} = (0, 1, 1) + t(4, 1, 0) : t \in \mathbb{R}\}$.

Sei $\mathbf{a} := (0, 1, 1)$ und $\mathbf{v} := (4, 1, 0)$, also $L = \{\mathbf{x} = \mathbf{a} + t\mathbf{v} : t \in \mathbb{R}\}$. Was versteht man unter der orthogonalen Projektion eines Vektors $\mathbf{x}_0$ auf die Gerade L? Eine Skizze könnte hilfreich sein. Weiter oben wurde erklärt, was man unter der orthogonalen Projektion eines Vektors (hier $\mathbf{x}_0$) auf einen anderen Vektor versteht. Der andere Vektor könnte hier der Richtungsvektor $\mathbf{v}$ der Geraden L sein. Das Ergebnis der Projektion wäre ein Vielfaches $\lambda \mathbf{v}$, nämlich der Vektor

$$\mathbf{w} := \frac{\mathbf{v} \bullet \mathbf{x}_0}{\mathbf{v} \bullet \mathbf{v}} \cdot \mathbf{v}.$$

Leider liegt dieser Vektor nicht auf L, und der auf L gelegene Vektor $\mathbf{a} + \mathbf{w}$ ist auch nicht die gewünschte Projektion (denn $\mathbf{a}$ ist nicht die orthogonale Projektion von $\mathbf{0}$ auf L).

Erfolgversprechender ist folgender Ansatz: Gesucht ist ein Vektor $\mathbf{p} = \mathbf{a} + t\mathbf{v} \in L$, so dass der Verbindungsvektor $\mathbf{p} - \mathbf{x}_0$ auf L (also auf $\mathbf{v}$) senkrecht steht. Es gilt dann, die Gleichung $(\mathbf{p} - \mathbf{x}_0) \bullet \mathbf{v} = 0$ zu erfüllen.

Der erste Ansatz würde übrigens auch noch zum Erfolg führen, wenn man die orthogonale Projektion $\mathbf{u}$ von $\mathbf{a}$ auf $\mathbf{v}$ berechnen und statt $\mathbf{a} + \mathbf{w}$ dann $\mathbf{a} + (\mathbf{w} - \mathbf{u})$ nehmen würde.

1.5.4. Bestimmen Sie einen Vektor $\mathbf{c} \in \mathbb{R}^3$, der orthogonal zu $\mathbf{a} = (1, -1, 0)$ und $\mathbf{b} = (0, 1, -1)$ ist.

Die Aufgabe ist nicht besonders gut gestellt, denn der Nullvektor kann sofort ohne Rechnung als Lösung erkannt werden. Gemeint ist aber natürlich eine Lösung $\neq \mathbf{0}$.

Die geforderten Bedingungen führen auf ein einfaches lineares Gleichungssystem.

1.5.5. Sei L_1 die Gerade durch $(-1, 1)$ und $(7, 3)$ im $\mathbb{R}^2$ und L_2 die Gerade durch $(1, 5)$ und $(3, -3)$. Bestimmen Sie Parametrisierungen dieser Geraden und den Schnittpunkt von L_1 und L_2.

Dass die beiden Geraden aufeinander senkrecht stehen, ist Zufall und für die Lösung irrelevant. Die Gerade durch zwei Punkte $\mathbf{x}_1$ und $\mathbf{x}_2$ ist die Gerade durch $\mathbf{x}_1$ mit Richtung $\mathbf{x}_2 - \mathbf{x}_1$. Um den Schnittpunkt zweier parametrisierter Geraden zu berechnen, sollte man für die Parameter unterschiedliche Buchstaben verwenden.

1.5.6. Beweisen Sie die Formel

$$\|\mathbf{a} - \mathbf{b}\|^2 = \|\mathbf{a}\|^2 + \|\mathbf{b}\|^2 - 2\|\mathbf{a}\| \cdot \|\mathbf{b}\| \cos \angle(\mathbf{a}, \mathbf{b}).$$

Man muss nur Formelteile durch bekannte gleichwertige Ausdrücke ersetzen.

1.5.7. Sei $\mathbf{x}_0 \in B_2(\mathbf{0}) \subset \mathbb{R}^2$. Bestimmen sie eine reelle Zahl $\varepsilon > 0$, so dass für alle $\mathbf{x} \in B_\varepsilon(\mathbf{x}_0)$ gilt: $\mathbf{x} \in B_2(\mathbf{0})$.

Was soll hier gezeigt werden? Ist $\mathbf{x}_0$ ein Punkt im Innern der Kreisscheibe $B_2(\mathbf{0})$ (mit Mittelpunkt $\mathbf{0}$ und Radius $r = 2$), so gibt es ein kleines $\varepsilon > 0$, so dass die Kreisscheibe um $\mathbf{x}_0$ mit Radius ε noch ganz in der großen Kreisscheibe enthalten ist. Eine kleine Skizze hilft beim Abschätzen, wie klein das ε gewählt werden muss. Der Beweis dafür, dass es mit diesem ε klappt, läuft praktisch von selbst.

1.5.8. Drücken Sie die folgenden komplexen Zahlen in der Form $\alpha + \beta\,\mathrm{i}$ aus:

   a) $z_1 = 2\,\mathrm{i}\,/(1 + \mathrm{i})$,

   b) $z_2 = 1 + \mathrm{i} + \mathrm{i}^2 + \mathrm{i}^3$.

   c) $z_3 = (-5 + 10\,\mathrm{i})/(1 + 2\,\mathrm{i})$.

Im Tutorium wurde schon alles gesagt, was man zur Lösung wissen muss.

1.5.9. Berechnen Sie den Betrag der folgenden komplexen Zahlen.

   a) $w_1 = (1 + \mathrm{i})(1 - \mathrm{i})$.

   b) $w_2 = (-1 + \mathrm{i})^3$.

Eine einfache Rechnung, genau wie auch bei der nächsten Aufgabe.

1.5.10. Berechnen Sie $z = \dfrac{5}{(1-\mathrm{i})(2-\mathrm{i})(3-\mathrm{i})}$.

1.5.11. Bestimmen Sie alle $z \in \mathbb{C}$ mit $|z - \mathrm{i}| < |z + \mathrm{i}|$.

*Es ist vielleicht nicht auf Anhieb klar, wonach hier gefragt wird. Hier steht ja schon die Eigenschaft, die die gesuchte Menge charakterisiert. Gesucht wird natürlich nach einer **einfacheren** Charakterisierung.*

Ein Zugang könnte die geometrische Betrachtungsweise sein. Es geht um die Punkte in der komplexen Ebene, die von i weniger weit als von $-\mathrm{i}$ entfernt sind. Welche das sind, kann man einfach beantworten, aber es hapert am Beweis, denn eine axiomatische Grundlegung der Geometrie steht hier nicht zur Verfügung. Es geht aber auch algebraisch: Eine Ungleichung der Form $|z| < |w|$ ist äquivalent zu der Bedingung $w\overline{w} - z\overline{z} > 0$. Und mit der kann man gut weiterarbeiten.

1.5.12. Bestimmen Sie alle komplexen Zahlen z mit $z^2 = -2\,\mathrm{i}$.

Die Berechnung der Quadratwurzel aus einer komplexen Zahl wird am Ende von Abschnitt 2.4 genauer behandelt. Hier bleibt nur die Möglichkeit, die komplexe Gleichung durch äquivalente reelle Gleichungen zu ersetzen. Dafür gibt es zwei Ansätze, den kartesischen Ansatz $z = x + \mathrm{i}\,y$ und die Polardarstellung $z = r(\cos t + \mathrm{i}\sin t)$.

1.6   Polynome und rationale Funktionen

Ein ***Polynom*** ist eine Funktion der Gestalt $f(x) = a_0 + a_1 x + \cdots + a_n x^n$. Ist a_n der höchste Koeffizient $\neq 0$, so heißt n der ***Grad*** des Polynoms. Ist $c \in \mathbb{R}$, so gilt:

$$f(c) = 0 \iff \exists \text{ Polynom } g(x), \text{ so dass } f(x) = (x - c) \cdot g(x).$$

Das Polynom $g(x)$ ermittelt man durch Polynomdivision, der Grad von g ist um 1 kleiner als der von f. Lässt man sogar komplexe Nullstellen zu, so lässt sich dieser Prozess (leider meist nur theoretisch) so lange fortsetzen, bis f komplett in Linearfaktoren zerlegt ist (Fundamentalsatz der Algebra). Im Reellen kann es dagegen passieren, dass ein Polynom überhaupt keine Nullstelle besitzt.

Eine Anwendung der Polynomzerlegung ist die ***Partialbruchzerlegung*** von rationalen Funktionen, die man später vor allem in der Integrationstheorie brauchen wird:

$p(x), q(x)$ *seien zwei Polynome mit* $\mathrm{grad}(p) < \mathrm{grad}(q)$. *Außerdem sei*

$$q(x) = (x - c_1)^{k_1} \cdots (x - c_r)^{k_r}$$

die Zerlegung von $q(x)$ in Linearfaktoren (über $\mathbb{C}$), mit paarweise verschiedenen komplexen Zahlen c_i. Dann gibt es eine eindeutig bestimmte Darstellung

$$\frac{p(x)}{q(x)} = \sum_{j=1}^{r} \sum_{k=1}^{k_j} \frac{a_{jk}}{(x - c_j)^k}, \text{ mit } a_{jk} \in \mathbb{C}.$$

Multipliziert man die Linearfaktoren $(x - c_1)$, $(x - c_2)$, ..., $(x - c_n)$, so erhält man ein Polynom $p(x) = x^n + a_{n-1}x^{n-1} + \cdots + a_1 x + a_0$ mit $a_0 = c_1 c_2 \cdots c_n$. Das lässt einen Umkehrschluss zu. Sucht man eine Nullstelle eines derartigen Polynoms $p(x)$, so versucht man es gerne mit Probieren. Das lohnt nur, wenn es eine einfache, möglichst ganzzahlige Nullstelle gibt. Und da sieht man, dass die Teiler des Koeffizienten a_0 ganz gute Kandidaten sind.

Beispiel

Sei $p(x) = x^3 - 8x^2 + 22x - 21$. Teiler von $a_0 = -21$ sind $\pm 1, \pm 3, \pm 7$. Man sieht leicht, dass ± 1 keine Nullstellen von $p(x)$ sind. Also versucht man es mal mit $x_0 = 3$. Um den Wert $p(x_0)$ zu berechnen, kann man sich des sogenannten „Horner-Schemas" bedienen. Es ist

$$
\begin{aligned}
p(x_0) &= -21 + x_0(22 - 8x_0 + x_0^2) = -21 + x_0\big(22 + x_0(-8 + x_0)\big) \\
&= -21 + 3(22 + 3(-8 + 3)) = -21 + 3 \cdot 7 = 0.
\end{aligned}
$$

Tatsächlich ist $x_0 = 3$ eine Nullstelle. Bevor wir damit weitermachen, soll hier noch das Horner-Schema in allgemeiner Form vorgestellt werden:

$$
\begin{array}{cccccccc}
a_n & a_{n-1} & a_{n-2} & \cdots & a_2 & a_1 & a_0 \\
 & +x_0 a_n & +x_0 a'_{n-1} & \cdots & +x_0 a'_3 & +x_0 a'_2 & +x_0 a'_1 \\
\hline
a_n & a'_{n-1} & a'_{n-2} & \cdots & a'_2 & a'_1 & p(x_0)
\end{array}
$$

In der obersten Zeile stehen die Koeffizienten $a_n, a_{n-1}, \ldots, a_2, a_1, a_0$. Darunter stehen – ab der zweiten Position – die Produkte $x_0 a_n$, $x_0 a'_{n-1}$, ..., $x_0 a'_2$ und $x_0 a'_1$, wobei $a'_{n-1} = a_{n-1} + x_0 a_n$ und a'_i für $i < n-1$ jeweils die Summe aus a_i und dem Produkt $x_0 \cdot a'_{i-1}$ ist. In der dritten Zeile stehen dann die Summen $a'_{n-1} = a_{n-1} + x_0 a_n$, $a'_{n-2} = a_{n-2} + x_0 a'_{n-1}$, ..., $a'_1 = a_1 + x_0 a'_2$ bis zum letzten Term $p(x_0) = a_0 + x_0 a'_1$.

Im Falle des obigen Beispiels sieht das folgendermaßen aus:

$$
\begin{array}{rrrr}
1 & -8 & 22 & -21 \\
 & 3 & -15 & 21 \\
\hline
1 & -5 & 7 & 0
\end{array}
$$

Am Schluss der letzten Zeile muss hier natürlich die Null stehen, weil $p(3) = 0$ ist.

Um noch mehr Nullstellen von $p(x)$ zu ermitteln, ist der nächste Schritt die klassische Polynomdivision:

$$
\begin{array}{l}
(x^3 \quad -8x^2 \quad +22x \quad -21) : (x-3) = x^2 - 5x + 7 \\
\underline{x^3 \quad -3x^2} \\
\qquad\quad -5x^2 \quad +22x \quad -21 \\
\qquad\quad \underline{-5x^2 \quad +15x} \\
\qquad\qquad\qquad\quad 7x \quad -21 \\
\qquad\qquad\qquad\quad \underline{7x \quad -21} \\
\qquad\qquad\qquad\qquad\qquad 0
\end{array}
$$

Wie man sieht, sind die Koeffizienten des Ergebnis-Polynoms gerade die Zahlen, die in der letzten Zeile des Horner-Schemas auftauchen. Das Horner-Schema kann also auch zur Durchführung der Polynom-Division benutzt werden, wenn diese aufgeht. Im allgemeinen Fall sieht das folgendermaßen aus:

$$(a_n x^n + a_{n-1} x^{n-1} + \cdots + a_1 x + a_0) : (x - c) = a'_{n-1} x^{n-1} + \cdots + a'_2 x + a'_1.$$

Was passiert übrigens, wenn die Division nicht aufgeht? Das wäre ja zum Beispiel der Fall, wenn man im Polynom $p(x)$ den Koeffizienten $a_0 = -21$ durch $a_0^* = -23$ und damit $p(x)$ durch $p^*(x) = x^3 - 8x^2 + 22x - 23$ ersetzen würde. Dann hätte man das Horner-Schema

$$
\begin{array}{rrrr}
1 & -8 & 22 & -23 \\
  & 3 & -15 & 21 \\
\hline
1 & -5 & 7 & -2
\end{array}
$$

Also ist $p^*(3) = -2$. Die Polynomdivision würde ergeben:

$$\frac{p^*(x)}{x - 3} = \widetilde{p}(x) + \frac{a}{x - 3}$$

mit einem geeigneten Polynom $\widetilde{p}$ und einer Konstanten a. Multipliziert man die Gleichung mit $x - 3$, so erhält man $a = p*(x) - \widetilde{p}(x) \cdot (x - 3)$. Setzt man $= 3$ ein, so folgt: $a = p^*(3) = -2$. Tatsächlich erhält man im vorliegenden Fall:

$$p^*(x) : (x - 3) = x^2 - 5x + 7 + \frac{-2}{x - 3}.$$

Dies ist der typische Fall einer Polynom-Division mit Rest, und die lässt sich auch allgemein mit dem Horner-Schema durchführen. Der Rest ist der Polynomwert, der ganz unten rechts im Horner-Schema auftaucht. Voraussetzung ist natürlich, dass der Divisor ein Linearfaktor der Gestalt $x - c$ ist. Dividiert man durch ein Polynom höheren Grades, so sollte man besser auf das klassische Divisionsverfahren zurückgreifen, das funktioniert immer.

Kehren wir zurück zum Anfangs-Beispiel. Es ist

$$p(x) = x^3 - 8x^2 + 22x - 21 = (x - 3) \cdot (x^2 - 5x + 7).$$

Das quadratische Polynom $q(x) = x^2 - 5x + 7$, das sich bei der Division ergeben hat, kann nun einfach weiter zerlegt werden, denn es steht ja das Lösungsverfahren für quadratische Gleichungen zur Verfügung:

$$x^2 - 5x + 7 = 0 \iff (x - \frac{5}{2})^2 = \frac{25 - 28}{4} \iff x = c_\pm := \frac{5}{2} \pm \frac{\mathrm{i}}{2}\sqrt{3}.$$

Die so erhaltenen Nullstellen sind komplexe Zahlen. Weil $q(x)$ reelle Koeffizienten besitzt, müssen die Nullstellen von $q(x)$ als ein Paar konjugiert-komplexer Zahlen auftreten, wie es ja auch tatsächlich der Fall ist. Und man hat endgültig die Zerlegung

$$x^3 - 8x^2 + 22x - 21 = (x - 3)(x - c_+)(x - c_-).$$

Es soll hier auch ein Beispiel für eine Partialbruchzerlegung behandelt werden.

Beispiel

Sei $R(x) := \dfrac{x^4 + 5x^2 - 3}{x^3 - 3x^2 + 4}$. Hier hat der Zähler $Z(x) := x^4 + 5x^2 - 3$ höheren Grad als der Nenner $N(x) := x^3 - 3x^2 + 4$. Deshalb muss man zunächst eine Polynomdivision ausführen:

$$Z(x) : N(x) = x + 3 \quad \text{Rest } 14x^2 - 4x - 15.$$

Es reicht also, die Partialbruchzerlegung für $S(x) := \dfrac{14x^2 - 4x - 15}{N(x)}$ auszuführen. Der nächste Schritt ist die Zerlegung des Nenners in Linearfaktoren. Bei einem Polynom dritten Grades hat man noch gute Chancen, aber etwas Glück braucht man auch. Schön wäre es, wenn es ganzzahlige Nullstellen gäbe. Dazu betrachte man die Teiler des Koeffizienten $a_0 = 4$, das sind ± 1, ± 2 und ± 4. Es ist $N(1) = 2$ und $N(-1) = 0$, damit haben wir immerhin schon eine Nullstelle. Nun könnte man das Problem per Polynomdivision auf ein quadratisches Polynom zurückführen (was meistens zu empfehlen ist) oder weiter probieren. Hier sieht man schnell, dass $N(2) = 0$ und $N(-2) = -16$ ist, das ergibt die zweite Nullstelle. Die dritte Nullstelle findet man, wenn man $N(x)$ durch $(x+1)(x-2) = x^2 - x - 2$ dividiert, das Ergebnis ist $x - 2$. Also taucht 2 als doppelte Nullstelle auf, und es ist $N(x) = (x-2)^2(x+1)$. Jetzt steht fest, welchen Ansatz man machen muss:

$$S(x) = \frac{14x^2 - 4x - 15}{(x-2)^2(x+1)} = \frac{a}{x-2} + \frac{b}{(x-2)^2} + \frac{c}{x+1}.$$

Die Berechnung der unbetimmten Koeffizienten a, b und c sollte man möglichst ökonomisch gestalten.

1. Schritt: Multiplikation mit $x + 1$ und Einsetzen von $x = -1$ ergibt

$$c = \frac{14 + 4 - 15}{9} = \frac{3}{9} = \frac{1}{3}.$$

2. Schritt: Multiplikation mit $(x-2)^2$ und Einsetzen von $x = 2$ ergibt

$$b = \frac{14 \cdot 4 - 4 \cdot 2 - 15}{3} = \frac{56 - 8 - 15}{3} = 11.$$

3. Schritt: Zur Berechnung von a verwende man die schon gewonnenen Ergebnisse. Der Ansatz reduziert sich jetzt auf die Gleichung

$$\frac{14x^2 - 4x - 15}{N(x)} = \frac{a}{x-2} + \frac{x^2 + 29x + 37}{3N(x)},$$

also

$$\frac{a}{x-2} = \frac{41x^2 - 41x - 82}{3N(x)} = \frac{41}{3} \cdot \frac{x^2 - x - 2}{(x-2)^2(x+1)} = \frac{41}{3} \cdot \frac{1}{x-2}.$$

Multipliziert man nun mit $x-2$, so erhält man $a = \dfrac{41}{3}$. Das Endergebnis lautet:

$$R(x) = x + 3 + \frac{1}{3} \cdot \left(\frac{41}{x-2} + \frac{33}{(x-2)^2} + \frac{1}{x+1} \right).$$

Aufgaben

1.6.1. Sei $f(x) = a_0 + a_1 x + \cdots + a_n x^n$ ein Polynom und α eine beliebige reelle Zahl. Die Zahlen b_i und c_i seien wie folgt definiert: Es sei $b_n := 0$ und $c_n := a_n$, sowie

$$b_j \quad := \quad \alpha \cdot c_{j+1}$$
$$\text{und} \quad c_j \quad := \quad a_j + b_j,$$

für $j = n-1, n-2, \ldots, 0$. Beweisen Sie, dass $c_0 = f(\alpha)$ ist.

Berechnen Sie mit diesem Verfahren den Wert $f(2)$ für

$$f(x) = x^5 - 7x^3 + 9x^2 + x + 3.$$

Wer oben aufgepasst hat, erkennt unschwer, dass es sich um das Horner-Schema handelt. Ziel der Aufgabe ist es, zu beweisen, dass das Verfahren funktioniert. Man kann das – je nach Geschmack – ein bisschen improvisieren oder mit Hilfe eines sauberen Induktionsbeweises ausführen.

1.6.2. Dividieren Sie mit Rest:

$$(3x^5 - x^4 + 8x^2 - 1) : (x^3 + x^2 + x) = ?$$
$$(x^5 - x^4 + x^3 - x^2 + x - 1) : (x^2 - 2x + 2) = ?$$

Da die Divisoren keine Linearfaktoren sind, wird man wohl auf klassische Weise dividieren müssen.

1.6.3. Sei $f(x)$ ein Polynom vom Grad n und $g(y)$ ein Polynom vom Grad m. Zeigen Sie, dass $g \circ f$ ein Polynom vom Grad $n \cdot m$ ist.

Mit $g \circ f$ ist die Verknüpfung der Polynomfunktionen g und f gemeint. Ist zB. $f(x) = x^2 - x$ und $g(y) = y^3$, so ist $g \circ f = (x^2 - x)^3 = x^6 - 3x^5 + 3x^4 - x^3$. Der Grad eines Polynoms wird durch den höchsten nicht-verschwindenden Koeffizienten bestimmt.

1.6.4. Ist $f(x) = \sum_{k=0}^{n} a_k x^k$ ein beliebiges Polynom, so definiert man das Polynom Df durch

$$Df(x) := \begin{cases} \sum_{k=1}^{n} k \cdot a_k x^{k-1} & \text{falls } n \geq 1, \\ 0 & \text{sonst.} \end{cases}$$

Das geht, weil ein Polynom durch seine Koeffizienten eindeutig festgelegt ist. Zeigen Sie:

a) Ist x eine feste Zahl, so ist $f(x+h) = f(x) + Df(x) \cdot h + h^2 \cdot g(h)$, mit einem eindeutig bestimmten Polynom $g(h)$.

b) Es ist $D(f \cdot g) = Df \cdot g + f \cdot Dg$.

c) f besitzt genau dann eine Nullstelle α der Vielfachheit ≥ 2, wenn α gemeinsame Nullstelle von f und Df ist.

Die Ableitung von Funktionen wird erst in Kapitel 3 behandelt. Bei Polynomen können Ableitungen aber rein algebraisch behandelt werden, ohne infinitesimale Prozesse. Das soll an Hand dieser Aufgabe demonstriert werden.

a) Man setze $x+h$ ein und sortiere nach Potenzen von h.
b) Hier hilft das Ergebnis von (a) und ein Koeffizientenvergleich.
c) Man beweise die beiden geforderten Implikationen am besten getrennt. Falls nötig, kann man das Widerspruchsprinzip bemühen.

1.6.5. Zeigen Sie: Ist p ungerade, so besitzt $f(x) = 1 + x + x^2 + \cdots + x^{p-1}$ keine reelle Nullstelle.

Man zeige, dass höchstens $\alpha = 1$ als reelle Nullstelle in Frage käme.

1.6.6. Sei $f(x)$ ein nicht konstantes Polynom. Zeigen Sie, dass $1/f(x)$ kein Polynom sein kann.

Man überlege sich, welchen Grad $1/f(x)$ haben müsste.

1.6.7. Zeigen Sie, dass ein Polynom $f(x) = a_n x^n + \cdots + a_1 x + a_0$ genau dann eine gerade Funktion ist, wenn $a_{2k+1} = 0$ für alle k ist.

Es liegt eigentlich auf der Hand, was zu tun ist.

1.6.8. Bestimmen Sie die Partialbruchzerlegung der rationalen Funktion

$$R(x) = \frac{x^3 + x^2 + 1}{x^2 - 1}.$$

Nach Polynom-Division und Zerlegung des Nenners kommt man über einen einfachen Ansatz zum Ziel.

1.6.9. Führen Sie die Partialbruchentwicklung der folgenden rationalen Funktion durch. Arbeiten Sie dabei zunächst im Komplexen und bestimmen Sie dann die reelle Partialbruchzerlegung.

$$R(x) = \frac{2x^3 + 3x + 2}{(x^2 + 1)(x^2 + x - 2)}.$$

1.6.10. Seien $f(x) = x^n + a_{n-1} x^{n-1} + \cdots + a_0$ und $g(x) = x^m + b_{m-1} x^{m-1} + \cdots + b_0$ zwei „normierte" Polynome von positivem Grad. Alle Koeffizienten a_i und b_j seien rationale Zahlen. Zeigen Sie: Besitzt $f \cdot g$ nur ganzzahlige Koeffizienten, so sind auch alle a_i und alle b_j ganze Zahlen.

Man multipliziere zunächst $f(x)$ mit einer geeigneten ganzen Zahl c und $g(x)$ mit einer geeigneten ganzen Zahl d, so dass danach alle Koeffizienten ganzzahlig und ohne gemeinsamen Teiler sind. Es lässt sich dann zeigen, dass cd keinen Primteiler besitzt. Dafür muss man allerdings noch etwas tricksen.

1.6.11. a) Es seien $p, q > 0$ reelle Zahlen. Zeigen Sie: Sind u, v reelle Zahlen mit $u^3 + v^3 = q$ und $uv = -p/3$, so ist $x = u + v$ eine Lösung der Gleichung $x^3 + px = q$.

b) Zeigen Sie: Ist $u^3 + v^3 = q$ und $uv = -p/3$, so sind u^3 und v^3 die beiden Lösungen der quadratischen Gleichung $y^2 - qy - p^3/27 = 0$. Bestimmen Sie u und v.

c) Lösen Sie die Gleichung $x^3 + 63x = 316$.

Es geht hier um ein Verfahren zur Lösung von Gleichungen dritten Grades, wie es auf Cardano zurückgeht. Die konkrete Aufgabe in (c) kann gelöst werden, indem man (a) und (b) mit den speziellen Werten nachvollzieht.

2 Der Grenzwertbegriff

Die Differential- und Integralrechnung wurde gegen Ende des 17. Jahrhunderts entdeckt, von Isaac Newton und Gottfried Wilhelm Leibniz, nach Vorarbeiten von Fermat, Barrow und anderen. Die neu entdeckte Infinitesimalrechnung wurde zunächst wie eine Geheimwissenschaft behandelt. Es fehlten exakte logische Grundlagen, aber die Ergebnisse der neuen Rechentechnik waren so überwältigend, dass man unmöglich auf sie verzichten konnte. Die Entwicklung der Infinitesimalrechnung ging mit Riesenschritten voran, aber es dauerte noch über 100 Jahre, bis Cauchy den Grenzwertbegriff einführte und damit eine exakte Grundlegung der neuen Mathematik zumindest einleitete. Erst mit Hilfe der Cantorschen Mengenlehre konnte (vor allem durch Dedekind) gegen Ende des 19. Jahrhunderts der Begriff der reellen Zahl präzisiert, die Vollständigkeit der Menge der reellen Zahlen formuliert und damit der Grenzwertbegriff endgültig gefestigt werden.

So ist es nicht verwunderlich, dass heute der Grenzwertbegriff im Zentrum einer wissenschaftlichen Einführung in die Infinitesimalrechnung steht.

2.1 Konvergenz

Dieser Abschnitt behandelt zunächst alle Aspekte der Konvergenz von Folgen. Eine **_Folge_** von reellen Zahlen a_n **_konvergiert_** genau dann gegen die Zahl a, wenn gilt:

$$\forall \varepsilon > 0 \; \exists n_0 \in \mathbb{N}, \text{ so dass } \forall n \geq n_0 : |a_n - a| < \varepsilon.$$

Man schreibt dann: $\lim\limits_{n \to \infty} a_n = a$.

Da es in der Regel nicht ganz einfach ist, dieses ε-Kriterium zu verifizieren, freut man sich über zusätzliche Hilfen:

1. **_Einschließungssatz:_** Ist $a_n \leq c_n \leq b_n$, a der Grenzwert von (a_n) und b der Grenzwert von (b_n), so ist $a \leq b$. Ist sogar $a = b$, so konvergiert auch (c_n) gegen a.

2. **_Satz von der monotonen Konvergenz:_** Ist (a_n) streng monoton wachsend und nach oben beschränkt, so ist (a_n) konvergent.

3. **_Grenzwertsätze:_** Konvergiert (a_n) gegen a und (b_n) gegen b, so konvergieren die Folgen $(a_n \pm b_n)$, $(a_n \cdot b_n)$ und (a_n/b_n) gegen $a \pm b$, $a \cdot b$ und a/b (letzteres gilt natürlich nur, wenn $b \neq 0$ und für fast alle n auch $b_n \neq 0$ ist).

Die folgenden Beispiele werden in den meisten Vorlesungen und Lehrbüchern behandelt und können deshalb beim Lösen der Aufgaben verwendet werden:

- $\sqrt[n]{n}$ konvergiert gegen 1.

- Ist $a > 0$, $x_0 > 0$ und $x_{n+1} := \left(x_n + a/x_n\right)/2$, so konvergiert (x_n) gegen $\sqrt{a}$.

- Die Folge $a_n := (1 + 1/n)^n$ konvergiert gegen die **Euler'sche Zahl** e.

Eine Zahl a ist genau dann Grenzwert der Folge (a_n), falls in jeder ε-Umgebung von a **fast alle** a_n liegen (also alle bis auf endlich viele).

Eine Zahl a heißt **Häufungspunkt** der Folge (a_n), falls in jeder ε-Umgebung von a (also jeder Menge $U_\varepsilon(a) := \{x \in \mathbb{R} : |x - a| < \varepsilon\}$) unendlich viele a_n liegen. Nach dem **Satz von Bolzano-Weierstraß** besitzt jede beschränkte Folge mindestens einen Häufungspunkt. Eine konvergente Folge hat genau einen Häufungspunkt, nämlich ihren Grenzwert. Eine beschränkte divergente Folge muss also mindestens zwei verschiedene Häufungspunkte besitzen. Zu jedem Häufungspunkt einer Folge gibt es eine **Teilfolge**, die dagegen konvergiert.

Man begegnet der Konvergenz in vielerlei Gestalt, in der Schule meist nur noch in der Gestalt der Konvergenz einer Funktion. Zum besseren Verständnis sollte aber am Anfang möglichst der einfachste Konvergenzbegriff stehen, die Konvergenz einer Zahlenfolge.

Eine Folge (a_n) von reellen Zahlen ist dadurch gegeben, dass jeder natürlichen Zahl n eindeutig eine reelle Zahl a_n zugeordnet wird. Deshalb wird eine Zahlenfolge manchmal auch als Funktion $a : \mathbb{N} \to \mathbb{R}$ eingeführt, aber an Stelle des Wertes $a(n)$ schreibt man lieber a_n. Was bedeutet es, dass eine Folge (a_n) gegen einen Grenzwert a konvergiert? Zur Veranschaulichung zeichnen wir eine spezielle Folge als Funktionsgraphen. Es sei $a_n := (-1)^n \cdot \dfrac{1}{2n - 7}$:

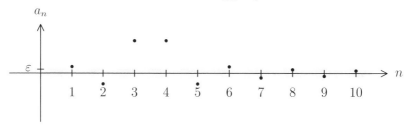

Man muss sich das Verifizieren des Konvergenz-Kriteriums wie einen Dialog vorstellen. Der eine Gesprächspartner nennt (immer kleiner werdende) Werte von ε, und der andere kann zu jedem solchen ε ein n_0 finden, so dass ab der Nummer n_0 alle a_n in dem ε-Schlauch um den Grenzwert a (der im Beispiel zufällig Null ist) liegen. Die Folge konvergiert gegen a, wenn das bei jedem $\varepsilon > 0$ klappt. In der Praxis wirft das aber einige Probleme auf:

- Es gibt eine unendliche Vielzahl von ε-Werten. Damit das Verfahren immer klappt, beginnt man mit dem altbekannten Satz „Sei $\varepsilon > 0$ **beliebig** vorgegeben." Mit Ausnahme der Tatsache, dass $\varepsilon > 0$ ist, darf dann aber nichts weiteres über ε vorausgesetzt werden.

- Um das Kriterium zu überprüfen, muss man den Grenzwert schon kennen. In günstigen Fällen kann man ihn erraten, oder er ist in der Aufgabenstellung vorgegeben. Es gibt aber auch viele Situationen, in denen der Grenzwert unbekannt ist. Manchmal handelt es sich sogar um eine Zahl, die erst durch die Eigenschaft, Grenzwert einer bestimmten Folge zu sein, festgelegt wird. Die Euler'sche Zahl e ist ein Beispiel dafür. In solchen Fällen kommt man mit dem ε-Kriterium allein nicht zum Ziel, da sind andere Methoden gefragt.

- Selbst wenn der Grenzwert bekannt ist, kann es noch schwierig sein, zu bekanntem ε ein passendes n_0 zu finden. In der Regel versucht man es mit der Methode der falschen Schlussrichtung. Kürzt man etwa den Term $|a_n - a|$ mit $A(n)$ ab, so versuche man, die Ungleichung $A(n) < \varepsilon$ nach n in der Form $n > B(\varepsilon)$ – mit einem nur von ε abhängigen Term $B(\varepsilon)$ – aufzulösen. Kann man dann ein n_0 mit $n_0 > B(\varepsilon)$ finden, so ist die Ungleichung $n > B(\varepsilon)$ für jedes $n \geq n_0$ erfüllt.

Es bleibt einem nun nicht erspart, die Schlussrichtung zu korrigieren. Der endgültige Konvergenz-Beweis sollte dann folgendermaßen aufgeschrieben werden:

1. Sei $\varepsilon > 0$ beliebig vorgegeben.

2. Es wird ein n_0 mit $n_0 > B(\varepsilon)$ bestimmt.

3. Sei $n \geq n_0$.

4. Es ist nun auch $n > B(\varepsilon)$. Diese Ungleichung wird – unter Umkehrung der zuvor in der falschen Richtung angewandten Schlüsse – nach ε aufgelöst, in der Form $A(n) < \varepsilon$. Damit ist man am Ziel.

Beispiel

Sei $a_n := \dfrac{7n - 5}{4n + 1}$. Gefragt ist nach der Konvergenz der Folge. Leider ist kein Grenzwert angegeben, den muss man erraten. Dabei interessiert das Verhalten von a_n nur für sehr großes n. Für solche n ist

$$7n - 5 \approx 7n, \quad 4n + 1 \approx 4n \quad \text{und damit} \quad \frac{7n - 5}{4n + 1} \approx \frac{7n}{4n} = \frac{7}{4}.$$

Deshalb kann man vermuten, dass (a_n) gegen $a = 7/4$ konvergiert. Der oben mit $A(n)$ bezeichnete Term hat dann die Gestalt

$$A(n) = \left| \frac{7n - 5}{4n + 1} - \frac{7}{4} \right| = \frac{27}{4(4n + 1)}.$$

Bei der Methode der falschen Schlussrichtung versucht man, die Ungleichung $A(n) < \varepsilon$ in der Form $n > B(\varepsilon)$ aufzulösen. Das ist hier möglich:

$$A(n) < \varepsilon \iff 4n + 1 > \frac{27}{4\varepsilon} \iff n > \frac{27}{16\varepsilon} - \frac{1}{4}.$$

Erfreulicherweise sind alle Schritte problemlos umkehrbar. Sei nun ein beliebiges $\varepsilon > 0$ vorgegeben. Dann ist $27/(16\varepsilon)$ eine positive reelle Zahl, und nach dem Satz von Archimedes gibt es eine natürliche Zahl $n_0 > 27/(16\varepsilon)$. Der Satz von Archimedes, der unmittelbar aus dem Vollständigkeitsaxiom folgte, ist das entscheidende Hilfsmittel, das solche direkten Konvergenzbeweise erst möglich macht. Ist nun $n \geq n_0$, so ist auch $n > 27/(16\varepsilon)$ und erst recht $n > 27/(16\varepsilon) - 1/4$. Da oben alle Umformungen umkehrbar waren, folgt daraus für alle $n \geq n_0$ die Ungleichung $A(n) < \varepsilon$. Damit ist gezeigt, dass (a_n) tatsächlich gegen $7/4$ konvergiert.

Als Lösung schreibt man nur die Schritte auf, die zur richtigen Schlussrichtung gehören. Das sieht folgendermaßen aus:

Behauptung: Die Folge $a_n = (7n - 5)/(4n + 1)$ konvergiert gegen $a = 7/4$.

BEWEIS:

1. Sei $\varepsilon > 0$ beliebig vorgegeben.
2. Nach Archimedes existiert ein $n_0 \in \mathbb{N}$ mit $n_0 > 27/(16\varepsilon)$.
3. Sei $n \geq n_0$. Dann ist $n > 27/(16\varepsilon) - 1/4$.
4. Es folgt: $4n + 1 > 27/4\varepsilon$ für alle $n \geq n_0$.
5. Es folgt: $|a_n - a| = \left| \dfrac{7n - 5}{4n + 1} - \dfrac{7}{4} \right| = \dfrac{27}{4(4n + 1)} < \varepsilon$ für $n \geq n_0$.   ∎

Man sieht dem endgültigen Beweis nicht mehr an, wie er zustande gekommen ist. Das ist typisch für die in der axiomatischen Mathematik vorherrschende deduktive Methode.

Es wäre sehr mühsam, wenn man immer zu vorgegebenem ε die Jagd nach dem passenden n_0 durchführen müsste. In der Vorlesung werden deshalb Lehrsätze bewiesen, die einem die Arbeit erleichtern. An erster Stelle stehen dabei die sogenannten „Grenzwertsätze", die besagen, dass sich die Grundrechenarten (Addition, Subtraktion, Multiplikation und – unter gewissen Voraussetzungen – auch die Division) auf Grenzwerte übertragen lassen. Damit würde sich der obige Konvergenzbeweis deutlich vereinfachen lassen.

Behauptung: Die Folge $a_n = (7n - 5)/(4n + 1)$ konvergiert gegen $a = 7/4$.

BEWEIS:

1. Kürzen mit n ergibt: $a_n = \dfrac{7 - 5/n}{4 + 1/n}$.

2. Es kann als bekannt vorausgesetzt werden, dass $(1/n)$ gegen Null konvergiert.

3. Es folgt: $7 - 5/n = 7 - 5 \cdot (1/n)$ konvergiert gegen 7, und $4 + 1/n$ konvergiert gegen 4.

4. Da $4 + 1/n$ und der Grenzwert 4 beide $\neq 0$ sind, konvergiert auch a_n gegen $7/4$. ∎

Der Beweis ist nicht nur deutlich einfacher, er liefert auch noch den Grenzwert frei Haus.

Wann kann man diese Methode anwenden? Zum Beispiel bei Folgen der Gestalt $a_n = p(n)/q(n)$ mit Polynomen

$$p(n) = a_k n^k + \cdots + a_1 n + a_0 \text{ und } q(n) = b_m n^m + \cdots + b_1 n + b_0.$$

Ist $k = m$ und $a_k \neq 0$ und $b_m \neq 0$, so kann man durch n^k kürzen und erhält als Grenzwert die Zahl a_k/b_k.

Ist $m > n$, so konvergiert a_n gegen Null. Ist $m < n$, so konvergiert a_n nicht.

Ein weiteres Hilfsmittel ist der Satz von der monotonen Konvergenz. Sein Vorteil besteht darin, dass man den Grenzwert nicht zu kennen braucht. Leider wird der Grenzwert auch nicht geliefert. Manchmal reicht allerdings das Wissen um die Existenz des Grenzwertes, um diesen nachträglich doch noch zu bestimmen. Wenn der Grenzwert von (a_n) existiert, so konvergiert die Folge (a_{n+1}) gegen den gleichen Grenzwert. Ist die Folge rekursiv gegeben, also $a_{n+1} = F(a_n)$, sowie a der gemeinsame Grenzwert von (a_n) und (a_{n+1}), so erhält man die Gleichung $a = F(a)$. Mit etwas Glück lässt sich diese nach a auflösen.

Im Falle der Folge $a_n = (7n - 5)/(4n + 1)$ lässt sich leicht zeigen, dass $7n - 5 < 8n + 2$ für alle n gilt, also $a_n < 2$. Damit ist die Folge nach oben beschränkt. Außerdem ist $a_n \leq a_{n+1}$, denn es ist $(7n - 5)(4n + 5) < (7n + 2)(4n + 1)$. Also wächst (a_n) monoton und muss somit konvergent sein. Den Grenzwert erhält man auf diesem Wege allerdings nicht, die Methode der monotonen Konvergenz ist hier weniger geeignet.

Der Satz von der monotonen Konvergenz beschreibt eigentlich – wenn man mal einen Augenblick darüber nachdenkt – einen nahezu selbstverständlichen Sachverhalt. Wenn eine Folge (a_n) monoton wächst und durch eine Zahl nach oben beschränkt ist, was soll sie denn dann machen? Man kann ja mit der oberen Schranke so weit nach unten gehen, wie es möglich ist, und dann nähert sich die Folge von unten dieser minimalen Grenze beliebig gut an. Da es in $\mathbb{R}$ keine Lücken gibt, muss die Folge konvergieren. Ist das schlüssig? Wohl doch nicht weniger als das Vollständigkeitsaxiom. Tatsächlich ist der Satz von der monotonen Konvergenz sehr nahe am Vollständigkeitsaxiom, er ist nämlich äquivalent dazu.

Äquivalente Formulierungen des Vollständigkeitsaxioms

Folgende Aussagen über $\mathbb{R}$ sind äquivalent:[1]

  1. *Jede nicht leere, nach oben beschränkte Menge besitzt ein Supremum.*

  2. *Jede monoton wachsende und nach oben beschränkte Folge konvergiert.*

Beweis *:   (1) $\Longrightarrow$ (2): Das ist einfach der Beweis des Satzes von der monotonen Konvergenz (mit Hilfe des Vollständigkeitsaxioms), den wir hier nicht wiederholen wollen. Er findet sich in den meisten Lehrbüchern.

(2) $\Longrightarrow$ (1): Hier muss man etwas vorsichtig vorgehen. Man darf nichts benutzen, was aus dem Vollständigkeitsaxiom folgt, ausgenommen natürlich die Voraussetzung, also den Satz von der monotonen Konvergenz. Klar ist aber, dass dann auch jede monoton fallende und nach unten beschränkte Folge konvergiert (man braucht ja zum Beweis nur jedes x durch $-x$ zu ersetzen).

Es gilt auf jeden Fall der Satz von Archimedes: Gäbe es nämlich eine reelle Zahl c, die größer als alle natürlichen Zahlen ist, dann wäre die Folge (n) der natürlichen Zahlen eine nach oben beschränkte, monoton wachsende Folge. Sie müsste gegen eine reelle Zahl x_0 konvergieren. Das bedeutet, dass es ein n_0 geben müsste, so dass $x_0 - n < 1/2$ für $n \geq n_0$ gilt. Für ein solches n wäre dann $n > x_0 - 1/2$ und damit $n + 1 > x_0$. Das ist ein Widerspruch.

Wenn es zu jeder reellen Zahl c ein $n \in \mathbb{N}$ mit $n > c$ gibt, so gibt es auch zu jedem $\varepsilon > 0$ ein $n \in \mathbb{N}$ mit $1/n < \varepsilon$. Da stets $2^n > n$ ist (Induktion), gibt es auch zu jedem $\varepsilon > 0$ und jedem $c > 0$ ein $n \in \mathbb{N}$ mit $2^{-n} \cdot c < \varepsilon$.

Sei nun $M \neq \varnothing$ eine nach oben beschränkte Menge. Dann ist die Menge S der oberen Schranken von M nicht leer. Sei $s_1 \in S$ beliebig und $t_1 \in M$. Man kann induktiv eine monoton fallende Folge (s_n) in S und eine monoton wachsende Folge (t_n) in M konstruieren, so dass gilt:

$$s_i \geq t_i \quad \text{und} \quad s_{i+1} - t_{i+1} \leq (s_i - t_i)/2 \text{ für alle } i \geq 1.$$

Sind $t_1, \ldots, t_n$ und $s_1, \ldots, s_n$ schon konstruiert, so bestimme man s_{n+1} und t_{n+1} wie folgt: Die Zahl $m := (t_n + s_n)/2$ liegt genau in der Mitte zwischen s_n und t_n. Gehört m zu S, so setze man $t_{n+1} := t_n \in M$ und $s_{n+1} := m \in S$. Andernfalls sei $s_{n+1} := s_n$ und $t_{n+1} \geq m$ ein Element von M. In beiden Fällen ist $s_{n+1} - t_{n+1} \leq (s_n - t_n)/2$ und $s_{n+1} \geq t_{n+1}$. Mit trivialer Induktion folgt:

$$s_n - t_n \leq 2^{-n+1}(s_1 - t_1) \text{ für alle } n \geq 1.$$

Die Folge (s_n) ist monoton fallend und nach unten (durch jedes Element von M) beschränkt, konvergiert also gegen eine reelle Zahl s. Wäre s keine obere Schranke

---

[1] Dieser Satz und sein Beweis können auch übersprungen werden. Das wird hier und künftig durch einen Stern beim Wort „Beweis" gekennzeichnet.

von M mehr, so gäbe es ein $x \in M$ mit $x > s$. Aber dann könnte man ein n mit $s \leq s_n < x$ finden, und das kann nicht sein (weil ja alle s_n obere Schranken von M sind). Also ist $s \in S$.

Angenommen, s ist nicht die kleinste obere Schranke von M. Dann gibt es ein $s^* \in S$ mit $s^* < s$. Setzen wir $\varepsilon := (s - s^*)/2$, so gibt es ein $n \in \mathbb{N}$ mit $s_n - t_n < \varepsilon$, denn die Folge $(s_n - t_n)$ konvergiert gegen Null. Dann ist

$$t_n > s_n - \varepsilon \geq s - \frac{s - s^*}{2} = \frac{s + s^*}{2} > s^*.$$

Das kann nicht sein, weil t_n zu M gehört und s^* obere Schranke von M ist. Also ist s doch die kleinste obere Schranke von M. ∎

Gut, der Satz von der monotonen Konvergenz passt eher in die Welt der Theorie. Aber man sollte ihn nicht unterschätzen, er kann manchmal ein gutes Hilfsmittel sein, wenn alle anderen Konvergenzkriterien versagen.

Kommen wir zu weiteren Tricks, wie man das Konvergenzverhalten einer Folge untersuchen kann.

Beispiel

Sei $a_n := \sqrt{4n^2 + n} - 2n$. Die Wurzel macht einem das Leben schwer, aber man kann sich an folgende Formel erinnern: $a - b = (a^2 - b^2)/(a + b)$. Das ergibt:

$$a_n = \frac{(4n^2 + n) - 4n^2}{\sqrt{4n^2 + n} + 2n} = \frac{n}{\sqrt{4n^2 + n} + 2n} = \frac{1}{2 + \sqrt{4 + 1/n}}.$$

Die klassischen Grenzwertsätze sagen nichts über die Vertauschbarkeit von Wurzel und Grenzwert aus. Aber in Aufgabe 2.1.4 wird gezeigt: Konvergiert (x_n) gegen x, so konvergiert $(\sqrt{x_n})$ gegen $\sqrt{x}$. Weil $4 + 1/n$ gegen 4 konvergiert, konvergiert $\sqrt{4 + 1/n}$ gegen 2 und (a_n) gegen $1/4$.

Ähnlich behandelt man die Folge $a_n := \sqrt{n} \cdot (\sqrt{n + 1} - \sqrt{n})$. Erweitern mit $\sqrt{n + 1} + \sqrt{n}$ liefert

$$a_n = \frac{\sqrt{n}}{\sqrt{n + 1} + \sqrt{n}} = \frac{1}{\sqrt{1 + 1/n} + 1},$$

und dieser Ausdruck konvergiert gegen $1/2$.

Man benutze diese Methode, um selbst zu zeigen, dass $\sqrt{n + \sqrt{n}} - \sqrt{n - \sqrt{n}}$ gegen 1 konvergiert.

Kennt man bereits einige Grenzwerte, so kann eventuell auch der Einschließungssatz hilfreich sein.

Beispiele

1. Sei $a > 1$ eine reelle Zahl. Für fast alle $n \in \mathbb{N}$ ist dann $1 < a \leq n$, also auch $1 = \sqrt[n]{1} \leq \sqrt[n]{a} \leq \sqrt[n]{n}$. Als bekannt wird vorausgesetzt, dass $\sqrt[n]{n}$ gegen 1 konvergiert. Nach dem Einschließungssatz konvergiert dann $\sqrt[n]{a}$ für jede reelle Zahl $a > 1$ ebenfalls gegen 1.

2. Sei $0 \leq a \leq b$ und $a_n := \sqrt[n]{a^n + b^n}$. Dann ist

$$b \leq \sqrt[n]{a^n + b^n} = b\sqrt[n]{(a/b)^n + 1} \leq b\sqrt[n]{2} \qquad \text{(weil } a/b \leq 1 \text{ ist).}$$

Die konstante Folge $x_n := b$ konvergiert gegen b, und die Folge $y_n := b\sqrt[n]{2}$ konvergiert gegen b (weil $\sqrt[n]{2}$ gegen 1 konvergiert, wie oben gezeigt). Da $x_n \leq a_n \leq y_n$ gilt, konvergiert auch (a_n) gegen b.

Bei induktiv gegebenen Folgen kommt man mit den obigen Methoden häufig nicht weiter. Was bleibt, ist die Hoffnung auf monotone Konvergenz. Wenn auch die versagt, sollte man es mal mit dem Cauchy-Kriterium versuchen.

Cauchy-Kriterium: Eine Folge (a_n) ist genau dann konvergent, wenn zu jedem $\varepsilon > 0$ ein n_0 existiert, so dass $|a_{n+k} - a_n| < \varepsilon$ für $n \geq n_0$ und $k \geq 1$ gilt.

Der Vorteil ist, dass man den Grenzwert nicht zu kennen braucht. Man muss nur nachweisen, dass sich die Folgenglieder für großes n beliebig nahe kommen.

Beispiel

Sei $a_1 := 1$ und $a_{n+1} := a_n + (-1)^n \dfrac{1}{n+1}$. Dies ist keine monotone Folge, denn es ist $a_{2k+1} > a_{2k}$ und $a_{2k+2} < a_{2k+1}$. Ein Grenzwert ist weit und breit nicht zu sehen.

Die Formulierung des Cauchy-Kriteriums wirkt ja leider erst mal etwas komplizierter. Aber eigentlich muss man doch nur die Differenzen $a_{n+k} - a_n$ abschätzen. Das sieht hier folgendermaßen aus:

$$
\begin{aligned}
a_{n+k} - a_n &= (a_{n+k} - a_{n+k-1}) + (a_{n+k-1} - a_{n+k-2}) + \cdots + (a_{n+1} - a_n) \\
&= (-1)^n \frac{1}{n+1} + (-1)^{n+1} \frac{1}{n+2} + \cdots + (-1)^{n+k-1} \frac{1}{n+k} \\
&= (-1)^n \left(\left(\frac{1}{n+1} - \frac{1}{n+2} \right) + \cdots + R(n,k) \right) \\
&= (-1)^n \cdot S(n,k).
\end{aligned}
$$

Dabei gilt für den „Rest-Term" $R(n,k)$:

$$
R(n,k) = \begin{cases} 1/(n+k-1) - 1/(n+k) & \text{falls } k \text{ gerade} \\ 1/(n+k) & \text{falls } k \text{ ungerade} \end{cases} .
$$

Das zeigt, dass $S(n,k) = \big(1/(n+1) - 1/(n+2)\big) + \cdots + R(n,k)$ immer positiv ist. Andererseits ist

$$S(n,k) = \frac{1}{n+1} - \left(\frac{1}{n+2} - \frac{1}{n+3}\right) - \cdots - R^*(n,k)$$

mit

$$R^*(n,k) = \begin{cases} 1/(n+k) & \text{falls } k \text{ gerade} \\ 1/(n+k-1) - 1/(n+k) & \text{falls } k \text{ ungerade} \end{cases}.$$

Damit ist $|a_{n+k} - a_n| = |S(n,k)| = S(n,k) < 1/(n+1)$. Man beachte, dass diese Abschätzung sehr sorgfältigen Gebrauch von den Vorzeichen macht. Gröbere Abschätzungen – etwa mit Hilfe der Dreiecksungleichung – würden hier nicht zum Ziel führen.

Ist nun $\varepsilon > 0$ vorgegeben, so findet man ein n_0 mit $1/(n_0+1) < \varepsilon$. Für $n \geq n_0$ und $k \geq 1$ ist dann $|a_{n+k} - a_n| < \varepsilon$. Damit liegt eine Cauchy-Folge vor, und die muss konvergieren. Den Grenzwert können wir an dieser Stelle noch nicht bestimmen.

Für Nullfolgen gibt es noch ein recht handliches Kriterium.

Satz

Sei (a_n) eine Folge reeller Zahlen. Wenn es eine reelle Zahl q mit $0 \leq q < 1$ gibt, so dass $|a_{n+1}| \leq q \cdot |a_n|$ für (fast) alle n gilt, dann ist (a_n) eine Nullfolge.

BEWEIS: Ein einfacher Induktionsbeweis liefert: Ist $|a_{n+1}| \leq q \cdot |a_n|$ für $n \geq n_0$, so ist $|a_n| \leq q^{n-n_0}|a_{n_0}|$. Und weil die Folge q^n (für $0 \leq q < 1$) eine Nullfolge ist, ist auch (a_n) eine Nullfolge. ∎

Folgerung (Quotientenformel für Nullfolgen)

Sei (a_n) eine Folge reeller Zahlen. Wenn es eine reelle Zahl q mit $0 \leq q < 1$ gibt, so dass

$$\left|\frac{a_{n+1}}{a_n}\right| \leq q$$

für (fast) alle n gilt, dann ist (a_n) eine Nullfolge.

BEWEIS: Aus dem Kriterium folgt, dass für fast alle n (also für alle n mit höchstens endlich vielen Ausnahmen) $|a_{n+1}| \leq q \cdot |a_n|$ ist. ∎

Beispiele

1. Sei a eine feste reelle Zahl mit $|a| < 1$ und p eine feste natürliche Zahl. Es soll gezeigt werden, dass durch $a_n := n^p \cdot a^n$ eine Nullfolge gegeben ist. Da bietet sich die Quotientenformel an. Es ist

$$\left|\frac{a_{n+1}}{a_n}\right| = \frac{(n+1)^p|a|^{n+1}}{n^p|a|^n} = |a| \cdot \left(1 + \frac{1}{n}\right)^p.$$

Die Grenzwertsätze beziehen sich zwar nicht auf Potenzen, aber bei einer festen Potenz wie hier kann man wie folgt schließen: $x_n := 1 + 1/n$ konvergiert gegen 1. Nach den Grenzwertsätzen zur Multiplikation konvergiert dann

$$x_n^p = \underbrace{x_n \cdot x_n \cdots x_n}_{p\text{-mal}}$$

ebenfalls gegen 1. Ist n groß genug, so ist $|a| \cdot x_n^p < 1$ (weil $|a| < 1$ ist). Also ist (a_n) eine Nullfolge.

2. Es soll die Folge $a_n := n!/n^n$ untersucht werden. Auf Anhieb ist nicht klar, ob $n!$ oder n^n stärker wächst. Also betrachtet man wieder den Quotienten

$$\left|\frac{a_{n+1}}{a_n}\right| = \frac{(n+1)!n^n}{(n+1)^{n+1}n!} = \left(\frac{n}{n+1}\right)^n = \frac{1}{(1+1/n)^n}.$$

Man weiß, dass $(1 + 1/n)^n$ gegen die Euler'sche Zahl e konvergiert. Die Zahl e wird dabei erst durch den Grenzwert definiert, und beim Beweis der Konvergenz dieser Folge benutzt man üblicherweise den Satz von der monotonen Konvergenz. Weil die Folge bei 2 startet und dann monoton wächst, ist $e \geq 2$. Für hinreichend großes n liegt demnach der oben betrachtete Quotient $|a_{n+1}/a_n|$ in der Nähe von $1/e \leq 1/2$ und ist insbesondere $< 3/4 < 1$. Die Folge (a_n) ist eine Nullfolge.

Die Folge $b_n = n!/n^n$ ist ebenfalls eine Nullfolge. Auch wenn die Fakultäten sehr schnell anwachsen, die Potenzen n^n wachsen noch gewaltiger.

3. Bei der Quotientenformel ist es wichtig, dass die Quotienten $|a_{n+1}/a_n|$ wirklich unterhalb einer Zahl q bleiben, die echt kleiner als 1 ist. Man betrachte etwa die Folge $a_n := (n+2)/(2n)$. Da ist

$$\left|\frac{a_{n+1}}{a_n}\right| = \frac{(n+3) \cdot 2n}{(n+2)(2n+2)} = \frac{2n^2 + 6n}{2n^2 + 6n + 4} = \frac{n^2 + 3n}{n^2 + 3n + 2} = \frac{1 + 3/n}{1 + 3/n + 2/n^2},$$

und diese Quotienten konvergieren gegen 1. Daraus kann man nichts folgern, und tatsächlich ist (a_n) keine Nullfolge. Sie konvergiert vielmehr gegen $1/2$.

Betrachtet man die einfache Folge $a_n := 1/n$, so streben die Quotienten $a_{n+1}/a_n = n/(n+1)$ ebenfalls gegen 1. Diesmal handelt es sich aber bei (a_n) um eine Nullfolge. Die Gültigkeit einer Quotientenformel ist keine notwendige Voraussetzung für die Konvergenz gegen Null, und als hinreichendes Kriterium taugt sie nur, wenn alle Bedingungen exakt erfüllt sind.

Grenzwerte und Häufungspunkte einer Folge sind eng miteinander verwandt. Jeder Grenzwert ist auch ein Häufungspunkt (und dann sogar der einzige Häufungspunkt), insbesondere kann es für eine Folge immer nur höchstens einen Grenzwert geben. Auf der anderen Seite kann eine Folge durchaus mehrere Häufungspunkte besitzen, und dann gibt es zu jedem dieser Häufungspunkte eine Teilfolge, die dagegen konvergiert.

Beispiele

1. Die Folge $a_n := n$ besitzt keinen Häufungspunkt und demnach auch keinen Grenzwert.

2. Die Folge $b_n := 1/n$ konvergiert gegen Null. Die Null ist dann natürlich auch der einzige Häufungspunkt von (b_n).

3. $c_n := (-1)^n$ hat genau zwei Häufungspunkte, nämlich $+1$ und -1. Mit zwei verschiedenen Häufungspunkten kann sie nicht konvergent sein.

4. Häufungspunkte müssen in der Folge selbst nicht vorkommen. So hat (d_n) mit
$$d_{2n+1} := 1 - \frac{1}{2n+1} \quad \text{und} \quad d_{2n} := \frac{1}{2n}$$
die Häufungspunkte 0 und 1. Ersterer wird einmal bei $d_1 = 0$ angenommen (was ihn noch nicht zum Häufungspunkt macht), der zweite nirgends.

5. Eine Folge kann auch unendlich viele Häufungspunkte besitzen. Es sei $e_1 := 1$, $e_2 := 3/2$, und für $n = 2^k + i$ mit $k \geq 1$ und $i = 1, \ldots, 2^k$ sei $e_n := i + 1/n$. Dann ist jede natürliche Zahl i ein Häufungspunkt der Folge, gegen den die Teilfolge e_{2^k+i} (für $k \in \mathbb{N}$) konvergiert.

   Die Menge der Häufungspunkte muss noch nicht mal abzählbar sein. Schreibt man die (abzählbare) Menge $\mathbb{Q}$ der rationalen Zahlen als Folge (q_n), so ist jede reelle Zahl ein Häufungspunkt dieser Folge.

6. Nimmt man die Folge (e_n) aus dem vorigen Beispiel, so kann man die neue Folge $f_n := 1/e_n$ bilden. Diese hat jeden Bruch der Gestalt $1/i$ als Häufungspunkt, und zusätzlich die Null. Die Menge der Häufungspunkte von (f_n) ist abzählbar unendlich und durch 0 und 1 nach unten und oben beschränkt. Dies ist ein Fall, bei dem man sich für das Infimum aller Häufungspunkte (den ***Limes inferior***) und das Supremum der Häufungspunkte (den ***Limes superior***) interessieren könnte. Hier ist

$$\underline{\lim} f_n = 0 \quad \text{und} \quad \overline{\lim} f_n = 1.$$

Dass hier Limes inferior und Limes superior selbst zur Menge der Häufungspunkte gehören, ist kein Zufall. Ist $H(x_n)$ die Menge der Häufungspunkte einer Folge (x_n) und a das Supremum von $H(x_n)$, so gibt es eine Folge (a_j)

in $H(x_n)$, die gegen a konvergiert. Und zu jedem (a_j) gibt es eine Teilfolge (a_{j_i}) von (x_n), die gegen a_j konvergiert. Bildet man nun zu all diesen Folgen (a_{j_i}) die Diagonalfolge, so ist dies wieder eine Teilfolge von (x_n), und sie konvergiert gegen a. Also ist a ein Häufungspunkt von (x_n) und damit ein Element von $H(x_n)$. Der Limes superior ist der größte Häufungspunkt, und analog sieht man, dass der Limes inferior der kleinste Häufungspunkt ist.

Bei *Folgen von Vektoren* (und speziell bei *Folgen komplexer Zahlen*) werden Grenzwerte und Häufungspunkte genauso wie bei Folgen reeller Zahlen definiert. Die Grenzwertsätze übertragen sich sinngemäß (der Beweis kann als Übungsaufgabe geführt werden), und auch der Satz von Bolzano-Weierstraß bleibt gültig.

Die Konvergenz von vektoriellen Folgen kann komponentenweise untersucht werden. Es gibt auch andere Methoden, aber darum brauchen wir uns hier nicht zu kümmern.

Eine Menge $M \subset \mathbb{R}^n$ heißt *offen*, falls zu jedem Punkt $\mathbf{x} \in M$ ein $\varepsilon > 0$ existiert, so dass die Kugel mit Radius ε um $\mathbf{x}$ ganz in M liegt. $A \subset \mathbb{R}^n$ heißt *abgeschlossen*, falls $\mathbb{R}^n \setminus A$ offen ist. Abgeschlossene Mengen sind komplizierter als offene, deshalb braucht man manchmal zusätzliche Kriterien, um sie zu identifizieren. Folgende Aussagen sind äquivalent:

1. A ist abgeschlossen.

2. A enthält alle Häufungspunkte von A (d.h. Häufungspunkte von Folgen in A).

3. Ist $(\mathbf{x}_n)$ eine Folge in A, die gegen ein $\mathbf{x}_0 \in \mathbb{R}^n$ konvergiert, so gehört auch $\mathbf{x}_0$ zu A.

Grob gesprochen ist eine offene Menge eine Menge ohne Rand (wie eine Schachtel Haferflocken ohne die umgebende Schachtel). Nimmt man den Rand hinzu, so erhält man eine abgeschlossene Menge. Was ist aber der Rand von M? Ein *Randpunkt* sollte sicher zwischen M und dem Komplement von M liegen. Das kann man so ausdrücken: Jede Umgebung eines Randpunktes von M muss Punkte aus M und Punkte aus dem Komplement von M enthalten.

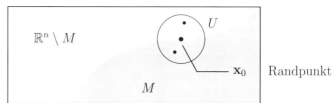

Dabei reicht es, wenn man sich unter einer „Umgebung" eines Punktes eine Kugel mit positivem Radius um diesen Punkt vorstellt. Die Punkte aus M und $\mathbb{R}^n \setminus M$, die man in der Umgebung eines Randpunktes $\mathbf{x}_0$ von M sucht, brauchen von $\mathbf{x}_0$ nicht verschieden zu sein. Deshalb ist z.B. der Nullpunkt der (einzige) Randpunkt der Menge $\mathbb{R}^n \setminus \{\mathbf{0}\}$.

Eine Menge $M \subset \mathbb{R}^n$ ist genau dann offen, wenn sie keinen ihrer Randpunkte enthält. Also ist M abgeschlossen, wenn M alle Randpunkte von M enthält.

In einer beliebigen Menge M versteht man unter einem ***inneren Punkt*** einen Punkt $\mathbf{x}_0$, zu dem eine Umgebung U existiert, die noch ganz in M liegt. Er hat also einen „Sicherheitsabstand" zum Rand von M. In offenen Mengen sind alle Punkte innere Punkte.

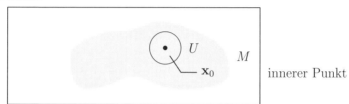

innerer Punkt

Manchmal gibt es recht befremdliche Situationen. Bezeichnet man den ***Rand*** (also die Menge aller Randpunkte) einer Menge M mit ∂M, so ist zum Beispiel

$$\begin{aligned}
\partial[0,1) &= \{0,1\}, \\
\partial\{1/n : n \in \mathbb{N}\} &= \{0\} \cup \{1/n : n \in \mathbb{N}\} \\
\text{und} \quad \partial\mathbb{Q} &= \mathbb{R}.
\end{aligned}$$

Es kann also passieren, dass eine Menge nur aus Randpunkten besteht (nämlich dann, wenn sie keine inneren Punkte besitzt), und es kann zudem passieren, dass der Rand einer Menge viel größer als die Menge selbst ist (siehe letztes Beispiel).

Ein innerer Punkt einer Menge ist immer auch ein Häufungspunkt der Menge. Ist die Menge M offen, so ist auch jeder Randpunkt von M ein Häufungspunkt von M, denn für jede Umgebung U des Randpunktes enthält $U \cap M$ unendlich viele Elemente. Ist M nicht offen, so besitzt M unter Umständen überhaupt keinen Häufungspunkt. Ein Beispiel dafür ist die Menge $\mathbb{Z} \subset \mathbb{R}$.

Ist M abgeschlossen, so liegen alle Häufungspunkte von M schon in M. Das heißt aber nicht, dass M Häufungspunkte besitzt. $\mathbb{Z}$ ist sogar eine abgeschlossene Teilmenge von $\mathbb{R}$ (denn $\mathbb{R} \setminus \mathbb{Z}$ ist offen).

Aufgaben

2.1.1.   a) Zeigen Sie, dass die Folge $a_n := \left((-1)^n \dfrac{2n}{n!}\right)$ gegen 0 konvergiert.

b) Konvergiert die Folge $b_n := \left(\dfrac{1+(-1)^n}{n}\right)$?

a) Die Glieder der Folge (a_n) weisen wechselnde Vorzeichen auf. Wenn die Folge allerdings gegen Null konvergieren soll, dann spielt das Vorzeichen keine Rolle. Und natürlich kann man verwenden, dass die Folge $1/n$ gegen Null konvergiert.

b) Hier erscheint es ratsam, erst mal die Terme b_n mit geradem n (also $n = 2k$) und die mit ungeradem n getrennt zu untersuchen. Und man erinnere sich an den Zusammenhang zwischen Häufungspunkten und dem Grenzwert einer Folge.

2.1.2. Sei (a_n) eine Nullfolge und (b_n) eine beschränkte Folge. Zeigen Sie, dass $(a_n \cdot b_n)$ eine Nullfolge ist.

*Es ist zu vorgegebenem $\varepsilon > 0$ ein n_0 zu finden, so dass $|a_n \cdot b_n| < \varepsilon$ für $n \geq n_0$ ist. Das ist aber leicht, wenn man eine feste Schranke für die b_n und das entsprechende ε-Kriterium für (a_n) benutzt. Letzteres funktioniert ja für **jedes** $\varepsilon > 0$ (und das muss nicht das Gleiche ε sein, das einem vorgegeben wird).*

2.1.3. Berechnen Sie den Grenzwert der Folgen

$$a_n = \frac{3^n + 2^n}{5^n},$$
$$b_n = \frac{(n+1)^3 - (n-1)^3}{n^2},$$
$$c_n = \frac{3n}{3^n} + \frac{2n+1}{n}.$$

Bei (a_n) erinnere man sich daran, was man über das Grenzwertverhalten von q^n für $|q| < 1$ weiß. Die Glieder der Folge (b_n) muss man nur so lange umformen, bis man die Grenzwertsätze einfach anwenden kann. Und bei (c_n) gibt es höchstens die Frage, ob $3n$ oder 3^n schneller wächst. Man stelle eine Vermutung an und beweise diese per Induktion.

2.1.4. Die Folge (a_n) konvergiere gegen a, und es seien alle $a_n \geq 0$. Zeigen Sie, dass dann auch $\sqrt{a_n}$ gegen $\sqrt{a}$ konvergiert.

Achtung! Diese Aussage gehört nicht zu den klassischen Grenzwertsätzen und muss daher bewiesen werden. Zum Beweis benutzt man den alten Trick mit der binomischen Formel. Es ist

$$x - y = \frac{x^2 - y^2}{x + y}.$$

Was nützt einem das? Man macht damit zwar aus einem einfachen Ausdruck einen wesentlich komplizierteren Ausdruck, aber vielleicht weiß man über letzteren mehr. Und um die Konvergenz einer Folge (x_n) gegen eine Zahl x zu beweisen, muss man die Differenz $|x_n - x|$ abschätzen. Man beachte aber, dass es Fälle gibt, die gesondert behandelt werden müssen.

2.1.5. Zeigen Sie, dass die Folge (a_n) mit $a_n := (2n - 7)/(3n + 2)$ monoton wachsend und nach oben beschränkt ist.

Um die Aussage $a_n \leq a_{n+1}$ zu beweisen, kann man diese so lange umformen, bis etwas Offensichtliches herauskommt. Dabei ist aber zu beachten, dass alle Umformungen Äquivalenz-Umformungen, also umkehrbar sind. Um eine Abschätzung der Gestalt $a_n \leq C$ zu erhalten, kann man genauso vorgehen. Eine geeignete Schranke C muss man dafür erraten, es muss nicht unbedingt die bestmögliche Schranke sein.

2.1.6. Beweisen Sie, dass jede reelle Zahl a der Grenzwert einer Folge ist, die nur aus rationalen Zahlen besteht.

Bei dieser Aufgabe hängt die Lösung davon ab, was man als bekannt voraussetzen darf. Benutzt man die Aussage „Die rationalen Zahlen liegen dicht in $\mathbb{R}$", so ist nicht mehr viel zu zeigen. Etwas schwieriger wird es, wenn man diesen Satz noch zeigen muss. Dann ist zu zeigen, dass es zu jeder reellen Zahl a und jedem $\varepsilon > 0$ ein $q \in \mathbb{Q}$ mit $|q - a| < \varepsilon$ gibt. Dafür ist es ratsam, den Nenner n von q so groß zu wählen, dass $1/n < \varepsilon$ ist, und anschließend noch eine ganze Zahl m zu suchen, so dass gilt:

$$a - \frac{1}{n} < \frac{m}{n} < a + \frac{1}{n}.$$

2.1.7. Finden Sie die Grenzwerte der Folgen $u_n := \left(1 - \frac{1}{n^2}\right)^n$, $x_n := \left(1 - \frac{1}{n}\right)^n$ und $y_n := \left(1 + \frac{2}{n}\right)^n$.

Zumindest in den ersten beiden Fällen ist die Lösung nicht so schwer, wie es aussieht. Aber ganz ohne Tricks geht es nicht.

a) Bekannt ist die Folge $a_n = \left(1 + \frac{1}{n}\right)^n$, die gegen die Euler'sche Zahl e konvergiert. Diese Erkenntnis hilft hier jedoch nicht weiter. Ein sehr nützliches Hilfsmittel, das immer wieder gern vergessen wird, ist aber die Bernoulli'sche Ungleichung. Ist $n \in \mathbb{N}$, $x > -1$ und $x \neq 0$, so ist $(1 + x)^n > 1 + nx$. Damit bekommt man eine Abschätzung nach unten. Und da sich eine Abschätzung nach oben sofort anbietet, kommt man mit der Monotonie des Grenzwertes (auch als Einschließungs-Satz bekannt) bei der Folge u_n zum Ziel.

b) Die Reihenfolge der Teilaufgaben kommt nicht von ungefähr. Der Grenzwert der Folge (u_n) ist nun bekannt, und mit Hilfe der „dritten binomischen Formel" kann man u_n in zwei Faktoren zerlegen. Das liefert den Grenzwert von (x_n).

c) Der Grenzwert von (y_n) kann mit Hilfe der bereits gefundenen Grenzwerte ermittelt werden. Wie, das erfordert einiges Knobeln. Wer keine Lust zum Knobeln hat, kann ja versuchen, $y_n \cdot x_n$ und $a_{n+1} \cdot u_n$ zu berechnen. Aber es gibt sicher verschiedene Lösungswege.

2.1.8. Es sei (a_n) eine monotone Folge, die einen Häufungspunkt $a \in \mathbb{R}$ besitzt. Zeigen Sie, dass a dann auch Grenzwert der Folge (a_n) ist.

Bei einer monotonen Folge sollte man sich sofort an den Satz von der monotonen Konvergenz erinnern.

2.1.9. Sei (a_n) eine gegen a konvergente reelle Folge. Beweisen Sie, dass auch jede Teilfolge von (a_n) gegen a konvergiert.

Die Aussage ist nahezu trivial.

2.1.10. Berechnen Sie den Grenzwert der Folge $a_n := (1^2 + 2^2 + \cdots + n^2)/n^3$.

Man kann $1^2 + 2^2 + \cdots + n^2$ durch einen anderen Ausdruck ersetzen.

2.1.11. Die Folge (a_n) konvergiere gegen a. Zeigen Sie, dass

$$b_n := \frac{1}{n}(a_1 + \cdots + a_n)$$

ebenfalls gegen a konvergiert.

Für genügend großes n_0 und $n \geq n_0$ wird $|a_n - a|$ beliebig klein. Und für gegebenenfalls noch größeres n werden die Ausdrücke $|a_k - a|/n$ für $k = 1, \ldots, n_0$ (und das ist eine konstant bleibende Anzahl von Ausdrücken) ebenfalls beliebig klein.

2.1.12. Sei $a_1 := 1$ und $a_{n+1} := 1/(a_1 + \cdots + a_n)$. Zeigen Sie, dass (a_n) monoton fallend gegen 0 konvergiert.

Es ist ratsam, die Folge induktiv zu beschreiben, also a_{n+1} in Abhängigkeit von a_n. Ist das gelungen, so kann man induktiv beweisen, dass (a_n) monoton fällt und nach unten beschränkt ist. Das sichert die Existenz eines Grenzwertes a. Um zu zeigen, dass $a = 0$ ist, kann man beispielsweise das Widerspruchsprinzip bemühen.

2.1.13. Untersuchen Sie die komplexen Zahlenfolgen $z_n := 1/\mathrm{i}^n$ und $w_n := 1/(1 + \mathrm{i})^n$ auf Konvergenz.

Man sieht leicht, dass beide Folgen beschränkt sind. Will man Divergenz beweisen, so muss man mindestens zwei Häufungspunkte finden. Will man die Konvergenz einer Folge (z_n) gegen eine Zahl z_0 beweisen, so muss man zeigen, dass $|z_n - z_0|$ für wachsendes n beliebig klein wird. Dafür wäre es nützlich, zuvor z_0 zu erraten.

2.1.14. Beweisen Sie: Wenn die komplexe Zahlenfolge (z_n) gegen z_0 konvergiert, dann konvergiert auch $(\overline{z}_n)$ gegen $\overline{z}_0$ und $|z_n|$ gegen $|z_0|$.

Hier ist es ausnahmsweise vorteilhafter, reell und nicht komplex zu rechnen.

2.1.15. Die Folgen $(\mathbf{a}_n)$ bzw. $(\mathbf{b}_n)$ im $\mathbb{R}^n$ seien konvergent gegen $\mathbf{a}$ bzw. $\mathbf{b}$. Beweisen Sie die folgenden Grenzwertsätze:

a) $(\mathbf{a}_n + \mathbf{b}_n)$ konvergiert gegen $\mathbf{a} + \mathbf{b}$.

b) Für jede reelle Zahl α konvergiert $(\alpha \mathbf{a}_n)$ gegen $\alpha \mathbf{a}$.

c) $(\mathbf{a}_n \bullet \mathbf{b}_n)$ konvergiert gegen $\mathbf{a} \bullet \mathbf{b}$.

Die Beweise funktionieren genauso wie bei den Grenzwertsätzen für skalare Folgen.

2.1.16. Zeigen Sie:

a) $M \subset \mathbb{R}^n$ ist genau dann offen, wenn es zu jedem Punkt $\mathbf{x}_0 \in M$ ein $\delta > 0$ gibt, so dass $Q_\delta(\mathbf{x}_0) := \{\mathbf{x} \in \mathbb{R}^n : |x_\nu - x_\nu^{(0)}| < \delta$ für $\nu = 1, \ldots, n\}$ noch ganz in M enthalten ist.

b) Sind $U \subset \mathbb{R}^n$ und $V \subset \mathbb{R}^m$ offene Mengen, so ist $U \times V$ eine offene Menge in $\mathbb{R}^{n+m}$.

a) *Man überzeuge sich davon, dass $Q_\delta(\mathbf{x}_0)$ ein Würfel mit Seitenlänge 2δ und Mittelpunkt $\mathbf{x}_0$ ist. Es gilt dann zu zeigen, dass man jeder Kugel einen Würfel und jedem Würfel eine Kugel einbeschreiben kann. Warum löst das die Aufgabe?*

b) *Das kartesische Produkt zweier Würfel ist ein Quader und enthält wieder einen Würfel.*

2.1.17. Sei $M \subset \mathbb{R}^n$ offen und $\mathbf{x}_0 \in \mathbb{R}^n$ ein beliebiger Punkt. Zeigen Sie, dass die Menge $\mathbf{x}_0 + M := \{\mathbf{x}_0 + \mathbf{x} : \mathbf{x} \in M\}$ ebenfalls offen ist.

Zu zeigen ist, dass es zu jedem Punkt von $\mathbf{x}_0 + M$ eine Kugel-Umgebung gibt, die noch ganz in $\mathbf{x}_0 + M$ liegt. Da M als offen vorausgesetzt wird, liegt es nahe, eine geeignete Kugelumgebung in M um $\mathbf{x}_0$ zu verschieben.

2.1.18. Sei (A_n) eine Folge von abgeschlossenen Teilmengen des $\mathbb{R}^n$. Zeigen Sie, dass $A := \bigcap_{n=1}^\infty A_n$ ebenfalls abgeschlossen ist.

Eine Menge $A \subset \mathbb{R}^n$ ist genau dann abgeschlossen, wenn für jede Folge von Punkten $\mathbf{x}_n \in A$, die gegen einen Punkt $\mathbf{x}_0 \in \mathbb{R}^n$ konvergiert, auch der Grenzwert $\mathbf{x}_0$ in A liegt.

2.1.19. a) Die Folge (x_n) sei definiert durch $x_{2k} := 1/k$ und $x_{2k+1} := k$, die Folge (y_n) durch $y_{2k} := k$ und $y_{2k+1} := 1/k$. Zeigen Sie, dass (x_n) und (y_n) jeweils einen Häufungspunkt besitzen, dass aber $\mathbf{z}_n := (x_n, y_n)$ im $\mathbb{R}^2$ keinen Häufungspunkt besitzt.

   b) Sei (x_n) eine konvergente Folge und (y_n) eine Folge, die einen Häufungspunkt besitzt. Zeigen Sie, dass $\mathbf{z}_n := (x_n, y_n)$ dann wenigstens einen Häufungspunkt besitzt.

a) *Die Häufungspunkte der Folgen (x_n) und (y_n) sind schnell gefunden. Bezüglich der Folge $(\mathbf{z}_n)$ studiere man deren Teilfolgen.*

b) *In der Nähe eines Häufungspunktes muss man unendlich viele Glieder der Folge finden können. Was ist in der Nähe eines Grenzwertes anders?*

2.1.20. Zeigen Sie, dass die Menge $A := \{\mathbf{z}_n := (n, 1/n) : n \in \mathbb{N}\}$ abgeschlossen ist, nicht aber die Menge $B := \{\mathbf{w}_n := (1/n, 1/n) : n \in \mathbb{N}\}$.

Eine Menge $A \subset \mathbb{R}^n$ ist genau dann abgeschlossen, wenn sie alle ihre Häufungspunkte enthält.

2.2 Unendliche Reihen

Am Anfang eines Abschnittes über unendliche Reihen steht immer die Definition der **unendlichen Reihe** als Grenzwert einer Folge von **Partialsummen** $S_N = \sum_{n=0}^N a_n$. Den Grenzwert bezeichnet man mit dem Symbol $\sum_{n=0}^\infty a_n$. Dieses Symbol verwendet man aber auch für die Folge selbst, und das sogar dann, wenn sie nicht konvergiert. Die Grenzwertsätze übertragen sich in naheliegender

Weise. Konvergiert die Reihe, so muss die Folge der Glieder a_n eine Nullfolge sein. Die Umkehrung dieser Aussage gilt allerdings keineswegs.

Die folgenden wichtigen Beispiele werden als bekannt vorausgesetzt:

- Für $0 \leq q < 1$ konvergiert die **geometrische Reihe** $\sum_{n=0}^{\infty} q^n$ gegen $1/(1-q)$.

- Die **harmonische Reihe** $\sum_{n=1}^{\infty} 1/n$ divergiert.

- Die Reihe $\sum_{n=1}^{\infty} 1/n^2$ konvergiert, der Grenzwert kann aber mit den zur Verfügung stehenden Mitteln noch nicht bestimmt werden.

Reihen mit wechselnden Vorzeichen sind nicht so einfach zu behandeln, aber es gibt zumindest das **Leibniz-Kriterium**: Ist (a_n) eine monoton fallende Nullfolge, so konvergiert die Reihe $\sum_{n=0}^{\infty} (-1)^n a_n$. Ein Beispiel ist die **alternierende harmonische Reihe** $\sum_{n=1}^{\infty} (-1)^{n+1} \cdot 1/n$. Sie konvergiert, aber über den Grenzwert kann hier noch nichts gesagt werden.

Eine reelle oder komplexe Reihe $\sum_{n=0}^{\infty} a_n$ heißt **absolut konvergent**, falls $\sum_{n=0}^{\infty} |a_n|$ konvergiert. Die Reihe ist dann auch im gewöhnlichen Sinne konvergent, und das gilt sogar für jede Umordnung der Reihe.

Das **Majorantenkriterium** besagt: Ist $\sum_{n=0}^{\infty} a_n$ konvergent, $a_n \geq 0$ und $|c_n| \leq a_n$, so konvergiert $\sum_{n=0}^{\infty} c_n$ absolut.

Sei (a_n) eine reelle oder komplexe Folge.

a) **Quotientenkriterium:** Es seien fast alle $a_n \neq 0$, und es gebe ein q mit $0 < q < 1$, so dass $|a_{n+1}/a_n| \leq q$ ist. Dann ist $\sum_{n=0}^{\infty} a_n$ absolut konvergent.

b) **Wurzelkriterium:** Ist $\overline{\lim} \sqrt[n]{|a_n|} < 1$, so ist $\sum_{n=0}^{\infty} a_n$ absolut konvergent.

Ein besonders wichtiges Beispiel einer absolut konvergenten Reihe ist die **Exponentialreihe** $\exp(z) = \sum_{n=0}^{\infty} z^n/n!$. Sie ist für jede komplexe Zahl z konvergent, und es gilt:

1. $\exp(0) = 1$ und $\exp(1) = e = \lim_{n \to \infty} (1 + 1/n)^n$.

2. $\exp(z + w) = \exp(z) \cdot \exp(w)$ und $\exp(z)^{-1} = \exp(-z)$.

Am Anfang mag es schwierig sein, den Unterschied zwischen Folgen und Reihen zu verstehen. Denn eigentlich gibt es gar keinen Unterschied. Eine Reihe ist ja einfach nur eine Folge von Partialsummen. Und umgekehrt kann man jede Folge (a_n) als Reihe auffassen: Man setze $b_1 := a_1$ und $b_{n+1} := a_{n+1} - a_n$. Dann hat die Reihe $\sum_{n=1}^{\infty} b_n$ die Partialsummen $S_N = \sum_{n=1}^{N} b_n = a_1 + (a_2 - a_1) + \cdots + (a_N - a_{N-1}) = a_N$.

Wozu braucht man also einen Extra-Abschnitt über Reihen? Zum einen sind jeder Reihe $\sum_{n=0}^{\infty} a_n$ **zwei** Folgen zugeordnet, nämlich die Folge der Partialsummen $S_N = \sum_{n=0}^{N} a_n$ (die man mit der Reihe identifizieren kann) und die Folge (a_n) der

Glieder der Reihe. Das liefert mehr Informationen, als wenn man nur die Folge (S_N) zur Verfügung hätte, und daraus ergeben sich wiederum ganz besondere Konvergenzkriterien. Zum anderen unterscheiden sich die Konvergenzkriterien für Folgen deutlich von denen für Reihen. Da muss man sorgfältig darauf achten, dass man jeweils die richtigen Kriterien benutzt.

Manchmal kommt man mit Standardmethoden aus, aber häufig muss man sich auch Tricks einfallen lassen. Die wichtigsten sollen hier erarbeitet werden. Huygens stellte seinerzeit Leibniz die Aufgabe, etwas über das Konvergenzverhalten der folgenden Reihe herauszufinden:

$$\frac{1}{1\cdot 2} + \frac{1}{2\cdot 3} + \frac{1}{3\cdot 4} + \frac{1}{4\cdot 5} + \cdots$$

Leibniz löste die Aufgabe souverän, obwohl er keinerlei mathematische Ausbildung hatte. Er musste nur die Partialsummen etwas umformen.

$$
\begin{aligned}
S_n &= \frac{1}{1\cdot 2} + \frac{1}{2\cdot 3} + \cdots + \frac{1}{n(n+1)} \\
&= \frac{2-1}{1\cdot 2} + \frac{3-2}{2\cdot 3} + \cdots + \frac{(n+1)-n}{n(n+1)} \\
&= \left(1 - \frac{1}{2}\right) + \left(\frac{1}{2} - \frac{1}{3}\right) + \cdots + \left(\frac{1}{n} - \frac{1}{n+1}\right) \\
&= 1 - \frac{1}{n+1} \to 1 \text{ für } n \to \infty.
\end{aligned}
$$

Also ist $\sum_{n=1}^{\infty} 1/n(n+1) = 1$. Das ist der typische Fall einer „***Teleskop-Summe***", und solche Summen erkennt man nicht immer auf Anhieb. Mit etwas Übung kann man das aber schaffen.

Beispiel

Etwas komplizierter sieht die folgende Reihe aus: $\displaystyle\sum_{n=1}^{\infty} \frac{2^n + n^2 + n}{2^{n+1}n(n+1)}$. Den Grenzwert erhält man wieder über Umformungen der Partialsummen.

$$
\sum_{n=1}^{N} \frac{2^n + n^2 + n}{2^{n+1}n(n+1)} = \sum_{n=1}^{N}\left(\frac{1}{2n(n+1)} + \frac{1}{2^{n+1}}\right)
$$

$$
\begin{aligned}
&= \frac{1}{2}\sum_{n=1}^{N}\left(\frac{1}{n} - \frac{1}{n+1}\right) + \frac{1}{2}\left(\sum_{n=0}^{N} \frac{1}{2^n} - 1\right) \\
&= \frac{1}{2}\left(1 - \frac{1}{N+1}\right) + \frac{1}{2}\left(\frac{1 - (1/2)^{N+1}}{1 - 1/2} - 1\right) \\
&\to \frac{1}{2} + \frac{1}{2} = 1 \text{ für } N \to \infty.
\end{aligned}
$$

Eine Reihe $\sum_{n=0}^{\infty} a_n$ ist keine Summe im Sinne der Algebra, sondern im Falle der Divergenz nur ein Symbol für eine nicht konvergente Folge, und im Falle der Konvergenz der Grenzwert der Folge. Deshalb darf man mit Reihen auch nicht wie mit gewöhnlichen Summen rechnen. Die Gleichung

$$\sum_{n=0}^{\infty} a_n + \sum_{n=0}^{\infty} b_n = \sum_{n=0}^{\infty} (a_n + b_n)$$

ist in dieser einfachen Form **falsch**! Damit wäre ja zum Beispiel

$$1 = \sum_{n=1}^{\infty} \frac{1}{n(n+1)} = \sum_{n=1}^{\infty} \left(\frac{1}{n} - \frac{1}{n+1} \right) = \sum_{n=1}^{\infty} \frac{1}{n} - \sum_{n=1}^{\infty} \frac{1}{n+1} = \infty - \infty.$$

Das einzige, was man sagen kann, ist das Folgende: Ist $\sum_{n=0}^{\infty} a_n$ konvergent mit Grenzwert a und $\sum_{n=0}^{\infty} b_n$ konvergent mit Grenzwert b, so ist auch $\sum_{n=0}^{\infty} (a_n + b_n)$ konvergent, mit Grenzwert $a + b$.

Die gleichen Probleme gibt es bei anderen algebraischen Operationen mit Reihen, und auch Ungleichungen der Form $\left| \sum_{n=0}^{\infty} a_n \right| \leq \sum_{n=0}^{\infty} |a_n|$ sind nicht generell gültig Will man deshalb lieber mit endlichen Summen arbeiten, so bleibt einem nur das Cauchy-Kriterium.

Cauchy-Kriterium für Reihen: Die Reihe $\sum_{n=0}^{\infty}$ konvergiert genau dann, wenn es zu jedem $\varepsilon > 0$ ein $N_0 \in \mathbb{N}$ gibt, so dass $\left| \sum_{n=N_0+1}^{N} a_n \right| < \varepsilon$ für alle $N > N_0$ gilt.

Bei der Anwendung des Cauchy-Kriteriums auf die Folge (S_N) der Partialsummen einer Reihe $\sum_{n=0}^{\infty} a_n$ untersucht man Differenzen $|S_{N+k} - S_N| = \left| \sum_{n=N+1}^{N+k} a_k \right|$, also Beträge von endlichen Summen, mit denen man ganz normal arbeiten kann. Aus diesem Grund taucht das Cauchy-Kriterium in so vielen Beweisen auf, zum Beispiel beim Nachweis der gewöhnlichen Konvergenz einer absolut konvergenten Reihe. Man sollte diese Methode auch für sich selbst im Hinterkopf bewahren.

Beim Umgang mit konkreten Reihen und Untersuchungen ihrer Konvergenz versucht man es natürlich zunächst mit den klassischen Kriterien (Leibniz-Kriterium, Quotienten-Kriterium, Wurzel-Kriterium). Hilfreich sind auch einige andere, weniger bekannte Kriterien, wie zum Beispiel der „**Verdichtungssatz von Cauchy**":

Sei (a_n) eine monoton fallende Nullfolge. Dann haben die Reihen

$$\sum_{n=1}^{\infty} a_n \quad und \quad \sum_{k=0}^{\infty} 2^k a_{2^k}$$

das gleiche Konvergenzverhalten.

(Der Beweis soll – zumindest in einer Richtung – in Aufgabe 2.2.7 geliefert werden.)

Ist zum Beispiel $a_n = 1/(n \ln n)$ für $n \geq 2$, so ist

$$2^k a_{2^k} = 1/\ln(2^k) = 1/(k \ln 2) \text{ für } k \geq 1.$$

Weil die harmonische Reihe $\sum_{n=1}^{\infty} 1/n$ divergiert, divergiert demnach auch die Reihe

$$\sum_{n=2}^{\infty} 1/(n \ln n).$$

Das ist interessant, weil ja jede Reihe der Form $\sum_{n=1}^{\infty} 1/n^q$ mit rationalem $q > 1$ konvergiert (wie auch aus dem Verdichtungssatz folgt, vgl. Aufgabe 2.2.7, Teil c).

Bisher wurden hier im Wesentlichen Reihen mit reellen Gliedern betrachtet. Zumindest die Theorie der absolut konvergenten Reihen funktioniert mit komplexen Zahlen genauso. Ein typisches Beispiel ist die Exponentialreihe

$$\exp(z) = \sum_{n=0}^{\infty} \frac{z^n}{n!} \quad \text{für beliebiges } z \in \mathbb{C}.$$

Da diese Reihe für jedes $z \in \mathbb{C}$ konvergiert, wird so eine Funktion $\exp : \mathbb{C} \to \mathbb{C}$ definiert. Mehr Beispiele dieser Art finden sich im Abschnitt 2.4. Dort wird auch noch genauer auf die Exponentialfunktion eingegangen.

Im Folgenden wird ein Diagramm zur systematischen Untersuchung von Reihen vorgestellt, das zumindest in einfacheren Fällen helfen sollte. Hier kommen erst mal die Erläuterungen dazu:

Vorgelegt sei eine unendliche Reihe $\sum_{n=0}^{\infty} a_n$. Der erste Blick sollte zu klären versuchen, ob man einen speziellen Typ erkennen kann, sei es bei der ganzen Reihe, sei es bei Teilen der Reihe.

1. Setzt sich die Reihe aus leichter behandelbaren Teilen zusammen (z.B. $\sum_n \big((1/2)^n + (1/3)^n\big)$), so untersucht man die einzelnen Teile am besten erst mal separat. Hier wird im Folgenden der Fall einer nicht zusammengesetzten Reihe behandelt, und man schaut dann als nächstes, ob ein spezieller Typ vorliegt. Falls ja, geht es bei (3) weiter.

2. Liegt kein spezieller Typ vor, so wird die Untersuchung etwas mühsamer:

   - Bilden die Glieder (a_n) keine Nullfolge, so kann die Reihe nicht konvergieren. Damit ist die Untersuchung beendet.

   - Quotientenkriterium: Die Quotienten $|a_{n+1}/a_n|$ mögen gegen eine Zahl q konvergieren oder – etwas allgemeiner – für fast alle n unterhalb von q bleiben. Ist $q < 1$, so konvergiert die Reihe. Ist $q > 1$, so divergiert sie. Ist $q = 1$, so kann nichts über die Konvergenz gesagt werden. Über den Grenzwert weiß man in allen drei Fällen noch nichts. Etwas Vorsicht ist bei der Anwendung auch deshalb geboten, weil es noch ein Quotientenkriterium für Nullfolgen gibt (siehe Abschnitt 2.1), das sich letztlich aus dem Kriterium für Reihen herleiten lässt.

- Manchmal hilft das Quotientenkriterium nicht weiter, wohl aber das Wurzelkriterium. Sei $\alpha := \overline{\lim} \sqrt[n]{|a_n|}$. Ist $\alpha < 1$, so konvergiert die Reihe. Ist $\alpha > 1$, so divergiert sie. Auch hier kann man im Falle $\alpha = 1$ nichts aussagen.

- Hilft auch das Wurzelkriterium nicht weiter, so sollte man versuchen, nach einer konvergenten Majorante suchen. Deren Existenz würde einen Konvergenzbeweis für die Ausgangsreihe liefern.

- Findet man keine Majorante, so sollte man schauen, ob es nicht eine divergente Minorante gibt. Die sichert immerhin die Divergenz.

- Kommt man mit keiner der angesprochenen Methoden weiter, so wird es wirklich schwierig, aber nicht hoffnungslos. Wahrscheinlich braucht man raffinierte Tricks oder sehr viel tiefere Hilfsmittel, die erst in einer späteren Vorlesung zur Verfügung gestellt werden.

3. Der einfachste spezielle Typ ist die geometrische Reihe $\sum_{n=0}^{\infty} q^n$, mit $|q| < 1$. Sie konvergiert gegen $1/(1-q)$. Das gilt übrigens auch, wenn q komplex ist.

4. Leibnizkriterium: Ist (a_n) eine monoton fallende (und damit insbesondere reelle) Nullfolge, so konvergiert die alternierende Reihe $\sum_{n=0}^{\infty}(-1)^n a_n$. Über den Grenzwert wird allerdings nichts gesagt, das kann relativ schwierig sein. Ein typisches Beispiel ist die alternierende harmonische Reihe.

5. Eine unendliche Wechselsumme $\sum_{n=1}^{\infty}(a_n - a_{n-1})$ (auch als Teleskop-Summe bezeichnet) hat die Partialsumme $S_N = a_N - a_0$ und konvergiert daher gegen $\lim_{N\to\infty} a_N - a_0$, sofern dieser Grenzwert existiert. Wechselsummen erkennt man allerdings nicht immer auf Anhieb.

6. Die verallgemeinerte harmonische Reihe hat die Gestalt $\sum_{n=1}^{\infty} 1/n^\alpha$. Im Falle $\alpha = 1$ divergiert die Reihe, im Falle $\alpha > 1$ konvergiert sie. Dies wird im Rahmen von Aufgabe 2.2.7 nur für rationales α behandelt, weil allgemeine Potenzen mit reellen Exponenten erst in Abschnitt 2.4 eingeführt werden.

So konvergiert zum Beispiel die Reihe $\displaystyle\sum_{n=1}^{\infty} \frac{1}{n\sqrt{n}}$, während $\displaystyle\sum_{n=1}^{\infty} \frac{1}{\sqrt{n}}$ divergiert.

Schema zur Untersuchung unendlicher Reihen auf Konvergenz oder Divergenz:

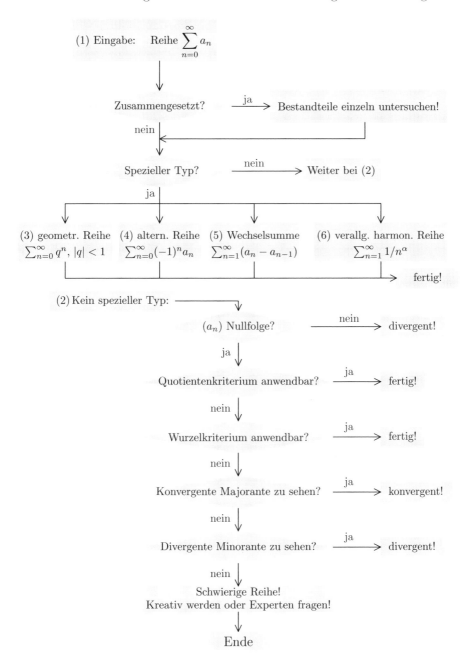

(1) Eingabe: Reihe $\sum_{n=0}^{\infty} a_n$

Zusammengesetzt? $\xrightarrow{\text{ja}}$ Bestandteile einzeln untersuchen!

nein

Spezieller Typ? $\xrightarrow{\text{nein}}$ Weiter bei (2)

ja

(3) geometr. Reihe   (4) altern. Reihe   (5) Wechselsumme   (6) verallg. harmon. Reihe
$\sum_{n=0}^{\infty} q^n,\ |q|<1$ $\sum_{n=0}^{\infty}(-1)^n a_n$ $\sum_{n=1}^{\infty}(a_n - a_{n-1})$ $\sum_{n=1}^{\infty} 1/n^\alpha$

fertig!

(2) Kein spezieller Typ:

(a_n) Nullfolge? $\xrightarrow{\text{nein}}$ divergent!

ja

Quotientenkriterium anwendbar? $\xrightarrow{\text{ja}}$ fertig!

nein

Wurzelkriterium anwendbar? $\xrightarrow{\text{ja}}$ fertig!

nein

Konvergente Majorante zu sehen? $\xrightarrow{\text{ja}}$ konvergent!

nein

Divergente Minorante zu sehen? $\xrightarrow{\text{ja}}$ divergent!

nein

Schwierige Reihe!
Kreativ werden oder Experten fragen!

Ende

Aufgaben

2.2.1. Die folgende Formel lässt sich rein geometrisch durch eine geschickte Ausschöpfung des Intervalls $[0, 1]$ verifizieren.

$$\frac{1}{4} + \frac{1}{16} + \frac{1}{64} + \frac{1}{256} + \cdots = \frac{1}{3}.$$

1. Schritt: $1/4$ ist der dritte Teil von drei Vierteln des Intervalls $[0, 1]$.

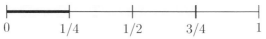

2. Schritt: Das letzte Viertel des Intervalls $[0, 1]$ blieb bisher unberücksichtigt. $1/16$ ist der dritte Teil von drei Vierteln des Rest-Viertels.

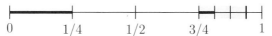

3. Schritt: Das letzte Viertel des Restintervalls $[3/4, 1]$, also das Intervall $[15/16, 1]$ blieb bisher unberücksichtigt. $1/64$ ist der dritte Teil von drei Vierteln des Rest-Sechzehntels.

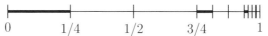

So fährt man fort, bis durch $3/4 + 3/16 + 3/64 + \cdots$ das ganze Intervall $[0, 1]$ ausgeschöpft wird. Da man aus jedem Teil ein Drittel herausgenommen hat, erhält man insgesamt ein Drittel des ganzen Intervalls $[0, 1]$, und das ergibt die gewünschte Formel.

Beweisen Sie analog durch Ausschöpfung im Intervall $[0, 1]$ die folgende Aussage: Ist $m < n/2$, so ist

$$\frac{m}{n} + \left(\frac{m}{n}\right)^2 + \left(\frac{m}{n}\right)^3 + \cdots = \frac{m}{n - m}.$$

Man überlege sich, dass das oben beschriebene Beispiel ein Spezialfall der zu beweisenden Formel ist.

2.2.2. Verwandeln Sie $0.123123123\ldots$ in einen gewöhnlichen Bruch.

Aufgaben dieses Typs werden in der Regel schon in der Schule behandelt.

2.2.3. Sei $g \in \mathbb{N}$, $g \geq 2$. Für jedes $n \in \mathbb{N}$ sei $z_n \in \{0, 1, 2, \ldots, g - 1\}$. Zeigen Sie, dass die Reihe $\sum_{n=1}^{\infty} z_n/g^n$ konvergiert.

Wegen der Potenzen von g könnte man an die geometrische Reihe denken.

2.2.4. Zeigen Sie, daß die folgenden Reihen konvergieren:

$$\sum_{k=1}^{\infty}(-1)^k\frac{k+1}{k^2}\,,\quad \sum_{k=1}^{\infty}(-1)^k\frac{(3+\mathrm{i})^k}{k!}\,,\quad \sum_{n=1}^{\infty}\frac{n!}{n^n}.$$

Es ist ratsam, zunächst zu fragen, ob es sich um einen bekannten Typ einer Reihe handelt. Manchmal muss man allerdings zweimal hinschauen. Ist der Typ nicht klar identifizierbar, so sollte man es mit allgemeingültigen Kriterien versuchen.

2.2.5. Welche der folgenden Reihen konvergieren? Berechnen Sie gegebenenfalls die Summen!

$$\sum_{k=0}^{\infty}\frac{1}{4k^2-1}\,,\quad \sum_{i=1}^{\infty}\Big(\frac{1}{2^i}+\frac{(-1)^i}{3^i}\Big)\,,\quad \sum_{k=1}^{\infty}\Big(\frac{1}{2^k}+\mathrm{i}\,\frac{1}{3^k}\Big).$$

Die Aufgabenstellung lässt vermuten, dass man tatsächlich die Grenzwerte bestimmen kann. Das geht aber ohne höhere Hilfsmittel nur bei wenigen Typen von Reihen. Bei der ersten Reihe versuche man zunächst, eine endliche Partialsumme zu bestimmen.

2.2.6. Sei (a_n) eine Folge positiver Zahlen. Zeigen Sie, dass die Reihe $\sum_{n=1}^{\infty} a_n/(1+n^2 a_n)$ konvergiert.

Wenn kein besonderer Reihentyp vorliegt und auch kaum Hoffnung besteht, ein Konvergenzkriterium anzuwenden, dann bleibt nur noch der Vergleich mit anderen, bekannteren Reihen.

2.2.7. a) Sei (a_n) eine monoton fallende Nullfolge, $\sum_{n=0}^{\infty} 2^n a_{2^n}$ konvergent. Dann ist auch $\sum_{n=1}^{\infty} a_n$ konvergent.

b) Ist $q \in \mathbb{Q}$, $q > 0$, so ist $2^q > 1$.

c) Zeigen Sie (mit Hilfe von (a)), dass jede Reihe der Gestalt $\displaystyle\sum_{n=1}^{\infty}\frac{1}{n^q}$ mit einer rationalen Zahl $q > 1$ konvergiert.

a) Da alle Glieder der beiden Reihen positiv sind, kann man beliebig umordnen. Wenn man nun bei $\sum_{n=1}^{\infty} a_n$ geschickt Terme zusammenfasst, kann man die eine der beiden Reihen als Majorante der anderen erkennen.

b) ist eine kleine Hilfsaussage, die für nicht-ganzzahlige Exponenten gebraucht wird.

c) Verwendet man (a), so stößt man auf eine Reihe, deren Konvergenzverhalten bekannt ist.

2.2.8. Für alle $n \in \mathbb{N}$ sei $a_n > 0$ und $b_n > 0$. Außerdem sei $\displaystyle\lim_{n\to\infty}\frac{a_n}{b_n} = 1$. Zeigen Sie unter diesen Voraussetzungen: $\sum_{n=1}^{\infty} a_n$ konvergiert genau dann, wenn $\sum_{n=1}^{\infty} b_n$ konvergiert.

Wenn a_n/b_n gegen 1 konvergiert, dann müssen sich die Glieder dieser Folge ab einer hinreichend großen Nummer ausschließlich in der Nähe von 1 aufhalten. Das liefert Abschätzungen nach unten und oben, und die helfen, wenn man das Majoranten-Kriterium anwenden will.

2.2.9.

a) Zeigen Sie unter den gleichen Voraussetzungen wie bei der vorigen Aufgabe: $\sum_{n=1}^{\infty} a_n$ divergent $\iff \sum_{n=1}^{\infty} b_n$ divergent.

b) Untersuchen Sie das Konvergenzverhalten der Reihe $\displaystyle\sum_{n=1}^{\infty} \frac{1}{\sqrt{n(n+10)}}$.

a) funktioniert genauso wie bei der vorigen Aufgabe.

b) Mit welcher Reihe soll verglichen werden? Es ist $\sqrt{n(n+10)} > n$. Reicht das, um $\sum_{n=1}^{\infty} 1/\sqrt{n(n+10)}$ konvergent zu machen? Oder etwa nicht?

2.2.10.   Untersuchen Sie die folgenden Reihen auf Konvergenz bzw. Divergenz:

$$\sum_{n=1}^{\infty} \frac{n!}{(n+2)!}, \quad \sum_{n=1}^{\infty} \frac{1}{1000n+1}, \quad \sum_{n=1}^{\infty} \frac{3^n\, n!}{n^n}.$$

a) Nach Vereinfachung kommt man wahrscheinlich auf die richtige Vergleichs-Reihe.

b) Hier hilft die Methode der beiden vorigen Aufgaben.

c) Ähnliche Aufgaben wurden schon behandelt, hier ist wohl die gleiche Methode gefragt.

2.2.11.   Sei (a_n) eine monoton fallende Nullfolge, $a := \sum_{n=0}^{\infty} (-1)^n a_n$. Dann gilt für die Partialsummen der Reihe die Ungleichung $S_{2k-1} < a < S_{2k}$.

Hier ist es ratsam, einen relevanten Beweis aus der Vorlesung oder dem benutzten Lehrbuch sorgfältig durchzuarbeiten.

2.2.12.   Sei $0 < q < 1$.
Bestimmen Sie eine Reihe mit dem Grenzwert $1/(1-q)^2$.

Man erinnere sich, welche Reihe den Grenzwert $1/(1-q)$ hat.

2.3   Grenzwerte von Funktionen

In diesem Abschnitt wird der Konvergenzbegriff auf Funktionen übertragen. Hier ist zunächst das **ε-δ-Kriterium** für die Existenz des Grenzwertes einer Funktion in einem Punkt:

Sei $I \subset \mathbb{R}$ ein Intervall. Man sagt, dass eine auf $I \setminus \{a\}$ definierte reellwertige Funktion f in a einen **Grenzwert** A besitzt (in Zeichen $\lim_{x \to a} f(x) = A$), falls gilt:

$\forall \varepsilon > 0\ \exists \delta > 0$, so dass für alle $x \in I$ mit $0 < |x - a| < \delta$ folgt: $|f(x) - A| < \varepsilon$.

Der Zusammenhang mit den vorherigen Abschnitten wird durch das **Folgenkriterium** hergestellt:

$\lim_{x\to a} f(x) = A$ *ist gleichbedeutend damit, dass für jede Folge* (x_n) *mit* $x_n \neq a$ *und* $\lim_{n\to\infty} x_n = a$ *gilt:* $\lim_{n\to\infty} f(x_n) = A$.

Auf diesem Wege lassen sich zum Beispiel die Grenzwertsätze von Folgen auf Funktionen übertragen.

Erlaubt man nur die Annäherung von einer Seite, so kommt man zu den Begriffen „linksseiter Grenzwert" $\lim_{x\to a-} f(x)$ und „rechtsseitiger Grenzwert" $\lim_{x\to a+} f(x)$. Wenn in einem Punkt beide einseitigen Grenzwerte existieren und außerdem gleich sind, dann existiert der (beidseitige) Grenzwert in diesem Punkt. Sowohl der Punkt a als auch der Grenzwert A dürfen den Wert $\pm\infty$ annehmen.

Eine Funktion f heißt **stetig** in einem Punkt a, falls f in a definiert ist und zugleich der Grenzwert $\lim_{x\to a} f(x) = A$ existiert und $f(a) = A$ ist. Wenn die beiden einseitigen Grenzwerte existieren, aber nicht gleich sind, spricht man von einer **Sprungstelle**. Alle anderen Arten von Unstetigkeit nennt man wesentlich.

Stetige Funktionen haben angenehme Eigenschaften. Sei $f : I \to \mathbb{R}$ eine Funktion, $x_0 \in I$.

- Ist f in x_0 stetig und $f(x_0) < 0$ (bzw. > 0), so bleibt f in der Nähe von x_0 negativ (bzw. positiv).

- **Zwischenwertsatz:** Ist $[a,b] \subset I$, f auf $[a,b]$ stetig und $f(a) < c < f(b)$, so gibt es einen Punkt $x \in (a,b)$ mit $f(x) = c$.

- Ist $[a,b] \subset I$ und f auf ganz $[a,b]$ stetig, so nimmt f auf $[a,b]$ ein Minimum und ein Maximum an. Insbesondere ist f auf $[a,b]$ beschränkt.

Summen, Produkte und Quotienten stetiger Funktionen sind wieder stetig. Polynome und rationale Funktionen sind stetig. Verkettungen stetiger Funktionen sind wieder stetig. Eine stetige Funktion ist genau dann injektiv, wenn sie streng monoton ist, und dann ist das Bild des Definitionsintervalls wieder ein Intervall und die Umkehrfunktion stetig.

Es sollen hier einige Beispiele zu den Begriffen „Grenzwert einer Funktion" und „Stetigkeit" betrachtet werden.

Beispiele

1. Sei $f(x) := x^3$ auf $\mathbb{R}$ und $x_0 := 1$.

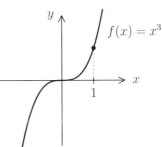

Die Funktion f ist überall definiert. Untersucht man den Grenzwert von f in x_0, so stellt sich gleich die Frage, ob

dieser mit $f(x_0) = 1$ übereinstimmt, ob
also f in x_0 stetig ist.

Oftmals ist es einfacher, mit dem Folgenkriterium zu arbeiten. Sei dafür (x_n)
eine beliebige Folge reeller Zahlen, die gegen x_0 konvergiert. Dann folgt sofort
aus den Grenzwertsätzen für Folgen, dass $f(x_n) = x_n^3 = x_n \cdot x_n \cdot x_n$ gegen
$x_0 \cdot x_0 \cdot x_0 = x_0^3 = f(x_0)$ konvergiert. Also existiert der Grenzwert $\lim_{x \to x_0} f(x)$,
und weil er mit $f(x_0)$ übereinstimmt, ist f in x_0 stetig.

Es drängt sich auch gleich ein anderer Beweis auf: Weil $g(x) = x$ überall stetig
ist (aus der Vorlesung bekannt oder sehr leicht zu zeigen), ist $f(x) = g(x)^3$
aufgrund der Grenzwertsätze für Funktionen ebenfalls stetig. Voraussetzung
ist natürlich, dass diese Grenzwertsätze schon bewiesen wurden.

Schließlich versuchen wir es noch auf die harte Tour, mit Hilfe des ε-δ-
Kriteriums.

Sei $\varepsilon > 0$ vorgegeben. Gesucht ist ein $\delta > 0$, so dass $|x^3 - 1| < \varepsilon$ für alle x
mit $|x - 1| < \delta$ gilt. Ärgerlich sind dabei die Betragsstriche, aber man kann
sich das Leben erleichtern, wenn man sich an folgende Formel erinnert:

$$x^3 - 1 = (x - 1) \cdot (x^2 + x + 1).$$

Da man sich auf Punkte in der Nähe von $x_0 = 1$ beschränken kann, kann
man voraussetzen, dass $0 < x < 2$ ist, also $0 < x^2 + x + 1 < 7$. Damit ist
$|x^3 - 1| \leq |x - 1| \cdot 7$. Setzt man nun $\delta := \varepsilon/7$, so erhält man für $|x - 1| < \delta$
die Ungleichung $|f(x) - 1| < 7\delta = \varepsilon$.

2. Sei $f(x) := (x^2 - 1)/(x + 1)$. Diese Funktion ist überall definiert, nur nicht
   in $x = -1$.

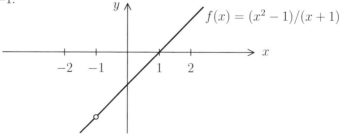

Weil $x^2 - 1 = (x - 1)(x + 1)$ ist, ist $f(x) = x - 1$ für $x \neq -1$. Dann ist
aber klar, dass $\lim_{x \to -1} f(x) = -2$ ist. f ist in -1 nicht stetig, weil nicht
definiert. Man kann aber sagen, dass f im Punkt -1 stetig fortsetzbar ist.
Das bedeutet, dass die Funktion

$$\widehat{f}(x) := \begin{cases} f(x) & \text{für } x \neq -1 \\ -2 & \text{für } x = -1 \end{cases}$$

stetig ist.

Anders sieht es bei der Funktion

$$g(x) := (x^2 + 1)/(x + 1)$$

aus, die ebenfalls nicht
bei $x = -1$ definiert ist.

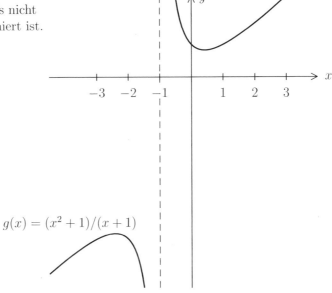

$g(x) = (x^2 + 1)/(x + 1)$

Sei hier (x_n) eine Folge, die gegen $x_0 = -1$ konvergiert. Dann konvergiert
$x_n^2 + 1$ gegen 2. Sind alle $x_n < -1$, so ist $x_n + 1 < 0$ und strebt gegen Null.
Deshalb strebt $g(x_n)$ in diesem Falle gegen $-\infty$. Sind alle $x_n > -1$, so ist
$x_n + 1 > 0$, und $g(x_n)$ strebt in diesem Falle gegen $+\infty$. Also ist

$$\lim_{x \to -1-} g(x) = -\infty \quad \text{und} \quad \lim_{x \to -1+} g(x) = +\infty.$$

Die Funktion g ist in $x_0 = -1$ nicht stetig fortsetzbar. Sie hat die Gerade
$x = -1$ als vertikale ***Asymptote***.

Vielleicht sollte man hier noch mal kurz auf den Gebrauch der Symbole $-\infty$
und $+\infty$ eingehen. Man mache sich klar, dass dies **keine Zahlen** sind! Ausdrücke der Form $a \pm \infty$, $a \cdot \infty$. a/∞ oder gar ∞/∞ sind sinnlos oder bestenfalls Symbole für ein bestimmtes Grenzwertverhalten. $-\infty$ und $+\infty$ sind
zwei Objekte außerhalb der Zahlengeraden mit den Eigenschaften

$$-\infty < +\infty \quad \text{und} \quad -\infty < x < +\infty \text{ für alle } x \in \mathbb{R}.$$

Durch $\lim_{n \to \infty} a_n = +\infty$ wird ausgedrückt, dass es zu jeder reellen Zahl C ein
$n_0 \in \mathbb{N}$ gibt, so dass $a_n > C$ für alle $n \geq n_0$ gilt. Entsprechend bedeutet
$\lim_{x \to x_0} f(x) = +\infty$, dass es zu jeder reellen Zahl C ein $\varepsilon > 0$ gibt, so dass

$f(x) > C$ für alle x mit $|x - x_0| < \varepsilon$ gilt. Und $\lim\limits_{x \to +\infty} f(x) = c$ bedeutet, dass es zu jedem $\varepsilon > 0$ ein $C > 0$ gibt, so dass $|f(x) - c| < \varepsilon$ für $x > C$ gilt. Analog wird der Gebrauch von $-\infty$ festgelegt. Im vorliegenden Fall gibt es zum Beispiel zu jedem $C > 0$ ein $\varepsilon > 0$, so dass $g(x) < -C$ für $-1 - \varepsilon < x < -1$ gilt, und dafür schreibt man: $\lim_{x \to -1-} g(x) = -\infty$.

3. Sei $[x]$ die **Gauß-Klammer** (also die größte ganze Zahl $\leq x$): Wo ist die Funktion

$$f(x) := \frac{x}{[x] + 1}$$

definiert? Der Nenner wird Null, wenn $[x] = -1$ ist, also für $-1 \leq x < 0$. Damit ist $f(x)$ für $x < -1$ und für $x \geq 0$ definiert. Und für $n \leq x < n + 1$ ist $f(x) = x/(n+1)$. Damit ist

$$\lim_{x \to n+} f(x) = \frac{n}{n + 1} \quad \text{und} \quad \lim_{x \to (n+1)-} f(x) = 1 \quad \text{für } n \in \mathbb{Z},\, n \geq 0,$$

und

$$\lim_{x \to n+} f(x) = \frac{k}{k - 1} \quad \text{und} \quad \lim_{x \to (n+1)-} f(x) = 1 \quad \text{für } n = -k,\, k \in \mathbb{Z},\, k \geq 2,$$

Da $1 \neq n/(n+1)$ und $\neq n/(n-1)$ für alle $n \in \mathbb{N}$ gilt, liegen in allen $n \in \mathbb{Z}$, $n \neq -1$ und $n \neq 0$, Sprungstellen vor.

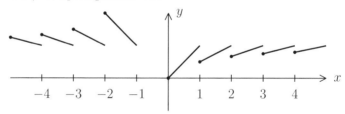

4. Es gibt auch Funktionen, die nirgends stetig sind. Betrachtet werde die **„Dirichlet-Funktion"**

$$\chi(x) := \begin{cases} 1 & \text{falls } x \text{ rational} \\ 0 & \text{falls } x \text{ irrational} \end{cases}$$

Sei $x_0 \in \mathbb{R}$. Um zu zeigen, dass χ in x_0 **nicht** stetig ist, muss man folgendes verifizieren:

$$\exists \varepsilon > 0, \text{ s.d. } \forall \delta > 0 \; \exists x \text{ mit } |x - x_0| < \delta \text{ und } |\chi(x) - \chi(x_0)| \geq \varepsilon.$$

Da χ in der Nähe jeden Punktes die Werte 0 und 1 annimmt, sei $\varepsilon = 1/2$ gewählt. Außerdem sei $\delta > 0$ beliebig vorgegeben.

Ist x_0 rational, so sei ein irrationales x mit $|x - x_0| < \delta$ ausgesucht. Dann ist $\chi(x_0) = 1$ und $\chi(x) = 0$, also $|\chi(x) - \chi(x_0)| = 1 > \varepsilon$. Ist dagegen x_0 irrational, so sei ein rationales x mit $|x - x_0| < \delta$ ausgesucht. Auch dann ist $|\chi(x) - \chi(x_0)| = 1 > \varepsilon$. Auf jeden Fall ist χ in x_0 unstetig.

5. Etwas schwieriger ist es, eine Funktion zu finden, die in jedem rationalen Punkt unstetig, sonst aber überall stetig ist.

Sei $\tau : I := [0,1] \to \mathbb{R}$ die 1875 von K.J.Thomae vorgestellte Funktion, definiert durch

$$\tau(x) := \begin{cases} 1 & \text{für } x = 0, \\ 1/q & \text{falls } x = p/q \text{ (gekürzter Bruch, } 1 \le p \le q\text{)}, \\ 0 & \text{falls } x \text{ irrational}. \end{cases}$$

Sei $x_0 \in I$ rational. Dann ist $\tau(x_0) > 0$, und es gibt beliebig nahe bei x_0 irrationale Punkte x mit $\tau(x) = 0$. Das wäre unmöglich, wenn τ in x_0 stetig wäre.

Ist $x_0 \in I$ irrational, so ist $\tau(x_0) = 0$. Ist p_i/q_i eine Folge von gekürzten Brüchen mit $1 \le p_i < q_i$, die gegen x_0 konvergiert, so ist $|\tau(p_i/q_i) - \tau(x_0)| = 1/q_i$. Die Funktion τ kann in x_0 höchstens dann stetig sein, wenn $1/q_i$ gegen 0 konvergiert. Um eine Idee für einen Stetigkeitsbeweis zu bekommen, kann man überlegen, was die Konvergenz von $1/q_i$ gegen Null verhindern könnte. Es müsste ein $\varepsilon > 0$ und unendlich viele Folgenglieder q_i mit $1/q_i \ge \varepsilon$ geben, also mit $q_i \le 1/\varepsilon$. Aber das erscheint unsinnig, weil das Intervall $[0, 1/\varepsilon]$ nicht unendlich viele natürliche Zahlen enthalten kann. Mit dieser Idee bewaffnet, kann man nun einen direkten Beweis der Stetigkeit von τ in x_0 angehen:

Sei $\varepsilon > 0$ beliebig vorgegeben. Es gibt nur endlich viele verschiedene natürliche Zahlen $q_1, \ldots, q_N$, die $\le 1/\varepsilon$ sind. Weil die rationalen Zahlen in $(0,1)$ immer in der Gestalt p/q mit $1 \le p < q$ geschrieben werden können, gibt es auch nur endlich viele gekürzte Brüche p/q in $(0,1)$ mit $\tau(p/q) = 1/q \ge \varepsilon$. Wählt man $\delta > 0$ klein genug, so liegt die Umgebung $U_\delta(x_0)$ in $(0,1)$ und enthält keinen dieser Punkte. Damit ist $\tau(x) < \varepsilon$ für alle $x \in U_\delta(x_0) \cap I$, und τ ist in x_0 tatsächlich stetig.

Es drängt sich nun die Frage auf, ob man auch eine Funktion auf $\mathbb{R}$ finden kann, die auf $\mathbb{Q}$ stetig und in allen anderen Punkten unstetig ist. Erstaunlicherweise gibt es eine solche Funktion nicht. Das zu beweisen ist allerdings nicht ganz so einfach (für Fachleute: man braucht den Satz von Baire).

6. Zum Schluss soll noch ein etwas abstrakteres Beispiel einer Funktion betrachtet werden. Es sei $M \ne \varnothing$ eine beliebige Teilmenge von $\mathbb{R}$, und

$$d_M(x) := \inf\{|x - a| : a \in M\} \text{ der } \boldsymbol{Abstand\ zwischen}\ x\ \boldsymbol{und}\ M.$$

Ist $M = \mathbb{R}$, so ist $d_M(x) = 0$ für alle $x \in \mathbb{R}$. Ist $M \ne \mathbb{R}$, so ist $d_M(x) = 0$ für $x \in M$ und der echte Abstand zwischen x und M für $x \notin M$.

Es soll gezeigt werden, dass d_M stetig ist. Dabei reicht es, den Fall $M \ne \mathbb{R}$ und Punkte in $\mathbb{R} \setminus M$ zu betrachten. Leichter wird es, wenn man weiß, dass man folgende Formel beweisen kann:

$$|d_M(x) - d_M(y)| \leq |x - y|.$$

Dass daraus die Stetigkeit folgt, dürfte jedem klar sein. Aber wie soll man die Ungleichung beweisen? Vielleicht hilft das Allzweck-Werkzeug „Dreiecks-Ungleichung"? Sei $a \in M$ beliebig. Dann ist

(a) $|x - a| \leq |x - y| + |y - a|$ für alle x, y

und

(b) $|y - a| \leq |x - y| + |x - a|$ für alle x, y.

Weil $d_M(x) := \inf\{|x - a| : a \in M\}$ höchstens kleiner als ein spezieller Wert $|x - a|$ ist, folgt aus (a): $d_M(x) \leq |x - y| + |y - a|$. Und weil $a \in M$ dabei beliebig ist, ist auch $d_M(x) \leq |x - y| + d_M(y)$, also $d_M(x) - d_M(y) \leq |x - y|$.

Analog folgt aus (b) die Ungleichung $d_M(y) \leq |x - y| + d_M(x)$, also $-|x - y| \leq d_M(x) - d_M(y)$. Fasst man alles zusammen, so erhält man die gewünschte Ungleichung (denn aus $z \leq c$ und $-c \leq z$ für positives c folgt $|z| \leq c$).

Eine Funktion $f : [a, b] \to \mathbb{R}$ heißt **Regelfunktion**, falls sie höchstens Sprungstellen als Unstetigkeitsstellen besitzt. Das bedeutet:

1. Es existieren die einseitigen Grenzwerte $\lim\limits_{x \to a+} f(x)$ und $\lim\limits_{x \to b-} f(x)$.

2. Für jeden Punkt $x_0 \in (a, b)$ existieren die einseitigen Grenzwerte $\lim\limits_{x \to x_0-} f(x)$ und $\lim\limits_{x \to x_0+} f(x)$.

Ist f streng monoton wachsend oder fallend, so ist f eine Regelfunktion. Das wird in der Literatur bewiesen (z.B. in Satz 2.3.17 in GKA1). Ein anderes Beispiel für Regelfunktionen sind die stückweise stetigen Funktionen, die in Abschnitt 2.5 als Beispiele integrierbarer Funktionen eingeführt werden.

Die Definition der Stetigkeit, das Folgenkriterium und die Permanenz-Eigenschaften übertragen sich sinngemäß auf stetige Abbildungen in mehrdimensionalen Räumen. Bei skalarwertigen stetigen Funktionen bleibt das Prinzip erhalten, dass sich strenge Ungleichungen in einem Punkt auf eine ganze Umgebung dieses Punktes vererben.

Wie überträgt man die Stetigkeit ins Mehrdimensionale? Wir beginnen mit skalarwertigen Funktionen und ersetzen das Definitions-Intervall durch eine offene Menge. An Stelle des Betragsstriches benutzen wir im $\mathbb{R}^n$ die euklidische Norm, man könnte aber auch jede andere Norm verwenden.

Sei $M \subset \mathbb{R}^n$ offen. Eine Funktion $f : M \to \mathbb{R}$ heißt in $\mathbf{x}_0 \in M$ **stetig**, falls es zu jedem $\varepsilon > 0$ ein $\delta > 0$ gibt, so dass für alle $\mathbf{x} \in M$ gilt:

$$\|\mathbf{x} - \mathbf{x}_0\| < \delta \implies |f(\mathbf{x}) - f(\mathbf{x}_0)| < \varepsilon.$$

Im Falle einer vektorwertigen Funktion $\mathbf{f} = (f_1, \ldots, f_k) : M \to \mathbb{R}^k$ muss man nur den Betrag auf der rechten Seite der obigen Ungleichung durch die Norm ersetzen.

Man kann ziemlich leicht zeigen, dass $\mathbf{f}$ genau dann stetig ist, wenn alle Komponentenfunktionen f_i stetig sind. Hingegen kann man die Stetigkeit von $\mathbf{f}$ **nicht** in jeder einzelnen Variablen testen. Diese Problematik wird normalerweise erst in Analysis 2 thematisiert, es soll hier aber wenigstens ein Beispiel betrachtet werden.

Beispiel

Sei $f(x, y) := \begin{cases} xy/(x^2 + y^2) & \text{für } (x, y) \neq (0, 0) \\ 0 & \text{für } (x, y) = (0, 0) \end{cases}$

Hier ist $f(x, 0) = f(0, y) \equiv 0$. Also ist die Einschränkung von f auf die Koordinatenachsen im Nullpunkt stetig. Andererseits ist

$$|f(x, x) - f(0, 0)| = \frac{1}{2} \text{ für alle } x \neq 0.$$

Deshalb kann f im Nullpunkt nicht stetig sein.

Betrachtet man stattdessen die Funktion

$$g(x, y) := \begin{cases} xy/\sqrt{x^2 + y^2} & \text{für } (x, y) \neq (0, 0) \\ 0 & \text{für } (x, y) = (0, 0) \end{cases},$$

so sieht man: $(|x| - |y|)^2 \geq 0$, also $x^2 + y^2 \geq 2|x| \cdot |y| \geq |x| \cdot |y|$ und damit

$$|g(x, y)| = \frac{|x| \cdot |y|}{\sqrt{x^2 + y^2}} \leq \sqrt{x^2 + y^2} = \|(x, y)\|.$$

Daraus folgt, dass g im Nullpunkt stetig ist.

Neben offenen und abgeschlossenen Mengen spielen die kompakten Mengen in der Analysis eine wichtige Rolle. $K \subset \mathbb{R}^n$ heißt **kompakt**, falls jede Punktfolge in K eine Teilfolge besitzt, die gegen einen Punkt aus K konvergiert. Gleichbedeutend damit ist, dass K abgeschlossen und beschränkt ist (dies ist eine schwache Version des Satzes von Heine-Borel; die starke Version, bei der es um Überdeckungen von K durch offene Mengen geht, wird meist erst in Analysis 2 behandelt). Stetige Bilder kompakter Mengen sind wieder kompakt.

Eine Abbildung $f : M \to \mathbb{R}^n$ heißt gleichmäßig stetig, falls es zu jedem $\varepsilon > 0$ ein $\delta > 0$ gibt, so dass für alle $\mathbf{x}, \mathbf{y} \in M$ mit $\text{dist}(\mathbf{x}, \mathbf{y}) < \delta$ gilt: $\text{dist}(f(\mathbf{x}), f(\mathbf{y})) < \varepsilon$. Gleichmäßig stetige Funktionen sind natürlich stetig. Auf kompakten Mengen gilt auch die Umkehrung.

Was ist das Besondere an kompakten Mengen? Punkte, abgeschlossene Intervalle und abgeschlossene Kugeln sind kompakt, aber es gibt auch viel kompliziertere kompakte Mengen. Zum Beispiel ist

$$K := \Big(\mathbb{Z} \cup \{ n + 1/j \,:\, n \in \mathbb{Z} \text{ und } j \in \mathbb{N}, \, j \geq 2 \} \Big) \cap [-10^{10}, +10^{10}]$$

kompakt, und man kann noch deutlich pathologischere Beispiele finden. Das Wort „kompakt", das man aus der Umgangssprache kennt (etwa von „Kompakt-Seminar", „Kompaktwagen" oder „Kompaktnachrichten"), signalisiert, dass die betrachtete Menge K nur einen begrenzten Raum einnimmt. Dem entspricht die Tatsache, dass K beschränkt ist. Außerdem suggeriert das Wort „kompakt", dass eine kompakte Menge eng gepackt ist. Das widerspricht der mathematischen Wirklichkeit, denn die sehr dünn verteilte Menge $\{ n \in \mathbb{N} \,:\, 1 \leq n \leq 10.000.000.000.000 \}$ ist ja auch kompakt. Was von der engen Packung bleibt, ist nur die Tatsache, dass eine kompakte Menge K alle ihre Häufungspunkte enthält.

Typisch für kompakte Mengen ist ihr Verhältnis zu stetigen Funktionen. Diese bleiben auf K beschränkt und nehmen dort Ihr Maximum und ihr Minimum an. Ist f auf K stetig und überall positiv, so ist auch der minimale Wert von f echt positiv, und analog ist der maximale Wert einer auf K überall negativen stetigen Funktion f echt negativ. Weiter oben wurde ja gezeigt, dass die Abstandsfunktion $d_{\mathbb{R}^n \setminus U}(\mathbf{x})$ auf einer Menge $U \subset \mathbb{R}^n$ stetig ist. Daraus folgt: Ist U offen und $K \subset U$ kompakt, so nimmt der Abstand von $\mathbb{R}^n \setminus U$ ein positives Minimum an. Das heißt, dass K dem Rand von U nicht beliebig nahe kommen kann.

Typisch für kompakte Mengen ist auch die Möglichkeit, in gewissen Situationen von lokalen Eigenschaften auf globale schließen zu können. Das soll an Hand von zwei Beispielen deutlich gemacht werden.

Beispiele

1. Sei $K \subset \mathbb{R}^n$ kompakt, $M \subset K$ eine Teilmenge. Wenn es zu jedem $\mathbf{x} \in K$ eine offene Umgebung $U = U(\mathbf{x}) \subset \mathbb{R}^n$ gibt, so dass $U \cap M$ endlich oder leer ist, dann ist M endlich.

   Den BEWEIS kann man durch Widerspruch führen. Wäre M unendlich, so könnte man eine Folge $(\mathbf{x}_n)$ von paarweise verschiedenen Punkten von M auswählen. Weil K kompakt ist, gibt es eine Teilfolge $(\mathbf{x}_{n_\nu})$, die gegen einen Punkt $\mathbf{x}_0 \in K$ konvergiert. Man müsste jetzt mit der Teilfolge weiterrechnen. Um nicht immer die Doppelindizes schreiben zu müssen, könnte man eine Abkürzung einführen: $\mathbf{y}_\nu := \mathbf{x}_{n_\nu}$. Das ist eine Situation, wo die Mathematiker gerne sagen: „Ohne Beschränkung der Allgemeinheit (mit o.B.d.A. abgekürzt) konvergiere schon die Folge $(\mathbf{x}_n)$ gegen $\mathbf{x}_0$." Das ist keine unzulässige Vereinfachung, es verkürzt nur die Schreibweise. Weiter im Beweis! Nach Voraussetzung gibt es eine offene Umgebung $U = U(\mathbf{x}_0)$, so dass $U \cap M$

endlich ist. Aber in jeder Umgebung des Grenzwertes müssen unendlich viele Folgenglieder liegen. Das ist ein Widerspruch. Also ist M endlich. ∎

Diese Schlussweise funktioniert nur bei kompakten Mengen. Ist $K = (0, 2) \subset \mathbb{R}$ und $M := \{1/n : n \in \mathbb{N}\}$, so ist M unendlich, obwohl es zu jedem Punkt $x_0 \in K$ eine Umgebung $U = U(x_0) \subset \mathbb{R}$ gibt, so dass $U \cap M$ endlich oder leer ist.

2. Sei K kompakt und $f : K \to \mathbb{R}$ lokal beschränkt (was bedeutet, dass jeder Punkt von K eine Umgebung U besitzt, so dass f auf $K \cap U$ nach unten und oben beschränkt ist; f braucht dabei keineswegs stetig zu sein). Dann ist f auf ganz K beschränkt.

BEWEIS: Wäre f auf K nicht beschränkt, so könnte man zu jeder natürlichen Zahl n ein Element $\mathbf{x}_n \in K$ finden, so dass $|f(\mathbf{x}_n)| > n$ ist. Weil K kompakt ist, gibt es eine Teilfolge $(\mathbf{x}_{n_\nu})$, die gegen ein $\mathbf{x}_0 \in K$ konvergiert. O.B.d.A. konvergiert schon $(\mathbf{x}_n)$ gegen $\mathbf{x}_0$. Es gibt aber eine Umgebung $U = U(\mathbf{x}_0)$ und ein $c \in \mathbb{R}$, so dass $|f(\mathbf{x})| \leq c$ auf $U \cap K$ ist. Da fast alle Glieder der Folge in U liegen, gibt es ein n_0, so dass $|f(\mathbf{x}_n)| \leq c$ für $n \geq n_0$ gilt. Andererseits ist stets $|f(\mathbf{x}_n)| > n$. Für $n > \max(n_0, c)$ ist das ein Widerspruch. f ist auf ganz K beschränkt. ∎

Auch diese Aussage gilt nur auf kompakten Mengen: Sei $K = (0, 1)$ und $f : K \to \mathbb{R}$ definiert durch $f(x) := n$ für $1/(n + 1) \leq x < 1/n$ und $n \in \mathbb{N}$. Dann ist f auf $(0, 1)$ unbeschränkt, aber lokal beschränkt.

Aufgaben

2.3.1. Bestimmen Sie – wenn möglich – die folgenden Grenzwerte:

$$\lim_{x \to 3} \frac{3x + 9}{x^2 - 9} \,, \quad \lim_{x \to -3} \frac{3x + 9}{x^2 - 9} \,, \quad \lim_{x \to 0-} \frac{x}{|x|} \,, \quad \lim_{x \to 0+} \frac{x}{|x|} \,,$$

$$\lim_{x \to -1} \frac{x^2 + x}{x^2 - x - 2} \,, \quad \lim_{x \to 3} \frac{x^3 - 5x + 4}{x^2 - 2} \quad \text{und} \quad \lim_{x \to 0} \frac{\sqrt{x + 2} - \sqrt{2}}{x} \,.$$

Bei (a), (b) und (e) lässt sich der Funktionsterm stark vereinfachen, bei (c) und (d) muss man nur $|x|$ genauer ausrechnen, (f) ist ganz simpel, und bei (g) kann man den Trick mit der binomischen Formel und der Bruch-Erweiterung anwenden.

2.3.2. Es seien eine Zahl $x_0 \in \mathbb{R}$ und zwei Funktionen $f_1 : (-\infty, x_0] \to \mathbb{R}$ und $f_2 : [x_0, +\infty) \to \mathbb{R}$ gegeben. Zeigen Sie: Sind f_1, f_2 beide stetig und ist $f_1(x_0) = f_2(x_0)$, so ist auch

$$f(x) := \begin{cases} f_1(x) & \text{für } x \leq x_0, \\ f_2(x) & \text{für } x > x_0 \end{cases}$$

stetig auf $\mathbb{R}$.

Man berechne in x_0 die einseitigen Grenzwerte.

2.3.3. Wo sind die folgenden Funktionen stetig oder stetig ergänzbar?

$$f(x) := \frac{x^2 + 2x - 3}{x - 1}, \quad g(x) := \frac{x^4 - 3x^2 + 2}{x^2 - 3x - 4}.$$

Problematisch sind höchstens die Stellen, wo f bzw. g nicht definiert sind. Dort kann man durch Polynomdivision mehr herausfinden.

2.3.4. Berechnen Sie den Grenzwert $\lim\limits_{x \to \infty} (\sqrt{4x^2 - 2x + 1} - 2x)$.

Erweitern!

2.3.5. Sei $f(x) := (4x^3 + 5)/(-6x^2 - 7x)$. Zeigen Sie, dass es eine lineare Funktion L und eine weitere Funktion g gibt, so dass gilt:

$$f(x) = L(x) + g(x) \quad \text{und} \quad \lim\limits_{x \to \infty} g(x) = 0.$$

Man nennt L dann eine ***schräge Asymptote*** für f.

Polynomdivision!

2.3.6. Sei $f : \mathbb{R} \to \mathbb{R}$ definiert durch $f(x) := \begin{cases} x & \text{für } x \in \mathbb{Q}, \\ x^2 & \text{für } x \notin \mathbb{Q}. \end{cases}$
In welchen Punkten ist f stetig?

Verwendet man das Folgenkriterium, so kann man rationale und irrationale Folgen betrachten.

2.3.7. Sei $f(x) := x^2$ und $x_0 \in \mathbb{R}$ beliebig.

1. Zeigen Sie sorgfältig mit dem ε-δ-Kriterium, dass f in x_0 stetig ist.

2. Finden Sie für $\varepsilon = 10^{-2}$ und die Punkte $x_0 = 0.2$, und $x_0 = 20$ jeweils ein möglichst großes δ, so dass $|f(x) - f(x_0)| < \varepsilon$ für $|x - x_0| < \delta$ ist.

1) Da man in (2) zu gegebenem ε ein passendes δ finden muss, ist es von Vorteil, wenn man hier in (1) einen funktionalen Zusammenhang zwischen ε und δ herstellt. Dafür ist eventuell die Methode der falschen Schlussrichtung hilfreich. (2) ergibt sich dann von selbst.

2.3.8. $f, g : [a, b] \to \mathbb{R}$ seien stetige Funktionen. Zeigen Sie, dass $\max(f, g)$ und $|f|$ stetig sind.

Der erste Teil ist ein Spiel mit der Dreiecksungleichung. Man zeige, dass $|a| - |b| \leq |a - b|$ und $-|a - b| \leq |a| - |b|$ ist, also $\big| |a| - |b| \big| \leq |a - b|$.

Beim zweiten Teil braucht man eine Formel für das Maximum. Addiert man zum Mittelwert zweier Zahlen den halben Abstand dieser Zahlen, so erhält man die größere der beiden Zahlen.

2.3.9. f, g seien reelle Polynome, $x_0 \in \mathbb{R}$ eine gemeinsame Nullstelle. Zeigen Sie: Ist die Ordnung der Nullstelle von f größer oder gleich der Ordnung der Nullstelle von g, so existiert der Limes von $f(x)/g(x)$ für $x \to x_0$.

Die Existenz einer Nullstelle liefert einen Linearfaktor. Man setze das ein und kürze!

2.3.10. Sei $p(x) = a_0 + a_1 x + \cdots + a_n x^n$ und $a_0 < 0 < a_n$. Zeigen Sie, dass p eine positive Nullstelle besitzt.

Man mache sich Gedanken über die Werte von p bei $x = 0$ und für $x = k \to +\infty$. Dann bietet sich der Zwischenwertsatz an.

2.3.11. Sei $p(x) := x^5 - 7x^4 - 2x^3 + 14x^2 - 3x + 21$. Zeigen Sie, dass p eine Nullstelle zwischen 1 und 2 besitzt.

Es sollte klar sein, was man hier machen muss.

2.3.12. Sei $f : [0, 1] \to \mathbb{R}$ stetig und $f([0, 1]) \subset [0, 1]$. Zeigen Sie, dass es ein $c \in [0, 1]$ mit $f(c) = c$ gibt.

Gesucht wird nach einem „Fixpunkt" der Funktion f. Vielleicht sucht man besser nach einer Funktion g, die genau dann eine Nullstelle besitzt, wenn f einen Fixpunkt hat.

2.3.13. Sei $f : \mathbb{R} \to \mathbb{R}$ eine Funktion. Zeigen Sie: Sind die Mengen

$$U_- := \{(x, y) \in \mathbb{R}^2 : y < f(x)\} \quad \text{und} \quad U_+ := \{(x, y) \in \mathbb{R}^2 : y > f(x)\}$$

offen, so ist f stetig.

Die Idee für die Lösung ist schwer zu erklären. Natürlich sollte man mit dem ε-δ-Kriterium arbeiten und sich überlegen:

$$c < f(x) < d \iff (x, c) \in U_- \text{ und } (x, d) \in U_+ .$$

Ansonsten schaue man, ob sich der Beweis nicht ganz von alleine entwickelt, wenn man mit „Sei $x_0 \in \mathbb{R}$ und $\varepsilon > 0 \ldots$ " beginnt.

2.3.14. Sei $f(x, y) := \begin{cases} x^2/(x + y) & \text{falls } (x, y) \neq (0, 0), \\ 0 & \text{falls } (x, y) = (0, 0). \end{cases}$ Zeigen Sie:

a) $\lim\limits_{t \to 0} f(tx, ty) = 0$ für alle $(x, y) \neq (0, 0)$.

b) f ist nicht stetig in $(0, 0)$.

a) ist leicht nachzurechnen.

b) Man versuche es mit einer Nullfolge der Gestalt (a_n, b_n) mit $b_n = \lambda_n a_n$. Man kann λ_n so wählen, dass $f(a_n, b_n) = 1/a_n$ ist.

2.3.15. Für zwei nicht-leere Teilmengen $A, B \subset \mathbb{R}^n$ setzt man

$$\text{dist}(A, B) := \inf\{\text{dist}(\mathbf{x}, \mathbf{y}) : \mathbf{x} \in A \text{ und } \mathbf{y} \in B\}.$$

Zeigen Sie: Ist $K \subset \mathbb{R}^n$ kompakt und $B \subset \mathbb{R}^n$ abgeschlossen, beide nicht leer und $K \cap B = \varnothing$, so ist $\text{dist}(K, B) > 0$.

Man versuche einen Widerspruchsbeweis und benutze das, was man über Folgen im Zusammenhang mit kompakten bzw. abgeschlossenen Mengen weiß.

2.3.16. Sei $f : (a, b) \to \mathbb{R}$ monoton wachsend. Zeigen Sie, dass f höchstens abzählbar viele Sprungstellen haben kann.

Ordnen Sie irgendwie jeder Sprungstelle eine rationale Zahl zu und sorgen Sie dafür, dass diese Zuordnung injektiv ist.

2.3.17. Welche der folgenden Mengen sind kompakt?

$$M_1 := (0, 1], \quad M_2 := \mathbb{N}, \quad M_3 := \{1/n : n \in \mathbb{N}\}, \quad M_4 := \{0\} \cup \{1/n : n \in \mathbb{N}\},$$

$$M_5 := \mathbb{Q} \cap [0, 1], \quad M_6 := \{(x, y) \in \mathbb{R}^2 : x \geq 1 \text{ und } 0 \leq y \leq 1/x\}.$$

Einfach!

2.3.18. $K_1, \ldots, K_r$ seien kompakte Mengen im $\mathbb{R}^n$. Zeigen Sie, dass $K_1 \cup \ldots \cup K_r$ und $K_1 \cap \ldots \cap K_r$ kompakt sind.

Einfach!

2.3.19. Die Mengen $K_1, \ldots, K_n \subset \mathbb{R}$ seien kompakt. Zeigen Sie, dass $K_1 \times \cdots \times K_n \subset \mathbb{R}^n$ (aufgefasst als Teilmenge von $\mathbb{R}^n$) kompakt ist.

Einfach!

2.3.20. Sei (K_n) eine Folge von nicht leeren kompakten Mengen im $\mathbb{R}^n$, $K_{n+1} \subset K_n$ für alle $n \in \mathbb{N}$. Ist $K := \bigcap_{n=1}^{\infty} K_n$ kompakt? Kann K leer sein?

a) Man zeige, dass K abgeschlossen und beschränkt ist.

b) Man konstruiere einen Punkt in K als Grenzwert einer geeigneten Folge.

2.3.21. Sei $f : [a, b] \to \mathbb{R}$ eine Funktion. Zeigen Sie, dass f genau dann stetig ist, wenn der Graph von f eine kompakte Teilmenge von $\mathbb{R}^2$ ist.

Am besten arbeitet man mit Folgen.

2.3.22. Sei $M \subset \mathbb{R}$ eine beschränkte Menge und $f : M \to \mathbb{R}$ gleichmäßig stetig. Zeigen Sie, dass f beschränkt ist.

Man kann M in endlich viele kleine (gleich große) Teile zerlegen. Weil f solche Teile auf Bildintervalle gleicher Größe abbildet (wegen der gleichmäßigen Stetigkeit), bleibt $f(M)$ beschränkt.

2.4 Potenzreihen

In diesem Abschnitt treffen sich Konvergenz, Reihen und stetige Funktionen. Eine Reihe $\sum_{\nu=0}^{\infty} f_\nu$ von auf einer Menge $M \subset \mathbb{R}^n$ definierten und reell- oder komplexwertigen Funktionen f_ν heißt **punktweise** (bzw. **normal**) **konvergent**, falls die Reihe $\sum_{\nu=0}^{\infty} f_\nu(\mathbf{x})$ für jedes feste $\mathbf{x} \in M$ (bzw. die Reihe $\sum_{\nu=0}^{\infty} \|f_\nu\|$) konvergiert. Dabei bezeichnet $\|f\| := \sup\{|f(\mathbf{x})| : \mathbf{x} \in M\}$ die „Supremums-Norm" von f. Mit der Supremums-Norm $\|f\|$ kann man natürlich nur arbeiten, wenn f beschränkt ist. Eine normal konvergente Reihe ist auch punktweise konvergent.

Sehr hilfreich ist das **Weierstraß-Kriterium**:
Alle f_ν seien stetig auf M, und es gebe eine konvergente Reihe nicht-negativer reeller Zahlen a_ν, so dass $|f_\nu(\mathbf{x})| \leq a_\nu$ für (fast) alle ν und alle $\mathbf{x} \in M$ gilt. Dann konvergiert $\sum_{\nu=0}^{\infty} f_\nu$ auf M normal gegen eine stetige Funktion.

Experten werden vielleicht fragen: „Wo bleibt denn die *gleichmäßige Konvergenz?*" Die ist ein bisschen allgemeiner und deutlich komplizierter als die normale Konvergenz, wird aber vorerst nicht unbedingt gebraucht. Deshalb gehe ich auf dieses Thema erst in Abschnitt 4.1 ein. Die „normale" Konvergenz (also Konvergenz der Norm nach) ist zwar relativ grob, aber dafür etwas leichter zu verstehen. Einziges Problem: Das **Cauchy-Kriterium** für die normale Konvergenz existiert nur als **notwendiges** Kriterium (denn umgekehrt folgt aus dem Cauchy-Kriterium die gleichmäßige Konvergenz, aus der aber nicht die normale Konvergenz):

Wenn die Funktionenreihe $\sum_{\nu=0}^{\infty} f_\nu$ auf M normal konvergiert, dann gibt es zu jedem $\varepsilon > 0$ ein $\nu_0 \in \mathbb{N}$, so dass $\left| \sum_{\nu=\nu_0+1}^{\mu} f_\nu(\mathbf{x}) \right| < \varepsilon$ für alle $\mu > \nu_0$ und alle $\mathbf{x} \in M$ gilt.

Dieses notwendige Kriterium reicht für den Beweis eines Satzes über Treppenfunktionen und Regelfunktionen. Regelfunktionen wurden in Abschnitt 2.3 eingeführt. Eine Funktion $t : [a, b] \to \mathbb{R}$ heißt **Treppenfunktion**, wenn es eine Zerlegung $a = x_0 < x_1 < \ldots < x_n = b$ gibt, so dass t auf jedem offenen Teilintervall $(x_{\nu-1}, x_\nu)$ konstant ist. In den Zerlegungspunkten kann t beliebige Werte annehmen.

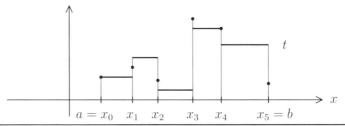

Reihen von Treppenfunktionen sind Regelfunktionen

Sei (t_k) eine Folge von Treppenfunktionen auf dem Intervall $I = [a, b]$, so dass $\sum_{k=1}^{\infty} t_k$ auf I normal gegen eine Funktion f konvergiert. Dann ist f eine Regelfunktion.

Beweis[*]**:**   Die Argumentation ist ein wenig kompliziert: Sei $T_N := \sum_{k=1}^{N} t_k$ die N-te Partialsumme. Ist $\varepsilon > 0$ vorgegeben, so existiert nach dem Cauchy-Kriterium für die normale Konvergenz ein ν_0, so dass gilt:

$$|T_\mu(x) - T_{\nu_0}(x)| = \Big| \sum_{\nu=\nu_0+1}^{\mu} t_\nu(x) \Big| < \varepsilon/3 \text{ für } x \in I \text{ und } \mu > \nu_0.$$

Sei $x \in I$ beliebig. Dann gibt es ein $\mu = \mu(x, \varepsilon) > \nu_0$, so dass $|T_\mu(x) - f(x)| < \varepsilon/3$ ist. Sei nun $\nu > \nu_0$ beliebig. Dann folgt:

$$
\begin{aligned}
|T_\nu(x) - f(x)| &\leq |T_\nu(x) - T_\mu(x)| + |T_\mu(x) - f(x)| \\
&\leq |T_\nu(x) - T_{\nu_0}(x)| + |T_\mu(x) - T_{\nu_0}(x)| + |T_\mu(x) - f(x)| \\
&< \frac{\varepsilon}{3} + \frac{\varepsilon}{3} + \frac{\varepsilon}{3} = \varepsilon.
\end{aligned}
$$

Nun sei ein spezielles $x_0 \in I$ gegeben. Zu vorgegebenem $\varepsilon > 0$ sei ν wie oben gewählt. Dann gibt es ein $\delta > 0$, so dass T_ν auf $(x_0, x_0 + \delta)$ einen konstanten Wert c annimmt (denn es gibt nur endlich viele Stellen in I, wo T_ν seinen Wert ändert). Ist $x \in (x_0, x_0 + \delta)$, so ist

$$|f(x) - c| \leq |f(x) - T_\nu(x)| + |T_\nu(x) - c| < \varepsilon.$$

Das bedeutet, dass $\lim\limits_{x \to x_0+} f(x) = c$ ist.

Analog zeigt man die Existenz des linksseitigen Grenzwertes von f in x_0 (an den Endpunkten des Intervalls braucht man natürlich nur einen der einseitigen Grenzwerte zu betrachten). Damit ist f eine Regelfunktion. ∎

Es gilt übrigens auch die Umkehrung:

Regelfunktionen als Reihen von Treppenfunktionen

Ist $f : I = [a, b] \to \mathbb{R}$ eine Regelfunktion, so gibt es eine Reihe von Treppenfunktionen auf I, die normal gegen f konvergiert.

Beweis *: Auch diese Aussage ist nicht ganz einfach zu zeigen:

1) Es soll zunächst gezeigt werden, dass es zu jedem $\varepsilon > 0$ eine Treppenfunktion τ auf I gibt, so dass $|f(t) - \tau(t)| < \varepsilon$ für alle $t \in I$ gilt.

Sei also $\varepsilon > 0$ vorgegeben. Ist c der rechtsseitige Grenzwert von f in a, so gibt es ein $x > 0$, so dass $|f(t) - c| < \varepsilon$ auf (a, x) gilt. Nun sei $\tau(t) := c$ auf (a, x), sowie $\tau(a) = f(a)$ und $\tau(x) = f(x)$. Das ist eine Treppenfunktion auf $[a, x]$, die sich von f um weniger als ε unterscheidet. Wir setzen jetzt

$$x_0 := \sup\{x \in [a, b] \ : \ \exists \text{ Treppenfkt. } \tau \text{ auf } I_x := [a, x] \text{ mit } \|\tau - f\| < \varepsilon \text{ auf } I_x\}.$$

Annahme, $x_0 < b$. Dann existiert $c_0 := \lim_{x \to x_0+} f(x)$, und es gibt ein x_1 mit $x_0 < x_1 \le b$, so dass $|f(t) - c_0| < \varepsilon$ für $x_0 < t < x_1$ gilt. Sei außerdem τ eine Treppenfunktion auf $I_{x_0} := [a, x_0]$ mit $|\tau(t) - f(t)| < \varepsilon$ für $t \in I_{x_0}$. Nun setze man

$$\tau^*(t) := \begin{cases} \tau(t) & \text{für } a \le t \le x_0, \\ c_0 & \text{für } x_0 < t < x_1, \\ f(x_1) & \text{für } t = x_1. \end{cases}$$

Offensichtlich ist τ^* eine Treppenfunktion, und es ist $|\tau^*(t) - f(t)| < \varepsilon$ für $t \in [a, x_1]$. Das ist ein Widerspruch zur Definition des Supremums x_0. Also muss $x_0 = b$ sein, und die Existenz der Treppenfunktion τ ist gezeigt.

2) Nun sei zu jedem $k \in \mathbb{N}$ eine Treppenfunktion τ_k auf I gewählt, so dass $\|f - \tau_k\| < 2^{-k}$ ist. Setzt man $t_1 := \tau_1$ und $t_k := \tau_k - \tau_{k-1}$ für $k \ge 2$, so sind auch die t_k Treppenfunktionen, und es gilt:

$$\|t_k\| = \|\tau_k - \tau_{k-1}\| \le \|\tau_k - f\| + \|f - \tau_{k-1}\| < 2^{-k} + 2^{-(k-1)} = 3/2^{-k},$$

also $\sum_{k=1}^{\infty} \|t_k\| \le \|t_1\| + \sum_{k=2}^{\infty} 3/2^{-k} = \|t_1\| + 3/2 < \infty$. Außerdem gilt für alle $x \in I$:

$$\Big| f(x) - \sum_{k=1}^{n} t_k(x) \Big| = |f(x) - \tau_n(x)| < 2^{-n}.$$

Damit konvergiert $\sum_{k=1}^{n} t_k$ auf I normal gegen f, und alles ist bewiesen. $\blacksquare$

Beispiele

1. Sei $f : I := [0, 1] \to \mathbb{R}$ definiert durch

$$f(x) := \begin{cases} 1/k^2 & \text{für } k \in \mathbb{N} \text{ und } 1/(k+1) < x \le 1/k \\ 0 & \text{für } x = 0 \end{cases},$$

sowie

$$t_k(x) := \begin{cases} 1/k^2 & \text{für } 1/(k+1) < x \le 1/k \\ 0 & \text{sonst.} \end{cases}.$$

Dann ist t_k eine Treppenfunktion und $\sum_{k=1}^{\infty} t_k(x) = f(x)$ für alle $x \in I$. Weil $\sum_{k=1}^{\infty} \|t_k\| = \sum_{k=1}^{\infty} 1/k^2 < \infty$ ist, konvergiert die Reihe der t_k normal gegen

f. Also ist f eine Regelfunktion. Tatsächlich sieht man auch direkt, dass f überall rechts- und linksseitige Grenzwerte besitzt. Und weil f unendlich viele Sprungstellen besitzt, kann f keine Treppenfunktion sein.

2. Die Funktion $g : I := [0, 1] \to \mathbb{R}$ mit

$$g(x) := \begin{cases} 1/k & \text{für } k \in \mathbb{N} \text{ und } 1/(k+1) < x \leq 1/k \\ 0 & \text{für } x = 0 \end{cases}$$

besitzt natürlich auch überall rechts- und linksseitige Grenzwerte und ist demnach eine Regelfunktion.

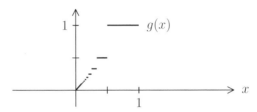

Die Darstellung als normal konvergente Reihe von Treppenfunktionen ist aber nicht so offensichtlich, denn die Reihe $\sum_{k=1}^{\infty} 1/k$ divergiert. Aber das Studium der obigen Beweise verhilft vielleicht zur richtigen Idee. Für $n \in \mathbb{N}$ setze man

$$\tau_n(x) := \begin{cases} 1/k & \text{für } 1/(k+1) < x \leq 1/k \text{ und } k = 1, \ldots, 2^{n-1} \\ 0 & \text{sonst,} \end{cases}$$

und für $n \geq 2$ setze man $t_n := \tau_n - \tau_{n-1}$. Außerdem sei $t_1 := \tau_1$. Dann folgt:

$$g(x) - \tau_n(x) = \begin{cases} 1/k & \text{für } 1/(k+1) < x \leq 1/k \text{ und } k \geq 2^n \\ 0 & \text{für } x = 0 \text{ und für } x \geq 2^{-n} \end{cases},$$

also $\|g - \tau_n\| = \sup\{|g(x) - \tau_n(x)| : 0 \leq x \leq 1\} = 2^{-n}$ und

$\|t_n\| \leq \|\tau_n - g\| + \|g - \tau_{n-1}\| = 2^{-n} + 2^{-n+1} = 3 \cdot 2^{-n}$, für $n \geq 2$. Damit ist

$$\sum_{n=1}^{\infty} t_n(x) = \lim_{\to \infty} \tau_n(x) = g(x)$$

$$\text{und } \sum_{n=1}^{\infty} \|t_n\| \leq \|t_1\| + 3 \sum_{n=2}^{\infty} \left(\frac{1}{2}\right)^n = \|\tau_1\| + 3\left(\frac{1}{1 - 1/2} - 1 - \frac{1}{2}\right)$$

$$= \|\tau_1\| + 3/2 < \infty.$$

3. Natürlich ist auch jede stetige Funktion f eine Regelfunktion, die sich auf jedem abgeschlossenen Teilintervall I des Definitionsbereiches von f als normal konvergente Reihe von Treppenfunktionen darstellen lässt. Aus den obigen Beweisen ersieht man, dass es reicht, zu jedem $\varepsilon > 0$ eine Treppenfunktion τ auf I zu finden, so dass $\|f - \tau\| < \varepsilon$ ist.

Weil f auf I gleichmäßig stetig ist, gibt es zu vorgegebenem $\varepsilon > 0$ ein $\delta > 0$, so dass $|f(x) - f(y)| < \varepsilon$ für $|x - y| < \delta$ ist. Man kann dann das Intervall $I = [a, b]$ in Teil-Intervalle der Länge $< \delta$ zerlegen: $a = x_0 < x_1 < \ldots < x_n = b$. Wählt man Punkte $\xi_i \in (x_{i-1}, x_i)$ und setzt man $\tau(x) := f(\xi_i)$ für $x \in (x_{i-1}, x_i)$, so erhält man eine Treppenfunktion τ mit $\|f - \tau\| < \varepsilon$.

Sei etwa $f(x) := x^2$ auf $[0, 10]$ und $\varepsilon := 0.1$. Wir suchen zu ε ein passendes δ im obigen Sinne, um eine approximierende Treppenfunktion konstruieren zu können. Wir beginnen mit einem noch unbestimmten $\delta > 0$. Sei $x_0 \in [0, 10]$ beliebig und $0 \le h < \delta$. Ist auch $x_0 + h \in [0, 10]$, so ist

$$|f(x_0 + h) - f(x_0)| = |2x_0 h + h^2| \le 2 \cdot (10 - h) \cdot h + h^2 = 20h - h^2.$$

Damit $|f(x_0 + h) - f(x_0)| < \varepsilon$ wird, reicht es, dass $\delta^2 - 20\delta + \varepsilon > 0$ ist, also $(\delta - 10)^2 > 100 - \varepsilon$. Da wir natürlich ein $\delta < 10$ suchen, bedeutet das: $10 - \delta > \sqrt{100 - \varepsilon}$, also $\delta < 10 - \sqrt{100 - \varepsilon} = 10 - \sqrt{99.9} = 10 - 9.994998749\ldots$. Man kann deshalb $\delta := 0.005$ setzen. Ist dann $|x - x_0| < \delta$, so ist $|f(x) - f(x_0)| \le 20\delta - \delta^2 \le 0.099975 < 0.1 = \varepsilon$.

Durch $\tau(0) := 0$ und $\tau(x) := f(k\delta - \delta/2)$ für $(k - 1)\delta < x \le k\delta$ und $k = 1, \ldots, 2000$ wird eine Treppenfunktion auf $[0, 10]$ definiert, die dort f genügend genau approximiert. Man könnte zwar in der Nähe von $x = 0$ mit längeren Teilintervallen auskommen, aber je näher man der Obergrenze $x = 10$ kommt, desto näher muss die Intervall-Länge an das obige kleine δ heranrücken.

Die wichtigsten Beispiele normal konvergenter Funktionenreihen liefern die **Potenzreihen**. Eine Potenzreihe mit Entwicklungspunkt a und Koeffizienten c_ν hat die Gestalt

$$P(z) = \sum_{\nu=0}^{\infty} c_\nu (z - a)^\nu.$$

Die Variable z soll dabei signalisieren, dass man nicht nur reelle, sondern auch komplexe Zahlen einsetzen kann, so wie auch die Koeffizienten c_ν reell oder komplex sein können. In allen Punkten $z \in \mathbb{C}$, in denen die Reihe konvergiert, wird durch $z \mapsto P(z)$ eine komplexwertige Funktion P definiert. Sind a und alle Koeffizienten reell, so erhält man in den Punkten $x \in \mathbb{R}$, in denen die Reihe konvergiert, eine reellwertige Funktion $x \mapsto P(x)$. Das Konvergenzgebiet von P, also die größte offene Menge, auf der $P(z)$ konvergiert, ist eine Kreisscheibe mit dem Mittelpunkt a. Interessiert man sich nur für den reellen Fall, so ist der Kreis durch ein Intervall zu ersetzen. Der Radius R des Konvergenzkreises bzw. des Konvergenzintervalls heißt der **Konvergenzradius**. Auf jeder abgeschlossenen Kreisscheibe im Inneren des Konvergenzgebietes konvergiert $P(z)$ normal (gegen eine stetige Funktion), außerhalb des Gebietes divergiert die Reihe.

Die erste Frage bei einer Potenzreihe ist deshalb die nach dem Konvergenzradius R. Eine einfache Methode zu seiner Bestimmung liefert das folgende **Quotienten-kriterium**. Ist $c_\nu \neq 0$ für fast alle ν, so ist

$$R = \lim_{\nu \to \infty} \left| \frac{c_\nu}{c_{\nu+1}} \right|.$$

Die Formel versagt, wenn die Reihe zu viele Lücken hat. Ist etwa nur jeder zweite Koeffizient $c_{2\nu} \neq 0$, so erhält man $\lim_{\nu \to \infty} |c_{2\nu}/c_{2\nu+2}| = R^2$. Eine bessere Formel ist daher die **Formel von Hadamard**: Sei $\gamma := \overline{\lim} \sqrt[n]{|c_n|}$. Dann ist $R = 1/\gamma$ (wobei $1/0 = \infty$ und $1/\infty = 0$ gesetzt werden kann).

Auf dem Rand des Konvergenzkreises können in der Regel keine Aussagen zur Konvergenz der Reihe gemacht werden, aber manchmal hilft der Abel'sche Grenzwertsatz weiter: Wenn $a = 0$ und alle c_ν reell sind, dann ist $\lim_{x \to 1-} P(x) = \sum_{\nu=0}^{\infty} c_\nu$, sofern dieser Grenzwert existiert.

Bekannt ist die binomische Formel

$$(x + y)^n = \sum_{k=0}^{n} \binom{n}{k} x^k y^{n-k} \text{ mit } \binom{n}{k} = \frac{n(n-1)\cdots(n-k+1)}{k!}.$$

Speziell ergibt sich daraus:

$$(1 + x)^n = 1 + \frac{n}{1} x + \frac{n(n-1)}{1 \cdot 2} x^2 + \frac{n(n-1)(n-2)}{1 \cdot 2 \cdot 3} x^3 + \cdots + 1 \cdot x^n.$$

Isaac Newton machte die bahnbrechende Entdeckung, dass sich diese Formel auf rationale Exponenten erweitern lässt:

$$\begin{aligned}(1 + x)^q &= 1 + \frac{q}{1} x + \frac{q(q-1)}{1 \cdot 2} x^2 + \frac{q(q-1)(q-2)}{1 \cdot 2 \cdot 3} x^3 + \cdots \\ &= \sum_{k=0}^{\infty} \frac{q(q-1)\cdots(q-k+1)}{k!} x^k.\end{aligned}$$

Leider ist die Summe nicht mehr endlich, womit man seinerzeit recht großzügig umging. Dies ist eine der ersten Potenzreihen, die in der Mathematik auftauchte. Ebenfalls bekannt war natürlich die geometrische Reihe

$$\frac{1}{1 - x} = \sum_{k=0}^{\infty} x^k.$$

Man sieht, dass Potenzreihen auf ganz natürliche Weise ins Spiel kommen.

Sei $P(z) = \sum_{\nu=0}^{\infty} c_\nu (z - a)^\nu$ eine Potenzreihe mit Konvergenzradius $R > 0$. Weil die Grenzfunktion in a stetig ist, ist

$$\lim_{z \to a} P(z) = P(a) = c_0.$$

Nach der Formel von Hadamard ist $R = 1/\overline{\lim} \sqrt[\nu]{|c_\nu|}$. Weil die Reihe

$$\sum_{\nu=1}^{\infty} \nu \cdot c_\nu (z-a)^{\nu-1}$$

den gleichen Konvergenzradius wie $P(z)$ hat (der einfache Beweis findet sich in der Literatur) und weil $\sqrt[n]{n+1}$ für $n \to \infty$ gegen 1 konvergiert, folgt:

$$1/R = \overline{\lim} \sqrt[\nu]{(\nu+1)|c_{\nu+1}|} = \overline{\lim} \sqrt[\nu]{c_{\nu+1}}.$$

Das bedeutet: Ergeben sich die Koeffizienten einer Potenzreihe nur durch Verschiebung der Koeffizienten einer anderen Potenzreihe um einen festen Betrag, so haben beide Reihen den gleichen Konvergenzradius. Der Konvergenzradius hängt allein von der Folge der Koeffizienten c_ν ab.

Wenn alle Koeffizienten c_ν verschwinden, dann ist $P(z) \equiv 0$ auf dem Konvergenzkreis. Sei nun umgekehrt vorausgesetzt, dass $P(z) \equiv 0$ für alle z mit $|z - z_0| < R$ gilt. Insbesondere ist dann $c_0 = P(z_0) = 0$, und für $z \neq z_0$ und $|z - z_0| < R$ ist

$$0 = \frac{P(z) - c_0}{z - z_0} = \sum_{\nu=0}^{\infty} c_{\nu+1}(z - z_0)^\nu.$$

Weil die Potenzreihe auf der rechten Seite den gleichen Konvergenzradius wie $P(z)$ besitzt, folgt: $c_1 = 0$. Dieses Verfahren kann man beliebig wiederholen, es müssen alle Koeffizienten c_ν verschwinden.

Hieraus folgt der

Identitätssatz

Seien $P(z) = \sum_{\nu=0}^{\infty} a_\nu(z-a)^\nu$ und $Q(z) = \sum_{\nu=0}^{\infty} b_\nu(z-a)^\nu$ zwei Potenzreihen, die auf einer Kreisscheibe um a mit Radius $R > 0$ konvergieren. Genau dann ist $P(z) = Q(z)$ für alle z mit $|z - a| < R$, wenn $a_\nu = b_\nu$ für alle ν gilt.

Hier ist eine Anwendung des Identitätssatzes: Sei $P(z) = \sum_{\nu=0}^{\infty} c_\nu z^\nu$, mit Konvergenzradius $R > 0$. Dann gilt:

P ist gerade (d.h. $P(-z) = P(z)$ für $|z| < R$) $\iff$ $c_{2k+1} = 0$ für alle k.

BEWEIS: Wir haben folgende Äquivalenzen:

$$P(-z) = P(z) \iff \sum_{\nu=0}^{\infty}(-1)^\nu c_\nu z^\nu = \sum_{\nu=0}^{\infty} c_\nu z^\nu$$
$$\iff (-1)^\nu c_\nu = c_\nu \text{ für alle } \nu$$
$$\iff c_{2k+1} = -c_{2k+1} \text{ (also } c_{2k+1} = 0) \text{ für alle } \nu.$$

Analog gilt auch für ungerades P, dass $c_{2k} = 0$ für alle k ist. ∎

Es gibt nicht sehr viele Standard-Methoden, den Konvergenzradius einer Potenzreihe zu bestimmen. Die Formel von Hadamard kann zwar immer angewandt werden, aber manchmal ist es schwierig, $\overline{\lim} \sqrt[\nu]{|c_\nu|}$ zu bestimmen. Die Anwendung der Quotientenformel ist leichter, aber sie führt nicht immer zum Ziel. Man sollte deshalb nicht vergessen, dass der Konvergenzradius R auch dadurch festgelegt ist, dass die Reihe auf Kreisscheiben (um den Entwicklungspunkt) mit Radius $r < R$ konvergiert und auf Kreisscheiben mit Radius $r > R$ divergiert.

Beispiele

1. Bei der Reihe $P(z) = \sum\limits_{k=1}^{\infty} \dfrac{z^n}{n^2}$ versuche man es zuerst mit dem Quotientenkriterium. Die Quotienten

$$\left| \frac{c_n}{c_{n+1}} \right| = \frac{(n+1)^2}{n^2} = \left(1 + \frac{1}{n}\right)^2$$

   konvergieren für $n \to \infty$ gegen 1. Also hat P den Konvergenzradius $R = 1$. An den Grenzen des Konvergenz-Intervalls in $\mathbb{R}$ ist $P(1) = \sum_{n=1}^{\infty} 1/n^2 < \infty$ und $P(-1) = \sum_{n=1}^{\infty} (-1)^n 1/n^2 < \infty$.

2. Die Potenzreihe $\sum\limits_{k=0}^{\infty} \dfrac{z^{2k}}{2k \cdot 9^k}$ hat Lücken. Es ist $c_{2k} = 1/(2k \cdot 9^k)$ und $c_{2k+1} = 0$ für alle k. Also lässt sich das Quotientenkriterium nicht direkt anwenden. Man kann aber folgende Quotienten untersuchen:

$$\left| \frac{c_{2k}}{c_{2k+2}} \right| = \frac{(2k+2)9^{k+1}}{2k \cdot 9^k} = 9 \cdot \left(1 + \frac{1}{n}\right).$$

   Diese konvergieren gegen $c = 9$, und dann ist $R = \sqrt{c} = 3$.

3. Sei nun $P(z) := \sum\limits_{n=0}^{\infty} \dfrac{(2 + (-1)^n)^n}{2^n}(z-1)^n$. Hier ist $c_{2k} = (3/2)^{2k}$ und $c_{2k+1} = 1/2^{2k+1}$. Die Anwendung des Quotientenkriteriums macht Schwierigkeiten. Also sollte man es mit der Formel von Hadamard versuchen. Es ist

$$\overline{\lim} \sqrt[n]{|c_n|} = \overline{\lim} \begin{cases} 3/2 & \text{falls } n \text{ gerade} \\ 1/2 & \text{falls } n \text{ ungerade.} \end{cases} = \frac{3}{2}.$$

   Also ist hier $R = 2/3$.

Mit Hilfe der Potenzreihen können endlich die „elementaren" Funktionen eingeführt werden.

- Die **_Exponentialfunktion_** wurde schon eingeführt:

$$\exp(z) := \sum_{\nu=0}^{\infty} \frac{z^\nu}{\nu!}.$$

Im Reellen bekommt man so eine streng monoton wachsende, positive Funktion $x \mapsto e^x$, die $\mathbb{R}$ surjektiv auf $\mathbb{R}_+ := \{x \in \mathbb{R} : x > 0\}$ abbildet. Die Umkehrfunktion ist der ***natürliche Logarithmus*** $y \mapsto \ln(y)$.

- ***Beliebige Exponentialfunktionen*** (zur Basis a) erhält man über die Formel

$$a^x := \exp(x \cdot \ln(a)).$$

Sie ist auf ganz $\mathbb{R}$ definiert. Ist $a > 1$, so ist sie streng monoton wachsend. Ist $a < 1$, so ist sie streng monoton fallend. Die Umkehrfunktion $y \mapsto \log_a(y)$ ist der ***Logarithmus zur Basis*** a.

- Die komplexe Exponentialfunktion liefert über die ***Euler'sche Formel***

$$\exp(\mathrm{i}\,t) = \cos t + \mathrm{i}\,\sin t$$

die Winkelfunktionn ***Sinus*** und ***Cosinus***. Es ist dann

$$\sin t = \sum_{k=0}^{\infty} (-1)^k \frac{t^{2k+1}}{(2k+1)!} \quad \text{und} \quad \cos t = \sum_{k=0}^{\infty} (-1)^k \frac{t^{2k}}{(2k)!}.$$

Aus Sinus und Cosinus gewinnt man ***Tangens*** und ***Cotangens***:

$$\tan(x) = \frac{\sin x}{\cos x} \quad \text{und} \quad \cot(x) = \frac{\cos x}{\sin x}.$$

- Die hyperbolischen Funktionen ***Sinus hyperbolicus*** und ***Cosinus hyperbolicus*** werden definiert durch

$$\sinh x := \frac{1}{2}(e^x - e^{-x}) \quad \text{und} \quad \cosh x := \frac{1}{2}(e^x + e^{-x}).$$

Der Zusammenhang zwischen den hier definierten Winkelfunktionen und den aus der Schule bekannten Verhältnissen von Seiten im rechtwinkligen Dreieck ist schwer herzustellen. Man braucht dazu den Begriff der Bogenlänge, und der wird erst im Zusammenhang mit der Integrationstheorie im Abschnitt 3.5 erklärt.

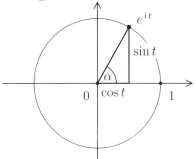

Die komplexe Zahl $e^{\mathrm{i}t}$ hat den Betrag 1, liegt also auf dem Einheitskreis

$$S^1 = \{z \in \mathbb{C} : |z| = 1\}.$$

Schreibt man diese Zahl in der Form $e^{\mathrm{i}t} = x + \mathrm{i}\,y$, so bilden x und y die Katheten eines rechtwinkligen Dreiecks mit einer Hypotenuse der Länge 1 und den Ecken $(0,0)$, $(x,0)$ und $(x,y) = e^{\mathrm{i}t}$. Nach der klassischen Geometrie ist

$$\cos\alpha = \frac{\text{Ankathete}}{\text{Hypotenuse}} = \frac{x}{1} = x \quad \text{und} \quad \sin\alpha = \frac{\text{Gegenkathete}}{\text{Hypotenuse}} = \frac{y}{1} = y,$$

wobei α den Winkel bei $(0,0)$ bezeichnet. Man kann den Winkel im Grad- und im Bogenmaß messen. Hier interessieren wir uns nur für Angaben im Bogenmaß (ein Winkel von 180° hat bekanntlich das Bogenmaß π). Und das Bogenmaß des Winkels α ist durch die Länge des Einheitskreis-Bogens zwischen $(x,0)$ und (x,y) gegeben. Es wird später gezeigt werden, dass diese Länge tatsächlich $= t$ ist (wenn man t im Intervall $[0, 2\pi)$ wählt). Jetzt ist schon klar, dass $\cos^2 t + \sin^2 t = 1$ ist.

Die Graphen von Sinus und Cosinus sehen folgendermaßen aus:

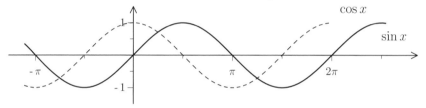

Immer wieder interessiert man sich für die Nullstellen der Winkelfunktionen. Es ist

$$\sin t = 0 \quad \Longleftrightarrow \quad t = k\pi \ (\text{mit } k \in \mathbb{Z})$$
$$\cos t = 0 \quad \Longleftrightarrow \quad t = \pi/2 + k\pi \ (\text{mit } k \in \mathbb{Z}).$$

Durch $t \mapsto e^{\mathrm{i}t}$ wird $[0, 2\pi)$ bijektiv auf $S^1 := \{z \in \mathbb{C} : |z| = 1\}$ abgebildet. Außerdem ist $e^{\mathrm{i}(t+2k\pi)} = e^{\mathrm{i}t}$ für $k \in \mathbb{Z}$.

Die Gleichung $z^n = 1$ hat in $\mathbb{C}$ genau n verschiedene Lösungen, nämlich ζ^k für $\zeta := e^{2\pi\mathrm{i}/n}$ und $k = 0, 1, \ldots, n-1$. Man nennt sie die **n-ten Einheitswurzeln**.

Allgemeiner gilt der **Fundamentalsatz der Algebra**: *Jedes komplexe Polynom n-ten Grades hat n Nullstellen in $\mathbb{C}$ (von denen allerdings einige übereinstimmen können).*

Um mehr über die elementaren Funktionen herauszufinden, braucht man die **Additionstheoreme**. Das Additionstheorem für die Exponentialfunktion kann man sich am besten merken:

$$\exp(z + w) = \exp(z) \cdot \exp(w).$$

Die Additionstheoreme für Sinus und Cosinus sind etwas schwerer zu behalten, aber sie lassen sich leicht herleiten:

$$\begin{aligned} \cos(s+t) + \mathrm{i}\,\sin(s+t) &= \exp(\mathrm{i}\,(s+t)) = \exp(\mathrm{i}\,s)\cdot\exp(\mathrm{i}\,t) \\ &= (\cos s + \mathrm{i}\,\sin s)\cdot(\cos t + \mathrm{i}\,\sin t) \end{aligned}$$

ergibt:

$$\cos(s+t) = \cos s \cos t - \sin s \sin t \quad \text{und} \quad \sin(s+t) = \sin s \cos t + \cos s \sin t.$$

Es ist $\cos(0) = 1$ und $\sin(0) = 0$ (wie man den Potenzreihen entnimmt). Die Zahl π wird dadurch definiert, dass $\pi/2$ die einzige Nullstelle von $\cos t$ zwischen 0 und 2 ist. Weil außerdem $\sin t > 0$ auf $(0, 2]$ ist, ist

$$\cos(\pi/2) = 0 \text{ und } \sin(\pi/2) = 1, \text{ also } e^{\mathrm{i}\,\pi/2} = \mathrm{i}.$$

Weiter ist $-1 = \mathrm{i}^2 = e^{\mathrm{i}\pi}$ und $1 = \mathrm{i}^4 = e^{2\pi\mathrm{i}}$. Die letzte Gleichung hat zur Folge, dass die Funktion $t \mapsto e^{\mathrm{i}t}$ periodisch mit Periode 2π ist. Das Gleiche gilt dann für die Winkelfunktionen. Andere Werte erhält man mit Hilfe der Additionstheoreme. Als Merkhilfe kann man aber auch geometrische Überlegungen heranziehen:

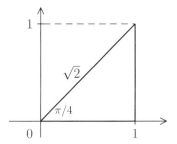 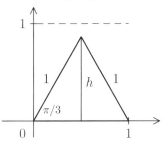

Die linke Skizze zeigt: $\cos(\dfrac{\pi}{4}) = \dfrac{1}{\sqrt{2}} = \dfrac{1}{2}\sqrt{2}$ und genauso $\sin(\dfrac{\pi}{4}) = \dfrac{1}{\sqrt{2}} = \dfrac{1}{2}\sqrt{2}$.

In der rechten Skizze ist $h = \sqrt{1 - (1/2)^2} = \sqrt{3/4} = \frac{1}{2}\sqrt{3}$, also

$$\cos(\dfrac{\pi}{3}) = \dfrac{1/2}{1} = \dfrac{1}{2} \quad \text{und} \quad \sin(\dfrac{\pi}{3}) = \dfrac{h}{\sqrt{1}} = \dfrac{1}{2}\sqrt{3}.$$

Weil in der rechten Skizze auch noch $\pi/6$ (als zweiter spitzer Winkel) auftaucht, ist zudem

$$\cos(\dfrac{\pi}{6}) = \dfrac{h}{1} = \dfrac{1}{2}\sqrt{3} \quad \text{und} \quad \sin(\dfrac{\pi}{6}) = \dfrac{1/2}{\sqrt{1}} = \dfrac{1}{2}.$$

Man erhält folgende Tabelle:

t	0	$\pi/6$	$\pi/4$	$\pi/3$	$\pi/2$	π
$e^{\mathrm{i}t}$	1	$\frac{1}{2}(\sqrt{3} + \mathrm{i})$	$\frac{1}{2}\sqrt{2}(1 + \mathrm{i})$	$\frac{1}{2}(1 + \mathrm{i}\sqrt{3})$	i	-1

Weil $(e^{i\pi/3})^6 = e^{2\pi i} = 1$ ist, ist $\zeta := \frac{1}{2}(1 + i\sqrt{3})$ eine sechste Einheitswurzel, also ein Eckpunkt des regelmäßigen 6-Ecks, das dem Einheitskreis einbeschrieben ist.

Weil $e^{it} = \cos t + i \sin t$ ist, kann man umgekehrt auch Sinus und Cosinus durch die komplexe Exponentialfunktion ausdrücken:

$$\cos x = \frac{1}{2}(e^{ix} + e^{-ix}) \quad \text{und} \quad \sin x = \frac{1}{2i}(e^{ix} - e^{-ix}).$$

Die komplexe Schreibweise hat mancherlei Vorteile, besonders zeigt sich das bei der **Formel von Moivre**: $\cos(nt) + i \sin(nt) = e^{int} = (e^{it})^n = (\cos t + i \sin t)^n$.

Daraus leiten sich viele reelle Formeln ab, zum Beispiel

$$\cos(2t) = \cos^2 t - \sin^2 t \quad \text{und} \quad \sin(2t) = 2\cos t \sin t$$

oder

$$\cos(3t) = \mathrm{Re}\big[(\cos t + i \sin t)^3\big] = \cos^3 t - 3\cos t \sin^2 t = 4\cos^3 t - 3\cos t.$$

Schließlich kann man mit Hilfe von Sinus und Cosinus weitere Winkelfunktionen definieren, etwa

den **Tangens** $\tan x := \dfrac{\sin x}{\cos x}$ und den **Cotangens** $\cot x := \dfrac{1}{\tan x} = \dfrac{\cos x}{\sin x}$,

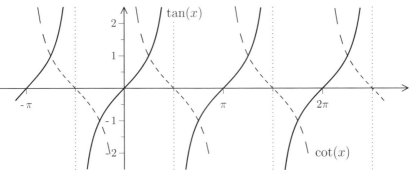

sowie (in der angelsächsischen Literatur sehr beliebt)

den **Sekans** $\sec x := \dfrac{1}{\cos x}$ und den **Cosekans** $\csc x := \dfrac{1}{\sin x}$.

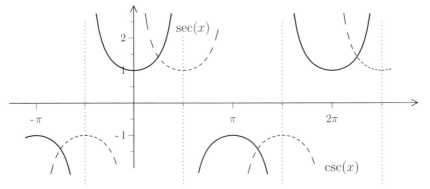

Beispiel

Will man den Graphen der Cosinus-Funktion zeichnen (wie zum Beispiel hier im Buch), so muss man zu jedem $x \in \mathbb{R}$ den Wert $\cos(x)$ möglichst effektiv berechnen, und zwar so genau, wie es für eine Zeichnung erforderlich ist. Dafür bieten sich folgende Schritte an:

- Ist $x < 0$, so setze man $\cos(x) := \cos(-x)$.

- Ist $x > 2\pi$, so subtrahiere man 2π so lange, bis das verbliebene x in $[0, 2\pi]$ liegt.

- Sei nun $0 \leq x \leq 2\pi$. Ist $x > \pi$, so setze man $\cos(x) := \cos(2\pi - x)$. Man braucht also nur noch den Fall zu betrachten, dass x in $[0, \pi]$ liegt.

- Ist $x > \pi/2$, so setze man $\cos(x) := -\cos(\pi - x)$. Dann bleibt nur noch der Fall, dass x in $[0, \pi/2]$ liegt.

- Sei nun $0 \leq x \leq \pi/2$. Dann ist der Anfang der Reihenentwicklung des Cosinus, nämlich

$$p(x) := 1 - \frac{x^2}{2!} + \frac{x^4}{4!} - \frac{x^6}{6!}$$

eine genügend gute Approximation.

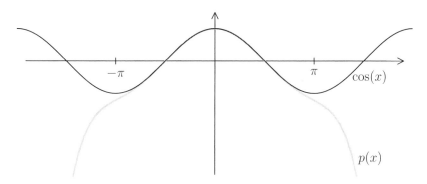

Es ist $\cos(x) = p(x) + R(x)$ mit

$$R(x) = \sum_{\nu=4}^{\infty} (-1)^{\nu} \frac{x^{2\nu}}{(2\nu)!} = \frac{x^8}{40320} - \frac{x^{10}}{3628800} \pm \cdots$$

$$= \frac{x^8}{40320} \cdot \left(1 - \frac{x^2}{90} + \frac{x^4}{11880} - \frac{x^6}{9 \cdot 10 \cdots 14} \pm \cdots\right)$$

Für $|x| \leq 9$ ist $|R(x)| \leq x^8/40320$. Ist nun $|x| \leq \pi/2$, so ist

$$|R(x)| \leq \frac{(\pi/2)^8}{40320} < \frac{37.1}{40320} < 0.00092014 < 0.001.$$

Benutzt man Zentimeter als Zeicheneinheit, so unterscheiden sich die Werte von $p(x)$ und die von $\cos(x)$ auf $[-\pi/2, \pi/2]$ um weniger als einen Hundertstel

Millimeter. Der Graph von $p(x)$ ist also über $[-\pi/2, \pi/2]$ vom Graphen von $\cos(x)$ nicht mit bloßem Auge zu erkennen.

Deshalb zeichnet man für $0 \leq x \leq \pi/2$ die Werte $(x, p(x))$, mit

$$p(x) = 1 - \frac{x^2}{2} \cdot \left(1 - \frac{x^2}{12} \cdot \left(1 - \frac{x^2}{30}\right)\right).$$

In dieser Form ist das sehr einfach zu berechnen.

Aufgaben

2.4.1. Für jede natürliche Zahl n sei $f_n : \mathbb{R} \to \mathbb{R}$ definiert durch

$$f_n(x) := \begin{cases} 1/n & \text{für } x \in [n, n+1), \\ 0 & \text{für } x \notin [n, n+1). \end{cases}$$

Zeigen Sie, dass die Funktionenreihe $\sum_{n=1}^{\infty} f_n$ punktweise absolut, aber nicht normal konvergiert.

Zeigen Sie außerdem, dass es zu jedem $\varepsilon > 0$ ein n_0 gibt, so dass für alle $m > n_0$ und alle $x \in \mathbb{R}$ gilt: $\left| \sum_{n=n_0+1}^{m} f_n(x) \right| < \varepsilon$.

Der erste Teil ergibt sich fast von selbst, man muss nur $\sum_{n=1}^{\infty} f_n(x)$ (für festes $x \in \mathbb{R}$) und $\sum_{n=1}^{\infty} \|f_n\|$ berechnen.

Im zweiten Teil soll nachgewiesen werden, dass die Funktionenreihe das Cauchy-Kriterium erfüllt. Das ist überhaupt nur möglich, weil dieses Kriterium zwar eine notwendige, aber keine hinreichende Bedingung für die normale Konvergenz ist. Die gewünschte Aussage lässt sich beweisen, wenn man sich klarmacht, dass in einem festen Punkt x nur eine der Funktionen f_n nicht verschwindet.

2.4.2. Bestimmen Sie den Konvergenzradius der folgenden Potenzreihen:

$$\text{(a)} \sum_{n=0}^{\infty} n^k z^n \text{ (mit } k \in \mathbb{N}), \quad \text{(b)} \sum_{n=0}^{\infty} \frac{n!}{n^n} z^n,$$

$$\text{(c)} \sum_{n=0}^{\infty} 2^n x^n, \quad \text{(d)} \sum_{n=0}^{\infty} \frac{\exp(\mathrm{i}\, n\pi)}{n+1} z^n,$$

$$\text{(e)} \sum_{n=0}^{\infty} \frac{(-1)^n x^{2n}}{2^{2n}(n!)^2}, \quad \text{(f)} \sum_{n=0}^{\infty} \frac{(-3)^n x^n}{\sqrt{n+1}}.$$

Meistens funktioniert es mit der Quotientenregel.

2.4.3. Bestimmen Sie die Konvergenzintervalle der folgenden reellen Potenzreihen und untersuchen Sie ihr Konvergenzverhalten in den Randpunkten:

$$\sum_{n=0}^{\infty} \frac{2^n}{3}(x-4)^n \quad \text{und} \quad \sum_{n=0}^{\infty} n^3(x+3)^n.$$

Die Lösung erfordert keinerlei Tricks.

2.4.4. Bestimmen Sie die Grenzfunktion und den Konvergenzradius der folgenden Potenzreihen:

$$\sum_{n=0}^{\infty} \frac{3}{(-2)^n}(z-1)^n, \quad \sum_{n=0}^{\infty} \frac{3^n}{-4}z^{2n} \quad \text{und} \quad \sum_{n=0}^{\infty} \frac{(-1)^n}{n!}z^{2n}.$$

Hier ist es nützlich, einige spezielle Reihenentwicklungen zu kennen.

2.4.5.   1. Welche Beziehung besteht zwischen $\log_a b$ und $\log_b a$?

2. Lösen Sie die Gleichung $2\log_3 x + \log_3 4 = 2$.

3. Zeigen Sie, dass $\log_{a^n}(x^m) = (m/n)\log_a(x)$ ist! Für welche a gilt diese Formel?

1) Die Aufgabenstellung lässt einigen Spielraum. Versuchen Sie, $\log_a b$ durch $\ln a$ und $\ln b$ auszudrücken, dann finden Sie auch die Lösung.

2) Sie brauchen nur die typischen Eigenschaften des Logarithmus auszunutzen.

3) Hier hilft der gleiche Hinweis wie bei (1).

2.4.6.   Drücken Sie $\sin x$ und $\cos x$ durch $\tan x$ aus.

In der Integrationstheorie wird es von Nutzen sein, Sinus und Cosinus möglichst einfach durch den Tangens ausdrücken zu können. Löst man hier die Gleichung $\tan x = \sin x / \cos x$ standardmäßig nach $\sin x$ oder $\cos x$ auf, so kommt man schnell ans Ziel, erhält aber einen Ausdruck, der eine Wurzel enthält. Besser wäre es, wenn man die Wurzel vermeiden könnte. Dafür muss man ein bisschen intensiver nachdenken.

2.4.7.   Berechnen Sie die Werte von $\sin x$ und $\cos x$ für $x = \pi/6$, $\pi/4$ und $\pi/3$.

Es ist nicht nach der geometrischen Lösung gefragt! Man erhält das Ergebnis mit Hilfe der bekannten Eigenschaften der Winkelfunktionen, inklusive der Additionstheoreme.

2.4.8.   Beweisen Sie: Für $x \neq 2k\pi$ ist

$$\frac{1}{2} + \sum_{n=1}^{N} \cos(nx) = \frac{\sin\left(N + \frac{1}{2}\right)x}{2\sin\frac{x}{2}}.$$

Hier ist Kreativität gefragt. Unter anderem erweist es sich als günstig, zwischenzeitlich zur komplexen Schreibweise überzugehen.

2.4.9. Beweisen Sie die folgenden Formeln.

$$\lim_{x \to 0} \frac{\sin x}{x} = 1 \quad \text{und} \quad \lim_{x \to 0} \frac{1 - \cos x}{x} = 0.$$

Mit Hilfe der Reihenentwicklungen kann man die gefragten Ausdrücke durch rationale Ausdrücke eingrenzen.

2.4.10. Zeigen Sie, dass $\lim_{x \to 0} \sin(1/x)$ nicht existiert.

Man kann es mit dem Folgenkriterium versuchen.

2.4.11. Beweisen Sie das Additionstheorem

$$\sinh(x + y) = \sinh x \cosh y + \cosh x \sinh y.$$

Eine einfache Rechnung.

2.4.12. Lösen Sie die quadratische Gleichung $z^2 - (3 + 4\,\mathrm{i})z - 1 + 5\,\mathrm{i} = 0$.

Es sollte nicht als selbstverständlich erachtet werden, dass sich die Lösungsformel für quadratische Gleichungen auch im Komplexen anwenden lässt. Stattdessen sollte man sich daran erinnern, wie es zu dieser Formel kommt.

2.5   Flächen als Grenzwerte

Seit mehr als 2000 Jahren beschäftigt die Mathematiker das Problem, den Flächeninhalt krummlinig begrenzter Gebiete zu berechnen. Schon Archimedes gelang das zum Beispiel bei einer Parabel. Er ging dabei recht trickreich vor, indem er das Ergebnis zunächst rein physikalisch bestimmte (so wie er ja das Volumen einer Goldkrone durch die von ihr verdrängte Wassermenge bestimmte) und danach mit Hilfe des Widerspruchsprinzips das Ergebnis logisch korrekt verifizierte. Dieser Teil mutet sehr modern an und erinnert an die uns bekannte ε-δ-Methode.

Kepler und seine Zeitgenossen versuchten, das Problem durch „unendlich kleine Größen" (sogenannte Indivisiblen) in den Griff zu bekommen. Allerdings blieb diese Methode mystisch und in ihren Anwendungen beschränkt. Als Leibniz und Newton den Calculus entwickelten, stellten sie fest, dass die Umkehrung des Differenzierens zur Flächenberechnung führte. Sie konnten dies aber nicht mathematisch sauber nachweisen. Erst Cauchy und Riemann entwickelten den modernen Integralbegriff, der direkt zur Flächenberechnung führt, und nun konnte man auch den „Fundamentalsatz der Differential- und Integralrechnung" ordentlich beweisen, der zeigt, dass Integration die Umkehrung der Differentiation ist.

In diesem Abschnitt wird nun das Panorama der Grenzwertberechnungen durch die
Einführung des Riemann-Integrals vervollständigt. Damit wird zwar ein Mittel zur
Verfügung gestellt, Flächen unter Funktionsgraphen approximativ zu berechnen,
aber diese Berechnungen sind noch etwas mühsam. Einfacher wird es mit Hilfe des
Fundamentalsatzes gehen, der aber erst im nächsten Kapitel behandelt wird.

Sei $f : [a, b] \to \mathbb{R}$ eine beschränkte Funktion.
Zu einer Zerlegung $\mathfrak{Z} = \{x_0, x_1, \ldots, x_n\}$ mit $a = x_0 < x_1 < \ldots < x_n = b$ bestimmt
man **Untersumme** und **Obersumme**

$$U(f, \mathfrak{Z}) := \sum_{i=1}^{n} (\inf_{[x_{i-1}, x_i]} f) \cdot (x_i - x_{i-1}) \text{ und } O(f, \mathfrak{Z}) := \sum_{i=1}^{n} (\sup_{[x_{i-1}, x_i]} f) \cdot (x_i - x_{i-1}).$$

Das Supremum $I_*(f)$ aller Untersummen (über alle möglichen Zerlegungen) nennt
man das **Unterintegral**, das Infimum $I^*(f)$ aller Obersummen nennt man das
Oberintegral von f. Ist $I_*(f) = I^*(f)$, so heißt f **integrierbar**, und der gemeinsame Wert ist das **Integral** $\int_a^b f(x)\, dx$.

Stetige und stückweise stetige Funktionen sind integrierbar. Ist $\mathfrak{Z} = \{x_0, \ldots, x_n\}$
eine Zerlegung von $[a, b]$ und zudem aus jedem Teilintervall $[x_{i-1}, x_i]$ ein Zwischenpunkt ξ_i gewählt, so kann man die **Riemann'sche Summe**

$$\Sigma(f, \mathfrak{Z}, \boldsymbol{\xi}) := \sum_{i=1}^{n} f(\xi_i)(x_i - x_{i-1})$$

(mit $\boldsymbol{\xi} = (\xi_1, \ldots, \xi_n)$) bilden. Die Funktion f ist genau dann integrierbar, wenn es
eine Zahl $A \in \mathbb{R}$ gibt, so dass für jedes $\varepsilon > 0$, genügend feine Zerlegungen $\mathfrak{Z}$ und
dazu passende Riemann'sche Summen Σ gilt: $|\Sigma - A| < \varepsilon$. Insbesondere ist dann
$A = \int_a^b f(x)\, dx$. Dies ist die eigentliche Integraldefinition von Riemann, die weiter
oben angeführte Definition geht auf Darboux zurück.

Das Integral ist linear und monoton (d.h.: $f \geq 0 \implies \int_a^b f(x)\, dx \geq 0$). Ist f auf
$[a, b]$ stetig, so gibt es ein $c \in [a, b]$ mit $\int_a^b f(x)\, dx = c(b - a)$. Außerdem gilt für
integrierbare Funktionen die wichtige **Standard-Abschätzung**:

$$\left| \int_a^b f(x)\, dx \right| \leq \sup_{[a,b]} |f| \cdot (b - a).$$

Man kann zeigen, dass der natürliche Logarithmus durch ein Integral beschrieben
werden kann:

$$\ln(x) = \int_1^x \frac{dx}{x}.$$

Zu Beginn ein paar Worte zur Integral-Definition! Dabei können wir uns auf das
Integral einer **positiven**, beschränkten Funktion $f : [a, b] \to \mathbb{R}$ beschränken. Das

Darboux-Integral einer solchen Funktion ist relativ einfach zu verstehen. Die Ober-
und Untersummen $O(f, \mathfrak{Z})$ und $U(f, \mathfrak{Z})$ (zu einer Zerlegung $\mathfrak{Z}$ des Intervalls $[a, b]$)
sind offensichtliche Approximationen des Flächeninhaltes von oben und unten.

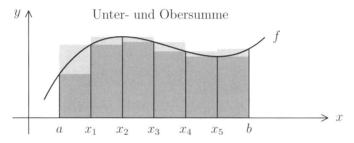

Das Integral, also der tatsächliche Flächeninhalt, muss irgendwo dazwischen liegen.
Die Menge $\mathscr{L}$ aller Zerlegungen von $[a, b]$ ist ziemlich groß und abstrakt, dient aber
nur als Indexmenge. $\{U(f, \mathfrak{Z}) : \mathfrak{Z} \in \mathscr{L}\}$ ist dagegen eine gewöhnliche Menge von
reellen Zahlen, die durch eine (und sogar jede) Obersumme nach oben beschränkt
ist. Also besitzt sie ein Supremum, das „Unterintegral" $I_*(f)$, die bestmögliche
Approximation des Flächeninhaltes von unten. Analog wird das „Oberintegral" als
bestmögliche Approximation von oben definiert. Stimmen beide Zahlen überein, so
kann dieser Wert nur der gesuchte Flächeninhalt sein. Die Funktion f heißt über
$[a, b]$ integrierbar, wenn man den Flächeninhalt auf diesem Wege berechnen kann.

Das Symbol für den Flächeninhalt ist $I_{a,b}(f)$ (wobei der Buchstabe „I" für „Inhalt" steht) oder das „Integral" $\int_a^b f(x)\,dx$. Das Integral-Symbol ist uralt, es geht
auf Leibniz zurück. Der stellte sich seinerzeit eine unendliche Summe von Recht-
ecken darunter vor, mit den Seitenlängen $f(x)$ und dx (einer „unendlich kleinen
Größe"). Aus dem „S" für „Summe" wurde im Laufe der Zeit das Integralzeichen $\int$.
Die Vorstellung von den unendlich kleinen Größen haben die Mathematiker längst
aufgegeben, aber viele Naturwissenschaftler halten gerne daran fest, wenn sie den
Integralbegriff plausibel machen wollen.

Geht es nur um die Integrierbarkeit allein, so ist diese mit der Darboux'schen
Definition leicht zu handhaben (zum Beweis vgl. Aufgabe 2.5.1).

Darboux'sches Integrierbarkeits-Kriterium

*Eine beschränkte Funktion $f : [a, b] \to \mathbb{R}$ ist genau dann integrierbar, wenn es zu
jedem $\varepsilon > 0$ eine Zerlegung $\mathfrak{Z}$ von $[a, b]$ gibt, so dass gilt:*

$$O(f, \mathfrak{Z}) - U(f, \mathfrak{Z}) < \varepsilon.$$

Um den Wert des Integrals einer integrierbaren Funktion zu erhalten, muss man zu
jedem $n \in \mathbb{N}$ eine Zerlegung $\mathfrak{Z}_n$ finden, so dass $\mathfrak{Z}_{n+1}$ feiner als $\mathfrak{Z}_n$ und $O(f, \mathfrak{Z}_n) -
U(f, \mathfrak{Z}_n) < 1/n$ ist. Dann konvergiert die Folge der Untersummen (und analog die
Folge der Obersummen) gegen das Integral.

Die Riemann'sche Definition ist etwas komplizierter.

Riemann'sches Integrierbarkeits-Kriterium

f ist genau dann integrierbar, wenn es eine reelle Zahl A (das Integral) und zu jedem $\varepsilon > 0$ eine Zerlegung $\mathfrak{Z}_0$ gibt, so dass für jede feinere Zerlegung $\mathfrak{Z}$ und jede dazu passende Wahl von Zwischenpunkten gilt: $|\Sigma(f, \mathfrak{Z}, \boldsymbol{\xi}) - A| < \varepsilon$.

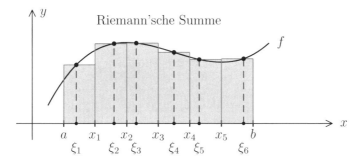

Dabei ist $\Sigma(f, \mathfrak{Z}, \boldsymbol{\xi}) = \sum_{i=1}^{n} f(\xi_i)(x_i - x_{i-1})$ die Riemann'sche Summe zur Zerlegung $\mathfrak{Z} = \{x_0, x_1, \ldots, x_n\}$ und $\boldsymbol{\xi} = (\xi_1, \ldots, \xi_n)$. Das Riemann-Kriterium erinnert ein wenig an die ε-δ-Formulierung der Stetigkeit. Man könnte dem noch näher kommen, wenn man ein Maß für die Feinheit einer Zerlegung hätte. Ist etwa $\mathfrak{Z} = \{x_0, x_1, \ldots, x_n\}$ eine Zerlegung von $[a, b]$, so könnte man $\|\mathfrak{Z}\| := \max_i |x_i - x_{i-1}|$ setzen. Ist $\mathfrak{Z}'$ feiner als $\mathfrak{Z}$, so ist $\|\mathfrak{Z}'\| \leq \|\mathfrak{Z}\|$. Dann gilt:

ε-δ-Kriterium für die Integrierbarkeit

f ist genau dann integrierbar, wenn es eine reelle Zahl A (das Integral) und zu jedem $\varepsilon > 0$ ein $\delta > 0$ gibt, so dass für jede Zerlegung $\mathfrak{Z}$ mit $\|\mathfrak{Z}\| < \delta$ und jede dazu passende Wahl von Zwischenpunkten gilt: $|\Sigma(f, \mathfrak{Z}, \boldsymbol{\xi}) - A| < \varepsilon$.

Beweis[*]: Die eine Richtung ist einfach. Ist das Kriterium erfüllt, A gegeben und ein $\varepsilon > 0$ vorgegeben, so wähle man dazu ein passendes $\delta > 0$ und eine Zerlegung $\mathfrak{Z}_0$ mit $\|\mathfrak{Z}_0\| < \delta$. Ist $\mathfrak{Z}$ feiner als $\mathfrak{Z}_0$, so ist erst recht $\|\mathfrak{Z}\| < \delta$ und deshalb $|\Sigma(f, \mathfrak{Z}, \boldsymbol{\xi}) - A| < \varepsilon$ für jede passende Wahl $\boldsymbol{\xi}$ von Zwischenpunkten.

Der Beweis der anderen Richtung ist nicht ganz so einfach. Sei f integrierbar, A das Integral und $\varepsilon > 0$ vorgegeben. Es gibt eine Zerlegung $\mathfrak{Z}_0 = \{a = x_0, x_1, \ldots, x_n = b\}$ mit $O(f, \mathfrak{Z}_0) - U(f, \mathfrak{Z}_0) < \varepsilon/2$. Ist $M := \|f\| = \sup_{[a,b]} |f(x)|$ (also $-M \leq f \leq M$), so wähle man $\delta < \min\big(\varepsilon/(4Mn), \|\mathfrak{Z}_0\|\big)$. Nun sei $\mathfrak{Z} = \{t_0, t_1, \ldots, t_N\}$ eine beliebige Zerlegung mit $\|\mathfrak{Z}\| < \delta$. Es muss gezeigt werden, dass $|\Sigma - A| < \varepsilon$ für jede Riemann'sche Summe zur Zerlegung $\mathfrak{Z}$ gilt.

Sei V die Vereinigung aller offenen Intervalle $J_\mu := (t_{\mu-1}, t_\mu)$, die in einem Intervall $I_\nu = (x_{\nu-1}, x_\nu)$ enthalten sind, und es sei $g : [a, b] \to \mathbb{R}$ definiert durch $g(x) := 0$ für $x \in V$ und $g(x) := 2M$ sonst. Für jedes $\nu \in \{1, \ldots, n-1\}$ kann x_ν in höchstens einem Intervall $J_{\mu(\nu)}$ liegen, und dann ist $J_{\mu(\nu)} \cap V = \varnothing$. Also ist $\int_a^b g(x)\,dx \le 2M \cdot n \cdot \delta = \varepsilon/2$.

Wir betrachten ein Intervall J_μ und einen Zwischenpunkt $\xi_\mu \in \overline{J_\mu}$.

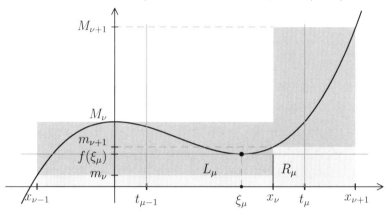

a) Liegt J_μ in I_ν (und damit $[t_{\mu-1}, t_\mu] \subset [x_{\nu-1}, x_\nu]$), so ist

$$m_\nu(t_\mu - t_{\mu-1}) \le f(\xi_\mu)(t_\mu - t_{\mu-1}) \le M_\nu(t_\mu - t_{\mu-1}),$$

wobei $m_\nu := \inf_{[x_{\nu-1}, x_\nu]} f$ und $M_\nu := \sup_{[x_{\nu-1}, x_\nu]} f$ ist.

b) Liegt J_μ in keinem Intervall I_ν, so liegt ein x_ν in J_μ, und dann sei

$$L_\mu := f(\xi_\mu)(x_\nu - t_{\mu-1}) \quad \text{und} \quad R_\mu := f(\xi_\mu)(t_\mu - x_\nu).$$

Liegt ξ_μ im linken Teilintervall $(t_{\mu-1}, x_\nu)$, so ist

$$m_\nu(x_\nu - t_{\mu-1}) \le L_\mu \le M_\nu(x_\nu - t_{\mu-1}) \text{ und } -M(t_\mu - x_\nu) \le R_\mu \le M(t_\mu - x_\nu).$$

Liegt ξ_μ im rechten Teilintervall (x_ν, t_μ), so ist

$$-M(x_\nu - t_{\mu-1}) \le L_\mu \le M(x_\nu - t_{\mu-1}) \text{ und } m_{\nu+1}(t_\mu - x_\nu) \le R_\mu \le M_{\nu+1}(t_\mu - x_\nu).$$

Fasst man alles zusammen, so erhält man

$$U(f, \mathfrak{Z}_0) - \int_a^b g(x)\,dx \le \Sigma(f, \mathfrak{Z}, \boldsymbol{\xi}) \le O(f, \mathfrak{Z}_0) + \int_a^b g(x)\,dx.$$

Daraus folgt

$$U(f, \mathfrak{Z}_0) - \frac{\varepsilon}{2} \le \Sigma(f, \mathfrak{Z}, \boldsymbol{\xi}) \le O(f, \mathfrak{Z}_0) + \frac{\varepsilon}{2}.$$

Weil $O(f, \mathfrak{Z}_0) - U(f, \mathfrak{Z}_0) < \varepsilon/2$ und $U(f, \mathfrak{Z}_0) \le A \le O(f, \mathfrak{Z}_0)$ ist, ist

$$A \le U(f, \mathfrak{Z}_0) + \frac{\varepsilon}{2} \quad \text{und} \quad O(f, \mathfrak{Z}_0) \le A + \frac{\varepsilon}{2},$$

also $A - \varepsilon \le \Sigma(f, \mathfrak{Z}, \boldsymbol{\xi}) \le A + \varepsilon$.

Damit ist $|A - \Sigma(f, \mathfrak{Z}, \boldsymbol{\xi})| < \varepsilon$, und alles ist gezeigt. ∎

Es folgen nun ein paar einfache Beispiele integrierbarer Funktionen.

Beispiele

1. Über einem Intervall $[a, b]$ ist jede Konstante integrierbar. Für jede Zerlegung $\mathfrak{Z}$ ist $U(f, \mathfrak{Z}) = O(f, \mathfrak{Z}) = c(b - a)$. Also ist auch $\int_a^b c \, dx = c(b - a)$.

2. Sei $f(x) = x$. Wir wählen die äquidistante Zerlegung

$$\mathfrak{Z}_n := \{x_0 = a, x_1 = a + \delta_n, x_2 = a + 2\delta_n, \ldots, x_n = a + n\delta_n = b\}, \text{ mit } \delta_n = \frac{b-a}{n}.$$

Mit den Zwischenpunkten $\xi_i^{(n)} := a + i\delta_n$ erhält man die Riemannschen Summen

$$\begin{aligned}
\Sigma(f, \mathfrak{Z}_n, \boldsymbol{\xi}^{(n)}) &= \sum_{i=1}^{n}(a + i\delta_n) \cdot \delta_n = a \cdot n \cdot \delta_n + \delta_n^2 \cdot \sum_{i=1}^{n} i \\
&= a(b - a) + \frac{(b-a)^2}{n^2} \cdot \frac{n(n+1)}{2} \\
&= a(b - a) + (b - a)^2 \cdot \frac{n+1}{2n}.
\end{aligned}$$

Dieser Ausdruck strebt für $n \to \infty$ gegen

$$\int_a^b x \, dx = \frac{2ab - 2a^2 + b^2 - 2ab + a^2}{2} = \frac{b^2 - a^2}{2}.$$

3. Die Linearität des Integrals liefert

$$\int_a^b (cx + d) \, dx = \frac{c}{2}(b^2 - a^2) + d(b - a).$$

4. Ein bisschen schwieriger und trickreicher gestaltet sich die Berechnung von $\int_a^b \sin x \, dx$. Mit der gleichen Zerlegung wie oben erhält man die Riemannschen Summen

$$\begin{aligned}
\Sigma(f, \mathfrak{Z}_n, \boldsymbol{\xi}^{(n)}) &= \sum_{i=1}^{n} \sin(a + i\delta_n) \cdot \delta_n \\
&= \frac{\delta_n}{2\sin\delta_n} \sum_{i=1}^{n} \big(2\sin(a + i\delta_n)\sin\delta_n\big) \\
&= \frac{\delta_n}{\sin\delta_n} \sum_{i=1}^{n} \Big(\cos\big(a + (2i - 1)\delta_n/2\big) - \cos\big(a + (2i + 1)\delta_n/2\big)\Big) \\
&= \frac{\delta_n}{\sin\delta_n} \big(\cos(a + \delta_n/2) - \cos(b + \delta_n/2)\big).
\end{aligned}$$

Für $n \to \infty$ strebt δ_n gegen Null und damit $\Sigma(f, \mathfrak{Z}_n, \boldsymbol{\xi}^{(n)})$ gegen $\cos(a) - \cos(b)$. Also ist

$$\int_a^b \sin x \, dx = -\big(\cos b - \cos a\big).$$

Benutzt wurde die Formel $\cos y - \cos x = 2 \sin\big((x+y)/2\big) \sin\big((x-y)/2\big)$.

5. Bisher waren alle Beispiele stetig. Hier ist nun eine Funktion mit einer Unstetigkeit. Sei $f : [0, 2] \to \mathbb{R}$ definiert durch

$$f(x) := \left\{ \begin{array}{ll} 1 & \text{für } x \neq 1, \\ 0 & \text{für } x = 1. \end{array} \right.$$

Sei $\mathfrak{Z}_\varepsilon := \{0, 1 - \varepsilon, 1 + \varepsilon, 2\}$. Es ist $O(f, \mathfrak{Z}) = 2$ für jede Zerlegung $\mathfrak{Z}$, sowie $U(f, \mathfrak{Z}_\varepsilon) = 1 \cdot (1 - \varepsilon) + 2\varepsilon \cdot 0 + 1 \cdot (1 - \varepsilon) = 2 - 2\varepsilon$. Die Untersummen streben für $\varepsilon \to 0$ gegen 2. Also ist f integrierbar und $\int_0^2 f(x) \, dx = 2$. Die eine Unstetigkeitsstelle schadet nicht.

Eine Funktion $f : [a, b] \to \mathbb{R}$ heißt **stückweise stetig**, falls es eine Zerlegung $\mathfrak{Z} = \{x_0, \ldots, x_n\}$ von $[a, b]$ gibt, so dass gilt:

(a) f ist auf jedem offenen Teilintervall (x_{i-1}, x_i) stetig.

(b) Es existieren die einseitigen Grenzwerte $f(a+)$ und $f(b-)$.

(c) Für $i = 1, \ldots, n - 1$ existieren die einseitigen Grenzwerte $f(x_i-)$ und $f(x_i+)$.

Auch stückweise stetige Funktionen sind integrierbar, das Integral kann abschnittsweise berechnet werden.

Weiter unten wird noch untersucht werden, wie sich unendlich viele Unstetigkeitsstellen auswirken.

Sei $f : [a, b] \to \mathbb{R}$ beschränkt, etwa $|f(x)| \le C$ für $x \in [a, b]$. Dann kann man die auf $[a, b]$ definierte Integral-Funktion

$$F(x) := \int_a^x f(t) \, dt$$

betrachten. Sei $x_0 \in [a, b]$ ein beliebiger Punkt. Es soll gezeigt werden, dass f in x_0 stetig ist. Dazu sei ein $\varepsilon > 0$ vorgegeben. Man wähle $\delta := \varepsilon/C$. Ist $|x - x_0| < \delta$, so folgt:

$$|F(x) - F(x_0)| = \Big| \int_{x_0}^x f(t) \, dt \Big| \le \int_{x_0}^x |f(t)| \, dt \le C|x - x_0| < C\delta = \varepsilon.$$

Wir haben oben gesehen, dass eine integrierbare Funktion nicht stetig zu sein braucht. Ihr Integral ist aber auf jeden Fall stetig. Damit können wir festhalten:

Durch Integrieren wird eine Funktion „glatter", also „schöner". Als Newton und Leibniz den Calculus erfanden, konnten sie nur die Funktionen integrieren, die als Ableitungen auftraten, und das waren damals ziemlich wenige. Erst die Theorien von Cauchy und Riemann sorgten für einen größeren Vorrat an integrierbaren Funktionen. Allerdings hatten diese Theorien auch Grenzen. Die Dirichlet-Funktion ist überall unstetig (vgl. Abschnitt 2.3) und nicht im Sinne von Riemann integrierbar (vgl. Aufgabe 2.5.3). Gibt es überhaupt Funktionen mit unendlich vielen Unstetigkeitsstellen, die noch integrierbar sind? Die gibt es tatsächlich, wie wir gleich sehen werden.

Integrierbarkeit normal konvergenter Funktionenreihen

Sei (f_n) eine Folge von integrierbaren Funktionen auf $[a, b]$, und $\sum_{n=1}^{\infty} f_n$ konvergiere auf $[a, b]$ normal gegen die Funktion f. Dann ist f integrierbar und

$$\int_a^b f(x)\, dx = \sum_{n=1}^{\infty} \int_a^b f_n(x)\, dx.$$

Beweis *: Sei $I_n := \int_a^b f_n(x)\, dx$. Sei $\varepsilon > 0$. Weil $\sum_{n=1}^{\infty} \|f_n\|$ konvergiert, gibt es nach dem Cauchy-Kriterium für Zahlenreihen ein $N_0 \in \mathbb{N}$, so dass $\sum_{n=N_0+1}^{N} \|f_n\| < \varepsilon/(b-a)$ für $N > N_0$ ist. Dann ist

$$\Big| \sum_{n=N_0+1}^{N} I_n \Big| \leq \sum_{n=N_0}^{N} |I_n| \leq (b-a) \cdot \sum_{n=N_0+1}^{N} \|f_n\| < (b-a) \cdot \frac{\varepsilon}{b-a} = \varepsilon.$$

Nach dem Cauchy-Kriterium ist also auch $\sum_{n=1}^{\infty} I_n$ konvergent.

Sei $S_N := \sum_{n=1}^{N} f_n$ die N-te Partialsumme der Reihe $\sum_{n=1}^{\infty} f_n$. Dann ist

$$\sum_{n=1}^{N} I_n = \int_a^b \sum_{n=1}^{N} f_n(x)\, dx = \int_a^b S_N(x)\, dx.$$

Also ist $\lim_{N \to \infty} \int_a^b S_N(x)\, dx = \sum_{n=1}^{\infty} I_n$.

Sei jetzt ein $\varepsilon > 0$ vorgegeben. Es gibt ein $N \in \mathbb{N}$, so dass gilt:

$$\Big| \int_a^b S_N(x)\, dx - \sum_{n=1}^{\infty} I_n \Big| < \frac{\varepsilon}{3} \quad \text{und} \quad \|f - S_N\| < \frac{\varepsilon}{3(b-a)}.$$

Weil S_N integrierbar ist, gibt es ein $\delta > 0$, so dass für alle Zerlegungen $\mathfrak{Z}$ mit $\|\mathfrak{Z}\| < \delta$ und passende Systeme $\boldsymbol{\xi}$ von Zwischenpunkten gilt:

$$\Big| \Sigma(S_N, \mathfrak{Z}, \boldsymbol{\xi}) - \int_a^b S_N(x)\, dx \Big| < \frac{\varepsilon}{3}.$$

Dann ist

$$\left| \Sigma(f, \mathfrak{Z}, \xi) - \sum_{n=1}^{\infty} I_n \right| \leq \left| \Sigma(f, \mathfrak{Z}, \xi) - \Sigma(S_N, \mathfrak{Z}, \xi) \right| + \left| \Sigma(S_N, \mathfrak{Z}, \xi) - \int_a^b S_N(x)\, dx \right|$$

$$+ \left| \int_a^b S_N(x)\, dx - \sum_{n=1}^{\infty} I_n \right|$$

$$\leq \left| \sum_{i=1}^{k} \big(f(\xi_i) - S_N(\xi)\big)(x_i - x_{i-1}) \right| + \frac{\varepsilon}{3} + \frac{\varepsilon}{3}$$

$$\leq \frac{\varepsilon}{3(b-a)}(b-a) + \frac{2\varepsilon}{3} = \varepsilon.$$

Also ist f integrierbar und $\int_a^b f(x)\, dx = \sum_{n=1}^{\infty} I_n = \sum_{n=1}^{\infty} \int_a^b f_n(x)\, dx$. ∎

Ist $f : [a,b] \to \mathbb{R}$ eine **Regelfunktion** (vgl. Abschnitt 2.3 und 2.4), so ist f eine normal konvergente Reihe von Treppenfunktionen, und damit integrierbar. Aber Regelfunktionen können unendlich viele (tatsächlich abzählbar viele) Unstetigkeitsstellen haben.

Die normal konvergenten Reihen liefern ein Beispiel, bei dem Integration und Grenzwertbildung vertauschbar sind. Leider kann man eine solche Vertauschbarkeit nicht immer erwarten.

$$\text{Sei} \quad f_n(x) := \begin{cases} n & \text{für } 0 < x < 1/n, \\ 0 & \text{für } x = 0 \text{ oder } x \geq 1/n \end{cases} \quad \text{auf } [0,1].$$

Dann ist f_n integrierbar, $\int_0^1 f_n(x)\, dx = n \cdot (1/n) = 1$, aber $\lim_{n \to \infty} f_n(x) = 0$ für alle $x \in [0,1]$.

Diese und manche anderen Probleme konnten erst durch eine Ausweitung des Integralbegriffs beseitigt werden. Das gelang in Form des Lebesgue-Integrals. Allerdings kann man auch mit dem Lebesgue-Integral nicht jede Ableitung gemäß der Formel $\int f'(x)\, dx = f(x)$ integrieren, wie Newton und Leibniz es wollten. Mittlerweile gibt es das Integral von Kurzweil/Henstock, eine Verallgemeinerung des Riemann-Integrals, mit dem das möglich ist. Allerdings hat sich dieser verallgemeinerte Integralbegriff in der Literatur noch nicht durchgesetzt.

Aufgaben

2.5.1. Beweisen Sie das Darboux-Kriterium: Eine beschränkte Funktion $f :$ $[a,b] \to \mathbb{R}$ ist genau dann integrierbar, wenn es zu jedem $\varepsilon > 0$ eine Zerlegung $\mathfrak{Z}$ von $[a,b]$ gibt, so dass $O(f, \mathfrak{Z}) - U(f, \mathfrak{Z}) < \varepsilon$ ist.

Benutzen Sie dieses Kriterium, um zu zeigen, dass jede monotone, beschränkte Funktion $f : [a,b] \to \mathbb{R}$ integrierbar ist.

Die Aufgabe erfordert, dass man sich mit den Definitionen genauer auseinandersetzt. Ober- und Untersummen approximieren Ober- und Unter-Integral, die im Falle der Integrierbarkeit übereinstimmen müssen. Wenn man mit verschiedenen Zerlegungen konfrontiert wird, so kann man immer zu einer gemeinsamen Verfeinerung übergehen. Und immer wieder hilft die simple Formel $\varepsilon/2 + \varepsilon/2 = \varepsilon$ weiter. Außerdem sollte man nicht vergessen, dass $I^*(f) \leq O(f, \mathfrak{Z})$ und $I_*(f) \geq U(f, \mathfrak{Z})$ für jede Zerlegung $\mathfrak{Z}$ gilt.

Ist $a = x_0 < x_1 < \ldots < x_n = b$ und $f : [a, b] \to \mathbb{R}$ monoton wachsend, so ist $\sum_{i=1}^{n}(M_i - m_i) \leq M - m$, wenn man die Suprema (Infima) auf den Teilintervallen mit M_i (bzw. m_i) und das globale Supremum (Infimum) mit M (bzw. m) bezeichnet. Nun muss man nur noch Teilintervalle mit Länge $(b - a)/n$ mit genügend großem n wählen.

2.5.2. Berechnen Sie die folgenden Integrale mit Hilfe von Riemannschen Summen:

1. $\displaystyle\int_0^1 (2x - 2x^2)\, dx.$

2. $\displaystyle\int_0^2 (x^2 - 2x)\, dx.$

3. $\displaystyle\int_0^1 e^x\, dx.$

Bei (1) wähle man Teilintervalle der Länge $1/n$ und als Zwischenpunkte jeweils die Endpunkte der Teilintervalle. Dann setze man alles ein und rechne, unter Verwendung einfacher Summenformeln. Am Schluss lasse man n gegen Unendlich gehen.

(2) wird mehr oder weniger analog bearbeitet. Bei (3) wählt man am besten die Anfangspunkte der Teilintervalle als Zwischenpunkte. Außerdem sollte man sich an die (endliche) geometrische Summenformel erinnern.

2.5.3. Zeigen Sie, dass die „Dirichlet-Funktion"

$$\chi_{\mathbb{Q}}(x) := \begin{cases} 1 & \text{falls } x \text{ rational}, \\ 0 & \text{falls } x \text{ irrational} \end{cases}$$

über $[0, 1]$ nicht integrierbar ist.

Unter- und Obersummen bleiben zu weit voneinander entfernt.

2.5.4. Sei $a > 0$ und $f : [-a, a] \to \mathbb{R}$ integrierbar. Zeigen Sie:

1. Ist f ungerade (also $f(-x) = -f(x)$), so ist $\displaystyle\int_{-a}^{a} f(x)\, dx = 0$.

2. Ist f gerade (also $f(-x) = f(x)$), so ist $\displaystyle\int_{-a}^{a} f(x)\, dx = 2 \cdot \int_0^a f(x)\, dx$.

Im Falle der ungeraden Funktion zerlege man $[0, a]$ und spiegele dann alles (Zerlegung, Zwischenpunkte, Riemann'sche Summen etc.) am Nullpunkt. Den Fall der geraden Funktion führe man auf den einer ungeraden Funktion zurück.

2.5.5. Sei $f : [a, b] \to \mathbb{R}$ integrierbar und $c > 0$ eine reelle Zahl. Zeigen Sie:

$$\int_a^b f(x)\,dx = \int_{a+c}^{b+c} f(x - c)\,dx \quad \text{und} \quad \int_a^b f(x)\,dx = \frac{1}{c}\int_{ca}^{cb} f\left(\frac{x}{c}\right)dx.$$

In beiden Fällen kann man die Zerlegung, die Zwischenpunkte und die Riemannschen Summen transformieren.

2.5.6. Es seien $n, p \in \mathbb{N}$.

1. Zeigen Sie: $(p+1)n^p < (n+1)^{p+1} - n^{p+1} < (p+1)(n+1)^p$.

2. Beweisen Sie durch Induktion nach n:

$$\sum_{k=1}^{n-1} k^p < \frac{n^{p+1}}{p+1} < \sum_{k=1}^{n} k^p.$$

3. Beweisen Sie: $\displaystyle\int_0^a x^p\,dx = \frac{a^{p+1}}{p+1}$ (für $a > 0$).

1) Man dividiere durch $p+1$ und forme um. Dabei erinnere man sich – falls nötig – an die Formel $x^{q+1} - y^{q+1} = (x - y)\sum_{i=0}^{q} x^{q-i}y^i$.

2) Man beginne mit $n = 0$ und benutze die Ungleichungen aus (1).

3) Man versuche es wie üblich mit einer äquidistanten Zerlegung $\mathfrak{Z}_n$ von $[0, a]$ und zeige, dass $a^{p+1}/(p+1)$ immer zwischen der Unter- und der Obersumme liegt, und dass $O(f, \mathfrak{Z}_n) - U(f, \mathfrak{Z}_n)$ gegen Null konvergiert. Dabei helfen die in (2) bewiesenen Ungleichungen.

2.5.7. Berechnen Sie $\ln(2) = \int_1^2 (1/x)\,dx$ mit einem Fehler, der < 0.1 ist. Benutzen Sie dazu eine Zerlegung von $[1, 2]$ in 3 Teile und Ober- und Untersummen.

Man kann eine äquidistante Zerlegung verwenden.

2.5.8. Sei $f : \mathbb{R} \to \mathbb{R}$ stetig und nicht die Nullfunktion. Außerdem sei $f(x + y) = f(x) \cdot f(y)$ für alle $x, y \in \mathbb{R}$. Zeigen Sie:

1. f hat keine Nullstellen.

2. Es ist $f(0) = 1$ und $a := f(1) > 0$, sowie $f(q) = a^q$ für alle $q \in \mathbb{Q}$.

3. Es ist $f(x) = a^x$ für alle $x \in \mathbb{R}$.

Die Suche nach der Lösung sei hier zunächst mal der Kreativität des Lesers überlassen. Im Notfall findet sich natürlich wie immer im Anhang die komplette Lösung.

3 Der Calculus

3.1 Differenzierbare Funktionen

An der Schule lernt man, wie man Ableitungen von Funktionen berechnet und wie man diese Technik nutzbringend bei der Kurvendiskussion, insbesondere bei der Bestimmung von lokalen Maxima und Minima einsetzt. Was eine Ableitung ist, wird bei dieser Gelegenheit meistens auch kurz erklärt, aber da muss man schon genau hingehört haben.

An der Hochschule steht nun die Frage nach der Bedeutung der Ableitung und ihrer Existenz im Mittelpunkt. Die Ableitung existiert, wenn der Graph der Funktion „hinreichend glatt" ist. Und damit beginnt die Schwierigkeit. Was heißt „hinreichend glatt"? Der Mathematiker spricht vom Grad der „Regularität" der Funktion. Der schwächste Regularitätsgrad ist die Stetigkeit (wenn man nicht schon bei der Abwesenheit jeglicher Regularität beginnen möchte). Der Graph einer stetigen Funktion hat keine Lücken und oszilliert nicht zu stark. Umgangssprachlich sagt man: „Der Graph der Funktion kann in einem Zug durchgezeichnet werden". Mathematisch erklärt man die Stetigkeit mit der üblichen ε-δ-Definition (siehe Abschnitt 2.3).

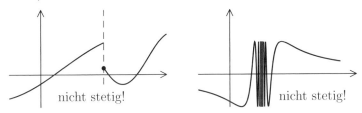

Der nächst-höhere Regularitätsgrad, der für uns relevant ist, ist die Differenzierbarkeit. Anschaulich bedeutet die Differenzierbarkeit, dass man in jedem Punkt des Graphen auf eindeutige Weise eine Tangente anlegen kann. Das geht natürlich nicht, wenn die Funktion nicht stetig ist. Wenn sie es aber ist, dann reicht das noch lange nicht aus. Der Graph einer stetigen Funktion kann Ecken und Spitzen haben, und dann gibt es dort keine eindeutige Tangente.

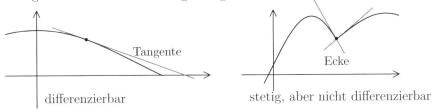

Was versteht man unter einer Tangente? Sei $I \subset \mathbb{R}$ ein Intervall, $t_0 \in I$ und $f : I \to \mathbb{R}$ eine Funktion. Der Graph von f geht durch den Punkt $P = (t_0, f(t_0))$. Ist $\lambda : \mathbb{R} \to \mathbb{R}$ mit $\lambda(t) = mt + b$ eine affin-lineare Funktion mit $\lambda(t_0) = f(t_0)$, so ist der Graph von λ eine Gerade, die ebenfalls durch P geht. Den Faktor m nennt man die **Steigung** der Geraden, und die Zahl $b = \lambda(0)$ heißt **Achsenabschnitt** (vgl. 1.4). Wegen der Gleichung $f(t_0) = \lambda(t_0) = mt_0 + b$ ist $b = f(t_0) - mt_0$. Das führt zu der Darstellung

$$\lambda(t) = f(t_0) + m(t - t_0).$$

Beschreibt man alle Geraden durch P auf diese Weise, so werden sie allein durch ihre jeweilige Steigung festgelegt.

Ist h so klein, dass auch $t := t_0 + h$ noch im Intervall I liegt, so nennt man die Gerade durch P und $Q = (t_0 + h, f(t_0 + h)) = (t, f(t))$ eine **Sekante**, weil sie den Graphen von f in mindestens zwei Punkten schneidet. Ist die Sekante der Graph der Funktion $\lambda(t) = f(t_0) + m(t - t_0)$, so folgt aus der Gleichung $f(t_0 + h) = \lambda(t_0 + h) = f(t_0) + m \cdot h$ für die Steigung der Sekante die Beziehung

$$m = \frac{f(t_0 + h) - f(t_0)}{h} = \frac{f(t) - f(t_0)}{t - t_0} =: \frac{\Delta f}{\Delta t}.$$

Man nennt $m = \Delta f / \Delta t$ daher auch einen **Differenzenquotienten** von f. Im (rechtwinkligen) **Steigungs-Dreieck** aus den Punkten $P = (t_0, f(t_0))$, $R = (t, f(t_0))$ und $Q = (t, f(t))$ ist das Verhältnis $\Delta f / \Delta t$ der Tangens des **Steigungswinkels** α.

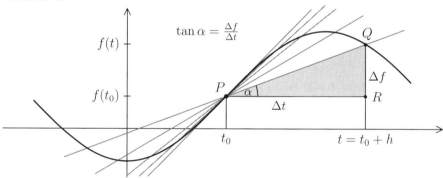

Lässt man nun $t = t_0 + h$ gegen t_0 gehen, so strebt die Steigung

$$m_h = \frac{f(t_0 + h) - f(t_0)}{h}$$

der Sekante gegen die Steigung m_0 der Tangente durch $(t_0, f(t_0))$. Zumindest sagt einem das die Anschauung. Eine exakte wissenschaftliche Begründung fällt schwerer, denn dazu müssten zuerst Begriffe wie „Berühren" oder „Tangente" erklärt werden. Tatsächlich dreht man den Spieß um. Wenn der Grenzwert

$$f'(t_0) = \lim_{t \to t_0} \frac{f(t) - f(t_0)}{t - t_0}$$

existiert, so nennt man f in t_0 ***differenzierbar***, $f'(t_0)$ die **Ableitung** und diejenige Gerade durch $(t_0, f(t_0))$, die $f'(t_0)$ als Steigung besitzt, die ***Tangente*** (an den Graphen von f). Letztere wird durch die affin-lineare Funktion

$$\lambda_0(t) := f(t_0) + f'(t_0) \cdot (t - t_0)$$

beschrieben, und das bedeutet insbesondere, dass senkrechte Tangenten nicht zugelassen sind.

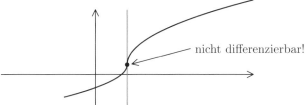

nicht differenzierbar!

Man kann λ_0 als „lineare Approximation" von f auffassen. Was zeichnet λ_0 in der Gesamtheit aller linearen Funktionen λ mit $\lambda(t_0) = f(t_0)$ aus? Dazu untersuchen wir die Differenz $r(t) := f(t) - \lambda_0(t)$.

- Es ist $r(t_0) = 0$. Diese Eigenschaft teilt λ_0 mit allen anderen linearen Funktionen λ mit $\lambda(t_0) = f(t_0)$.

- Zusätzlich ist

$$\lim_{t \to t_0} \frac{r(t)}{t - t_0} = \lim_{t \to t_0} \frac{f(t) - f(t_0) - f'(t_0) \cdot (t - t_0)}{t - t_0} = 0.$$

Das ist das Alleinstellungs-Merkmal der Approximation λ_0.

Es ist $f(t) = \lambda_0(t) + r(t) = f(t_0) + f'(t_0) \cdot (t - t_0) + r(t)$, und man sagt, r ***verschwindet*** bei t_0 ***von zweiter Ordnung***.[1] Setzt man $\Delta(t) := f'(t_0) + r(t)/(t - t_0)$, so ist Δ in t_0 stetig, $\Delta(t_0) = f'(t_0)$ und man kann schreiben:

$$f(t) = f(t_0) + \Delta(t) \cdot (t - t_0).$$

f ist genau dann in t_0 differenzierbar, wenn es eine Darstellung $f(t) = f(t_0) + \Delta(t) \cdot (t - t_0)$ mit einer in t_0 stetigen Funktion Δ gibt (und dann ist $f'(t_0) = \Delta(t_0)$). In Erinnerung an die Vorlesungen meines großen Lehrmeisters Hans Grauert nenne ich dieses Differenzierbarkeitskriterium das *„Grauert-Kriterium"*. Tatsächlich kann man es in der Literatur schon früher finden, zum Beispiel bei Caratheodory. Man sollte das Grauert-Kriterium im Kopf behalten, denn häufig lässt sich mit ihm besser arbeiten als mit dem Limes von Differenzenquotienten. Die elementaren

---

[1] Ist z.B. $f(t) = a_0 + a_1 t + \cdots + a_n t^n$ ein Polynom, so ist f überall (also insbesondere im Nullpunkt) differenzierbar, $a_0 = f(0)$, $a_1 = f'(0)$, und $r(t) = f(t) - f(0) - f'(0)t = f(t) - a_0 - a_1 t = a_2 t^2 + \cdots + a_n t^n$ beginnt mit einem Term der Ordnung ≥ 2. Da liegt es nahe zu sagen, dass r im Nullpunkt von 2. Ordnung verschwindet.

Ableitungsregeln werden als bekannt vorausgesetzt:

- $(t^n)' = n \cdot t^{n-1}$ und $(e^t)' = e^t$.

- $\sin'(t) = \cos(t)$ und $\cos'(t) = -\sin(t)$.

- Linearität der Ableitung: $(f \pm g)' = f' \pm g'$ und $(c \cdot f)' = c \cdot f'$ (c konstant).

- Produkt- und Quotientenregel:
  $(f \cdot g)' = f' \cdot g + f \cdot g'$ und $(f/g)' = (f'g - fg')/g^2$.

In den letzten beiden Fällen muss natürlich zunächst die Differenzierbarkeit der beteiligten Funktionen nachgewiesen werden.

Ohne zusätzliche Mühe kann man die Differenzierbarkeit auf vektorwertige Funktionen von einer Veränderlichen übertragen. Sei $I \subset \mathbb{R}$ ein Intervall, $t_0 \in I$. Eine Abbildung $\mathbf{f} = (f_1, \ldots, f_m) : I \to \mathbb{R}^m$ heißt in t_0 differenzierbar, falls der Limes $\mathbf{f}'(t_0) = \lim_{t \to t_0} (\mathbf{f}(t) - \mathbf{f}(t_0))/(t - t_0)$ existiert. Äquivalent dazu ist wieder die Existenz einer Darstellung $\mathbf{f}(t) = \mathbf{f}(t_0) + (t - t_0) \cdot \mathbf{\Delta}(t)$ mit einer in t_0 stetigen Abbildung $\mathbf{\Delta} : I \to \mathbb{R}^n$, und dabei ist $\mathbf{\Delta}(t_0) = \mathbf{f}'(t_0)$.

Zum Beispiel ist jede affin-lineare Abbildung $\mathbf{L} : \mathbb{R} \to \mathbb{R}^m$ mit $\mathbf{L}(t) = \mathbf{x}_0 + t\mathbf{v}$ in (jedem) $t_0 \in \mathbb{R}$ differenzierbar, mit $\mathbf{L}'(t_0) = \mathbf{v}$.

Die Linearität der Ableitung gilt auch für vektorwertige Funktionen, die Produktregel muss aber angepasst werden. Das gewöhnliche Produkt muss durch das Skalarprodukt ersetzt werden. Sind $\mathbf{f}, \mathbf{g} : I \to \mathbb{R}^m$ in t_0 differenzierbar, so ist auch $\mathbf{f} \bullet \mathbf{g} : I \to \mathbb{R}$ in t_0 differenzierbar, und es gilt:

$$(\mathbf{f} \bullet \mathbf{g})'(t_0) = \mathbf{f}'(t_0) \bullet \mathbf{g}(t_0) + \mathbf{f}(t_0) \bullet \mathbf{g}'(t_0).$$

Ist eine Funktion zweimal differenzierbar, so erhöht sich ihr Regularitätsgrad, ihr Graph wird noch glatter. Das kann man nicht wirklich sehen, aber manchmal kann man es ahnen.

Beispiel

Sei $f(x) := \begin{cases} 0 & \text{für } x < 0, \\ x^2 & \text{für } x \geq 0 \end{cases}$.

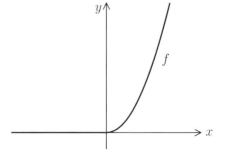

Diese Funktion ist offensichtlich überall stetig, auch im Nullpunkt (der Graph kann in einem Zug durchgezeichnet werden, aber man kann die Stetigkeit im

Nullpunkt natürlich auch durch Berechnung der Grenzwerte von links und rechts beweisen). Links und rechts vom Nullpunkt ist f offensichtlich differenzierbar, aber wie verhält es sich im Nullpunkt? Wenn es um die Untersuchung der Differenzierbarkeit einer solchen abschnittsweise definierten Funktion geht, dann versucht man es am besten direkt mit Differenzenquotienten und deren Grenzwerten. Ist $x_0 = 0$ und $x < 0$, so ist $\big(f(x) - f(x_0)\big)/(x - x_0) = 0$, und für $x \to x_0$ kann auch nur Null herauskommen. Ist $x > 0$, so ist

$$\frac{f(x) - f(x_0)}{x - x_0} = \frac{x^2}{x} = x,$$

Für $x \to x_0 = 0$ strebt also auch hier der Differenzenquotient gegen Null. Es sieht so aus, als habe man gezeigt, dass die Ableitung von f im Nullpunkt existiert und $= 0$ ist. Tatsächlich haben wir uns aber x_0 nur entweder von links oder von rechts genähert. Was passiert, wenn man sich auf Zickzackwegen von beiden Seiten x_0 annähert? In höheren Dimensionen kann man an einer solchen Stelle leicht Probleme bekommen, aber hier haben wir Glück, es passiert nichts Schlimmes. Um das zu sehen, benutzen wir die ε-δ-Beschreibung des Grenzwertes von Funktionen. Sei $\varepsilon > 0$ vorgegeben. Wir setzen $\delta := \varepsilon$. Ist nun $|x - x_0| = |x| < \delta$, so ist

$$\left| \frac{f(x) - f(x_0)}{x - x_0} - 0 \right| = \left\{ \begin{array}{ll} 0 & \text{für } x < 0 \\ |x| & \text{für } x > 0 \end{array} \right. < \varepsilon.$$

Das zeigt, dass die Differenzenquotienten tatsächlich einem eindeutigen Grenzwert, nämlich Null, entgegenstreben, und damit können wir wirklich sagen, dass f in $x_0 = 0$ differenzierbar und $f'(x_0) = 0$ ist. Insgesamt ist

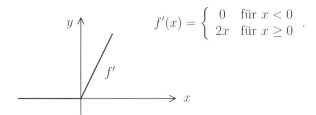

$$f'(x) = \left\{ \begin{array}{ll} 0 & \text{für } x < 0 \\ 2x & \text{für } x \geq 0 \end{array} \right. .$$

Diese Funktion hat im Nullpunkt einen „Knick" und ist daher dort nicht mehr differenzierbar. Damit ist gezeigt: Die Funktion f ist in $x_0 = 0$ einmal, aber nicht zweimal differenzierbar. Weil die Ableitung f' noch überall stetig ist, ist f sogar einmal stetig differenzierbar.

Häufig hat man es mit Funktionen zu tun, die sich aus bekannten Standardfunktionen zusammensetzen (und die nicht wie beim vorigen Beispiel abschnittsweise zusammengestückelt sind). Auch dann braucht man den Nachweis der Differenzierbarkeit und eine Methode, die Ableitung auszurechnen. Letzteres ist aber sehr viel einfacher, fast jeder kann das schon seit der Schulzeit.

Das Zauberwort heißt **Kettenregel**:

Sei I ein Intervall, $\mathbf{f} : I \to \mathbb{R}^m$ differenzierbar in t_0, J ein weiteres Intervall und $g : J \to \mathbb{R}$ differenzierbar in $s_0 \in J$, $g(J) \subset I$ und $g(s_0) = t_0$. Dann ist auch $\mathbf{f} \circ g : J \to \mathbb{R}^m$ differenzierbar in s_0, und es gilt: $(\mathbf{f} \circ g)'(s_0) = \mathbf{f}'(g(s_0)) \cdot g'(s_0)$.

Damit erhält man zum Beispiel die Ableitung der allgemeinen Potenz $a^t = \exp(\ln(a) \cdot t)$. Es ist $(a^t)' = \ln(a) \cdot a^t$ (für $a > 0$ und $t \in \mathbb{R}$).

Für die **Ableitung der Umkehrfunktion** gilt: Sei $f : I \to J$ eine bijektive, stetige Funktion zwischen zwei Intervallen, differenzierbar in $x_0 \in I$. Ist $f'(x_0) \neq 0$, so ist $f^{-1} : J \to I$ in $y_0 := f(x_0)$ differenzierbar und $(f^{-1})'(y_0) = 1/f'(x_0)$.

Als Anwendung erhält man: $\ln'(y) = 1/y$ und $\arctan'(y) = 1/(1 + y^2)$.

Beispiel

Sei etwa $f : \mathbb{R} \to \mathbb{R}$ definiert durch $f(x) := \sin(x^2 + \cos(2x)) \cdot e^{e^x}$. Die Funktion f setzt sich mittels Grundrechenarten und Verknüpfung von Funktionen aus Polynomen, Winkelfunktionen und Exponentialfunktionen zusammen. Damit ist klar, dass f differenzierbar ist. Um die Ableitung von f zu berechnen, muss man die Zusammensetzung von f „aufdröseln":

Zunächst ist $f = f_1 \cdot f_2$, mit $f_1(x) = \sin(x^2 + \cos(2x))$ und $f_2(x) = e^{e^x}$, und nach Produktregel ist $(f_1 \cdot f_2)' = f_1 \cdot f_2' + f_1' \cdot f_2$. Aber f_1 und f_2 sind wieder zusammengesetzt. Es ist $f_1(x) = \sin(g_1(x))$ und $f_2(x) = \exp(g_2(x))$, mit $g_1(x) = x^2 + \cos(2x)$ und $g_2(x) = e^x$.

Nach der Kettenregel ist dann $f_1'(x) = \cos(g_1(x)) \cdot g_1'(x)$ und $f_2'(x) = \exp(g_2(x)) \cdot g_2'(x)$. Dabei ist g_1 Summe der differenzierbaren Funktionen $x \mapsto x^2$ und $x \mapsto \cos(2x)$, die jeder im Kopf ableiten können sollte: Also ist $g_1'(x) = 2x - 2\sin(2x)$. Und die Ableitung von g_2 ist wieder g_2. Setzt man nun alles zusammen, so erhält man:

$$
\begin{aligned}
f'(x) &= f_1(x) \cdot \big(\exp(g_2(x)) \cdot g_2(x)\big) + \big(\cos(g_1(x) \cdot (2x - 2\sin(2x)))\big) \cdot f_2(x) \\
&= \sin(x^2 + \cos(2x))\big(e^{e^x} \cdot e^x\big) + \big(\cos(x^2 + \cos(2x))(2x - 2\sin(2x))\big)e^{e^x} \\
&= \Big(e^x \sin\big(x^2 + \cos(2x)\big) + \cos\big(x^2 + \cos(2x)\big) \cdot 2\big(x - \sin(2x)\big)\Big) \cdot e^{e^x}.
\end{aligned}
$$

Die wichtigste Anwendung des Differentialkalküls ist natürlich die Bestimmung lokaler Extremwerte.

$f : I \to \mathbb{R}$ hat in $t_0 \in I$ ein **lokales Maximum** (bzw. **Minimum**), falls $f(x) \leq f(x_0)$ (bzw $\geq$ im Falle des Minimums) für alle x gilt, die genügend nahe bei x_0 liegen. In beiden Fällen spricht man von einem **lokalen Extremum**. Ist sogar $f(x) < f(x_0)$ (bzw. $f(x) > f(x_0)$) für alle $x \neq x_0$ in der Nähe von x_0, so spricht man von einem **isolierten Maximum** (bzw. **Minimum**).

Schon Fermat kannte das ***notwendige Kriterium für Extremwerte***: Besitzt f in einem Punkt x_0 im Innern des Definitionsbereiches ein lokales Extremum, so ist $f'(x_0) = 0$.

Die wirklich starken Methoden zur Extremwertbestimmung stehen erst im kommenden Abschnitt 3.2 zur Verfügung. Trotzdem soll hier schon mal getestet werden, wie weit man allein mit den vorhandenen Mitteln kommt.

Beispiel

Die Funktion $f(x) := \cos(x^2 - 3x)$ setzt sich aus elementaren Funkionen (Cosinus und quadratisches Polynom) zusammen, ist also (beliebig oft) differenzierbar. Wir kennen bis jetzt nur ein notwendiges Kriterium für Extremwerte, nämlich das Verschwinden der ersten Ableitung. Es ist

$$f'(x) = -\sin(x^2 - 3x) \cdot (2x - 3).$$

Da ein Produkt genau dann verschwindet, wenn einer der Faktoren verschwindet, hat f' folgende Nullstellen:

$$x_0 = \frac{3}{2} \text{ und alle } x \text{ mit } x^2 - 3x = k\pi, \ k \in \mathbb{Z}.$$

Wir beschränken uns erst mal auf den Punkt x_0 und betrachten nur die Originalfunktion f. Das Polynom $g(x) = x^2 - 3x$ beschreibt eine Parabel. Weil der Koeffizient bei x^2 (die Eins) positiv ist, ist die Parabel nach oben geöffnet. Also hat g auf $\mathbb{R}$ genau ein Minimum. An dieser Stelle muss die Ableitung $g'(x) = 2x - 3$ verschwinden, also liegt das Minimum von g bei $x_0 = 3/2 = 1.5$. Links davon fällt g streng monoton, rechts von x_0 wächst g streng monoton. Die Cosinus-Funktion fällt streng monoton zwischen $x = 0$ und $x = \pi/2 = 1.570796\ldots$, und mit Symmetriebetrachtungen kann man folgern, dass sich diese Monotonie rechts von $\pi/2$ bis π fortsetzt. Ebenfalls aus Symmetrie folgt dann, dass der Cosinus zwischen $-\pi$ und 0 streng monoton wächst, erst recht also zwischen $g(x_0) = -2.25$ und 0.

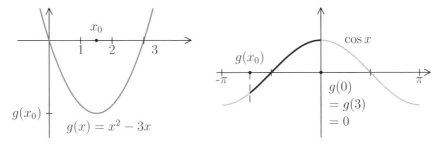

Ist $0 < x < x_0$, so ist $0 = g(0) > g(x) > g(x_0)$ und damit $f(x_0) = \cos(g(x_0)) < \cos(g(x)) = f(x)$. Ist $x_0 < x < 3$, so ist $-2.25 = g(x_0) <$

$g(x) < g(3) = 0$ und $f(x_0) = \cos(g(x_0)) < \cos(g(x)) = f(x)$. Also hat f in x_0 ein Minimum.

Für $k \geq 0$ hat jede der quadratischen Gleichungen $x^2 - 3x - k\pi = 0$ zwei Lösungen

$$u_k = (3 + \sqrt{9 + 4k\pi})/2 > 0 \quad \text{und} \quad v_k = (3 - \sqrt{9 + 4k\pi})/2 \leq 0,$$

für $k < 0$ gibt es keine reellen Lösungen. In den Punkten u_k und v_k nimmt f die Werte $\cos(k\pi) = (-1)^k$ an. Da sich die Werte von f zwischen -1 und $+1$ bewegen, hat f in u_k und v_k jeweils ein Maximum (wenn k gerade ist) oder ein Minimum (wenn k ungerade ist).

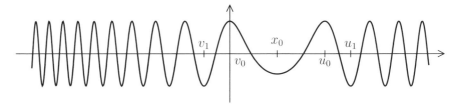

Aufgaben

3.1.1. Untersuchen Sie, ob die folgenden Funktionen differenzierbar sind und berechnen Sie ggf. die Ableitung:

$$
\begin{aligned}
f(x) &:= \frac{x^4 - 1}{x^2 - 1}, & g(x) &:= x^{-2}(2\sin(3x) + x^3 \cos x), \\
h(x) &:= x^{\sqrt{x}} & \text{und} \qquad k(x) &:= \exp\big(x \cdot \exp(x \cdot \exp(x^2))\big).
\end{aligned}
$$

Offensichtlich handelt es sich um rationale Funktionen von zusammengesetzten Funktionen von elementaren differenzierbaren Funktionen. Also muss man sich keine großen Gedanken über die Differenzierbarkeit machen. Die Funktionen f, g und h sind überall dort differenzierbar, wo sie definiert sind, die Funktion k sogar auf ganz $\mathbb{R}$.

Die Berechnung der Ableitungen sollte eine Routine-Angelegenheit sein. Man sollte sich aber Gedanken machen, ob man sich durch Vereinfachungen oder geeignete Notationen das Leben etwas leichter machen kann.

3.1.2. Bestimmen Sie eine Funktion der Gestalt $f(x) = (ax + b)\sin x + (cx + d)\cos x$, so dass $f'(x) = x\cos x$ ist.

Die Koeffizienten a, b, c, d sind zu bestimmen. Die einzige Bestimmungsgleichung ist die Gleichung $f'(x) = x\cos x$. Also soll man die Ableitung von f berechnen und Koeffizienten vergleichen. Ist ein solcher Koeffizientenvergleich legitim? Zum Glück wird in der Aufgabenstellung nicht nach der Eindeutigkeit gefragt. Und wenn man auf irgend einem Wege zu einer möglichen Lösung kommt, so reicht die „Probe", um die Lösung zu verifizieren.

3.1.3. Sei

$$f(x) := \begin{cases} x \cdot \sin(1/x) & \text{für } x \neq 0, \\ 0 & \text{sonst,} \end{cases} \qquad \text{und} \qquad g(x) := x \cdot f(x).$$

Wo sind die Funktionen f und g differenzierbar? Berechnen Sie – wenn möglich – die Ableitungen!

Es handelt sich um den gefürchteten Typ der abschnittsweise definierten Funktion. Offensichtlich sind beide Funktionen außerhalb der kritischen Stelle $x = 0$ differenzierbar, die Berechnung der Ableitung erfolgt mit Standard-Methoden. Bei der Untersuchung im Nullpunkt kann man sich vielleicht an dem Beispiel einer abschnittsweise definierten Funktion orientieren, das oben vorgerechnet wurde. Dort wird nahegelegt, dass man zunächst Differenzenquotienten berechnet und dann zum Grenzwert übergeht.

3.1.4. Sei $f : I \to \mathbb{R}$ differenzierbar in x_0, $f(x_0) = c$ und $f'(x_0) > 0$. Zeigen Sie: Es gibt ein $\varepsilon > 0$, so dass $f(x) < c$ auf $(x_0 - \varepsilon, x_0)$ und $f(x) > c$ auf $(x_0, x_0 + \varepsilon)$ ist.

Man sollte sich erst mal die Aufgabenstellung klarmachen. Dass $f'(x_0) > 0$ ist, bedeutet, dass die Tangente an den Graphen von f bei x_0 ansteigt. Dann liegt es natürlich nahe, dass die Werte von f links von x_0 unterhalb von $c = f(x_0)$ liegen, und rechts von x_0 oberhalb. Aber das gilt sicher nur in der Nähe von x_0. Wie nahe? Hier wird behauptet, dass es eine komplette (wenn auch sicher sehr kleine) ε-Umgebung von x_0 gibt, auf der sich f wunschgemäß verhält. Das erscheint plausibel, aber es bleibt dennoch der Verdacht, dass f in der Nähe von x_0 zu stark „wackeln" könnte. Ein Widerspruchsbeweis könnte Klarheit bringen, aber er würde in diesem Fall doch zu recht umständlichen Überlegungen führen.

Wagen Sie lieber einen direkten Beweis und benutzen Sie dabei das Grauert-Kriterium.

3.1.5. Beweisen Sie für n-mal differenzierbare Funktionen f und g die folgende Verallgemeinerung der Produktregel:

$$(f \cdot g)^{(n)} = \sum_{k=0}^{n} \binom{n}{k} f^{(k)} \cdot g^{(n-k)}.$$

Man beachte die Ähnlichkeit zur binomischen Formel! Es liegt nahe, Induktion zu verwenden.

3.1.6. Bestimmen Sie den größten und den kleinsten Wert, den $f(x) := x^3 - 3x^2 + 1$ auf dem Intervall $[-1/2, 4]$ annimmt.

Man sollte Aufgabentexte immer sehr sorgfältig lesen. Es wird hier nicht nach lokalen Extremwerten, sondern nach den globalen Extremwerten gefragt. Das ist gut so, denn etwas anderes könnten wir mit den uns momentan zur Verfügung stehenden Mitteln noch nicht so leicht ermitteln. So muss man nur potentielle Kandidaten für globale Extremwerte finden und die Werte von f in diesen Punkten berechnen.

3.1.7. Bestimmen Sie den größten und kleinsten Wert, den die Funktion $f(x) := x^4 - 4x^2 + 2$ auf $[-3, 2]$ annimmt. Lösen Sie das gleiche Problem für die Funktion $g(x) := x - 2\cos x$ auf $[-\pi, \pi]$.

Offensichtlich kann man genauso wie bei der vorigen Aufgabe vorgehen.

3.1.8. Sei $f(x) := 2\cos x + \sin(2x)$. Bestimmen Sie alle Nullstellen von $f'(x)$, sowie den kleinsten und größten Wert von f auf $\mathbb{R}$.

Die Ableitung von f ist leicht berechnet, Probleme gibt es vielleicht bei der Nullstellenberechnung. Für $\sin(2x)$ und $\cos(2x)$ gibt es Formeln, aber das reicht noch nicht. Es ist ratsam, eine Faktorzerlegung für $f'(x)$ zu finden, und da muss man etwas tricksen.

Beispiel: Der Ausdruck $2a^2 + a - 1$ sieht nicht wie ein Produkt aus, es ist aber $2a^2 + a - 1 = 2a^2 + 2a - a - 1 = 2a(a+1) - (a+1) = (2a-1)(a+1)$.

3.1.9. Manchmal ist eine Funktion nur ***implizit*** gegeben, wie etwa $y = y(x)$ durch die Gleichung $x^2 + y^2 = r^2$. Dann kann man die Gleichung $x^2 + y(x)^2 = r^2$ nach x differenzieren und erhält $2x + 2y(x) \cdot y'(x) = 0$, also $y'(x) = -x/y(x)$ (sofern $y(x) \neq 0$ ist). Der Punkt $\mathbf{a} = (r/\sqrt{2}, r/\sqrt{2})$ liegt auf dem Kreis $K = \{(x,y) : x^2 + y^2 = r^2\}$ und die Tangente an den Kreis im Punkte $\mathbf{a}$ hat die Steigung $y'(r/\sqrt{2}) = -1$. Die Gleichung braucht dafür gar nicht aufgelöst zu werden. Man bezeichnet dieses Verfahren als ***implizite Differentiation***. Es kann natürlich nur angewandt werden, wenn sichergestellt ist, dass die Funktion y existiert und differenzierbar ist.

Sei jetzt eine Kurve $C = \{(x,y) \in \mathbb{R}^2 : y^2 = x^2(x+1)\}$ gegeben. Bestimmen Sie durch implizite Differentiation alle Punkte, in denen C eine horizontale Tangente besitzt.

Bevor man einfach darauf los rechnet, sollte man sich Gedanken über die Existenz und Differenzierbarkeit der implizit gegebenen Funktion $y(x)$ machen. Das ist hier nicht so schwer, denn die Gleichung kann explizit aufgelöst werden. Die implizite Differentiation kann man wie im Beispiel durchführen. Wo die Kurve eine waagerechte Tangente besitzt, kann man dann leicht feststellen.

3.1.10. Mit $k(x)$ seien die ***Gesamtkosten*** bezeichnet, die ein Produktionsbetrieb aufwenden muss, um x Einheiten einer bestimmten Ware herzustellen. Die Ableitung $k'(x)$ nennt man die ***Grenzkostenfunktion***, die Funktion $s(x) := k(x)/x$ die ***Stückkosten*** oder ***durchschnittlichen Kosten***. Zeigen Sie: Besitzen die durchschnittlichen Kosten bei x_0 ein Minimum, so stimmen an dieser Stelle Durchschnittskosten und Grenzkosten überein.

*Die **Lösung** ist sehr einfach. Interessanter sind die Konsequenzen. Überlegen Sie sich, in welche Richtung die Produktionszahlen verändert werden sollten, wenn die Grenzkosten niedriger als die Durchschnittskosten sind.*

3.2   Der Mittelwertsatz

Der Ableitungs-Kalkül entwickelt seine ganze Stärke erst durch den **Mittelwert-satz**, der 1797 von Lagrange entdeckt wurde:

Ist $f : [a, b] \to \mathbb{R}$ stetig und in (a, b) differenzierbar, so gibt es einen Punkt x_0 mit

$$a < x_0 < b \quad und \quad f'(x_0) = \frac{f(b) - f(a)}{b - a}.$$

Im Spezialfall $f(a) = f(b)$ verschwindet f' an einer Stelle x_0 zwischen a und b. Dies hatte **Rolle** schon 1690 festgestellt.

Mit Hilfe des Mittelwertsatzes kann man einen Zusammenhang zwischen dem Vorzeichen der Ableitung und dem Monotonieverhalten der Funktion herstellen:

Eine differenzierbare Funktion f ist auf einem Intervall I genau dann monoton wachsend (bzw. fallend), wenn $f'(x) \geq 0$ (bzw. ≤ 0) auf I ist. Ist $f' > 0$ (bzw. < 0) auf I, so ist f streng monoton wachsend (bzw. streng monoton fallend).

Auf diesem Wege lässt sich die strenge Monotonie (und damit die Injektivität) von differenzierbaren Funktionen sehr bequem zeigen. Ist $f : I \to \mathbb{R}$ injektiv, so existiert eine differenzierbare Umkehrfunktion, und die Ableitung der Umkehrfunktion lässt sich nach der aus 3.1 bekannten Regel berechnen. Man erhält die Arcus-Funktionen (die Umkehrungen der trigonometrischen Funktionen), die „Area-Funktionen" (die Umkehrungen der hyperbolischen Funktionen) und ihre Ableitungen:

$$\arcsin : (-1, 1) \to (-\pi/2, \pi/2) \quad \text{mit} \quad \arcsin'(y) = \frac{1}{\sqrt{1 - y^2}},$$

$$\arccos : (-1, 1) \to (0, \pi) \quad \text{mit} \quad \arccos'(y) = -\frac{1}{\sqrt{1 - y^2}},$$

$$\arctan : \mathbb{R} \to (-\pi/2, \pi/2) \quad \text{mit} \quad \arctan'(y) = \frac{1}{1 + y^2},$$

$$\operatorname{arsinh} : \mathbb{R} \to \mathbb{R} \quad \text{mit} \quad \operatorname{arsinh}'(y) = \frac{1}{\sqrt{1 + y^2}},$$

$$\operatorname{arcosh} : (1, \infty) \to (0, \infty) \quad \text{mit} \quad \operatorname{arcosh}'(y) = \frac{1}{\sqrt{y^2 - 1}}$$

$$\text{und} \quad \operatorname{artanh} : (-1, 1) \to \mathbb{R} \quad \text{mit} \quad \operatorname{artanh}'(y) = \frac{1}{1 - y^2}.$$

Dabei ist $\operatorname{arsinh}(y) = \ln\big(y + \sqrt{y^2 + 1}\big)$, $\operatorname{arcosh}(y) = \ln\big(y + \sqrt{y^2 - 1}\big)$ und $\operatorname{artanh}(y) = \frac{1}{2}\ln\big((1 + y)/(1 - y)\big)$.

Beispiele

1. Normalerweise ist der Mittelwertsatz ein reiner Existenzsatz, die Lage des Punktes x_0 mit $\big(f(b) - f(a)\big)/(b - a) = f'(x_0)$ ist nicht bekannt. Es gibt aber Ausnahmen. Ist $f(x) = \alpha x^2 + \beta x + c$ ein quadratisches Polynom, so ist $f'(x) = 2\alpha x + \beta$. Dann ist

$$\frac{f(b) - f(a)}{b - a} = \frac{\alpha(b^2 - a^2) + \beta(b - a)}{b - a} = \alpha(b + a) + \beta = f'\Big(\frac{a + b}{2}\Big).$$

   Bei quadratischen Polynomen liegt der fragliche Punkt also immer genau in der Mitte des Intervalls.

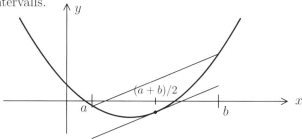

   Im Gegensatz dazu ist bei einer linearen Funktion $g(x) := px + q$ die Ableitung $g'(x) \equiv p$ konstant, für x_0 kann man jeden Punkt aus (a, b) wählen.

2. Es ist wichtig, **vor** der Anwendung des Mittelwertsatzes **alle** Voraussetzungen zu prüfen. Sei etwa $f(x) := x$ für $0 \leq x < 1$, aber $f(1) := 0$. Dann ist f auf $(0, 1)$ differenzierbar und stetig in $x = 0$, aber unstetig in $x = 1$. Es folgt: $\big(f(1) - f(0)\big)/(1 - 0) = 0$, während $f'(x) = 1 \neq 0$ für alle $x \in (0, 1)$ ist. Der Mittelwertsatz greift hier nicht.

3. Es soll folgende Funktion untersucht werden:

$$f(x) := \begin{cases} (1/8)x^2 + (3/2)x & \text{für } x < -6, \\ -(1/8)x^2 - (5/12)x - (5/2) & \text{für } x \geq -6. \end{cases}$$

   Offensichtlich ist f in allen Punkten $x \neq -6$ differenzierbar und in $x = -6$ noch stetig, es ist $f(-6) = -9/2$. Wir betrachten f auf dem Intervall $[-10, 0]$. Weil $f(-10) = f(0) = -5/2$ ist, würde der Mittelwertsatz, wenn er denn anwendbar wäre, besagen, dass es ein x_0 mit $-10 < x_0 < 0$ und $f'(x_0) = 0$ gibt.

   Berechnen wir die Ableitung:

$$f'(x) := \begin{cases} (1/4)x + 3/2 & \text{für } x < -6, \\ -(1/4)x - 5/12 & \text{für } x \geq -6. \end{cases}$$

   Die Gleichung $f'(x) = 0$ ist in $[-10, 0] \backslash \{-6\}$ nur in $x = -5/3 = -1.66667\ldots$ erfüllt. Zusätzlich ist

$$\lim_{x \to -6-} f'(x) = 0 \quad \text{und} \quad \lim_{x \to -6+} f'(x) = 13/12 = 1.08333\ldots.$$

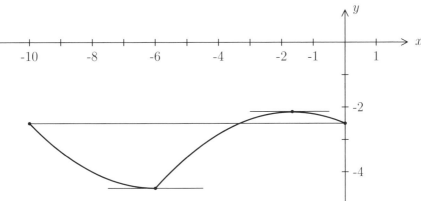

Obwohl der Mittelwertsatz nicht anwendbar ist (weil f in $x = -6$ nicht differenzierbar ist), liefert er doch das richtige Ergebnis. Warum? Das ist mehr oder weniger Zufall: Es ist nämlich $f(-10/3) = -5/2 = f(0)$, und auf dem Intervall $(-10/3, 0)$ ist f differenzierbar. Dort kann man den Mittelwertsatz anwenden. Dass f in $x = -6$ auch noch eine einseitige Ableitung hat, die verschwindet, ist erst recht Zufall. Man könnte f durch folgende Funktion g ersetzen:

$$g(x) := \begin{cases} -(1/2)x - 15/2 & \text{für } x < -6, \\ (1/3)x - 5/2 & \text{für } x \geq -6. \end{cases}$$

Dann ist g ebenfalls auf $[-10, 0]$ stetig, mit $g(-6) = -9/2$, und außerhalb von $x = -6$ differenzierbar. Weiter ist $g(-10) = g(0) = -5/2$, aber weit und breit ist keine Stelle zu sehen, wo f' verschwindet, nicht einmal bei einseitiger Annäherung.

4. Auch abschnittsweise definierte Funktionen können die Voraussetzungen des Mittelwertsatzes erfüllen. Sei $f : [0, 2] \to \mathbb{R}$ definiert durch

$$f(x) := \begin{cases} (3 - x^2)/2 & \text{für } x \leq 1, \\ 1/x & \text{für } x > 1. \end{cases}$$

Für $x \neq 1$ ist f offensichtlich differenzierbar, in $x = 1$ ist f stetig, mit $f(1) = 1$. Differenzieren ergibt

$$f'(x) := \begin{cases} -x & \text{für } x < 1, \\ -1/x^2 & \text{für } x > 1. \end{cases}$$

In $x = 1$ existiert der linksseitige und rechtsseitige Limes von $f'(x)$ (und ist $= -1$). Also ist f auch dort differenzierbar. Was liefert nun der Mittelwertsatz? Es gibt ein $x_0 \in (0, 2)$ mit $f'(x_0) = \big(f(2) - f(0)\big)/(2 - 0) = -1/2$. Tatsächlich findet man sogar zwei solche Punkte, nämlich $x_1 = 1/2$ und $x_2 = \sqrt{2}$.

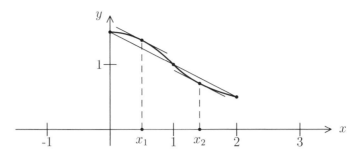

Da der linke Teil der Funktion ein Parabelstück ist, muss der Punkt x_1 genau in der Mitte zwischen 0 und 1 liegen. Beim rechten Teil sieht das anders aus, x_2 liegt nicht in der Mitte zwischen 1 und 2.

5. Manchmal liefert der Mittelwertsatz auch nette Abschätzungen.

   (a) Da $\sin x$ überall differenzierbar, $\sin' x = \cos x$ und $|\cos x| \leq 1$ ist, erhält man zum Beispiel

   $$|\sin x - \sin y| \leq |x - y| \quad \text{für alle } x, y \in \mathbb{R}.$$

   (b) Dass $e^x > 1 + x$ für $x > 0$ gilt, sieht man an der Reihendarstellung von e^x. Man gewinnt diese Abschätzung aber auch aus dem Mittelwertsatz. Dazu sei $f(x) := e^x - x - 1$. Dann ist $f(0) = 0$, und zu jedem $x > 0$ gibt es ein $c = c(x)$ mit $0 < c < x$, so dass $f(x) = f(x) - f(0) = x \cdot f'(c)$ ist. Weil $f'(c) = e^c - 1 > 0$ ist, folgt: $e^x - x - 1 > 0$, also $e^x > 1 + x$ für $x > 0$.

   Dies ist ein Spezialfall eines allgemeineren Sachverhalts: *Sind f, g : $[a, \infty) \to \mathbb{R}$ zwei differenzierbare Funktionen mit $f(a) = g(a)$ und $f'(x) > g'(x)$ für $x > a$, so ist $f(x) > g(x)$ für $x > a$.*

   Daraus folgt zum Beispiel: $\ln(x) < 1 + x$ für $x > 1$ und $\arctan(x) < x$ für $x > 0$.

   (c) Diese Abschätzungen hängen alle mit dem „Satz vom endlichen Zuwachs" zusammen: *Seien $f, g : [a, b] \to \mathbb{R}$ stetig und in (a, b) differenzierbar. Ist $|f'(x)| \leq g'(x)$ für alle $x \in (a, b)$, so ist $|f(b) - f(a)| \leq g(b) - g(a)$.*

   Ein Spezialfall ist der „Schrankensatz": *Ist $f : [a, b] \to \mathbb{R}$ stetig und auf (a, b) differenzierbar, sowie $m \leq f'(x) \leq M$ für $x \in (a, b)$, so ist $m(b - a) \leq f(b) - f(a) \leq M(b - a)$.*

   Alle diese Aussagen sind äquivalent zum Mittelwertsatz.

6. Manchmal sucht man sämtliche Nullstellen eines Polynoms 3. Grades. Wir betrachten zum Beispiel $p(x) := x^3 - 3x^2 + 4x - 1$. Jedes Polynom 3. Grades hat mindestens **eine** reelle Nullstelle x_0. Hätte p noch eine weitere Nullstelle

$x_1 \neq x_0$, so müsste es ein c zwischen x_0 und x_1 geben, so dass $p'(c) = 0$ ist. Nun ist aber $p'(x) = 3x^2 - 6x + 4$, und $p'(x) = 0 \iff x = 1 \pm \frac{1}{3}\sqrt{-3}$. Es gibt also kein $c \in \mathbb{R}$ mit $p'(c) = 0$. Das bedeutet, dass p keine zweite Nullstelle besitzen kann. Weil $p(0) = -1$ und $p(1) = 1$ ist, muss die eine Nullstelle x_0 im Intervall $(0, 1)$ liegen.

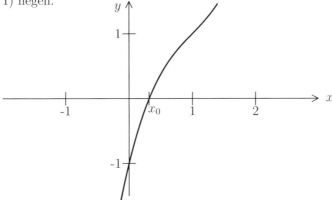

Den Wert von x_0 muss man numerisch bestimmen, etwa durch Intervall-Halbierung. Man stellt fest, dass $p(1/2) > 0$ ist, also liegt x_0 in $(0, 1/2)$. Im nächsten Schritt sieht man, dass x_0 in $(1/4, 1/2)$ liegt, und so geht es weiter. Tatsächlich ist $x_0 \approx 0.315$.

7. Sei $f(x) := 0.1x^4 - 0.4x^3 + 1$. Mit Hilfe der 1. Ableitung kann man das Monotonie-Verhalten bestimmen. Es ist

$$f'(x) = 0.4x^3 - 1.2x^2 = x^2 \cdot (0.4x - 1.2) = 0.4 \cdot x^2 \cdot (x - 3).$$

Also hat f' zwei Nullstellen, nämlich $x_1 = 0$ und $x_2 = 3$. Und aus der Faktorzerlegung gewinnt man auch das Vorzeichen von f'.

- Ist $x < 0$, so ist $x^2 > 0$ und $x - 3 < 0$, also $f'(x) < 0$. f fällt streng monoton.
- Für $0 < x < 3$ ist ebenfalls $f'(x) < 0$. f fällt dort also immer noch.
- Für $x > 3$ ist $x^2 > 0$ und $x - 3 > 0$, also $f'(x) > 0$. f steigt streng monoton.

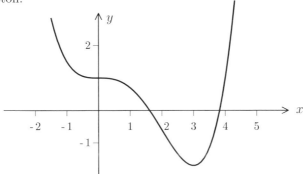

In x_1 verschwindet f' zwar, aber f hat dort keinen Extremwert, weil f links und rechts von x_1 fällt. Dagegen ist klar, dass f bei x_2 ein Minimum besitzt, denn f fällt links von x_2 und steigt rechts von x_2.

Etwas schwieriger ist das folgende Beispiel. Es soll gezeigt werden, dass

$$g(x) := \left(1 + 1/x\right)^x$$

auf $(0, \infty)$ streng monoton wächst.

Es ist $\ln g(x) = x \cdot \ln(1 + 1/x)$ und $(\ln g)'(x) = \ln(1 + 1/x) - 1/(x + 1)$. Nun sei

$$h(x) := (\ln g)'\left(\frac{1}{x}\right) = \ln(1 + x) - \frac{x}{1 + x}.$$

Dann ist

$$h'(x) = \frac{1}{1 + x} - \frac{(1 + x) - x}{(1 + x)^2} = \frac{1}{1 + x} - \frac{1}{(1 + x)^2} = \frac{x}{(1 + x)^2} > 0$$

für alle $x > 0$. Also wächst h streng monoton. Weil $h(0) = 0$ ist, folgt: $h(x) > 0$ für $x > 0$.

Da man x durch $1/x$ ersetzen kann, ist auch $(\ln g)'(x) > 0$, und $\ln g(x)$ wächst streng monoton für $x > 0$. Und schließlich wächst dann auch $g(x) = \exp\big(\ln g(x)\big)$ streng monoton.

8. Schon mehrfach wurde benutzt: Ist f differenzierbar, links von x_0 monoton fallend und rechts von x_0 monoton wachsend, so besitzt f in x_0 ein lokales Minimum. Ist dagegen f links von x_0 monoton wachsend und rechts von x_0 monoton fallend, so liegt in x_0 ein lokales Maximum vor.

Diese Tatsache lässt sich besonders gut verwerten, wenn f ein Polynom ist und man f' in Linearfaktoren zerlegen kann. Sei zum Beispiel $f(x) = x^3 - 3x^2 - 9x + 5$. Dann ist

$$f'(x) = 3x^2 - 6x - 9 = 3(x^2 - 2x - 3) = 3(x + 1)(x - 3).$$

Die Nullstellen von f' liegen also bei $x_1 = -1$ und $x_2 = 3$. Man erhält folgendes Monotonie-Verhalten:

Auf $(-\infty, -1)$ ist $f' > 0$, auf $(-1, 3)$ ist $f' < 0$, und auf $(3, +\infty)$ ist wieder $f' > 0$. Damit ist klar: f besitzt ein Maximum bei x_1 und ein Minimum bei x_2.

Bisher wurde nur das Monotonieverhalten von Funktionen auf einem ganzen Intervall betrachtet. Jetzt soll untersucht werden, welche Bedeutung das Vorzeichen der Ableitung einer Funktion in einem Punkt hat.

Definition   (Steigende und fallende Funktionen)

Sei $f(a,b) \to \mathbb{R}$ in $x_0 \in (a,b)$ differenzierbar. Die Funktion f **steigt** bei x_0, falls es ein $\varepsilon > 0$ mit $a < x_0 - \varepsilon < x_0 + \varepsilon < b$ gibt, so dass für $0 < h < \varepsilon$ gilt:

$$f(x_0 - h) < f(x_0) < f(x_0 + h).$$

Analog **fällt** f bei x_0, falls es ein $\varepsilon > 0$ gibt, so dass $f(x_0 - h) > f(x_0) > f(x_0 + h)$ für $0 < h < \varepsilon$ gilt.

Nun gilt:

Satz

Sei $f : (a,b) \to \mathbb{R}$ in x_0 differenzierbar. Wenn f bei x_0 steigt (bzw. fällt), dann ist $f'(x_0) \geq 0$ (bzw. $f'(x_0) \leq 0$).

Ist $f'(x_0) > 0$ (bzw. < 0), so steigt (bzw. fällt) f bei x_0.

BEWEIS: Es gibt eine in x_0 stetige Funktion Δ, so dass $f(x) - f(x_0) = (x - x_0) \cdot \Delta(x)$ ist.

Wenn f bei x_0 steigt, dann ist $\Delta(x) > 0$ für $0 < |x - x_0| < \varepsilon$, und wegen der Stetigkeit von Δ ist dann $f'(x_0) = \Delta(x_0) \geq 0$.

Ist umgekehrt $f'(x_0) > 0$, so ist $\Delta(x_0) > 0$ und aus Stetigkeitsgründen auch noch $\Delta(x) > 0$ für alle x mit $|x - x_0| < \varepsilon$, bei geeignetem $\varepsilon > 0$. Das bedeutet, dass $f(x_0 - h) < f(x_0) < f(x_0 + h)$ für $0 < h < \varepsilon$ ist. f steigt bei x_0.

Analog argumentiert man bei fallenden Funktionen.   ■

In Aufgabe 3.2.3 wird die Funktion $f(x) = x + 2x^2 \sin(1/x)$ (mit $f(0) = 0$) definert. Man soll dann zeigen, dass f im Nullpunkt zwar steigt, dass f aber auf keinem Intervall um 0 herum monoton wächst. Das hängt damit zusammen, dass f' im Nullpunkt nicht stetig ist. Wäre f' stetig, so müsste die Ungleichung $f' > 0$ auf einer ganzen Umgebung von 0 gelten, und dann wäre f dort sogar streng monoton wachsend.

Der Mittelwertsatz wird gerne mit dem Zwischenwertsatz verwechselt. Bei ersterem geht es um Differenzierbarkeit, bei letzterem um Stetigkeit. Allerdings kann man in gewissen Situationen einen Zusammenhang zwischen den beiden Sätzen herstellen. Ist $f : [a,b] \to \mathbb{R}$ stetig differenzierbar und

$$f'(a) < \frac{f(b) - f(a)}{b - a} < f'(b),$$

so gibt es nach dem Zwischenwertsatz ein $c \in (a,b)$ mit $f'(c) = \big(f(b) - f(a)\big)/(b - a)$.

Der Mittelwertsatz funktioniert allerdings (zum Glück) unter sehr viel allgemeineren Voraussetzungen.

Die Ableitung einer differenzierbaren Funktion erfüllt den Zwischenwertsatz, selbst wenn f' nicht stetig ist:

Satz von Darboux

Sei $f : I \to \mathbb{R}$ differenzierbar und $f'(x_1) < c < f'(x_2)$ für zwei Punkte $x_1, x_2 \in I$. Dann gibt es ein x_0 zwischen x_1 und x_2, so dass $f'(x_0) = c$ ist.

BEWEIS: Sei $g(x) := f(x) - cx$. Dann ist g differenzierbar, $g'(x_1) = f'(x_1) - c < 0$ und $g'(x_2) = f'(x_2) - c > 0$. Die Funktion g fällt also bei x_1 und steigt bei x_2. Es gibt ein $\varepsilon > 0$, so dass $g(x_1 + h) < g(x_1)$ und $g(x_2 - h) < g(x_2)$ für $0 < h < \varepsilon$ ist. Daraus folgt, dass g in (x_1, x_2) ein Minimum besitzt, etwa in x_0. Dort ist $g'(x_0) = 0$, also $f'(x_0) = c$.   ■

Ist eine Funktion zweimal differenzierbar, so steht das bekannteste *hinreichende Kriterium* für Extremwerte zur Verfügung: f hat genau dann in x_0 ein isoliertes Maximum (bzw. Minimum), wenn $f'(x_0) = 0$ und $f''(x_0) < 0$ (bzw. > 0) ist.

Die zweite Ableitung beschreibt die Krümmung der Kurve (wobei hier der Graph von f als „Kurve" bezeichnet wird). Ist $f'' > 0$, so durchläuft die Kurve eine *Linkskrümmung*; ist $f'' < 0$, so durchläuft sie eine *Rechtskrümmung*. Punkte, an denen die Kurve von der einen Krümmungsart in die andere übergeht, nennt man *Wendepunkte*. Dort verschwindet notwendigerweise die zweite Ableitung. Leider ist diese Bedingung nicht hinreichend, wie das Beispiel der Funktion $f(x) = x^4$ im Nullpunkt zeigt.

Ist f sogar dreimal differenzierbar, so sind die Bedingungen $f''(x_0) = 0$ und $f'''(x_0) \neq 0$ hinreichend dafür, dass f in x_0 einen Wendepunkt besitzt.

Am Vorzeichen der zweiten Ableitung kann man auch das Konvexitätsverhalten ablesen. Auf die Definition der Konvexität wird gleich nach dem Repetitorium genau eingegangen. Dann kann man zeigen:

Eine zweimal differenzierbare Funktion $f : I \to \mathbb{R}$ ist genau dann **konvex** (bzw. **konkav**), wenn $f'' \geq 0$ (bzw. ≤ 0) ist. Ist sogar $f'' > 0$ (bzw. < 0), so ist f strikt konvex (bzw. strikt konkav). Das gilt allerdings nicht notwendig umgekehrt.

Unter einer „Kurvendiskussion" versteht man die ausführliche Untersuchung eines Funktionsgraphen. Dazu gehört das Monotonieverhalten, die Bestimmung von lokalen Extremwerten und Wendepunkten, sowie Nullstellen und Asymptoten.

Was heißt „konvex"? Eine Teilmenge $K \subset \mathbb{R}^2$ heißt konvex, falls mit je zwei Punkten $\mathbf{x}, \mathbf{y} \in K$ auch ihre gesamte Verbindungsstrecke zu K gehört.

Eine Funktion $f : I \to \mathbb{R}$ möchte man nun konvex nennen, wenn

$$F := \{(x, y) \in I \times \mathbb{R} \ : \ y \geq f(x)\}$$

eine konvexe Menge ist.

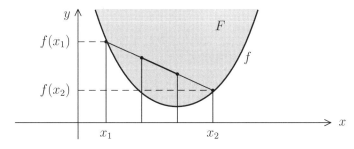

Tatsächlich gilt folgender

Satz

Sei $I \subset \mathbb{R}$ ein Intervall, $f : I \to \mathbb{R}$ eine Funktion und F wie oben definiert. Dann sind folgende Aussagen äquivalent:

1. *F ist konvex.*

2. *Für $x_1, x_2 \in I$ und $\lambda \in (0,1)$ ist*

$$f(\lambda x_1 + (1 - \lambda)x_2) \leq \lambda \cdot f(x_1) + (1 - \lambda) \cdot f(x_2).$$

Beweis[*]:   Ohne Beschränkung der Allgemeinheit sei $x_1 < x_2$. Die Punkte $x_\lambda := \lambda x_1 + (1 - \lambda)x_2$ durchlaufen das Intervall (x_1, x_2), und

$$(x_\lambda, \lambda f(x_1) + (1 - \lambda)f(x_2))$$

ist derjenige Punkt auf der Verbindungsstrecke von $(x_1, f(x_1))$ und $(x_2, f(x_2))$, der genau über x_λ liegt.

a) Sei $F := \{(x, y) \in I \times \mathbb{R} : y \geq f(x)\}$ als konvex vorausgesetzt, $x_1 < x_2$ und $0 < \lambda < 1$. Die Punkte $(x_1, f(x_1))$ und $(x_2, f(x_2))$ liegen beide in F. Also liegt auch

$$(\lambda x_1 + (1 - \lambda)x_2, \lambda f(x_1) + (1 - \lambda)f(x_2)) = \lambda(x_1, f(x_1)) + (1 - \lambda)(x_2, f(x_2))$$

in F. Das heißt aber: $f(\lambda x_1 + (1 - \lambda)x_2) \leq \lambda f(x_1) + (1 - \lambda)f(x_2)$.

b) Sei umgekehrt das Kriterium erfüllt, und es seien $(x_1, y_1), (x_2, y_2) \in F$, mit $x_1 < x_2$. Außerdem sei $0 < \lambda < 1$. Es ist $f(x_1) \leq y_1$ und $f(x_2) \leq y_2$ und damit

$$f(\lambda x_1 + (1 - \lambda)x_2) \leq \lambda f(x_1) + (1 - \lambda)f(x_2) \leq \lambda y_1 + (1 - \lambda)y_2.$$

Daraus folgt:

$$\lambda(x_1, y_1) + (1 - \lambda)(x_2, y_2) = (\lambda x_1 + (1 - \lambda)x_2, \lambda y_1 + (1 - \lambda)y_2)$$

liegt in F. Also ist F konvex.   ∎

Der Differenzenquotient

$$D_f(x, x') := \frac{f(x') - f(x)}{x' - x}$$

gibt die Richtung der Sekante an, die $(x_1, f(x_1))$ mit $(x_2, f(x_2))$ verbindet. Die Sekante selbst wird dann durch $\sigma_{f,x_1,x_2}(t) := f(x_1) + (t - x_1) \cdot D_f(x_1, x_2)$ gegeben. Dass die Menge F konvex ist, bedeutet nach dem obigen Satz, dass für alle $t \in (x_1, x_2)$ der Punkt $(t, f(t)) \in G_f$ unterhalb dieser Sekante liegt, dass also $f(t) \leq \sigma_{f,x_1,x_2}(t)$ ist. Und genau diese Eigenschaft macht aus f eine konvexe Funktion. Dabei fordert man keinerlei Regularität von f, die Funktion braucht nicht einmal stetig zu sein. Es gilt aber:

Eine Funktion $f : I \to \mathbb{R}$ ist genau dann konvex, wenn eine der beiden folgenden Bedingungen erfüllt ist:

1. Ist $x < z < y$, so ist $D_f(x, z) \leq D_f(x, y)$.

2. Ist $x < z < y$, so ist $D_f(x, z) \leq D_f(z, y)$.

Satz

*Ist f auf dem **offenen** Intervall (a, b) konvex, so ist f dort auch stetig.*

Beweis *: Sei $x_0 \in (a, b)$. Man wähle ein Teilintervall (c, d) mit $a < c < x_0 < d < b$. Wir beschränken uns darauf, die Stetigkeit von rechts zu zeigen, von links geht's genauso.

Sei $g(t) := f(c) + (t - c) \cdot D_f(c, x_0)$ die Sekante durch $(c, f(c))$ und $(x_0, f(x_0))$, und $h(t) := f(x_0) + (t - x_0) \cdot D_f(x_0, d)$ die Sekante durch $(x_0, f(x_0))$ und $(d, f(d))$. Beide Funktionen sind stetig.

Sei $x_0 < x < d$. Wegen der Konvexität von f ist $f(x) \leq h(x)$, und für $x \to x_0$ strebt $h(x)$ gegen $f(x_0)$. Wegen des Kriteriums über die Differenzenquotienten ist außerdem

$$g(x) = f(c) + (x - c) \cdot D_f(c, x_0) \leq f(c) + (x - c) \cdot D_f(c, x) = f(x),$$

und für $x \to x_0$ strebt $g(x)$ gegen $g(x_0) = f(c) + (x_0 - c) \cdot D_f(c, x_0) = f(x_0)$. Damit strebt auch $f(x)$ für $x \to x_0$ gegen $f(x_0)$. Der rechtsseitige Limes von f für $x \to x_0$ existiert und ist $= f(x_0)$.   ∎

Satz

Ist f auf dem offenen Intervall (a, b) einmal differenzierbar, so ist f genau dann konvex, wenn f' monoton wächst.

Beweis [*]: a) Sei f konvex, und es sei $a < c < d < b$. Außerdem sei $h > 0$ so klein, dass $c + h < d$ und $d + h < b$ ist. Dann ist

$$\frac{f(c+h) - f(c)}{h} = D_f(c, c+h) \leq D_f(c+h, d) \leq D_f(d, d+h) = \frac{f(d+h) - f(d)}{h}.$$

Lässt man h gegen Null gehen, so erhält man: $f'(c) \leq f'(d)$

b) Nun sei f' monoton wachsend, sowie $c < x < d$. Nach dem Mittelwertsatz gibt es Punkte $x_0 \in (c, x)$ und $x_1 \in (x, d)$, so dass gilt:

$$f'(x_0) = \frac{f(x) - f(c)}{x - c} \quad \text{und } f'(x_1) = \frac{f(d) - f(x)}{d - x}.$$

Weil $x_0 < x_1$ ist, ist $f'(x_0) \leq f'(x_1)$ und damit $D_f(c, x) \leq D_f(x, d)$. Da das für alle solche Situationen gilt, ist f konvex. ∎

Jetzt ist klar, dass eine zweimal differenzierbare Funktion genau dann konvex ist, wenn $f'' \geq 0$ ist (denn das ist äquivalent dazu, dass f' monoton wächst).

Für konkave Funktionen gelten analoge Aussagen, man muss nur „$\geq$" durch „$\leq$" ersetzen. Etwas schwieriger ist der Übergang von „konvex" zu „strikt konvex".

- f heißt **strikt konvex**, falls für $x_1 < x_2$ und alle $t \in (x_1, x_2)$ gilt:

$$f(t) < \sigma_{f, x_1, x_2}(t).$$

Äquivalent dazu ist: Für $x_1 < x_2$ und $0 < \lambda < 1$ ist stets

$$f(\lambda x_1 + (1 - \lambda) x_2) < \lambda \cdot f(x_1) + (1 - \lambda) \cdot f(x_2).$$

Ebenfalls äquivalent dazu ist die Gültigkeit der strikten Ungleichungen

$$D_f(x, z) < D_f(x, y) \quad \text{und} \quad D_f(x, z) < D_f(z, y) \quad \text{(für } x < z < y\text{)}.$$

- Ist f einmal differenzierbar, so ist f genau dann strikt konvex, wenn f' streng monoton wächst.

  (Ist f' streng monoton wachsend, so folgt genau wie oben, dass f strikt konvex ist. Für die Umkehrung muss man im obigen Beweis eventuell ein Element γ mit $c < \gamma < d$ einfügen. Ist dann $c + h < \gamma$, so ist $D_f(c, c+h) < D_f(c, \gamma) < D_f(\gamma, d) < D_f(d, d+h)$, und wie oben erhält man $f'(c) \leq D_f(c, \gamma) < D_f(\gamma, d) \leq f'(d)$. Das bedeutet, dass f' strikt monoton wächst).

- Ist f zweimal differenzierbar und $f'' > 0$, so ist f strikt konvex.

  (Wie man diese Aussage beweist, dürfte klar sein. Die Umkehrung kann man allerdings nicht beweisen: $f(x) = x^4$ ist strikt konvex, aber $f''(x) = 12x^2$ verschwindet im Nullpunkt).

Es sollen nun einige Beispiele von „Kurvendiskussionen" durchgerechnet werden. Gelegentlich kann dabei das folgende Lemma nützlich sein.

Lemma

Sei $f : [a,b] \to \mathbb{R}$ stetig und auf (a,b) differenzierbar. Hat f in zwei Punkten x_1, x_2 mit $a < x_1 < x_2 < b$ isolierte Minima, so besitzt f im Innern von (x_1, x_2) ein Maximum.

BEWEIS: Es gibt ein $\varepsilon > 0$ mit $x_1 + \varepsilon < x_2 - \varepsilon$, so dass $f(x_1 + \varepsilon) > f(x_1)$ und $f(x_2 - \varepsilon) > f(x_2)$ ist. Auf $[x_1 + \varepsilon, x_2 - \varepsilon]$ muss f als stetige Funktion in wenigstens einem Punkt x_0 ein (globales) Maximum annehmen. Dann ist $f(x_0) > \max(f(x_1), f(x_2))$. ∎

Beispiele

1. Sei $f(x) := x^2 \sin(x/2)$.

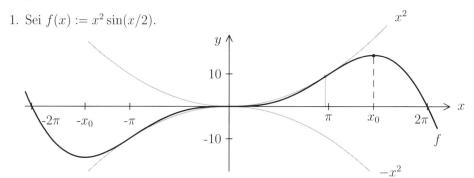

Es ist $-x^2 \leq f(x) \leq x^2$ und $f(-x) = -f(x)$. Wir betrachten f nur im Intervall $[-2\pi, 2\pi]$. Nullstellen hat f dort bei $x = 0$ und bei $x = \pm 2\pi$.

Es ist $f'(x) = 2x \sin(x/2) + (x^2/2) \cdot \cos(x/2) = x\big(2\sin(x/2) + (x/2)\cos(x/2)\big)$. f' verschwindet alo bei $x = 0$ und in jedem x mit $\tan(x/2) = -x/4$. Im Intervall $(0, 2\pi)$ nimmt $y = \tan(x/2)$ nur zwischen π und 2π negative Werte an, und der Graph dieser Funktion trifft die Gerade $y = -x/4$ genau einmal: Hätte nämlich $\psi(x) := \tan(x/2) + x/4$ in $(\pi, 2\pi)$ zwei Nullstellen, so müsste $\psi'(x) = 1/(2\cos^2(x/2)) + 1/4$ dazwischen irgendwo verschwinden, aber das ist nicht der Fall. Die genaue Bestimmung der Nullstelle x_0 erfordert numerische Berechnungen. Weil $\psi(4.5) = \tan(2.25) + 1.125 \approx -0.1136\ldots < 0$ und $\psi(4.6) = \tan(2.3) + 1.15 \approx 0.030786\ldots > 0$ ist, muss x_0 zwischen 4.5 und 4.6 liegen. Tatsächlich verschwindet f' bei $x_0 \approx 4.5778595\ldots$ (und dann natürlich auch bei $-x_0$).

Weil f zwischen 0 und 2π positiv ist, liegt bei x_0 ein Maximum vor, und aus Symmetriegründen bei $-x_0$ ein Minimum.

Es ist $f''(x) = (2 - x^2/4)\sin(x/2) + 2x\cos(x/2)$. Offensichtlich ist $f''(0) = 0$. Weiter ist $f''(3) = -(1/4)\sin(3/2) + 6\cos(3/2) = 0.17504\ldots > 0$ und $f''(\pi) = 2 - \pi^2/4 < 0$. Also liegt zwischen $x = 3$ und $x = \pi$ eine Nullstelle x_1 von f''. Genauer ist $x_1 \approx 3.0397106$.

Bei x_1 und $-x_1$ liegen Wendepunkte vor, genauso wie bei $x = 0$. Denn außerhalb dieser Punkte ist $f'' \neq 0$ und stetig, und es ist $f''(\pi) < 0$ und $f''(\pi/2) = (\sqrt{2}/2) \cdot \big((32 - \pi^2)/16 + \pi\big) > 0$.

2. Sei $f(x) := (2x^2 - 1)/(x^2 - x + 1)$. Weil $N(x) := x^2 - x + 1$ keine reelle Nullstelle besitzt, ist f auf ganz $\mathbb{R}$ definiert und differenzierbar. Es ist

$$f'(x) \;=\; \frac{1}{N^2}\big(-2x^2 + 6x - 1\big)$$

$$\text{und}\quad f''(x) \;=\; \frac{2}{N^3}\big(2x^3 - 9x^2 + 3x + 2\big).$$

Nullstellen hat f bei $x = \pm\sqrt{2}/2$.

Nullstellen von f' finden sich bei $x_{1,2} = \big(3 \pm \sqrt{7}\big)/2$.

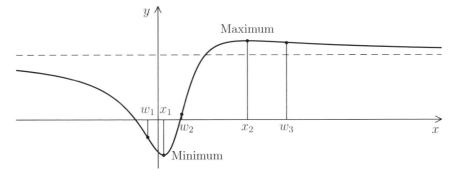

Es ist $f(x) = (x - \sqrt{2}/2)(x + \sqrt{2}/2)/N$. Weil N keine reellen Nullstellen besitzt und $N(0) = 1$ ist, ist $N(x) > 0$ für alle $x \in \mathbb{R}$. Also ist $f(x) > 0$ auf $(-\infty, -\sqrt{2}/2)$, $f(x) < 0$ auf $(-\sqrt{2}/2, +\sqrt{2}/2)$ und $f(x) > 0$ auf $(\sqrt{2}/2, +\infty)$. Zwischen den beiden Nullstellen muss ein Minimum liegen, das kann nur bei $x = (3 - \sqrt{7})/2$ sein. Polynomdivision ergibt

$$f(x) = 2 + \frac{2x - 3}{x^2 - x + 1} = 2 + \frac{2/x - 3/x^2}{1 - 1/x + 1/x^2}.$$

Daraus erkennt man, dass $\lim_{x \to \pm\infty} f(x) = 2$ ist. Weil $f(2) = 7/3 > 2$ ist, muss zwischen der rechten Nullstelle $\sqrt{2}/2$ und $+\infty$ ein Maximum liegen, und das kann nur bei $x = (3 + \sqrt{7})/2$ sein.

Um die Nullstellen von f'' zu bestimmen, muss man die Gleichung $2x^3 - 9x^2 + 3x + 2 = 0$ lösen. Das kann man nur numerisch leisten, denn es gibt keine „glatten" Nullstellen. Man erhält die drei Punkte $w_1 = -0.326\ldots$, $w_2 = 0.7545\ldots$ und $w_3 = 4.065\ldots$. Weil $f''(-1) = -24/27 < 0$, $f''(0) = 4 > 0$, $f''(1) = -4 < 0$ und $f''(5) = 48/27^3 > 0$ ist, sind w_1, w_2 und w_3 tatsächlich Wendepunkte.

3. Sei $f(x) := 4x^3 + x^4 = x^3(4 + x)$. In dieser Form erkennt man sofort die Nullstellen $x = 0$ und $x = -4$. Es ist

$$f'(x) \;=\; 12x^2 + 4x^3 \;=\; x^2(12 + 4x)$$
$$\text{und} \quad f''(x) \;=\; 24x + 12x^2 \;=\; x(24 + 12x).$$

Es ist $f'(x) = 0 \iff (x = 0)$ oder $(x = -3)$, und $f''(0) = 0$ und $f''(-3) = 36 > 0$. Es gibt also nur ein Minimum bei $x = -3$.

f'' verschwindet bei $x = 0$ und $x = -2$. Schreibt man $f''(x) = 12 \cdot x \cdot (x + 2)$, so sieht man: Ist $x < -2$, so ist $f''(x) > 0$. Ist $-2 < x < 0$, so ist $f''(x) < 0$. Ist $x > 0$, so ist $f''(x) > 0$. Also sind $x = -2$ und $x = 0$ Wendepunkte.

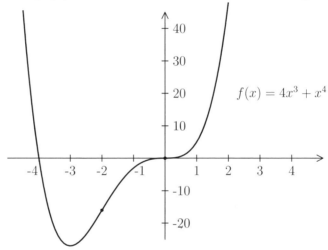

$$f(x) = 4x^3 + x^4$$

4. Sei $f(x) := \cosh x + \cos(2x)$. Die Kurvendiskussion ist hier nicht ganz einfach. Zuerst mal berechnen wir die Ableitungen. Es ist

$$f'(x) \;=\; \sinh x - 2\sin(2x),$$
$$f''(x) \;=\; \cosh x - 4\cos(2x)$$
$$\text{und} \quad f'''(x) \;=\; \sinh x + 8\sin(2x).$$

Nun sollten die Nullstellen von f' bestimmt werden. Offensichtlich ist $f'(0) = 0$. Sei $g := f'$. Dann ist $g(0) = 0$ und $g'(0) = f''(0) = 1 - 4 = -3 < 0$. Also fällt g bei 0, und es gibt ein $\varepsilon > 0$, so dass $g(x) < 0$ für $0 < x < \varepsilon$ gilt.

Für $x > 0$ ist $\sinh x = x + x^3/6 + \sum_{k=2}^{\infty} x^{2k+1}/(2k+1)! > x + x^3/6$, und außerdem ist $\pi = 3.14159\ldots > 3$. Daraus folgt:

$$g\left(\frac{\pi}{2}\right) \;=\; \sinh\left(\frac{\pi}{2}\right)$$
$$> \;\frac{\pi}{2} + \frac{\pi^3}{48} \;=\; \pi \cdot \left(\frac{24 + \pi^2}{48}\right)$$
$$> \;3 \cdot \frac{24 + 9}{48} \;=\; \frac{33}{16} \;>\; 2.$$

Nach dem Zwischenwertsatz muss es wenigstens ein $c \in (0, \pi/2)$ mit $g(c) = 0$ geben. Wenn es zwei Punkte c_1, c_2 mit $0 < c_1 < c_2 < \pi/2$ und $g(c_1) = g(c_2) = 0$ gäbe, so müsste g' in $(0, \pi/2)$ nach dem Mittelwertsatz mindestens zweimal verschwinden. Nun ist $g''(x) = \sinh x + 8\sin(2x) > 0$ auf $(0, \pi/2)$, und das bedeutet, dass alle Extremwerte von g im Innern von $(0, \pi/2)$ isolierte Minima sein müssen. Aber zwischen zwei isolierten Minima muss es ein Maximum geben, und das wiederum geht hier nicht – wegen der überall negativen zweiten Ableitung. Also gibt es genau einen Punkt $x_0 \in (0, \pi/2)$ mit $g(x_0) = 0$.

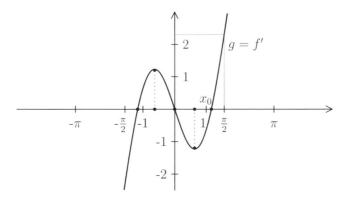

Es ist $\sinh(\pi/2) > 2$, und wegen der Beziehung $\sinh'(x) = \cosh(x) \geq 1$ ist $\sinh(x)$ überall streng monoton wachsend. Also ist auch $\sinh(x) > 2$ für $x \geq \pi/2$, und damit ist dort $f'(x) = \sinh x - 2\sin(2x) > 2 - 2 = 0$. Das heißt, f besitzt rechts von $\pi/2$ keinen Extremwert mehr. Weil f eine gerade Funktion und daher symmetrisch zur y-Achse ist, besitzt f zwei Minima, nämlich bei $-x_0$ und x_0, sowie ein Maximum bei Null.

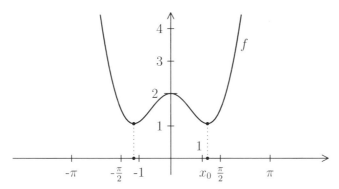

5. Sei $f(x) := x^6 - 5x^5 + 8x^4 - 4x^3 = x^3(x^3 - 5x^2 + 8x - 4)$. Hier ist es von Vorteil, zunächst die Nullstellen zu bestimmen. Mit $x = 0$ ist schon eine dreifache Nullstelle gefunden. Probieren zeigt, dass $x = 1$ eine Nullstelle von $x^3 - 5x + 8x - 4$ ist. Und die Polynomdivision ergibt

$$(x^3 - 5x^2 + 8x - 4) : (x - 1) = x^2 - 4x + 4 = (x - 2)^2.$$

Tatsächlich ist $f(x) = x^3(x-1)(x-2)^2$.

Weil $f(x)$ den mehrfachen Faktor $(x-2)^2$ enthält, ist $f'(x)$ durch $x-2$ teilbar. So erhält man

$$\begin{aligned} f'(x) &= 6x^5 - 25x^4 + 32x^3 - 12x^2 = x^2(x-2)(6x^2 - 13x + 6) \\ &= x^2(x-2)\left(x - \frac{2}{3}\right)\left(x - \frac{3}{2}\right). \end{aligned}$$

Extremwerte können also an den Stellen 0, 2/3, 3/2 und 2 vorliegen. Die Zerlegung von $f(x)$ in Faktoren zeigt, welche Vorzeichen f' annimmt:

Intervall	$(-\infty, 0)$	$(0, \frac{2}{3})$	$(\frac{2}{3}, \frac{3}{2})$	$(\frac{3}{2}, 2)$	$(2, \infty)$
Vorzeichen von f'	$-$	$-$	$+$	$-$	$+$

(Ist zum Beispiel $3/2 < x < 2$, so ist $x > 0$, $x - 2/3 > 0$, $x - 3/2 > 0$ und $x - 2 < 0$, also $f'(x) < 0$). Da f links und rechts von 0 streng monoton fällt, kann dort kein Extremwert vorliegen, wegen $f'(0) = 0$ aber trotzdem eine waagerechte Tangente. Bei 2/3 und 3/2 wechselt $f'(x)$ sein Vorzeichen, im ersten Fall von $-$ nach $+$ (was das Vorliegen eines Minimums zeigt) und im zweiten Fall von $+$ nach $-$ (was ein Maximum bedeutet). Mit dem gleichen Argument erkennt man bei 2 noch mal ein Minimum.

Die Werte an den Extremstellen kann man explizit berechnen. Da auch die Nullstellen von f bekannt sind (nämlich 0, 1 und 2) und $f(x)$ wegen des führenden Terms x^6 für $x \to \pm\infty$ gegen $+\infty$ strebt, kann man nun den Funktionsgraphen zeichnen:

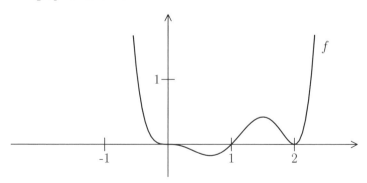

6. Sei $f(x) := \sin^2 x + \cos x$. Diese Funktion ist offensichtlich periodisch mit Periode 2π, man braucht also nur das Intervall $[0, 2\pi]$ zu betrachten.

Nullstellen von f erfüllen die Gleichung $\cos^2 x - \cos x - 1 = 0$ (hergeleitet aus $\sin^2 x + \cos x = 0$). Diese quadratische Gleichung für $\cos x$ hat zwei Lösungen, von denen eine > 1 ist und damit nicht in Frage kommt. Es bleibt die Lösung

$\cos x = (1 - \sqrt{5})/2$, so dass sich für $x \in [0, 2\pi]$ zwei Werte x_1 und $x_2 = 2\pi - x_1$ von $\arccos\big((1 - \sqrt{5})/2\big)$ ergeben. Man berechnet $x_1 \approx 2.237$ und $x_2 \approx 4.046$.

Für die weiteren Untersuchungen braucht man die Ableitung

$$f'(x) = 2 \sin x (\cos x - 1/2).$$

Da man ja die Nullstellen der ersten Ableitung sucht, ist die Darstellung von $f'(x)$ als Produkt einfacherer Funktionen besonders vorteilhaft. Man erhält

$$f'(x) = 0 \quad \Longleftrightarrow \quad \sin x = 0 \text{ oder } \cos x = \frac{1}{2}$$

$$\Longleftrightarrow \quad x = 0,\ \pi,\ 2\pi,\ \frac{\pi}{3} \text{ oder } \frac{5\pi}{3}.$$

Um Minima und Maxima zu identifizieren, kann man auch hier wieder die Vorzeichen von f' studieren. Zum Beispiel ist $\cos x > 1/2$ auf $[0, \pi/3)$ und $(5\pi/3, 2\pi]$ und $< 1/2$ auf $(\pi/3, 5\pi/3)$. Aber weil die zweite Ableitung hier besonders leicht zu berechnen ist, kann man sie natürlich auch heranziehen. Es ist $f''(x) = 4 \cos^2 x - \cos x - 2$, und man erhält:

x	0	$\pi/3$	π	$5\pi/3$
$f''(x)$	1	$-3/2$	3	$-3/2$
Extremwert	Minimum	Maximum	Minimum	Maximum

Dabei ist $f(0) = 1$, $f(\pi/3) = 5/4$, $f(\pi) = -1$ und $f(5\pi/3) = 5/4$. Jetzt kann man f zeichnen (und zum Vergleich tragen wir auch die Cosinus-Kurve ein).

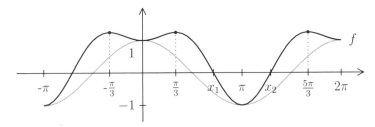

Eine einfache Folgerung aus dem (ersten) Mittelwertsatz ist der **2. Mittelwertsatz**:

Die Funktionen $f, g : I = [a, b] \to \mathbb{R}$ seien stetig und im Inneren differenzierbar. Ist $g'(x) \neq 0$ im Innern von I, so gibt es dort ein c mit

$$\frac{f'(c)}{g'(c)} = \frac{f(b) - f(a)}{g(b) - g(a)}.$$

Multipliziert man die Nenner nach oben, so erhält man den „Mittelwertsatz von Cauchy".

Hauptanwendungsgebiet des 2. Mittelwertsatzes ist der Beweis der Regeln von de l'Hospital. Dabei geht es um zwei differenzierbare Funktionen $f, g : I = (a, b) \to \mathbb{R}$, wobei g' auf I nicht verschwinden darf. Dann gilt:

1. (bzw. 2.) Regel von de l'Hospital:
Wenn $\lim\limits_{x \to a+} f(x) = \lim\limits_{x \to a+} g(x) = 0$ *(bzw.* $\lim\limits_{x \to a+} f(x) = \lim\limits_{x \to a+} g(x) = +\infty$*) ist und* $\lim\limits_{x \to a+} f'(x)/g'(x)$ *existiert, dann ist*

$$\lim_{x \to a+} \frac{f(x)}{g(x)} = \lim_{x \to a+} \frac{f'(x)}{g'(x)}.$$

Analoge Aussagen gelten auch für die Annäherung an b von links.

Diese nach einem adligen Schüler von Bernoulli benannten Regeln sind sehr beliebt als Hilfsmittel zur Berechnung schwierigerer Grenzwerte.

Beispiele

1. Berechnet werden soll $\lim\limits_{x \to 0} \dfrac{e^{3x} - 3x - 1}{\sin^2(5x)}$, ein Grenzwert der Form $0/0$. Sei

$$f(x) := e^{3x} - 3x - 1 \quad \text{und} \quad g(x) := \sin^2(5x).$$

Es ist $f(0) = g(0) = 0$, $f'(x) = 3(e^{3x} - 1)$ und $g'(x) = 10 \cdot \sin(5x) \cos(5x)$.

Weil $f'(0) = 0$ und $g'(0) = 0$ ist, muss man noch einmal differenzieren. Es ist

$$f''(x) = 9e^{3x} \quad \text{und} \quad g''(x) = 50\big(\cos^2(5x) - \sin^2(5x)\big) = 50 \cos(10x).$$

Nun ist $f''(0) = 9$ und $g''(0) = 50$ und deshalb auch $\lim_{x \to 0} f(x)/g(x) = 9/50$.

2. Wie geht man mit $\lim\limits_{x \to \pi/2} \left(x - \dfrac{\pi}{2}\right) \tan x$ um? Das ist ein Grenzwert der Gestalt $0 \cdot \infty$. Man setze

$$f(x) := x - \pi/2 \quad \text{und} \quad g(x) := 1/\tan(x) = \cot(x).$$

Es ist $f(\pi/2) = 0$ und $g(\pi/2) = 0$. Nun berechne man die Ableitungen:

$$f'(x) = 1 \quad \text{und} \quad g'(x) = -1 - \cot^2(x).$$

Weil $f'(\pi/2) = 1$ und $g'(\pi/2) = -1$ ist, ist $\lim_{x \to \pi/2} f(x)/g(x) = -1$.

3. Noch schwieriger wird es bei dem Grenzwert $\lim\limits_{x \to \infty} \big(x - x^2 \ln(1 + 1/x)\big)$, einem Ausdruck der Gestalt $\infty - \infty \cdot 0$. Wir können aber x^2 ausklammern und mit dem Kehrwert in den Nenner stellen. Das führt zu den Funktionen

$$f(x) := 1/x - \ln\big(1 + 1/x\big) \quad \text{und} \quad g(x) := 1/x^2.$$

Beide Funktionen sind für $x > 0$ definiert, und es ist $\lim_{x\to\infty} f(x) = \lim_{y\to 0}(y - \ln(1+y)) = 0$ und $\lim_{x\to\infty} g(x) = \lim_{y\to 0} y^2 = 0$. Soweit sind die Voraussetzungen für de l'Hospital erfüllt, wir berechnen die Ableitungen:

$$f'(x) = (-1/x^2) \cdot \big(1 - x/(1+x)\big) \quad \text{und} \quad g'(x) = -2/x^3 = (-1/x^2) \cdot 2/x.$$

Also ist $f'(x)/g'(x) = (1/2) \cdot \big(x/(1+x)\big) = (1/2) \cdot \widetilde{f}(x)/\widetilde{g}(x)$, mit $\widetilde{f}(x) = 1$ und $\widetilde{g}(x) = 1 + 1/x$.

Offensichtlich strebt $\widetilde{f}(x)/\widetilde{g}(x)$ für $x \to \infty$ gegen 1, und damit ist

$$\lim_{x\to\infty} \Big(x - x^2 \cdot \ln(1 + \frac{1}{x})\Big) = \lim_{x\to\infty} \frac{\widetilde{f}(x)}{2 \cdot \widetilde{g}(x)} = \frac{1}{2}.$$

4. Nun soll $\lim\limits_{x\to 0+} \dfrac{e^{-1/x}}{x^a}$ für $a > 0$ berechnet werden. Das scheint ein einfacher Grenzwert der Form $0/0$ zu sein. Die erste Idee ist also, den Ausdruck in der Form $f(x)/g(x)$ zu schreiben, mit $f(x) := e^{-1/x}$ und $g(x) := x^a$, und dann die Ableitungen zu berechnen:

$$f'(x) = x^{-2} \cdot e^{-1/x} \text{ und } g'(x) = a \cdot x^{a-1}.$$

Das Enttäuschende ist: $f'(x)/g'(x) = e^{-1/x}/(a \cdot x^{a+1})$ ist komplizierter als der Ausdruck $f(x)/g(x)$, das Ganze hat also nichts gebracht.

Man sollte also den Ausdruck $f(x)/g(x)$ erst mal in etwas umformen, das man besser behandeln kann. Zum Beispiel ist

$$\lim_{x\to 0+} \frac{e^{-1/x}}{x^a} = \lim_{y\to\infty} \frac{y^a}{e^y} = \lim_{y\to\infty} e^{a\ln y - y} = \lim_{y\to\infty} e^{y\big((a\ln y)/y - 1\big)}.$$

Nun ist $\lim_{y\to\infty}(\ln y)/y = \lim_{y\to\infty}(1/y)/1 = 0$ (nach de l'Hospital), also

$$\lim_{y\to\infty} y\big((a\ln y)/y - 1\big) = -\infty \text{ und } \lim_{x\to 0+} \frac{e^{-1/x}}{x^a} = \lim_{y\to\infty} e^{y\big((a\ln y)/y - 1\big)} = 0.$$

Es ist also nicht gut, immer sofort blindlings die Regel von de l'Hospital anzuwenden.

5. Noch extremer zeigen sich bei $\lim\limits_{x\to\infty}(x + \sin x)/x$ die Probleme bei vorschneller Anwendung der Regel von de l'Hospital. Hier handelt es sich um einen Grenzwert der Gestalt ∞/∞. Differenzieren ergibt $f'(x)/g'(x) = (1 + \cos x)/1$, und dieser Ausdruck besitzt für $x \to \infty$ keinen Grenzwert. Die Regel von de l'Hospital kann nicht angewandt werden. Andererseits gilt: $f(x)/g(x) = 1 + (\sin x)/x$ strebt für $x \to \infty$ gegen 1, weil $\sin x$ beschränkt bleibt und $1/x$ gegen Null strebt.

Die Moral: Bevor man de l'Hospital anwendet, muss man unbedingt **alle** Voraussetzungen prüfen.

Das gilt auch im Falle $\lim\limits_{x\to\infty} \dfrac{x}{\sqrt{1+x^2}}$. Setzt man $f(x) := x$ und $g(x) := \sqrt{1+x^2}$, so ist $f'(x)/g'(x) = 1/\big(x(1+x^2)^{-1/2}\big) = \sqrt{1+x^2}/x$ und dann wieder $f''(x)/g''(x) = x/\sqrt{1+x^2}$. Die Regel von de l'Hospital bringt einen nicht weiter.

Aber offensichtlich ist $\lim\limits_{x\to\infty} \dfrac{x}{\sqrt{1+x^2}} = \lim\limits_{x\to\infty} \dfrac{1}{\sqrt{1+1/x^2}}$, und diesem Ausdruck sieht man unmittelbar an, dass er gegen 1 konvergiert.

Aufgaben

3.2.1. Sei $a > 0$. Wo ist die Funktion $f_a(x) := x^2\sqrt{2x+a}$ definiert, wo ist sie differenzierbar? Bestimmen Sie für beliebiges a die Nullstellen, lokalen Extrema und Wendepunkte von f_a! Suchen Sie dabei nach möglichst wenig rechenintensiven Lösungswegen.

Es gibt keine besonderen Schwierigkeiten bei dieser Aufgabe. Es ist aber ratsam, nicht nur nach Schema F vorzugehen, sondern stattdessen ein wenig nachzudenken. Man braucht zum Beispiel nicht unbedingt die dritte Ableitung, um Wendepunkte zu identifizieren.

3.2.2. a) Sei $p(x)$ ein Polynom. Zeigen Sie: Ist x_0 eine Nullstelle der Ordnung $k \geq 2$ von p, so ist x_0 auch Nullstelle von p', p'', ..., $p^{(k-1)}$.

b) Bestimmen Sie alle Nullstellen, Extremwerte und Wendepunkte von $p(x) := x^4 - 12x^3 + 46x^2 - 60x + 25$. Handelt es sich um isolierte bzw. globale Extremwerte?

Bei (a) geht es natürlich um den Zusammenhang zwischen Nullstellen und Linearfaktoren.

Bei der Bestimmung von Nullstellen kommt man bei (b) nicht ohne Probieren aus. Außerdem soll natürlich (a) benutzt werden.

3.2.3. Sei $f(x) := \begin{cases} x + 2x^2\sin(1/x) & \text{für } x \neq 0 \\ 0 & \text{für } x = 0. \end{cases}$

Zeigen Sie, dass f in $x = 0$ differenzierbar und $f'(0) > 0$ ist. Beweisen Sie, dass es keine Umgebung der 0 gibt, auf der f streng monoton wächst.

Für den ersten Teil schreibe man f in der Form $f(x) = f(0) + x \cdot \Delta(x)$ und zeige, dass Δ in $x = 0$ stetig ist.

Zum Beweis des zweiten Teils konstruiere man eine gegen Null konvergente Folge von Punkten x_ν, in denen f fällt.

3.2.4. Sei $f(x) := \begin{cases} 2x^2 + x^2 \sin(1/x) & \text{für } x \neq 0 \\ 0 & \text{für } x = 0. \end{cases}$

Zeigen Sie, dass f in $x = 0$ differenzierbar ist und dort ein lokales Minimum besitzt, dass es aber keine Umgebung von 0 gibt, auf der $f'(x) < 0$ für $x < 0$ und $f'(x) > 0$ für $x > 0$ ist.

Die Differenzierbarkeit beweist man wie bei der vorigen Aufgabe. Um das Minimum nachzuweisen, schaut man sich am besten die Werte von f an.

Für den zweiten Teil suche man beliebig nahe bei 0 Punkte x_n und y_n, so dass $f'(x_n) < 0$ und $f'(y_n) > 0$ ist.

3.2.5. Berechnen Sie die folgenden Grenzwerte:

1. $\displaystyle \lim_{x \to 0} \left(\frac{1}{\ln(1+x)} - \frac{1}{x} \right).$

2. $\displaystyle \lim_{x \to 0+} \left(\frac{1}{x} \right)^{\sin x}.$

3. $\displaystyle \lim_{x \to 0} \frac{x - \tan x}{x - \sin x}.$

Man denkt bei solchen Aufgaben immer sofort an die Regeln von de l'Hospital. Das ist natürlich nicht verkehrt, aber es entbindet einen nicht von der Pflicht, alle Voraussetzungen zu prüfen. Und man muss den gegebenen Ausdruck oftmals erst geeignet umformen, um de l'Hospital anwenden zu können.

3.2.6. Folgern Sie aus dem Schrankensatz (siehe Seite 122):

Ist $f : I \to \mathbb{R}$ differenzierbar und $|f'(x)| \leq C$ auf I, so ist $|f(x) - f(y)| \leq C \cdot |x - y|$ für $x, y \in I$.

Die Lösung ist ziemlich einfach (wenn man den Schrankensatz kennt), nur wegen der Betragsstriche muss man eventuell zwei Fälle unterscheiden.

3.2.7. Sei $I \subset \mathbb{R}$ ein Intervall, x_0 ein innerer Punkt von I und $f : I \to \mathbb{R}$ stetig und für $x \neq x_0$ differenzierbar. Zeigen Sie:

Existiert $\displaystyle \lim_{\substack{x \to x_0 \\ x \neq x_0}} f'(x) =: c$, so ist f in x_0 differenzierbar und $f'(x_0) = c$.

Folgern Sie daraus: Sei $f : I \to \mathbb{R}$ stetig, x_0 ein innerer Punkt von I und f in jedem Punkt $x \neq x_0$ differenzierbar. Außerdem sei $\lim_{x \to x_0-} f'(x) = \lim_{x \to x_0+} f'(x) =: c$. Dann ist f in x_0 differenzierbar und $f'(x_0) = c$.

Es ist zu zeigen, dass die Differenzenquotienten von f in x_0 einen Grenzwert besitzen. Mit Hilfe des Mittelwertsatzes oder des Schrankensatzes kann man die Differenzenquotienten durch Werte der Ableitung von f in der Nähe von x_0 beschreiben. Und diese Werte konvergieren gegen c.

3.2.8. Wie oft ist die folgende Funktion in $x = 0$ differenzierbar?

$$f(x) := \begin{cases} 1 + x + \frac{1}{2}x^2 - x^4 & \text{für } x < 0, \\ e^x & \text{für } x \geq 0. \end{cases}$$

Um die Existenz einer Ableitung zu zeigen, kann man das Ergebnis der vorigen Aufgabe verwenden. Irgendwann kommt man zu dem Punkt, wo eine Ableitung nicht mehr existiert. Um das zu beweisen, bietet sich oft an, zu zeigen, dass eine Darstellung der Form $f(x) = f(x_0) + (x - x_0) \cdot \Delta(x)$ mit einer in x_0 stetigen Funktion nicht existiert (hier natürlich mit $x_0 = 0$).

3.2.9. Zeigen Sie, dass ein Polynom 3. Grades immer genau einen Wendepunkt besitzt.

Ein Polynom ist durch seine Koeffizienten festgelegt, und die Bedingungen für einen Wendepunkt kann man auch mit Hilfe der Koeffizienten ausdrücken.

3.2.10. Gesucht ist eine Funktion, deren Graph wie folgt aussieht:

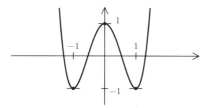

Die Lösung ist sicher nicht eindeutig bestimmt, aber man kann nach einem Polynom von möglichst niedrigem Grad suchen, zu dem der Graph passt.

3.2.11. Extremwertbestimmungen haben viele praktische Anwendungen. Hier ist ein einfaches Beispiel:

Aus einem kreisrunden Stück Papier (mit Radius R) soll ein Sektor so herausgeschnitten werden, dass daraus der Mantel eines Kreiskegels mit möglichst großem Volumen geformt werden kann. Man bestimme den dafür nötigen Sektorwinkel α.

Die Lösung erfordert elementare Kenntnisse aus der Geometrie. Man berechne das Volumen als Funktion des Winkels α und bestimme dann ein Maximum.

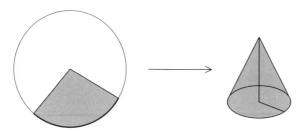

3.2.12. Führen Sie Kurvendiskussionen für folgende Funktionen durch:

1. $f(x) := 1/(x^2 + r)$, $r > 0$.
2. $f(x) := x^2/\sqrt{x^2 - 4}$.
3. $f(x) := x + 1/x$.
4. $f(x) := x^2 + 1/x$.

Inzwischen sollte jeder genug Erfahrungen gesammelt haben, um diese Aufgaben zu bearbeiten.

3.3 Stammfunktionen und Integrale

Sei $I = [a, b]$ und $f : I \to \mathbb{R}$ eine beliebige Funktion. Eine **Stammfunktion** von f ist eine stetige Funktion $F : I \to \mathbb{R}$, zu der es eine endliche Menge $M \subset I$ gibt, die auch leer sein kann, so dass F auf $I \setminus M$ differenzierbar und dort $F' = f$ ist.

Beispiele von Stammfunktionen findet man schnell mit Hilfe der Ableitungsregeln.

$$
\begin{aligned}
\big(1/(n+1)\big) \cdot x^{n+1} &\quad \text{ist Stammfunktion von} \quad x^n, \\
\ln(|x - c|) &\quad \text{ist Stammfunktion von} \quad 1/(x - c), \\
-\cos(x) &\quad \text{ist Stammfunktion von} \quad \sin(x), \\
\cosh(x) &\quad \text{ist Stammfunktion von} \quad \sinh(x), \\
\arctan(x) &\quad \text{ist Stammfunktion von} \quad 1/(1 + x^2), \\
\operatorname{arsinh}(x) &\quad \text{ist Stammfunktion von} \quad 1/\sqrt{1 + x^2}.
\end{aligned}
$$

Der **Hauptsatz** (oder **Fundamentalsatz**) **der Differential- und Integralrechnung** lautet: *Ist $f : I = [a, b] \to \mathbb{R}$ stetig, so gilt:*

1. *$F(x) := \int_a^x f(t)\, dt$ ist auf I eine Stammfunktion von f.*

2. *Sind F_1, F_2 zwei Stammfunktionen von f, so ist $F_1 - F_2$ konstant.*

3. *Ist F_0 irgend eine Stammfunktion von f, so ist $\int_a^b f(t)\, dt = F_0(b) - F_0(a)$.*

Eigenschaft (3) ermöglicht es, Integrale mit Hilfe von Stammfunktionen zu berechnen.

Der Hauptsatz lässt sich leicht auf stückweise stetige Funktionen f erweitern. Die Eigenschaften (1), (2) und (3) übertragen sich wörtlich auf diesen Fall, und die Stammfunktionen F von f sind genau dann in einem Punkt $x_0 \in I$ differenzierbar, wenn f dort stetig ist. An den Unstetigkeitsstellen von f (die bei stückweise stetigen Funktionen immer Sprungstellen sind) existiert jeweils die rechtsseitige und die linksseitige Ableitung von F.

Vektorwertige Funktionen werden komponentenweise integriert. Insbesondere gilt dann:

$$\left\| \int_a^b \mathbf{f}(t)\,dt \right\| \le \int_a^b \|\mathbf{f}(t)\|\,dt.$$

Ein Anwendungsgebiet dafür sind speziell die komplexwertigen Funktionen. So ist etwa $(1/c) \cdot e^{ct}$ eine Stammfunktion von e^{ct}, auch wenn c eine komplexe Zahl ist.

Integrale werden nicht nur benutzt, um Flächen zu berechnen, sie sind auch ein unverzichtbares Werkzeug zur Lösung von Differentialgleichungen. Ist $F : I \times J \to \mathbb{R}$ stetig, so versteht man unter der **Lösung der Differentialgleichung** $y' = F(x, y)$ eine stetig differenzierbare Funktion $\varphi : I \to \mathbb{R}$ mit $\varphi(I) \subset J$, so dass $\varphi'(t) = F(t, \varphi(t))$ ist.

Ein besonders einfaches Beispiel bilden die Differentialgleichungen mit getrennten Variablen: $y' = f(x)g(y)$. Ist F eine Stammfunktion von f und G eine Stammfunktion von $1/g$ (die dann automatisch umkehrbar ist), so ist $\varphi(t) := G^{-1}(F(t) + c)$ eine Lösung der Differentialgleichung.

Ebenfalls einfach zu behandeln sind die linearen Differentialgleichungen erster Ordnung: $y' + a(x)y = b(x)$. Man löst zunächst die zugehörige homogene Gleichung $y' + a(x)y = 0$, die wieder eine Gleichung mit getrennten Variablen ist. Alle Lösungen haben die Gestalt $\varphi(t) = c \cdot \exp(-A(t))$, mit einer beliebigen Konstante c. Die allgemeine Lösung erhält man, indem man hierzu eine spezielle („partikuläre") Lösung der inhomogenen Gleichung addiert. Eine solche partikuläre Lösung erhält man in der Gestalt

$$y_p(x) := \left(\int_{x_0}^x b(t)e^{A(t)}\,dt \right) \cdot e^{-A(x)}.$$

Stammfunktionen sind nicht eindeutig bestimmt: Ist F Stammfunktion von f, so ist auch $F + c$ eine Stammfunktion von f. Mit einem kleinen Trick kann man allerdings Eindeutigkeit erzwingen.

Satz

Sei $f : [a, b] \to \mathbb{R}$ stetig und $a < \alpha < b$. Dann sind folgende Aussagen über eine Funktion $F : [a, b] \to \mathbb{R}$ äquivalent:

1. *F ist Stammfunktion von f mit $F(\alpha) = 0$.*

2. *$F(x) = \int_\alpha^x f(t)\,dt$.*

BEWEIS:

$(1) \implies (2)$: Sei F eine Stammfunktion von f mit $F(\alpha) = 0$. Nach dem Hauptsatz (Teil 3) ist $\int_\alpha^x f(t)\,dt = F(x) - F(\alpha) = F(x)$.

$(2) \implies (1)$: Ist $F(x) = \int_\alpha^x f(t)\,dt$, so ist F nach dem Hauptsatz (Teil 1) offensichtlich eine Stammfunktion von f, und ebenso offensichtlich ist $F(\alpha) = 0$. ∎

Um diesen Satz anwenden zu können, muss man eine Stammfunktion mit einer Nullstelle finden.

Beispiele

1. $F(x) \equiv c$ ist eine Stammfunktion von $f(x) \equiv 0$. Dabei kann man $c \in \mathbb{R}$ beliebig wählen. Ist $c \neq 0$, so kann man die Gleichung $F(x) = \int_\alpha^x f(t) \, dt$ niemals erreichen. Allerdings ist auch $F(x) \equiv 0$ eine Stammfunktion, und mit der klappt es.

2. Sei $f(x) = e^x$. Dann ist $F(x) = e^x$ eine Stammfunktion von f, aber für alle $\alpha \in \mathbb{R}$ ist $\int_\alpha^x f(t) \, dt = e^x - e^\alpha \neq e^x = F(x)$. Ersetzt man F durch $F_0(x) := e^x - 1$, so ist F_0 ebenfalls eine Stammfunktion von f, und es ist $F_0(0) = 0$, also $F_0(x) = \int_0^x f(t) \, dt$.

Man kann sich nun überlegen, wie weit sich der Hauptsatz verallgemeinern lässt. Ideal wäre ja, wenn jede integrierbare Funktion eine Stammfunktion besäße und wenn umgekehrt die Ableitung einer differenzierbaren Funktion immer integrierbar wäre. Leider ist die Welt nicht ganz so schön.

Beispiele

1. Die Ableitung einer differenzierbaren Funktion braucht nicht unbedingt integrierbar zu sein:

   Sei $F : [0, 1] \to \mathbb{R}$ definiert durch

   $$F(x) := \begin{cases} x^2 \cos(\pi/x^2) & \text{für } 0 < x \leq 1, \\ 0 & \text{für } x = 0. \end{cases}$$

   Für $x \neq 0$ ist $F(x) = F(0) + x \cdot \Delta(x)$ mit $\Delta(x) := x \cdot \cos(\pi/x^2)$. Weil $\Delta(x)$ für $x \to 0$ gegen Null konvergiert, ist F in 0 differenzierbar und

   $$F'(x) = \begin{cases} 2x \cos(\pi/x^2) + (2\pi/x) \sin(\pi/x^2) & \text{für } 0 < x \leq 1, \\ 0 & \text{für } x = 0. \end{cases}$$

   Sei $x_n := 1/\sqrt{n}$. Dann konvergiert x_n gegen Null, und

   $$F'(x_n) = (-1)^n \cdot 2\pi\sqrt{n} \text{ strebt gegen } +\infty.$$

   Also bleibt F' in jeder Umgebung von 0 unbeschränkt und ist daher nicht integrierbar.

2. Etwas schwieriger ist die Frage zu beantworten, ob jede integrierbare Funktion eine Stammfunktionen besitzt.

   Sei etwa $\tau(x) := \begin{cases} 1 & \text{für } x = 0 \\ 1/q & \text{falls } x = p/q \text{ mit } 1 \leq p < q \\ 0 & \text{falls } x \text{ irrational.} \end{cases}$

   die auf $[0, 1]$ definierte Funktion von Thomae, die schon in 2.3 behandelt wurde. Sie ist in allen rationalen Punkten unstetig, in den irrationalen Punkten aber stetig.

Nach einem Kriterium von Lebesgue[2] ist τ integrierbar, und für $x \in [a, b]$ ist $\int_a^x \tau(t)\, dt = \int_a^x 0\, dt = 0$. Die Integralfunktion $F(x) := \int_a^x \tau(t)\, dt$ ist also die Nullfunktion, und es kann keine Rede davon sein, dass F' mit τ übereinstimmt, nicht einmal, wenn man (wie in der Definition der Stammfunktion im Repetitorium) endlich viele Ausnahmen zulässt.

Der Hauptsatz der Differential- und Integralrechnung kann verallgemeinert werden, wenn man den Begriff der Stammfunktion etwas allgemeiner fasst und sich zugleich auf eine etwas speziellere Klasse von integrierbaren Funktionen beschränkt.

Definition   (verallgemeinerte Stammfunktion)

Sei $I = [a, b]$ und $f : I \to \mathbb{R}$ eine beliebige Funktion. Eine *(verallgemeinerte) Stammfunktion* von f ist eine stetige Funktion $F : I \to \mathbb{R}$, zu der es eine abzählbare Menge $Q \subset I$ gibt, so dass F auf $I \setminus Q$ differenzierbar und dort $F' = f$ ist.

(Verallgemeinerter) Hauptsatz:

Sei $f : I = [a, b] \to \mathbb{R}$ integrierbar und außerhalb einer abzählbaren Teilmenge von I stetig.

1. *$F_0(x) := \int_a^x f(t)\, dt$ ist eine Stammfunktion von f.*

2. *Sind F_1, F_2 zwei Stammfunktionen von f, so ist $F_1 - F_2$ konstant.*

3. *Ist F irgend eine Stammfunktion von f, so ist $\int_a^b f(t)\, dt = F(b) - F(a)$.*

Beweis[*]:   1) F_0 ist stetig, das wurde schon in Abschnitt 2.5 gezeigt. Nach Voraussetzung gibt es eine abzählbare Menge $Q \subset I$, so dass f auf $I \setminus Q$ stetig ist. Sei nun $x_0 \in I \setminus Q$. Dann ist

$$
F_0(x) - F_0(x_0) = \int_a^x f(t)\, dt - \int_a^{x_0} f(t)\, dt = \int_{x_0}^x f(t)\, dt
$$
$$
= \int_{x_0}^x \big(f(t) - f(x_0)\big)\, dt + (x - x_0) \cdot f(x_0),
$$

also

$$
\big| \frac{F_0(x) - F_0(x_0)}{x - x_0} - f(x_0) \big| = \frac{1}{|x - x_0|} \cdot \big| \int_{x_0}^x \big(f(t) - f(x_0)\big)\, dt \big|
$$
$$
\leq \sup_{|t - x_0| \leq |x - x_0|} |f(t) - f(x_0)|.
$$

---

[2]Auf den Beweis des Lebesgue-Kriteriums muss hier leider verzichtet werden. In einem Spezialfall lautet es: Eine beschränkte Funktion $f : [a, b] \to \mathbb{R}$ mit höchstens abzählbar vielen Unstetigkeitsstellen ist integrierbar. Stimmt f außerdem außerhalb der Unstetigkeitsstellen mit einer über $[a, b]$ integrierbaren Funktion g überein, so ist $\int_a^b f(x)\, dx = \int_a^b g(x)\, dx$.

Der letzte Ausdruck strebt für $x \to x_0$ gegen Null. Also ist F_0 in x_0 differenzierbar und $F_0'(x_0) = f(x_0)$.

2) Sind F_1 und F_2 zwei Stammfunktionen von f, so sind sie stetig, und es gibt eine abzählbare Menge $Q \subset I$, so dass beide Funktionen auf $I \setminus Q$ differenzierbar sind und dort $F_1' = F_2' = f$ ist. Dann ist $F := F_1 - F_2$ auf I stetig, und außerhalb von Q ist $F'(x) = 0$. Im nachfolgenden Lemma wird gezeigt, dass F dann auf ganz I konstant ist.

3) Sei F irgend eine Stammfunktion von f. Da auch F_0 nach (1) eine Stammfunktion ist, ist $F - F_0 = c$ konstant, also $F = F_0 + c$. Daraus folgt:

$$F(b) - F(a) = F_0(b) - F_0(a) = \int_a^b f(t)\,dt - \int_a^a f(t)\,dt = \int_a^b f(t)\,dt.$$

∎

Lemma

Sei $F : I = [a,b] \to \mathbb{R}$ stetig, $Q \subset I$ abzählbar und F auf $I \setminus Q$ differenzierbar. Ist $F'(x) = 0$ in allen Punkten $x \in I \setminus Q$, so ist F auf I konstant.

Beweis*:   Für $\varepsilon \geq 0$ und $x \in I$ sei $F_\varepsilon(x) := |F(x) - F(a)| - \varepsilon(x - a)$.

Nun sei $x_0 \in (a,b]$ beliebig. Wenn man zeigen kann, dass $F_\varepsilon(x_0) \leq 0$ für alle $\varepsilon > 0$ gilt, dann muss $|F(x_0) - F(a)| = 0$ sein, also $F(x_0) = F(a)$. Und da das für alle $x_0 > a$ gilt, bedeutet das, dass F konstant ist.

Wir nehmen deshalb an, dass es ein $\varepsilon > 0$ mit $F_\varepsilon(x_0) > 0$ gibt. Dazu wollen wir einen Widerspruch konstruieren. Die Idee ist, dafür die Differenzierbarkeit von F auf $I \setminus Q$ auszunutzen. Weil $F_\varepsilon(Q)$ höchstens abzählbar ist, gibt es ein $\xi \in \mathbb{R} \setminus F_\varepsilon(Q)$ mit $0 = F_\varepsilon(a) < \xi < F_\varepsilon(x_0)$. Und weil F_ε stetig ist, liefert der Zwischenwertsatz ein $x \in (a, x_0)$ mit $F_\varepsilon(x) = \xi$.

Die Menge $Z := \{x \in [a, x_0] : F_\varepsilon(x) = \xi\}$ ist nach oben beschränkt und nicht leer. Also existiert $x^* = \sup(Z)$. Offensichtlich ist dann $F_\varepsilon(x^*) = \xi$ und $F_\varepsilon(x) > \xi$ für $x^* < x \leq x_0$.

Der Differenzenquotient

$$\Delta(x) := \frac{F_\varepsilon(x) - F_\varepsilon(x^*)}{x - x^*}$$

ist natürlich auf $(x^*, x_0]$ positiv. Aber andererseits liefert die Dreiecks-Ungleichung:

$$\begin{aligned}
\Delta(x) &= \frac{|F(x) - F(a)| - |F(x^*) - F(a)| - \varepsilon(x - x^*)}{x - x^*} \\
&\leq \left| \frac{F(x) - F(x^*)}{x - x^*} \right| - \varepsilon.
\end{aligned}$$

Weil ξ nicht in $F_\varepsilon(Q)$ liegt, ist auch $x^* \notin Q$ und damit F differenzierbar in x^*. Weil $F'(x^*) = 0$ und $\varepsilon > 0$ ist, folgt aus der obigen Ungleichung, dass $\Delta(x) < 0$ für x nahe genug bei x^* und $x > x^*$ ist. Das ergibt den gewünschten Widerspruch.   ∎

Eine Folgerung aus dem verallgemeinerten Hauptsatz ist, dass dieser Hauptsatz für alle Regelfunktionen gilt (vgl. 2.3, 2.4 und 2.5). Weil bei einer Regelfunktion überall der rechtsseitige und der linksseitige Grenzwert existiert, ist die Stammfunktion einer Regelfunktion überall rechtsseitig und linksseitig differenzierbar. In allen stetigen Punkten der Regelfunktion ist ihre Stammfunktion sogar ganz normal differenzierbar.

Wie findet man nun konkret Stammfunktionen?

Wie schon zu Beginn dieses Abschnittes angedeutet, kann man sich eine Tabelle der Ableitungen der gängigen differenzierbaren Funktionen beschaffen und diese einfach umdrehen. Und schon erhält man eine Tabelle von Stammfunktionen.

Funktion	Stammfunktion
x^n	$\frac{1}{n+1}x^{n+1}$
e^x	e^x
$\sin x$	$-\cos x$
$\cos x$	$\sin x$
$1/x$ (für $x > 0$)	$\ln x$
$\sinh x$	$\cosh x$
$\cosh x$	$\sinh x$

Bei der Funktion $1/x^n$ muss man Fälle unterscheiden:

1. Ist $n \geq 2$, so ist $-\frac{1}{n-1} \cdot 1/x^{n-1}$ die Stammfunktion (auf $\mathbb{R} \setminus \{0\}$).

2. Ist dagegen $n = 1$, so zeigt die obige Tabelle, dass $\ln x$ die Stammfunktion ist. Das gilt allerdings nur für $x > 0$.
   Ist $x < 0$, so ist $\ln|x| = \ln(-x)$. Leitet man ab, so erhält man auf der rechten Seite die Funktion $\big(1/(-x)\big) \cdot (-1) = 1/x$. Das zeigt:
   Ist $x < 0$, so ist $\ln|x|$ die Stammfunktion von $1/x$.

Stammfunktionen von rationalen Funktionen sucht man häufig. Wie schon das Beispiel $1/x$ zeigt, kann man im Allgemeinen nicht damit rechnen, dass die Stammfunktion wieder rational ist. Ein weiteres prominentes Beispiel ist die Funktion $\arctan(x)$ als Stammfunktion von $1/(1 + x^2)$.

Funktion	Stammfunktion
$1/x^n$ (für $x \neq 0$ und $n \geq 2$)	$-1/\big((n-1)x^{n-1}\big)$
$1/x$ für $x \neq 0$)	$\ln|x|$
$1/(1 + x^2)$	$\arctan(x)$

Die Potenzregel am Anfang der Tabelle gilt viel allgemeiner: Ist $\alpha \neq -1$ und $x > 0$, so ist $1/(\alpha + 1)x^{\alpha+1}$ eine Stammfunktion von x^{α}. Speziell sind darin Funktionen wie $\sqrt{x}$ oder $1/\sqrt{x}$ enthalten.

Bei allgemeinen Wurzelausdrücken wird die Sache wesentlich schwieriger. Immerhin kennen wir aber schon $\operatorname{arsinh}(x)$ als Stammfunktion von $1/\sqrt{1+x^2}$.

Funktion	Stammfunktion
x^{α} (für $\alpha \neq -1$ und $x \neq 0$)	$\frac{1}{\alpha+1}x^{\alpha+1}$
$\sqrt{x}$ (für $x > 0$)	$\frac{2}{3}\sqrt{x^3}$
$1/\sqrt{x}$ (für $x > 0$)	$2\sqrt{x}$
$\sqrt[3]{x}$	$\frac{3}{4}\sqrt[3]{x^4}$
$1/\sqrt{1+x^2}$	$\operatorname{arsinh}(x)$

Ein weiteres Hilfsmittel ist die „logarithmische Ableitung". Ist $f : I \to \mathbb{R}$ positiv und differenzierbar, so ist nach Kettenregel auch $g(x) := \ln f(x)$ differenzierbar und $g'(x) = f'(x)/f(x)$. Das liefert viele neue Beispiele für Stammfunktionen von Quotientn $g(x)/f(x)$.

Ist $f(x)$ ein Polynom (z.B. $f(x) = x^2 + ax + b$) und $g(x) = f'(x)$ die Ableitung davon (z.B. $g(x) = 2x + a$), so ist $\ln|f(x)|$ die Stammfunktion von $g(x)/f(x)$. $\sin(x)/\cos(x) = -\cos'(x)/\cos(x)$ und $\sinh(x)/\cosh(x) = \cosh'(x)/\cosh(x)$ sind ebenfalls von dieser Bauart, wie auch $1/(x\ln x) = (1/x)/\ln x = \ln' x/\ln x$.

Funktion	Stammfunktion
$(2x + a)/(x^2 + ax + b)$	$\ln|x^2 + ax + b|$
$\tan(x)$	$-\ln|\cos x|$
$\tanh(x)$	$\ln \cosh x$
$e^{\lambda x}/(1 + e^{\lambda x})$	$\frac{1}{\lambda}\ln(1 + e^{\lambda x})$
$1/(x\ln x)$ (für $x > 1$)	$\ln(\ln x)$

Ist F Stammfunktion von f und G Stammfunktion von g, so ist $\alpha F + \beta G$ Stammfunktion von $\alpha f + \beta g$. Leider gibt es aber keine derart einfache Regel für die Stammfunktionen von Produkten oder Quotienten. Näheres dazu findet sich im kommenden Abschnitt 3.4.

Ist F Stammfunktion von f, so ist $G(x) := \frac{1}{\alpha}F(\alpha x)$ Stammfunktion von $g(x) := f(\alpha x)$ und $H(x) := F(x + c)$ Stammfunktion von $h(x) := f(x + c)$. Es gibt starke Methoden zur Bestimmung von Stammfunktionen von derart zusammengesetzten Funktionen, aber auch die werden erst im nächsten Abschnitt behandelt.

Dass F eine Stammfunktion von f ist, schreibt man gerne in der Form

$$F(x) = \int f(x)\,dx + c.$$

Auf der rechten Seite steht ein sogenanntes „unbestimmtes Integral" und eine Integrationskonstante c. Die Bedeutung des unbestimmten Integrals ist etwas schwer zu fassen. Bei manchen Autoren steht es für eine spezielle Stammfunktion, das könnte etwa die Funktion $x \mapsto \int_a^x f(t)\,dt$ sein. Jede andere Stammfunktion unterscheidet sich von ihr um eine Konstante c. Diese Deutung des unbestimmten Integrals ist recht praktisch, aber etwas ungenau, weil der Anfangspunkt und damit die spezielle Stammfunktion etwas willkürlich ist. Bei anderen Autoren steht das Symbol $\int f(x)\,dx$ für die Gesamtheit aller Stammfunktionen von f. Diese Deutung ist klar und gut für Integraltafeln, aber man kann schlecht damit rechnen, und die obige Gleichung macht dann keinen Sinn mehr. Wir versuchen hier, unbestimmte Integrale weitgehend zu vermeiden. Aber manchmal kann man der Verlockung der bequemen Schreibweise nicht widerstehen, und dann halten wir uns an die erste Deutung.

Als Anwendung der Integrationstheorie wurde bereits das Lösen von Differentialgleichungen angesprochen. Es folgen nun ein paar Beispiele dazu.

Beispiele

1. Wir beginnen mit einer „separablen" Differentialgleichung (also einer Differentialgleichung mit getrennten Variablen):

    $$y' = \frac{xy^2}{x^2 + 1}, \text{ mit } y(0) = -1.$$

    Das ist ein sogenanntes Anfangswertproblem: Es wird eine Lösung φ der Differentialgleichung gesucht, also eine Funktion $\varphi : \mathbb{R} \to \mathbb{R}$ mit

    $$\varphi'(t) = \varphi(t)^2 \cdot t/(t^2 + 1),$$

    die die Anfangsbedingung $\varphi(0) = -1$ erfüllt. Man weiß, dass die Lösung unter diesen Umständen eindeutig bestimmt ist. Das Lösungsverfahren ist standardisiert. Hat die Gleichung die Gestalt $y' = f(x)g(y)$, so sucht man zunächst nach einer Stammfunktion F von f und einer Stammfunktion G von $1/g$. Hier ist $f(x) = x/(x^2 + 1)$ und $g(y) = y^2$, also

    $$\begin{aligned} F(x) &= \frac{1}{2}\ln(x^2 + 1) \\ \text{und} \quad G(y) &= -\frac{1}{y}. \end{aligned}$$

    Auf Integrationskonstanten kann man zunächst verzichten. Da $G'(y) = 1/g(y) = 1/y^2$ keine Nullstelle besitzt, ist G streng monoton und damit umkehrbar. Hier ist $G^{-1}(u) = -1/u$. Nun gilt:

$$(G \circ \varphi)'(t) = G'(\varphi(t)) \cdot \varphi'(t) = \frac{\varphi'(t)}{g(\varphi(t))} = \frac{f(t) \cdot g(\varphi(t))}{g(\varphi(t))} = f(t) = F'(t).$$

Also ist $(G \circ \varphi)(t) = F(t) + c$ und damit $\varphi(t) = G^{-1}(F(t) + c)$. Um eine Anfangsbedingung $\varphi(t_0) = y_0$ zu erfüllen, muss $G(y_0) = F(t_0) + c$ sein, also $c = G(y_0) - F(t_0)$. Das ergibt die endgültige Lösung

$$\varphi(t) = G^{-1}\big(F(t) - F(t_0) + G(y_0)\big).$$

Im vorliegenden Fall ergibt sich mit $t_0 = 0$ und $y_0 = -1$ die Lösungsfunktion

$$\begin{aligned} \varphi(t) &= G^{-1}\big(\frac{1}{2}\ln(t^2 + 1) - \frac{1}{2}\ln(t_0^2 + 1) - \frac{1}{y_0}\big) \\ &= -1 / \big(\frac{1}{2}\ln(t^2 + 1) + 1\big) = \frac{-2}{\ln(t^2 + 1) + 2}. \end{aligned}$$

Es ist in solchen Fällen immer ratsam, zur Kontrolle die Probe zu machen. Tatsächlich ist $\varphi(0) = -1$ und $\varphi'(t) = f(t) \cdot g(\varphi(t))$.

Der Gebrauch von „Differentialen" (der hier noch nicht exakt begründet werden kann), liefert eine Eselsbrücke, wie man sich das obige Verfahren leicht merken kann:

Ist $y = f(x)$, so schreibt man formal $dy = f'(x)\,dx$ oder auch $df = f'dx$. Das entspricht der alten Schreibweise $y' = dy/dx$ bzw. $f' = df/dx$. Allerdings sollte man die Differentiale dx, dy und df immer als vektorielle Größen auffassen, durch die man eben nicht teilen darf.

Im Falle der Differentialgleichung $y' = f(x)g(y)$ schreibt man: $dy/g(y) = f(x)\,dx$. Integriert man auf beiden Seiten, so erhält man die Gleichung $G(y) = F(x)+c$ und damit die Lösung $y = G^{-1}(F(x)+c)$. Physiker gehen meistens so vor, schreiben dann aber die Integration in der Form $\int dy/g(y) = \int f(x)\,dx$.

2. Nun betrachten wir lineare Differentialgleichungen erster Ordnung. Allgemein haben sie die Form

$$y' + a(x)y = r(x).$$

Sind $a(x)$ und $r(x)$ konstante Funktionen, so spricht man von einer linearen Differentialgleichung mit konstanten Koeffizienten. Ist $r(x) \equiv 0$, so nennt man die Gleichung homogen. Die Lösungen einer homogenen Gleichung $y' + a(x)y = 0$ bilden offensichtlich einen Vektorraum. Außerdem handelt es sich um eine separable Gleichung $y' = f(x)g(y)$ mit $f(x) = -a(x)$ und $g(y) = y$. Durch die Festlegung **einer** Anfangsbedingung wird die Lösung eindeutig, also ist der Lösungsraum eindimensional. Die Nullfunktion ist immer eine Lösung, und jede Lösung $\neq 0$ liefert eine Basis des Lösungsraumes. Dafür kann man das Lösungsverfahren für separable Gleichungen verwenden. Ist A eine Stammfunktion von a, so kann man $F(x) = -A(x)$ setzen, und $G(y) = \ln y$. Jede Lösung hat demnach die Gestalt

$\varphi(t) := \exp(-A(t)+c) = C \cdot \exp(-A(t))$, mit einer Konstanten c und $C = e^c$.

Zur Bestimmung einer partikulären Lösung der inhomogenen Gleichung benutzt man gerne die „Methode der Variation der Konstanten". Dahinter verbirgt sich einfach ein Ansatz, der wie die Lösung der homogenen Gleichung aussieht, bei dem aber die Konstante durch eine differenzierbare Funktion ersetzt wird: $y_p(t) = C(t) \cdot \exp(-A(t))$. Setzt man dies in die inhomogene Gleichung ein, so erhält man die Bedingung

$$\begin{aligned} C'(t) \cdot e^{-A(t)} - C(t) \cdot e^{-A(t)} A'(t) &= y_p'(t) = -a(t)y_p(t) + r(t) \\ &= -a(t)C(t)e^{-A(t)} + r(t), \end{aligned}$$

also $r(t) = C'(t) \cdot e^{-A(t)}$. Das bedeutet, dass man für $C(t)$ eine Stammfunktion von $r(t) \cdot e^{A(t)}$ wählen kann.

Es soll nun speziell die Differentialgleichung $y' + y \tan x = \sin(2x)$ auf $(-\pi/2, \pi/2)$ betrachtet werden. Wir suchen eine Lösung φ mit $\varphi(0) = 2$.

1. Schritt: Wir suchen zunächst eine Lösung der homogenen Gleichung $y' = (-\tan x)y$. Dafür brauchen wir eine Stammfunktion von $\tan x$. Die kennen wir schon, nämlich $A(t) = -\ln|\cos t|$. Weil der Cosinus auf dem betrachteten Intervall positiv ist, kann man die Betragsstriche weglassen. Das ergibt als Lösung der homogenen Gleichung die Funktion

$$\varphi_h(t) = C \cdot \exp(-A(t)) = C \cdot \cos t.$$

2. Schritt: Zur Lösung der inhomogenen Gleichung brauchen wir eine Stammfunktion von $r(t)e^{A(t)} = \sin(2t)/\cos(t) = 2\sin t$, und das ist natürlich die Funktion $C(t) = -2\cos t$. Als partikuläre Lösung der inhomogenen Gleichung gewinnt man dadurch die Funktion

$$\varphi_p(t) = C(t)e^{-A(t)} = -2\cos^2(t).$$

3. Schritt: Die allgemeine Lösung der Ausgangsgleichung hat nun die Gestalt

$$\varphi(t) = \varphi_p(t) + c\varphi_h(t) = -2\cos^2(t) + c \cdot \cos t.$$

Die Anfangsbedingung $\varphi(0) = 2$ liefert $c = 4$, also $\varphi(t) = -2\cos^2 t + 4\cos t$.

Aufgaben

3.3.1. Sei $f(x) := x(x-2)(x-3)$. Berechnen Sie den Flächeninhalt der Menge

$$M := \{(x,y) \in \mathbb{R}^2 : -4 \le x \le 4 \text{ und } 0 \le y \le f(x)\}.$$

Der Flächeninhalt ergibt sich als Integral über f, aber natürlich nur über die Teile des Definitionsbereiches, wo f positiv ist.

3.3.2. a) Bestimmen Sie eine Stammfunktion von $f(x) := x + |x - 1|$.

b) Bestimmen Sie eine Stammfunktion der Gauß-Funktion $g(x) := [x]$ für $x \geq 0$.

Als Stammfunktion $F(x)$ einer Funktion f wählt man am besten $F(x) = \int_a^x f(t)\, dt$.

3.3.3. Berechnen Sie die folgenden Integrale:

$$\int_1^4 \frac{1}{\sqrt{x}}\, dx \quad \text{und} \quad \int_0^1 (3 + x\sqrt{x})\, dx$$

Die Bestimmung geeigneter Stammfunktionen ist mit den zur Verfügung gestellten Mitteln kein großes Problem.

3.3.4. Bestimmen Sie eine Stammfunktion von

$$f(x) := \begin{cases} (x+1)^2 & \text{für } -1 \leq x < 0, \\ (x-1)^2 - 1 & \text{für } 0 \leq x \leq 1. \end{cases}$$

Man erhält sehr einfach eine stetige Funktion F, so dass $F' = f$ außerhalb des Nullpunktes gilt. Da f in $x = 0$ eine Sprungstelle besitzt, kann F dort nicht differenzierbar sein.

3.3.5. Berechnen Sie – falls möglich – die folgenden Integrale:

$$F(x) = \int_x^{2\pi} \tan(t)\, dt \quad \text{und} \quad \int_a^b \frac{u}{1 + u^2}\, du$$

Der Zusatz „falls möglich" sollte einem zu denken geben. Davon abgesehen wurden Integrale dieser Art schon ausführlich behandelt.

3.3.6. Sei $F(x) := \int_0^{\sin(x)} e^t\, dt$. Berechnen Sie $F'(x)$.

Man denke an den Hauptsatz der Differential- und Integralrechnung.

3.3.7. Für eine stetige Funktion $f : [a, b] \to \mathbb{R}$ sei der **Mittelwert** definiert als

$$\mu(f) := \frac{1}{b - a} \int_a^b f(x)\, dx\,.$$

a) Zeigen Sie: Ist f stetig differenzierbar und $\mu(f') = 0$, so ist $f(a) = f(b)$. Leiten Sie den Mittelwertsatz der Differentialrechnung aus dem Mittelwertsatz der Integralrechnung her.

b) Für $a \leq u < v \leq b$ sei $f_{u,v}$ die Einschränkung von f auf $[u, v]$. Zeigen Sie für $a < c < b$:

$$\frac{c-a}{b-a} \cdot \mu(f_{a,c}) + \frac{b-c}{b-a} \cdot \mu(f_{c,b}) = \mu(f_{a,b}) \,.$$

a) Man berechne $\mu(f')$. Damit lassen sich alle Fragen sehr leicht beantworten.
b) Einfach ausrechnen!

3.3.8. Lösen Sie die DGL $y' = \dfrac{1+y^2}{2xy}$ mit der Anfangsbedingung $y(-1) = -1$.

Wie so etwas geht, wurde oben ausführlich erläutert. Das Gleiche gilt für die nächste Aufgabe.

3.3.9. Lösen Sie die DGL $y' + \frac{y}{x} = x^3$ mit der Anfangsbedingung $y(1) = 0$.

Man verwende das oben beschriebene Standardverfahren für die Lösung von linearen Differenti-
algleichungen.

3.4   Integrationsmethoden

In diesem Abschnitt geht es nur um zwei Sätze, die das Berechnen komplizierterer
Integrale möglich machen.

Satz von der partiellen Integration: *Sei $f : [a,b] \to \mathbb{R}$ eine stückweise glatte
Funktion (d.h. Stammfunktion einer stückweise stetigen Funktion) und $g : [a,b] \to
\mathbb{R}$ stetig differenzierbar. Dann gilt:*

$$\int_a^b f'(x)g(x)\,dx = \big(f(x) \cdot g(x)\big)\,\Big|_a^b - \int_a^b f(x)g'(x)\,dx.$$

Das Symbol $h(x)\Big|_a^b$ ist wie üblich eine Abkürzung für den Ausdruck $h(b) - h(a)$.

Substitutionsregel: *Sei $f : [a,b] \to \mathbb{R}$ stückweise stetig, $\varphi : [\alpha, \beta] \to \mathbb{R}$ stetig
differenzierbar und $\varphi([\alpha, \beta]) \subset [a,b]$. Dann gilt:*

$$\int_{\varphi(\alpha)}^{\varphi(\beta)} f(x)\,dx = \int_\alpha^\beta f(\varphi(t)) \cdot \varphi'(t)\,dt.$$

Ist φ streng monoton wachsend, so erstreckt sich das linke Integral von a bis b.

Die Regel von der partiellen Integration ergibt sich aus der Produktregel (und wird
deshalb auch als ***Produktintegration*** bezeichnet):

Weil $(f \cdot g)' = f' \cdot g + f \cdot g'$ ist, ist $f \cdot g$ Stammfunktion von $f' \cdot g + f \cdot g'$ und

$$\int_a^b \big(f'(x)g(x) + f(x)g'(x)\big)\,dx = f(b)g(b) - f(a)g(a).$$

Beispiele

1. Hier ist ein sehr einfaches, aber typisches Beispiel. Es ist

$$\int_a^b x\, e^x\, dx = (x\, e^x)\, \Big|_a^b - \int_a^b e^x\, dx = \left(x\, e^x - e^x\right)\, \Big|_a^b\,.$$

Wie funktioniert das? Es soll das Produkt $x\, e^x$ integriert werden. Man erhofft sich eine Vereinfachung durch Anwendung der partiellen Integration, aber man muss entscheiden, welcher der beiden Faktoren als Ableitung aufgefasst werden soll. Manchmal hilft da nur Ausprobieren, aber im Prinzip geht es ja darum, den Integranden zu vereinfachen. Im vorliegenden Fall ist zu sehen:

- Ist $x = f'(x)$ und $e^x = g(x)$, so ist $f(x)g'(x) = \frac{1}{2}x^2 e^x$ komplizierter als der ursprüngliche Ausdruck.

- Ist $x = g(x)$ und $e^x = f'(x)$, so ist $f(x)g'(x) = e^x \cdot 1 = e^x$ deutlich einfacher.

Die zweite Wahl führt also zum Ziel.

Wenn das Beispiel etwas komplizierter wird, schafft man die Vereinfachung eventuell nicht beim ersten Schritt:

$$\int_a^b x^n e^x\, dx = (x^n e^x)\, \Big|_a^b - \int_a^b n x^{n-1} e^x\, dx$$

Die Situation ist zwar vereinfacht worden, aber man muss die Regel der partiellen Integration noch oft iterieren, bis endlich kein Integralzeichen mehr zu sehen ist.

Ein anderes Problem wird bei dem folgenden Beispiel deutlich: Es soll die Funktion $e^x \sin x$ integriert werden.

- Ist $e^x = f'(x)$ und $\sin x = g(x)$, so ist $f(x)g'(x) = e^x \cos x$ weder einfacher noch komplizierter als die Ausgangsfunktion, also scheint dieses Vorgehen nutzlos zu sein.

- Ist $e^x = g(x)$ und $\sin x = f'(x)$, so ist $f(x)g'(x) = -e^x \cos x$, und bis auf das Vorzeichen kommt auch hier nichts Neues heraus.

Trotzdem lohnt sich die Anwendung der Regel, sofern man dies zweimal tut:

$$\begin{aligned} \int_a^b e^x \sin x\, dx &= (e^x \sin x)\, \Big|_a^b - \int_a^b e^x \cos x\, dx \\ &= e^x (\sin x - \cos x)\, \Big|_a^b - \int_a^b e^x \sin x\, dx. \end{aligned}$$

Der Trick wird nun offenbar. Nachdem das Ausgangsintegral auf der rechten Seite mit negativem Vorzeichen erneut aufgetreten ist, kann man es auf die linke Seite bringen, und dann muss man nur noch durch 2 dividieren:

$$\int_a^b e^x \sin x\, dx = \frac{e^x}{2}\left(\sin x - \cos x\right)\Big|_a^b .$$

2. Aus Bequemlichkeit - um nicht immer die Integrationsgrenzen hinschreiben zu müssen – wird nun das Symbol des unbestimmten Integrals verwendet:

Für $n \in \mathbb{Z}$, $n \neq -1$ und $x > 0$ sei $I_n := \int x^n \ln x\, dx$.

Wer die Regel der partiellen Integration schon längst kannte, der schreibt sie wahrscheinlich in der Form $\int uv'\, dx = uv - \int u'v\, dx$. Als vertrauensbildende Maßnahme verwende ich diese Symbolik. Natürlich kommt nichts anderes heraus, wenn man f und g und Integrationsgrenzen verwendet.

Setzt man $u = \ln x$ und $v' = x^n$, so ist $u' = 1/x$ und $v = x^{n+1}/(n+1)$, und man erhält

$$\begin{aligned}
I_n = \int uv'\, dx &= \frac{x^{n+1}}{n+1}\ln x - \frac{1}{n+1}\int x^n\, dx \\
&= \frac{x^{n+1}}{n+1}\ln x - \frac{x^{n+1}}{(n+1)^2} + C \\
&= \frac{x^{n+1}}{(n+1)^2}\big(\ln(x^{n+1}) - 1\big) + C.
\end{aligned}$$

3. Schwierig wird es bei dem Integral $\int \sqrt{1-x^2}\, dx$ (über einem Integral $I \subset [-1,1]$). Der Integrand ist überhaupt kein Produkt! Was soll man hier also mit partieller Integration erreichen? Tatsächlich kann man jeden Term als Produkt auffassen. Dazu sei hier

$$u(x) = \sqrt{1-x^2} \quad \text{und} \quad v'(x) = 1.$$

Dann ist

$$u'(x) = \frac{-x}{\sqrt{1-x^2}} \quad \text{und} \quad v(x) = x.$$

Das sieht überhaupt nicht einfacher aus. Dennoch weiter zu machen, erfordert etwas Mut. Als erstes Ergebnis erhält man

$$\int \sqrt{1-x^2}\, dx = x\sqrt{1-x^2} + \int \frac{x^2}{\sqrt{1-x^2}}\, dx .$$

Der Integrand auf der rechten Seite sieht abschreckend aus. Allein schon die Tatsache, dass die Wurzel nun im Nenner steht, ist ärgerlich, oder? Wenn man die Tabellen von Stammfunktionen im vorigen Abschnitt studiert, findet man, dass $\arcsin(x)$ eine Stammfunktion von $1/\sqrt{1-x^2}$ ist. Leider steht im Zähler noch x^2, was kann man damit anfangen?

Dazu ein kleiner Trick: Es ist $x^2 = -(-x^2) = -\big((1-x^2)-1\big)$, also

$$\frac{x^2}{\sqrt{1-x^2}} = -\Big(\frac{1-x^2}{\sqrt{1-x^2}} - \frac{1}{\sqrt{1-x^2}}\Big) = -\Big(\sqrt{1-x^2} - \frac{1}{\sqrt{1-x^2}}\Big).$$

Jetzt sieht die Sache schon ganz anders aus. Man erhält

$$
\begin{aligned}
\int \sqrt{1-x^2}\,dx &= x\sqrt{1-x^2} + \int \frac{dx}{\sqrt{1-x^2}} - \int \sqrt{1-x^2}\,dx \\
&= x\sqrt{1-x^2} + \arcsin x - \int \sqrt{1-x^2}\,dx.
\end{aligned}
$$

Das Ausgangs-Integral ist wieder aufgetaucht, aber die Situation kennen wir schon. Es folgt:

$$\int \sqrt{1-x^2}\,dx = \frac{1}{2}\Big(x\sqrt{1-x^2} + \arcsin x\Big) + C.$$

Die Substitutionsregel ist eines der stärksten Instrumente bei der Integralberechnung, und zugleich auch eines der Gefürchtetsten, weil es meist nicht sehr offensichtlich ist, wie man diese Regel anwenden sollte. Sie entsteht aus der Kettenregel:

Sind F und φ stetig differenzierbar, so ist $(F \circ \varphi)' = (F' \circ \varphi) \cdot \varphi'$. Offensichtlich ist $F \circ \varphi$ Stammfunktion von $(F' \circ \varphi) \cdot \varphi'$, also

$$\int_\alpha^\beta F'(\varphi(t)) \cdot \varphi'(t)\,dt = F(\varphi(\beta)) - F(\varphi(\alpha)).$$

Die rechte Seite kann man aber als $\displaystyle\int_{\varphi(\alpha)}^{\varphi(\beta)} F'(x)\,dx$ interpretieren. Setzt man $f := F'$, so ergibt sich die Substitutionsregel:

$$\int_{\varphi(\alpha)}^{\varphi(\beta)} f(x)\,dx = \int_\alpha^\beta f(\varphi(t))\varphi'(t)\,dt.$$

Beispiele

1. Einfach ist die Anwendung, wenn die Substitution schon zu sehen ist, wenn man also von „rechts" nach „links" arbeiten kann. Zum Beispiel ist

$$
\begin{aligned}
\int_\alpha^\beta f(t^2 + at + b) \cdot (2t + a)\,dt &= \int_{\alpha^2+a\alpha+b}^{\beta^2+a\beta+b} f(x)\,dx, \\
\int_\alpha^\beta f(\ln t)/t\,dt &= \int_{\ln\alpha}^{\ln\beta} f(x)\,dx
\end{aligned}
$$

und $\displaystyle\int_\alpha^\beta f(\sin t)\cos t\,dt = \int_{\sin\alpha}^{\sin\beta} f(x)\,dx.$

Hierbei kann f eine beliebige stetige Funktion sein. Konkrete Beispiele wären etwa

$$\int_0^{\pi/2} \sin^2 t \cos t\, dt = \int_0^1 x^2\, dx = \frac{x^3}{3}\Big|_0^1 = \frac{1}{3}\,.$$

oder

$$\begin{aligned}
\int_1^{1+\sqrt{\pi}} (t-1)\sin\big((t-1)^2\big)\, dt &= \frac{1}{2}\int_1^{1+\sqrt{\pi}} (2t-2)\sin(t^2-2t+1)\, dt \\
&= \frac{1}{2}\int_0^{\pi} \sin x\, dx = -\frac{1}{2}\cos x\,\Big|_0^{\pi} \\
&= -\frac{1}{2}\big(\cos(\pi)-\cos(0)\big) = 1.
\end{aligned}$$

2. Deutlich schwieriger wird es, wenn nur die linke Seite in der Form $\int_a^b f(x)\, dx$ gegeben ist. Warum soll man dann überhaupt nach einer Sustitution suchen und das Integral komplizierter machen? Der Witz ist, dass das Integral unter Umständen durch eine Substitution nicht komplizierter, sondern einfacher wird. Allerdings sollte dafür die Substitution umkehrbar sein, so dass die Substitutionsregel folgende Form annimmt:

$$\int_a^b f(x)\, dx = \int_{\varphi^{-1}(a)}^{\varphi^{-1}(b)} f(\varphi(t))\varphi'(t)\, dt.$$

Hier ist ein sehr einfaches Beispiel: Das Integral $\int_a^b \sqrt{x}\, dx$ können wir natürlich schon ganz einfach berechnen, weil wir die Stammfunktion von $\sqrt{x}$ kennen. Wir können aber mal so tun, als wäre das nicht der Fall. Kann man das Integral durch eine Substitution vereinfachen? Der Integrand $\sqrt{x}$ ist irgendwie unangenehm. Um ihn zu vereinfachen, bietet es sich an, $x = \varphi(t) := t^2$ einzusetzen, aber dann muss man eben auch die Ableitung $\varphi'(t) = 2t$ einfügen. Das sieht folgendermaßen aus:

$$\int_a^b \sqrt{x}\, dx = \int_{\sqrt{a}}^{\sqrt{b}} \sqrt{t^2}\cdot 2t\, dt = 2\int_{\sqrt{a}}^{\sqrt{b}} t^2\, dt = \frac{2}{3}t^3\,\Big|_{\sqrt{a}}^{\sqrt{b}}\,.$$

Das selbe Rezept hilft bei schwierigeren Integranden. Soll etwa $\int_a^b e^{\sqrt{x}}\, dx$ berechnet werden, so versucht mn es ebenfalls mit der Substitution $\varphi(t) = t^2$. Dann ist

$$\int_a^b e^{\sqrt{x}}\, dx = 2\int_{\sqrt{a}}^{\sqrt{b}} t\, e^t\, dt = 2(t-1)e^t\,\Big|_{\sqrt{a}}^{\sqrt{b}} = 2(\sqrt{x}-1)e^{\sqrt{x}}\,\Big|_a^b\,.$$

Dabei wurde noch benutzt, dass $(t-1)e^t$ Stammfunktion von te^t ist. Das ergab sich am Anfang des Abschnittes mit Hilfe der Regel der partiellen Integration.

Das Kochrezept für die Anwendung der Substitutionsregel in der oben geschilderten Richtung sieht also folgendermaßen aus: Wenn der Integrand $f(x)$ oder ein Teil $p(x)$ des Integranden zu kompliziert ist, um direkt eine Stammfunktion von f ermitteln zu können, so führe man eine Substitution $x = \varphi(t)$ ein, so dass $f(\varphi(t))$ bzw. $p(\varphi(t))$ einfacher wird, ohne dass das Ganze durch das Anhängen von $\varphi'(t)$ an den Integranden wieder komplizierter wird. Häufig geht das, indem man $\varphi(t) = p^{-1}(t)$ wählt (im Beispiel mit $p(x) = \sqrt{x}$ also $\varphi(t) = t^2$).

Praktiker arbeiten gerne mit der „dx-du-Methode". Dabei muss man mal wieder mit Differentialen arbeiten und Regeln wie $d(\alpha f + \beta g) = \alpha\, df + \beta\, dg$ (mit Konstanten α und β), $d(fg) = f\, dg + g\, df$ und $d(f/g) = (g\, df - f\, dg)/g^2$ kennen. Die Methode soll nun erläutert und mit der oben beschriebenen Methode verglichen werden. Weil das abstrakt etwas schwierig ist, wird das mit Hilfe von Beispielen durchgeführt:

Beispiele

1. Gegeben sei das unbestimmte Integral $I = \displaystyle\int \frac{\sin\sqrt{x}}{\sqrt{x}}\, dx$.

   Gesucht wird eine geeignete Substitution.

   (a) Substitutionsmethode: Der Integrand enthält den störenden Term $\sqrt{x}$. Um den zu beseitigen, bietet sich die Substitution $\varphi(t) = t^2$ an. Dann ist $\sqrt{\varphi(t)} = t$, $\varphi^{-1}(x) = \sqrt{x}$ und $\varphi'(t) = 2t$, und deshalb

   $$
   \begin{aligned}
   I &= \left(\int \frac{\sin\sqrt{\varphi(t)}}{\sqrt{\varphi(t)}}\, \varphi'(t)\, dt\right) \circ \varphi^{-1} = \left(\int \frac{\sin t}{t} \cdot 2t\, dt\right) \circ \varphi^{-1} \\
   &= \left(2\int \sin t\, dt\right) \circ \varphi^{-1} = (-2\cos t) \circ \varphi^{-1} = -2\cos\sqrt{x}
   \end{aligned}
   $$

   Das Anhängen von φ^{-1} ist erforderlich, weil die Substitution beim Endergebnis wieder rückgängig gemacht werden muss.

   Es bietet sich hier noch eine andere Substitution an. Setzt man $\psi(x) = \sqrt{x}$, so ist $\psi'(x) = 1/(2\sqrt{x})$. Damit ist

   $$
   \begin{aligned}
   I &= 2\int \sin\psi(x) \cdot \psi'(x)\, dx = 2\left(\int \sin y\, dy\right) \circ \psi \\
   &= (-2\cos y) \circ \psi = -2\cos\sqrt{x}.
   \end{aligned}
   $$

   Die erste Version benutzt die Substitutionsregel von links nach rechts, die zweite Version benutzt sie von rechts nach links. Die Integrationskonstanten haben wir in beiden Fällen während der Rechnung der Einfachheit halber weggelassen, aber eigentlich gehören sie dazu:

   $$
   \int \frac{\sin\sqrt{x}}{\sqrt{x}}\, dx = -2\cos\sqrt{x} + C.
   $$

(b) dx-du-Methode: Der störende Term wird einfach mit u bezeichnet: $u = \sqrt{x}$. Damit ist $x = u^2$ und $dx = 2u\,du$. Und das setzt man in I ein:

$$I = \int \frac{\sin u}{u} \cdot 2u\,du = 2\int \sin u\,du = -2\cos u + C.$$

Anschließend muss u wieder durch x ersetzt werden: $I = -2\cos\sqrt{x} + C$.

Diese Methode sieht relativ einfach aus, aber die Notation ist etwas ungenau. Schaut man genauer hin, so findet man die Methode in der 2. Version von Methode (a) wieder: Statt $u = \sqrt{x}$ steht dort $\psi(x) = \sqrt{x}$. Die Gleichung $x = u^2$ wird dort zu $x = \psi^{-1}(y)$, und $dx = 2u\,du$ zu $dx = (1/\psi'(x))\,dy$.

Aber auch die erste Version von (a) steht zu (b) in engem Zusammenhang, es ist $\varphi = \psi^{-1}$.

2. Betrachten wir noch das Beispiel $I = \displaystyle\int_0^{\pi/4} \cos(2x)\sqrt{4 - \sin(2x)}\,dx$.

Jetzt soll als erstes die dx-du-Methode benutzt werden. Dabei taucht folgendes Problem auf: Wie soll man bloß den störenden Term finden, den man durch u ersetzen sollte? Man muss wohl ein Gespür dafür entwickeln. Wir raten erst einmal und setzen $u = \sin(2x)$. Dann ist $du = 2\cos(2x)\,dx$, und mit $\cos t = \sqrt{1 - \sin^2 t}$ erhält man:

$$
\begin{aligned}
\int_0^{\pi/4} \cos(2x)\sqrt{4-\sin(2x)}\,dx &= \int_0^1 \sqrt{1-u^2}\sqrt{4-u}\cdot\frac{1}{2\sqrt{1-u^2}}\,du \\
&= \frac{1}{2}\int_0^1 \sqrt{4-u}\,du \\
&= -\frac{1}{3}(4-u)^{3/2}\Big|_0^1 = -\frac{1}{3}\big(3^{3/2} - 4^{3/2}\big) \\
&= \frac{8}{3} - \sqrt{3}.
\end{aligned}
$$

Das ist gutgegangen, aber eigentlich weiß man nicht so genau, was man tut. Tatsächlich führen auch viele verschiedene Wege zum Ziel. Man könnte ja auch auf die Idee kommen, dass die gesamte Wurzel im Integranden lästig ist. Was passiert, wenn man $u = \sqrt{4 - \sin(2x)}$ setzt? Dann ist $4 - u^2 = \sin(2x)$ und $-2u\,du = 2\cos(2x)\,dx$, also

$$
\begin{aligned}
I &= \frac{1}{2}\int_0^{\pi/4} 2\cos(2x)\sqrt{4-\sin(2x)}\,dx = \frac{1}{2}\int_2^{\sqrt{3}} (-2u^2)\,du \\
&= -\frac{u^3}{3}\Big|_2^{\sqrt{3}} = -\frac{1}{3}(3\sqrt{3} - 8) = \frac{8}{3} - \sqrt{3}.
\end{aligned}
$$

Rein rechnerisch ist dieser Weg sogar noch einfacher.

Lässt sich nun der Weg bei der Substitutionsmethode etwas besser kontrollieren? Gespür braucht man hier auch, aber man kann ein paar grundsätzliche Überlegungen zu Hilfe nehmen:

a) Der Integrand auf der rechten Seite der Substitutionsregel, $\int f(\varphi(t))\varphi'(t)\,dt$, ist ein Produkt, und nur einer der beiden Faktoren ist eine zusammengesetzte Funktion. Im vorliegenden Beispiel kann man also hinter $\sqrt{4 - \sin(2x)}$ den Term $f(\varphi(t))$ vermuten.

b) Man strebt Vereinfachung an. Dabei stört hier vor allem die Wurzel. Die kann man beseitigen, indem man den Radikanden als Quadrat darstellt. Ein Ansatz dafür wäre etwa die Formel

$$4 - \sin(2x) = \varphi(x)^2, \text{ also } \varphi(x) = \sqrt{4 - \sin(2x)}.$$

Es folgt: $-2\cos(2x) = 2\varphi(x)\varphi'(x)$. Das ist ein Glücksfall, denn der Term $\cos(2x)$ ist schon vorhanden, und so folgt:

$$I = -\frac{1}{2}\int_0^{\pi/4} 2\varphi(x)\varphi'(x)\sqrt{\varphi(x)^2} = -\int_0^{\pi/4} \varphi(x)^2\varphi'(x)\,dx = -\int_2^{\sqrt{3}} y^2\,dy.$$

Der Rest geht wie oben.

Auch bei der Substitutionsmethode gibt es verschiedene Möglichkeiten. Will man gezielt erst mal $\sin(2x)$ eliminieren, so setzt man $x = \varphi(t) = \frac{1}{2}\arcsin t$. Man kann aber auch auf gut Glück $\varphi(x) = \sin(2x)$ wählen. Beide Wege führen mehr oder weniger umständlich auch zum Ziel.

Problematischer sähe es aus, wenn an Stelle von $\cos(2x)$ ein ganz anderer Faktor stände. Dann müsste man unter Umständen mit völlig anderen Methoden arbeiten, vielleicht sogar erst mal partielle Integration anwenden.

Die vorgestellten Methoden sollen nun an weiteren Beispielen erprobt werden.

Beispiele

1. $I = \int 2x\cos(x^2)\,dx.$

   a) Substitutionsmethode: Der Integrand enthält den Term $\varphi(x) = x^2$ und dessen Ableitung $\varphi'(x) = 2x$. Also liegt die rechte Seite der Substitutionsregel vor, mit $f(y) = \cos y$, und es ist

   $$I = \int \cos(\varphi(x))\varphi'(x)\,dx = \left(\int \cos(y)\,dy\right) \circ \varphi = \sin(y^2) + C.$$

   Das ist ganz einfach, man muss es nur sehen.

   b) dx-du-Methode: Setzt man $u = x^2$, so ist $du = 2x\,dx$ und

   $$\int 2x\cos(x^2)\,dx = \int \cos(u)\,du = \sin(u) + C = \sin(x^2) + C.$$

2. Berechnet werden soll $I = \int_0^{\pi/4} \ln(1 + \tan x)\, dx$.

Hier kommt man mit den üblichen Methoden nicht so einfach zum Ziel. Es ist ratsam, anders vorzugehen und den Integranden erst mal umzuformen. Es ist

$$
\begin{aligned}
1 + \tan x &= \tan\frac{\pi}{4} + \tan x = \frac{\sin(\pi/4)}{\cos(\pi/4)} + \frac{\sin x}{\cos x} \\
&= \frac{\sin(\pi/4)\cos x + \sin x \cos(\pi/4)}{\cos(\pi/4)\cos x} \\
&= \frac{\sin(x + \pi/4)}{\cos(\pi/4)\cos x},
\end{aligned}
$$

also

$$
\ln(1 + \tan x) = \ln \sin(x + \pi/4) - \ln \cos(\pi/4) - \ln \cos x.
$$

Mit der Substitution $u = \pi/4 - x$ und $du = -dx$ erhält man

$$
\begin{aligned}
\int_0^{\pi/4} \ln \sin(x + \pi/4)\, dx &= -\int_{\pi/4}^0 \ln \sin(\pi/2 - u)\, du \\
&= -\int_{\pi/4}^0 \ln \cos u\, du = \int_0^{\pi/4} \ln \cos u\, du\,.
\end{aligned}
$$

Weil das gleiche Integral noch einmal mit entgegengesetztem Vorzeichen auftaucht, bleibt zusammenfassend also

$$
\int_0^{\pi/4} \ln(1 + \tan x)\, dx = -\int_0^{\pi/4} \ln(1/\sqrt{2})\, dx = \ln(\sqrt{2}) \cdot \frac{\pi}{4} = \frac{\pi}{8}\ln 2\,.
$$

3. Nun soll $I = \int \dfrac{dx}{x\sqrt[3]{1+x}}$ berechnet werden.

Setzt man $u = \sqrt[3]{1+x}$, also $u^3 = 1 + x$, so ist $3u^2\, du = dx$ und

$$
\int \frac{dx}{x\sqrt[3]{1+x}} = \int \frac{3u^2\, du}{(u^3 - 1)u} = \int \frac{3u\, du}{u^3 - 1}\,.
$$

Eine solches rationales Integral kann man immer berechnen, man muss allerdings eine Partialbruchzerlegung durchführen. Mit dem Ansatz

$$
\frac{3u}{u^3 - 1} = \frac{A}{u - 1} + \frac{Bu + C}{u^2 + u + 1}
$$

erhält man

$$
\int \frac{3u\, du}{u^3 - 1} = \int \frac{du}{u - 1} + \int \frac{(1 - u)\, du}{u^2 + u + 1}\,.
$$

Dabei ist

$$\int \frac{(1-u)\,du}{u^2+u+1} = -\frac{1}{2}\int \frac{2u-2}{u^2+u+1}\,du = -\frac{1}{2}\Big(\int \frac{(2u+1)\,du}{u^2+u+1} - \int \frac{3\,du}{u^2+u+1}\Big).$$

Bekanntlich ist

$$\int \frac{du}{u-1} = \ln|u-1| \quad \text{und} \quad \int \frac{(2u+1)\,du}{u^2+u+1} = \ln(u^2+u+1).$$

Es bleibt noch das Integral $\int \big(1/(u^2+u+1)\big)\,du$ zu berechnen. Das erfordert noch eine Substitution. Das Ziel ist, den Integranden in die Form $1/(1+w^2)$ zu bringen, denn dann ist der Arcustangens eine Stammfunktion. Wir erledigen das in zwei Schritten, dazu erinnern wir uns an die Normalform einer quadratischen Funktion $q(u) = u^2+u+1$. Weil $q'(u) = 2u+1$ ist, liegt der Scheitelpunkt der durch q gegebenen Parabel bei $u = -1/2$. Und weil $q(-1/2) = 3/4$ ist, ist $q(u) = (u+1/2)^2 + 3/4$. Deshalb verwenden wir die Substitution $v = u + 1/2$. Dann ist $dv = du$ und

$$\int \frac{1}{q(u)}\,du = \int \frac{1}{v^2+3/4}\,dv = \frac{4}{3}\int \frac{dv}{1+(2v/\sqrt{3})^2}.$$

Als zweite Substitution verwenden wir $w = (2/\sqrt{3})v$. Dann gilt:

$$\int \frac{1}{q(u)}\,du = \frac{4}{3}\int \frac{(\sqrt{3}/2)dw}{1+w^2} = \frac{2}{\sqrt{3}}\int \frac{dw}{1+w^2} = \frac{2}{\sqrt{3}}\arctan(w).$$

Nun kann man alles zusammenfassen. Berücksichtigt man noch, dass $u^2+u+1 = (u^3-1)/(u-1)$ ist, so erhält man

$$\begin{aligned}
\int \frac{dx}{x\sqrt[3]{1+x}} &= \ln|u-1| - \frac{1}{2}\big(\ln(u^2+u+1) - 2\sqrt{3}\arctan w\big) \\
&= \frac{3}{2}\ln|u-1| - \frac{1}{2}\ln|u^3-1| + \sqrt{3}\arctan\Big(\frac{2}{\sqrt{3}}v\Big) \\
&= \frac{3}{2}\ln\big(\sqrt[3]{x+1}-1\big) - \frac{1}{2}\ln x + \sqrt{3}\arctan\Big(\frac{2\sqrt[3]{x+1}+1}{\sqrt{3}}\Big).
\end{aligned}$$

4. Wie kann man das Integral $I = \int \dfrac{\sqrt{\sin x}}{\cos x}\,dx$ berechnen?

Wir setzen $u^2 = \sin x$. Dann ist $\cos x = \sqrt{1-u^4}$ und $2u\,du = \cos x\,dx$, also

$$\int \frac{\sqrt{\sin x}}{\cos x}\,dx \;=\; \int \frac{u\cdot 2u\,du}{1-u^4} \;=\; \int \frac{2u^2}{1-u^4}\,du.$$

$$=\; \int \frac{du}{1-u^2} - \int \frac{du}{1+u^2}$$

$$=\; \frac{1}{2}\Big(\int \frac{du}{1-u} + \int \frac{du}{1+u}\Big) - \int \frac{du}{1+u^2}$$

$$=\; \frac{1}{2}\ln\frac{1+u}{1-u} - \arctan u$$

$$=\; \operatorname{artanh}\sqrt{\sin x} - \arctan\sqrt{\sin x}.$$

Aufgaben

3.4.1. Berechnen Sie das Integral $\displaystyle\int \frac{x}{\sqrt{1-4x^2}}\,dx$.

Sie können die Substitution $u=1-4x^2$ bzw. $\varphi(x)=1-4x^2$ benutzen (und das Integral als „rechte" Seite $\int f(\varphi(t))\varphi'(t)\,dt$ der Substitutionsregel auffassen). Natürlich ist das nicht der einzige mögliche Lösungsweg

3.4.2. Berechnen Sie das Integral $\displaystyle\int \sqrt{1+x^2}\cdot x^5\,dx$.

Eine Möglichkeit ist die Substitution $u=1+x^2$. Aber auch $u=\sqrt{1+x^2}$ ist möglich.

3.4.3. Berechnen Sie das Integral $\displaystyle\int \frac{e^{1/x}}{x^2}\,dx$.

Versuchen Sie es mit der Substitution $u=1/x$.

3.4.4. Berechnen Sie $\displaystyle\int 3x\cosh x\,dx$.

Hier bietet sich partielle Integration an.

3.4.5. Berechnen Sie die folgenden Integrale:

1. $\displaystyle\int \frac{e^x}{1+e^{2x}}\,dx$

2. $\displaystyle\int x^2\sin(x^3)\,dx$

3. $\displaystyle\int \frac{x^4+2}{(x^5+10x)^5}\,dx$

4. $\displaystyle\int \frac{x^2+2x}{\sqrt[3]{x^3+3x^2+1}}\,dx$

5. $\int_1^5 \dfrac{x}{x^4 + 10x^2 + 25}\, dx$

6. $\int \sqrt{\sqrt{x} + 1}\, dx$

7. $\int x\sqrt[3]{4 - x^2}\, dx$

8. $\int (x + 2)\sqrt[3]{x}\, dx$

9. $\int \dfrac{dx}{5 + 3\cos x}\, dx.$

1) $u = e^x$.

2) $u = x^3$.

3) Welche Beziehung besteht zwischen Zähler und Nenner?

4) Man stelle sich die gleiche Frage wie bei (3).

5) Hier ist die Lösung nicht so offensichtlich. Mit $u = x^2$ kann man aus dem Nenner ein Quadrat machen, und dann ist der Rest nicht mehr schwer.

6) Da sich keine Substitution unmittelbar anbietet, setzt man am besten $u = \sqrt{\sqrt{x} + 1}$.

7) Die dritte Wurzel stört mächtig. Sie verschwindet, wenn man den Radikanden zu einer dritten Potenz macht: $u^3 = 4 - x^2$.

8) Sinngemäß passt auch hier der Hinweis zu (7).

9) In der Literatur findet man oft den folgenden nützlichen Hinweis: Integrale über rationale Ausdrücke in den Winkelfunktionen kann man in rationale Integrale verwandeln. Da die Ableitung des Arcustangens eine rationale Funktion ist, führt der Weg über den Tangens. Wegen der Beziehungen

$$\sin x = \frac{2\tan(x/2)}{1 + \tan^2(x/2)} \quad und \quad \cos x = \frac{1 - \tan^2(x/2)}{1 + \tan^2(x/2)}$$

bietet sich die Substitution $u = \tan(x/2)$ an.

3.4.6. Es sei $c_n := \int_0^{\pi/2} \sin^n t\, dt$, für $n \geq 1$. Stellen Sie eine Rekursionsformel für c_n auf und berechnen Sie den Wert für gerades und ungerades n.

Die Formeln für gerades und ungerades n sind verschieden. Deshalb sollte man zunächst die einfachen Integrale c_0 und c_1 berechnen. Mit Hilfe der Regel von der partiellen Integration kann man dann ganz allgemein c_{n+1} als Funktion von c_{n-1} berechnen. Diese Rekursionsformel liefert schließlich Ausdrücke für c_{2k} und c_{2k+1}.

3.5   Bogenlänge und Krümmung

Ein *parametrisierter Weg* im $\mathbb{R}^n$ ist eine Abbildung $\boldsymbol{\alpha} : [a, b] \to \mathbb{R}^n$.

Typische Beispiele sind *(parametrisierte) Geraden* $\boldsymbol{\alpha}(t) := \mathbf{x}_0 + t\mathbf{v}$, *(parametrisierte) ebene Kreise* $\boldsymbol{\alpha}(t) := (x_0 + r\cos t, y_0 + r\sin t)$, die *Zykloide* $\boldsymbol{\alpha}(t) := (t - \sin t, 1 - \cos t)$ oder die *Helix* $\boldsymbol{\alpha}(t) := (r\cos t, r\sin t, kt)$.

Eine *Kurve* ist eine Menge $C \subset \mathbb{R}^n$, die Spur (also Bild) eines parametrisierten Weges ist. Unterscheiden sich zwei Parametrisierungen $\alpha : [a, b] \to \mathbb{R}^n$ und $\beta : [c, d] \to \mathbb{R}^n$ nur um eine „Parametertransformation" $\varphi : [c, d] \to [a, b]$, so liefern beide Parametrisierungen die gleiche Kurve. Der Durchlaufungssinn legt eine Orientierung der Kurve fest. Eine differenzierbare Parametertransformation φ mit $\varphi' > 0$ erhält die Orientierung. Eine Kurve heißt *glatt*, falls sie eine stetig differenzierbare Parametrisierung $\boldsymbol{\alpha} : I \to \mathbb{R}^n$ mit $\boldsymbol{\alpha}'(t) \neq 0$ für $t \in I$ (also eine sogenannte *„reguläre Parametrisierung"*) besitzt.

Unter der *(Bogen-)Länge* eines stetig differenzierbaren Weges $\boldsymbol{\alpha} : [a, b] \to \mathbb{R}^n$ versteht man die Zahl

$$L(\boldsymbol{\alpha}) = \int_a^b \|\boldsymbol{\alpha}'(t)\| \, dt.$$

Ein stetiger Weg heißt *rektifizierbar*, falls die Bogenlängen approximierender Streckenzüge ein Supremum besitzen. In diesem Falle nennt man das Supremum die Bogenlänge. Stetig differenzierbare Wege sind immer rektifizierbar, und in diesem Falle stimmen beide Bogenlängen überein.

Ist $\boldsymbol{\alpha} : [a, b] \to \mathbb{R}^n$ ein regulärer Weg, so heißt

$$s_{\boldsymbol{\alpha}}(t) := \int_a^t \|\boldsymbol{\alpha}'(\tau)\| \, d\tau \quad \text{(für } t \in [a, b])$$

die *Bogenlängenfunktion* von $\boldsymbol{\alpha}$. Sie ist streng monoton wachsend. Die Parametrisierung $\widetilde{\boldsymbol{\alpha}} := \boldsymbol{\alpha} \circ (s_{\boldsymbol{\alpha}})^{-1}$ nennt man die *ausgezeichnete Parametrisierung* oder *Parametrisierung nach der Bogenlänge*. Eine Parametrisierung $\boldsymbol{\alpha}$ ist genau dann schon ausgezeichnet, wenn $\|\boldsymbol{\alpha}'\| = 1$ ist. Der ausgezeichnete Parameter wird in der Regel mit s bezeichnet.

Beispiele

1. $\boldsymbol{\alpha} : \mathbb{R} \to \mathbb{R}^2$ mit $\boldsymbol{\alpha}(t) := (3t^2, t(t^2 - 3))$ wird als *Tschirnhausen-Kubik* bezeichnet.

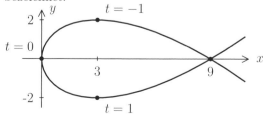

Es ist $\boldsymbol{\alpha}'(t) = (6t, 3(t^2 - 1))$, also

$$\|\boldsymbol{\alpha}'(t)\| = \sqrt{36t^2 + 9(t^2 - 1)^2} = 3(t^2 + 1).$$

Damit ergibt sich für die Länge:

$$L(\boldsymbol{\alpha}|_{[0,t]}) = \int_0^t 3(\tau^2 + 1)\,d\tau = t^3 + 3t.$$

$\boldsymbol{\alpha}(-\sqrt{3}) = \boldsymbol{\alpha}(\sqrt{3}) = (9, 0)$ ist der Kreuzungspunkt, und es ist

$$L(\boldsymbol{\alpha}|_{[-\sqrt{3}, +\sqrt{3}]}) = 2 \cdot L(\boldsymbol{\alpha}|_{[0, \sqrt{3}]}) = 12\sqrt{3} \text{ und } L(\boldsymbol{\alpha}|_{[-2, +2]}) = 2 \cdot 14 = 28.$$

2. Bei der (leicht gestauchten) Normalparabel $\boldsymbol{\alpha}(t) = (t, 0.125t^2)$ ist $\boldsymbol{\alpha}'(t) = (1, 0.25t)$, also $\|\boldsymbol{\alpha}'(t)\| = \sqrt{1 + 0.0625t^2}$. Damit kann man die Bogenlängen-funktion berechnen:

$$s_{\boldsymbol{\alpha}}(t) = \int_0^t \sqrt{1 + k^2\tau^2}\,d\tau = k \int_0^t \sqrt{16 + \tau^2}\,d\tau \text{ (mit } k = 1/4).$$

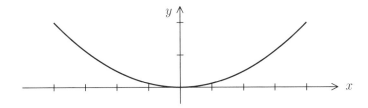

Das Integral ist nicht ganz so leicht zu berechnen.

Es ist $\operatorname{arsinh}(x) = \ln(x + \sqrt{1 + x^2})$. Deshalb kann man an die Substitution $u = \operatorname{arsinh}(\tau/4)$ denken. Es folgt: $\tau = 4\sinh u$ und $du = 1/\left(4\sqrt{(\tau/4)^2 + 1}\right)d\tau$, also $d\tau = 4\sqrt{(\tau/4)^2 + 1}\,du$. Mit $a := \operatorname{arsinh}(t/4)$ ist dann

$$\int_0^t \sqrt{1 + (\tau/4)^2}\,d\tau = 4\int_0^a (\sinh^2 u + 1)\,du = 4\int_0^a \cosh^2 u\,du.$$

Mit partieller Integration erhält man

$$\int_0^a \cosh^2 u\,du = \frac{1}{2}(\cosh u \sinh u + u)\,\Big|_0^a = \frac{1}{2}\left(\sinh u\sqrt{1 + \sinh^2 u} + u\right)\Big|_0^a.$$

Also ist

$$s_{\boldsymbol{\alpha}}(t) = 2\left(\frac{t}{4}\sqrt{1 + (t/4)^2} + \operatorname{arsinh}(t/4)\right) = \frac{t}{8}\sqrt{16 + t^2} + 2\ln\left((t + \sqrt{16 + t^2})/4\right).$$

Zum Beispiel ist dann $s_{\boldsymbol{\alpha}}(3) = \frac{3}{8}\sqrt{25} + 2\ln\left((3 + \sqrt{25})/4\right) = \frac{15}{8} + 2\ln 2$.

3. Das vorige Beispiel zeigt, dass die Berechnung der Bogenlänge selbst bei einfachen Kurven recht kompliziert werden kann. Und es kommt noch schlimmer. Durch $\boldsymbol{\alpha}(t) := (a\cos t, b\sin t)$ wird die Ellipse mit den Halbachsen a und b (und $a > b$) parametrisiert. Es ist $\boldsymbol{\alpha}'(t) = (-a\sin t, b\cos t)$ und $\|\boldsymbol{\alpha}'(t)\| = \sqrt{a^2\sin^2 t + b^2\cos^2 t}$. Also erhält man als Länge des gesamten Ellipsenbogens das Integral

$$
\begin{aligned}
L(\boldsymbol{\alpha}) &= a\int_0^{2\pi}\sqrt{\sin^2 t + \frac{b^2}{a^2}\cos^2 t}\,dt \\
&= a\int_0^{2\pi}\sqrt{1 - (1 - b^2/a^2)\cos^2 t}\,dt \\
&= a\int_0^{2\pi}\sqrt{1 - k^2\cos^2 t}\,dt, \quad \text{mit } k := \sqrt{1 - b^2/a^2}.
\end{aligned}
$$

Integrale dieses Typs nennt man **elliptische Integrale**, sie sind überhaupt nicht elementar lösbar.

Ebene Kurven kennen wir bisher bloß in **kartesischen Koordinaten**:

$$\boldsymbol{\alpha}(t) = \big(x(t), y(t)\big).$$

Wenn sie nicht durch den Nullpunkt gehen, kann man sie aber auch mit **Polarkoordinaten** beschreiben:

$$\boldsymbol{\alpha}(t) = \big(r(t)\cos\varphi(t), r(t)\sin\varphi(t)\big),$$

mit $r(t) = \|\boldsymbol{\alpha}(t)\|$ und $\big(\cos\varphi(t), \sin\varphi(t)\big) = \dfrac{\boldsymbol{\alpha}(t)}{\|\boldsymbol{\alpha}(t)\|}$.

Wir interessieren uns hier für den Fall, dass $r(t)$ und $\varphi(t)$ stetig differenzierbare Funktionen sind. Das ist sehr häufig der Fall. Ist $\varphi(t) = t$, so ist die Kurve allein durch die Funktion $r(t)$ festgelegt. Die Gleichung $r = r(\varphi)$ nennt man dann die *„Polargleichung"*.

Hier sind einige **Beispiele:**

1. Der Kreis um den Nullpunkt mit Radius R wird in kartesischen Koordinaten durch $\boldsymbol{\alpha}(t) = (R\cos t, R\sin t)$ parametrisiert. Hier ist $r(t) = R$ konstant und $\varphi(t) = t$. Das ergibt die Polargleichung $r = R$. Umgekehrt erhält man aus dieser Gleichung die kartesische Darstellung

$$\big(x(t), y(t)\big) = \big(r(t)\cos t, r(t)\sin t\big) = (R\cos t, R\sin t).$$

2. Eine Ellipse wird durch $\boldsymbol{\alpha}(t) = (x, y) := (a\cos t, b\sin t)$ parametrisiert, in Polarkoordinaten durch $\boldsymbol{\alpha}(t) = (r(t)\cos\varphi(t), r(t)\sin\varphi(t))$.

Aus der Ellipsen-Gleichung $(x/a)^2 + (y/b)^2 = 1$ entnimmt man die Beziehung

$$ab = \sqrt{b^2 x^2 + a^2 y^2} = \sqrt{b^2 \cdot r(t)^2 \cos^2 \varphi(t) + a^2 \cdot r(t)^2 \sin^2 \varphi(t)}$$

$$= r(t) \sqrt{b^2 \cos^2 \varphi(t) + a^2 \sin^2 \varphi(t)},$$

also die Polargleichung

$$r(\varphi) = \frac{ab}{\sqrt{b^2 \cos^2 \varphi + a^2 \sin^2 \varphi}}, \quad 0 \le \varphi < 2\pi.$$

3. Durch die Polargleichung $r = 6\cos^2(\varphi/2)$ bzw. $r = 3(1 + \cos\varphi)$ (für $-\pi \le \varphi \le \pi$) wird eine sogenannte „Kardioide" definiert.

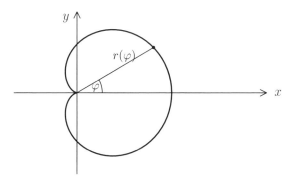

Ist eine Kurve $\boldsymbol{\alpha}(t) = \big(r(t)\cos\varphi(t), r(t)\sin\varphi(t)\big)$ in Polarkoordinaten mit stetig differenzierbaren Funktionen r und φ gegeben, so ist

$$\boldsymbol{\alpha}'(t) = \big(r'(t)\cos\varphi(t) - r(t)\sin\varphi(t)\varphi'(t),\, r'(t)\sin\varphi(t) + r(t)\cos\varphi(t)\varphi'(t)\big),$$

und damit

$$\|\boldsymbol{\alpha}'(t)\| = \sqrt{r'(t)^2 + r(t)^2 \varphi'(t)^2}.$$

Ist speziell $\varphi(t) = t$, so ist $\varphi'(t) = 1$ und damit $L(\boldsymbol{\alpha}) = \displaystyle\int_{\varphi_0}^{\varphi} \sqrt{r(t)^2 + r'(t)^2}\,dt$.

Ein Kreis mit Radius R ist gegeben durch die Gleichung $r = R$, sein Umfang also durch $L = \int_0^{2\pi} \sqrt{R^2 + 0}\,dt = 2\pi R$, ganz so, wie man es erwartet.

Im Falle der Kardioide $\boldsymbol{\alpha}$ mit $r = 6\cos^2(\varphi/2) = 3(1 + \cos\varphi)$ ist $r' = -3\sin\varphi$. So ergibt sich (mit $\cos^2(\varphi/2) = (1 + \cos\varphi)/2$) die Länge

$$\begin{aligned}
L(\boldsymbol{\alpha}) &= \int_{-\pi}^{\pi} \sqrt{r^2 + (r')^2}\,d\varphi \\
&= \int_{-\pi}^{\pi} \sqrt{9(1 + 2\cos\varphi + \cos^2\varphi) + 9\sin^2\varphi}\,d\varphi \\
&= 3\int_{-\pi}^{\pi} \sqrt{2(1 + \cos\varphi)}\,d\varphi = 6\int_{-\pi}^{\pi} \cos(\varphi/2)\,d\varphi \\
&= 12\sin(\varphi/2)\,\Big|_{-\pi}^{\pi} = 24.
\end{aligned}$$

Ist $\boldsymbol{\alpha} : [a, b] \to \mathbb{R}^2$ die Parametrisierung einer regulären ebenen Kurve, so nennt man $\mathbf{T}_{\boldsymbol{\alpha}}(t) := \boldsymbol{\alpha}'(t)/\|\boldsymbol{\alpha}'(t)\|$ den *Tangenteneinheitsvektor* und $\mathbf{N}_{\boldsymbol{\alpha}}(t) := \mathbf{D}(\mathbf{T}_{\boldsymbol{\alpha}}(t))$ (mit $\mathbf{D}(u, v) := (-v, u)$) den *Normaleneinheitsvektor* von $\boldsymbol{\alpha}$ in t.

Ist $\boldsymbol{\alpha}$ eine ausgezeichnete Parametrisierung, so ist $\boldsymbol{\alpha}'(s) \equiv 1$, und deshalb steht $\mathbf{T}'_{\boldsymbol{\alpha}}(s)$ auf $\mathbf{T}_{\boldsymbol{\alpha}}(s)$ senkrecht, genauso wie $\mathbf{N}_{\boldsymbol{\alpha}}(s)$. Man bezeichnet dann den Proportionalitätsfaktor $\kappa_{\boldsymbol{\alpha}}^{or}(s)$ in der Gleichung

$$\mathbf{T}'_{\boldsymbol{\alpha}}(s) = \kappa_{\boldsymbol{\alpha}}^{or}(s) \cdot \mathbf{N}_{\boldsymbol{\alpha}}(s)$$

als die *orientierte, ebene Krümmung* von $\boldsymbol{\alpha}$ in s. Die Zahl $\kappa_{\boldsymbol{\alpha}}(s) = |\kappa_{\boldsymbol{\alpha}}^{or}(s)|$ nennt man die *absolute Krümmung* von $\boldsymbol{\alpha}$ in s. Ist $\boldsymbol{\alpha}$ **nicht** die ausgezeichnete Parametrisierung, so gilt die Gleichung

$$\mathbf{T}'_{\boldsymbol{\alpha}}(s) = \kappa_{\boldsymbol{\alpha}}^{or}(s) \cdot \|\boldsymbol{\alpha}'(t)\| \cdot \mathbf{N}_{\boldsymbol{\alpha}}(s).$$

Ist $\boldsymbol{\alpha} = (\alpha_1, \alpha_2)$ zweimal stetig differenzierbar, so ist

$$\kappa_{\boldsymbol{\alpha}}^{or}(t) = \frac{\alpha_1'(t)\alpha_2''(t) - \alpha_1''(t)\alpha_2'(t)}{\|\boldsymbol{\alpha}'(t)\|^3}.$$

Die ausgezeichnete Parametrisierung eines Kreises vom Radius r um $\mathbf{x}_0 = (x_0, y_0)$ ist gegeben durch

$$\boldsymbol{\alpha}(s) = (x_0 + r\cos(s/r), y_0 + r\sin(s/r)), \quad s \in [0, 2\pi r].$$

Damit berechnet man für die Krümmung des Kreises den Wert $\kappa_{\boldsymbol{\alpha}}^{or}(s) = 1/r$. Dagegen ist die Krümmung einer Geraden überall $= 0$.

Bei einer (regulären) **Raumkurve** definiert man den Tangenteneinheitsvektor wie bei ebenen Kurven. Ist $\boldsymbol{\alpha}$ eine ausgezeichnete Parametrisierung, so heißt $\kappa_{\boldsymbol{\alpha}}(s) := \|\mathbf{T}'_{\boldsymbol{\alpha}}(s)\|$ die *Krümmung* von $\boldsymbol{\alpha}$ in s. Das entspricht der absoluten Krümmung im Falle ebener Kurven. Eine orientierte Krümmung gibt es bei Raumkurven nicht.

Liegt bei der Raumkurve $\boldsymbol{\alpha}$ **nicht** die ausgezeichnete Parametrisierung vor, so gilt für die Krümmung: $\kappa_{\boldsymbol{\alpha}}(t) = \|\mathbf{T}'_{\boldsymbol{\alpha}}(t)\|/\|\boldsymbol{\alpha}'(t)\|$.

Beispiel

Sei $\boldsymbol{\alpha}(t) := (1.5\sin t, \sin t\cos t)$. Dann ist $\boldsymbol{\alpha}'(t) = (1.5\cos t, \cos^2 t - \sin^2 t)$ und $\boldsymbol{\alpha}''(t) = (-1.5\sin t, -4\cos t\sin t)$. Bei ebenen Kurven ist die orientierte Krümmung gegeben durch

$$\kappa_{\boldsymbol{\alpha}}^{or}(t) = \frac{\boldsymbol{\alpha}''(t) \bullet \mathbf{D}\boldsymbol{\alpha}'(t)}{\|\boldsymbol{\alpha}'(t)\|^3},$$

wenn $\mathbf{D}$ die Drehung um $90°$ im positiven Drehsinn (mit $\mathbf{D}(u, v) = (-v, u)$) bezeichnet. Im vorliegenden Fall bedeutet das:

$$\kappa_{\boldsymbol{\alpha}}^{or}(t) \;=\; \frac{(-1.5\sin t,\, -4\cos t\sin t)\bullet(\sin^2 t - \cos^2 t,\, 1.5\cos t)}{\sqrt{(1.5\cos t)^2 + (\cos^2 t - \sin^2 t)^2}^{\,3}}$$

$$=\; (-1.5)\cdot \frac{\sin t(\sin^2 t - \cos^2 t) + 4\cos^2 t\sin t}{\sqrt{(1.5\cos t)^2 + (\cos^2 t - \sin^2 t)^2}^{\,3}}$$

$$=\; (-1.5\sin t)\cdot \frac{3\cos^2 t + \sin^2 t}{\sqrt{(1.5\cos t)^2 + (\cos^2 t - \sin^2 t)^2}^{\,3}}$$

$$=\; (-1.5\sin t)\cdot \frac{2\cos^2 t + 1}{\sqrt{(1.5\cos t)^2 + (\cos^2 t - \sin^2 t)^2}^{\,3}}$$

Die Krümmung wird nur Null, wenn $\sin t = 0$ ist, also bei $t = 0$, π, 2π. Das ist immer im Kreuzungspunkt $(0,0)$, in dem durchläuft die Kurve jeweils einen „Wendepunkt".

Bei ebenen Kurven kann man die Krümmung sehr anschaulich deuten. Beginnen wir mit der ausgezeichneten Parametrisierung eines Kreises:

$$\boldsymbol{\gamma}_\varepsilon(t) := \big(a + r\cos(t/r),\, b + \varepsilon r\sin(t/r)\big),$$

wobei $\varepsilon = \pm 1$ ist. Der Mittelpunkt des Kreises ist der Punkt (a,b), der Radius die Zahl $r > 0$. Ist $\varepsilon = +1$, so parametrisiert $\boldsymbol{\gamma} := \boldsymbol{\gamma}_{+1}$ einen Kreis, der im mathematisch positiven Sinne durchlaufen wird. Ist $\varepsilon = -1$, so ist $\boldsymbol{\gamma}_-(t) := \boldsymbol{\gamma}_{-1}(t) = \boldsymbol{\gamma}(-t)$ der im umgekehrten Sinne durchlaufene Kreis. Es ist

$$\boldsymbol{\gamma}_\varepsilon'(t) = \big(-\sin(t/r),\, \varepsilon\cos(t/r)\big) \quad\text{und}\quad \boldsymbol{\gamma}_\varepsilon''(t) = \big(-\cos(t/r)/r,\, -\varepsilon\sin(t/r)/r\big),$$

und daher $\kappa_{\boldsymbol{\gamma}_\varepsilon}^{or}(t) \equiv \varepsilon/r$.

Nun sei $\boldsymbol{\alpha} = (\alpha_1, \alpha_2) : I \to \mathbb{R}^2$ eine beliebige ebene, durch die Bogenlänge parametrisierte Kurve, $s_0 \in I$, $\boldsymbol{\alpha}'(s_0) \neq \mathbf{0}$ und $\kappa_{\boldsymbol{\alpha}}^{or}(s_0) \neq 0$. Wir wollen zeigen, dass es genau eine Kreislinie $\boldsymbol{\gamma}$ und ein $t_0 \in [0, 2\pi)$ gibt, so dass gilt:

$$\boldsymbol{\alpha}(s_0) = \boldsymbol{\gamma}(t_0),\ \ \boldsymbol{\alpha}'(s_0) = \boldsymbol{\gamma}'(t_0) \quad\text{und}\quad \kappa_{\boldsymbol{\alpha}}^{or}(s_0) = \kappa_{\boldsymbol{\gamma}}^{or}(t_0).$$

Eindeutigkeit: Wenn es einen solchen Kreis $\boldsymbol{\gamma} = \boldsymbol{\gamma}_\varepsilon$ gibt, dann muss $r = 1/|\kappa_{\boldsymbol{\gamma}}(t_0)| = 1/|\kappa_{\boldsymbol{\alpha}}(s_0)|$ sein, und die Durchlaufungsrichtung (also ε) hängt vom Vorzeichen von $\kappa_{\boldsymbol{\alpha}}^{or}(s_0)$ ab. Weil $\|\boldsymbol{\alpha}'(s_0)\| = 1$ ist, gibt es genau ein $u_0 \in [0, 2\pi)$ mit

$$\begin{aligned}
\boldsymbol{\alpha}'(s_0) &= \varepsilon\big(\cos(\varepsilon u_0 + \pi/2), \sin(\varepsilon u_0 + \pi/2)\big) \\
&= \varepsilon\big(-\sin(\varepsilon u_0), \cos(\varepsilon u_0)\big) = (-\sin u_0, \varepsilon \cos u_0).
\end{aligned}$$

Damit $\boldsymbol{\alpha}'(s_0) = \boldsymbol{\gamma}'_\varepsilon(t_0)$ wird, muss $t_0/r = u_0$ sein, also $t_0 = r u_0$..

Die Bedingung $\boldsymbol{\alpha}(s_0) = \boldsymbol{\gamma}_\varepsilon(t_0)$ liefert schließlich:

$$\begin{aligned}
(a,b) &= \boldsymbol{\gamma}_\varepsilon(t_0) - \big(r\cos(t_0/r), \varepsilon r \sin(t_0/r)\big) \\
&= \boldsymbol{\alpha}(s_0) - \Big(\frac{\varepsilon}{\kappa^{or}_{\boldsymbol{\alpha}}(s_0)}\cos u_0, \frac{1}{\kappa^{or}_{\boldsymbol{\alpha}}(s_0)}\sin u_0\Big) \\
&= \boldsymbol{\alpha}(s_0) - \frac{1}{\kappa^{or}_{\boldsymbol{\alpha}}(s_0)}\big(\alpha'_2(s_0), -\alpha'_1(s_0)\big).
\end{aligned}$$

Damit sind alle Größen des Kreises festgelegt.

Existenz: Legt man umgekehrt die Größen a, b, r und t_0 wie oben fest, so erhält man eine Kreislinie mit den gewünschten Eigenschaften.

Man nennt den so konstruierten Kreis den ***Krümmungskreis***, und r bezeichnet man als ***Krümmungsradius*** in s_0.

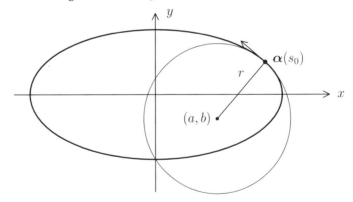

Je größer die Krümmung wird, desto kleiner wird der Radius des Krümmungskreises. In einer Linkskurve von $\boldsymbol{\alpha}$ liegt der Krümmungskreis links on $\boldsymbol{\alpha}$, in einer Rechtskurve liegt er rechts davon. Beim Wechsel von einer Linkskurve in eine Rechtskurve durchläuft $\boldsymbol{\alpha}$ einen Wendepunkt, an dem die Krümmung verschwindet. Bei Annäherung an den Wendepunkt wächst der Radius des Krümmungskreises gegen Unendlich.

Zum Schluss dieses Abschnittes betrachten wir die Verfolgungskurve (***Traktrix***), auch „Ziehkurve" oder „Hundekurve" genannt. Ausgangspunkt ist folgendes Problem:

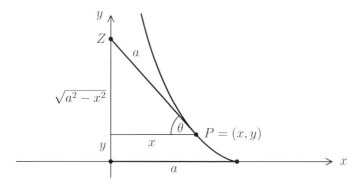

Ein Mann – repräsentiert durch den Punkt Z – bewegt sich vom Nullpunkt aus in Richtung der y-Achse. Er zieht einen störrischen Hund – repräsentiert durch den Punkt P – hinter sich her. Die Leine hat die Länge a, und am Anfang sitzt der Punkt P auf der positiven x-Achse. Entlang welcher Kurve bewegt sich der Hund?

Die Zugkurve ist der Graph einer Funktion $y = f(x)$ mit $f(a) = 0$. Die straff gespannte Hundeleine verläuft stets tangential zu f. Deshalb gilt für den Winkel θ in der obigen Skizze:

$$f'(x) = \tan(\pi - \theta) = -\tan(\theta) = -\frac{\sqrt{a^2 - x^2}}{x},$$

oder mit anderen Worten: f erfüllt das Anfangswertproblem $f'(x) = -\sqrt{a^2 - x^2}/x$ mit $f(a) = 0$. Es geht also um die Lösung einer Differentialgleichung, die allerdings eine besonders einfache Struktur hat. Man muss „nur" integrieren:

$$
\begin{aligned}
f(x) &= -\int \frac{\sqrt{a^2 - x^2}}{x}\, dx + C \quad \text{(substituiere } a^2 - x^2 = u^2\text{)} \\
&= -\int \frac{u}{\sqrt{a^2 - u^2}} \cdot \frac{-u\,du}{\sqrt{a^2 - u^2}} + C = -\int \frac{(a^2 - u^2) - a^2}{a^2 - u^2}\, du + C \\
&= -\int du + \int \frac{du}{1 - (u/a)^2} + C = -u + a \int \frac{dy}{1 - y^2} + C \quad \text{(mit } u = ay\text{)} \\
&= -u + \frac{a}{2} \ln \frac{1 + (u/a)}{1 - (u/a)} + C = -u + a \ln \frac{1 + (u/a)}{\sqrt{1 - (u/a)^2}} + C \\
&= -\sqrt{a^2 - x^2} + a \ln \frac{1 + \sqrt{1 - (x/a)^2}}{x/a} + C \\
&= -\sqrt{a^2 - x^2} + a \ln \frac{a + \sqrt{a^2 - x^2}}{x} + C
\end{aligned}
$$

Wegen $f(a) = 0$ ist $C = 0$. Die einfachste Parametrisierung der Traktrix ist jetzt natürlich durch $t \mapsto (t, f(t))$ für $0 < t \le a$ gegeben. Allerdings ist diese Parametrisierung zum Rechnen etwas unbequem, und die Kurve wird in der falschen Richtung durchlaufen, sie kommt aus dem Unendlichen und endet bei $(a, 0)$. Es erweist sich als nützlich, die Funktion $\varphi : [\pi/2, \pi) \to (0, a]$ mit $\varphi(t) := a \sin t$

davorzuschalten. Dann erhält man die Parametrisierung $\boldsymbol{\alpha} : [\pi/2, \pi) \to \mathbb{R}^2$ mit $\boldsymbol{\alpha}(t) := (\varphi(t), f \circ \varphi(t)) = (a \sin t, f(a \sin t))$. Berücksichtigt man, dass $\sqrt{1 - \sin^2 t} = |\cos t| = -\cos t$ für $\pi/2 \le t < \pi$ ist, sowie die Formel[3]

$$\frac{1 - \cos t}{\sin t} = \frac{\left(1 + \tan^2(t/2)\right) - \left(1 - \tan^2(t/2)\right)}{2 \tan(t/2)} = \tan(t/2),$$

so erhält man:

$$f(a \sin t) = a \cos t + a \ln \frac{1 - \cos t}{\sin t} = a(\cos t + \ln \tan(t/2)).$$

Zusammenfassend ist also

$$\boldsymbol{\alpha}(t) = \left(a \sin t, a \cos t + a \ln \tan(t/2)\right),$$

und für die Ableitungen gilt:

$$\boldsymbol{\alpha}'(t) = (a \cos t, -a \sin t + a/\sin t)$$
$$\text{und} \quad \boldsymbol{\alpha}''(t) = (-a \sin t, -a \cos t - a \cos t/\sin^2 t).$$

Dabei ist $\boldsymbol{\alpha}(\pi/2) = (a, 0)$, $\alpha_1(\pi) = 0$ und $\lim\limits_{t \to \pi} \alpha_2(t) = +\infty$. Insbesondere ist

$$\|\boldsymbol{\alpha}'(t)\| = a\sqrt{\cos^2 t + \sin^2 t - 2 + \frac{1}{\sin^2 t}} = a\sqrt{\frac{1}{\sin^2 t} - 1}$$
$$= a\sqrt{\frac{\cos^2 t}{\sin^2 t}} = \frac{a}{|\tan t|} \quad \text{für } \pi/2 < t < \pi.$$

Für die Krümmung gilt daher:

$$\kappa_{\boldsymbol{\alpha}}^{or}(t) = \frac{\boldsymbol{\alpha}''(t) \cdot \mathbf{D}\boldsymbol{\alpha}'(t)}{\|\boldsymbol{\alpha}'(t)\|^3}$$
$$= \frac{(-a \sin t, -a \cos t - a \cos t/\sin^2 t) \cdot (a \sin t - a/\sin t, a \cos t)}{a^3/|\tan t|^3}$$
$$= \frac{-a^2/\tan^2 t}{a^3/|\tan t|^3} = -|\tan t|/a.$$

Die Krümmung ist also überall negativ, und für $t \to \pi$ (von links) strebt sie gegen 0, denn die Traktrix nähert sich da der y-Achse an. Bei $t = \pi/2$ ist die Krümmung dagegen nicht definiert. Was bedeutet das?

Man kann $\boldsymbol{\alpha}$ auch auf $(0, \pi)$ definieren und erhält dann die folgende Kurve:

---

[3]Die Formel ergibt sich aus den Beziehungen

$$\sin t = \frac{2 \tan(t/2)}{1 + \tan^2(t/2)} \quad \text{und} \quad \cos t = \frac{1 - \tan^2(t/2)}{1 + \tan^2(t/2)}.$$

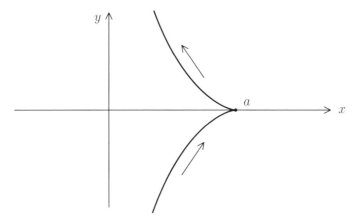

Die Ableitung dieser Kurve verschwindet bei $t = \pi/2$, die Kurve ist dort also nicht glatt. Wie man sieht, hat sie in $(a, 0)$ eine „Spitze". In solchen Punkten existiert die Krümmung nicht.

Aufgaben

3.5.1. Parametrisieren Sie die Kurve

$$C = \{(x, y, z) \in \mathbb{R}^3 \, : \, x^2 + y^2 = 9 \text{ und } y + z = 2\}.$$

Jede der beiden Gleichungen definiert eine Fläche, und die Kurve ist die Schnittmenge dieser Flächen.

3.5.2. Berechnen Sie die Länge des Einheitskreises, indem Sie den Kreis durch Streckenzüge approximieren.

Diese Aufgabe ist eigentlich nicht sinnvoll, und zwar aus folgendem Grund: Um Punkte auf dem Einheitskreis beschreiben zu können, braucht man Winkel; und um mit Winkeln rechnen zu können, braucht man Winkelfunktionen und das Bogenmaß. Die Umrechnung von Grad auf Bogenmaß benutzt die Annahme, dass die Länge des Einheitskreises $= 2\pi$ ist. Damit steckt man aber die Lösung der Aufgabe schon hinein. Man soll diese Einwände hier ignorieren und das Bogenmaß unkritisch als Maß für Winkel benutzen.

3.5.3. Berechnen Sie $\mathbf{T}_{\boldsymbol{\alpha}}$ für $\boldsymbol{\alpha}(t) := (\cos^3 t, \sin^3 t)$ und für $\boldsymbol{\beta}(t) := (e^{-2t}, 2t, 4)$.

Es ist der Tangenteneinheitsvektor $\mathbf{T}_{\boldsymbol{\alpha}}(t) = \boldsymbol{\alpha}'(t)/\|\boldsymbol{\alpha}'(t)\|$ zu berechnen.

3.5.4. Berechnen Sie die Länge der durch $\boldsymbol{\alpha}(t) := (t, t \sin t, t \cos t)$, $0 \le t \le \pi$, parametrisierten Kurve.

Es ist $\int_0^\pi \|\boldsymbol{\alpha}'(t)\| \, dt$ zu berechnen. Dabei muss man einen Weg finden, das Integral $\int_0^\pi \sqrt{2 + t^2} \, dt$ auszuwerten. Das geht mit folgender Idee: Ersetzt man t in $\sqrt{1 + t^2}$ durch $\sinh u$, so wird aus der Wurzel die Funktion $\sqrt{\cosh^2 u} = \cosh u$. Zusätzlich sollte man die Originaldefinition von $\sinh u$ und $\cosh u$ benutzen.

3.5.5. Bestimmen Sie die Bogenlängenfunktion von $\boldsymbol{\alpha}(t) := (\cosh t, \sinh t, t)$ auf $[0, x]$.

Gemeint ist das Integral $s_{\boldsymbol{\alpha}}(t) = \int_0^t \|\boldsymbol{\alpha}'(\tau)\| \, d\tau$ (der „ausgezeichnete Parameter").

3.5.6. Berechnen Sie die Krümmung der „Kettenlinie" $\boldsymbol{\alpha}(t) := (t, \cosh t)$.

Gemeint ist die orientierte, ebene Krümmung. Die soll berechnet werden.

3.5.7. Zeigen Sie, dass die Krümmungen von $\boldsymbol{\alpha}(t) := (t, \sin t)$ bei $t = \pi/2$ und $t = 3\pi/2$ gleich sind.

Man schaue sich zunächst mal die Kurve an:

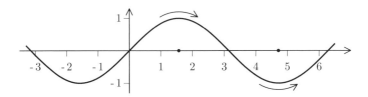

*Die Krümmungsrichtungen bei $\pi/2$ und bei $3\pi/2$ (Uhrzeiger-Sinn und Gegen-Uhrzeiger-Sinn) unterscheiden sich voneinander. Deshalb kann man nicht erwarten, dass die orientierten Krümmungen übereinstimmen. Die Aufgabe ist höchstens für die **absolute Krümmung** lösbar.*

3.5.8. Berechnen Sie die Krümmungen von $\boldsymbol{\alpha}(t) := (t, 2t - 1, 3t + 5)$ und $\boldsymbol{\beta}(t) := (e^t \cos t, e^t \sin t, e^t)$.

Hier geht es um Raumkurven. Da gibt es keine orientierte Krümmung, nur eine absolute Krümmung. Darüber hinaus enthält diese Aufgabe keine neuen Schwierigkeiten.

3.5.9. Ist $r = r(t)$ zweimal stetig differenzierbar, so wird durch

$$\boldsymbol{\alpha}(t) := (r(t) \cos t, r(t) \sin t)$$

eine Kurve in Polarkoordinaten gegeben.

1. Welche Kurven werden durch $r = a$ (mit $a > 0$) bzw. durch $r = 2 \sin t$ beschrieben?

2. Die „logarithmische Spirale" ist durch $r = e^t$ gegeben, die „archimedische Spirale" durch $r = at$. Berechnen Sie in beiden Fällen die Bogenlängenfunktion.

Kurven in Polarkoordinaten-Darstellung werden ab Seite 166 behandelt. Dort finden sich auch die nötigen Formeln.

3.6 Lineare Differentialgleichungen

In diesem Abschnitt werden lineare Differentialgleichungen beliebigen Grades mit konstanten Koeffizienten behandelt. Zu diesem Zweck werden lineare Differentialoperatoren der Gestalt $p(D)$ eingeführt. Ist $p(x) = \sum_{\nu=0}^{n} a_\nu x^\nu$ ein Polynom, so setzt man

$$p(D) := a_0 \cdot \mathrm{id} + a_1 \cdot D + \cdots + a_n \cdot D^n,$$

mit $D = d/dt$, $D^2 = d^2/dt^2$ usw., sowie $a_0, a_1, \ldots, a_n \in \mathbb{C}$. Solche Differentialoperatoren wirken auf Funktionen f aus dem Raum $\mathscr{C}^k(I)$ der k-mal stetig differenzierbaren (komplexwertigen) Funktionen auf dem Intervall I, mit $k \geq n$. Eine Lösung der Differentialgleichung

$$y^{(n)} + a_{n-1} y^{(n-1)} + \cdots + a_1 y' + a_0 y = q(t)$$

ist eine Funktion f mit $p(D)[f] = q$. Die Lösungen bilden einen n-dimensionalen $\mathbb{C}$-Vektorraum. Legt man also Anfangsbedingungen $y(t_0) = c_0$, $y'(t_0) = c_1$, ..., $y^{(n-1)}(t_0) = c_{n-1}$ fest, so ist die Lösung dadurch eindeutig bestimmt.

Das zur Definition des Differentialoperators $p(D)$ benutzte Polynom $p(x)$ nennt man das **charakteristische Polynom** des Operators (bzw. der zugehörigen Differentialgleichung).

Sind $\lambda_1, \ldots, \lambda_r$ die paarweise verschiedenen Nullstellen von $p(x)$ in $\mathbb{C}$, mit Vielfachheiten $k_1, \ldots, k_r$, so bilden die Funktionen

$$t^\nu \cdot e^{\lambda_i t} \text{ mit } i = 1, \ldots, r \text{ und } \nu = 0, 1, \ldots, k_i - 1$$

ein **Fundamentalsystem** von Lösungen (also eine Basis des Lösungsraumes) der „homogenen" Gleichung $p(D)[f] = 0$. Hat $p(x)$ nur reelle Koeffizienten und ist $\lambda = \alpha + i\beta$ eine komplexe Nullstelle von $p(x)$, so ist auch $\overline{\lambda} = \alpha - i\beta$ eine Nullstelle, und dann sind

$$\mathrm{Re}(t^\nu e^{\lambda t}) = t^\nu e^{\alpha t} \cos(\beta t) \quad \text{und} \quad \mathrm{Im}(t^\nu e^{\lambda t}) = t^\nu e^{\alpha t} \sin(\beta t)$$

reellwertige Elemente eines Fundamentalsystems.

Die Lösungen der „inhomogenen Gleichung" $p(D)[f] = q$ bilden einen affinen Raum zum Lösungs-Vektorraum der homogenen Gleichung. Man braucht deshalb nur eine „partikuläre Lösung" der inhomogenen Gleichung zu finden. Das ist im allgemeinen schwierig. Hat die rechte Seite der Gleichung allerdings die Gestalt $q(t) = f(t)e^{\lambda t}$ mit einem Polynom $f(t)$ vom Grad s, so gibt es eine partikuläre Lösung der Gestalt $y_p(t) = g(t)e^{\lambda t}$ mit einem Polynom $g(t)$. Außerdem kann man dann sagen:

1. Ist λ keine Nullstelle von $p(x)$, so hat auch $g(t)$ den Grad s.

2. Ist λ eine Nullstelle der Ordnung m von $p(x)$, so hat $g(t)$ den Grad $s + m$.

Die Lösung $y_p(t)$ gewinnt man nun, indem man den jeweiligen Ansatz in die Differentialgleichung einsetzt. Dabei gilt: Ist $p(x) = (x - \lambda_1)^{k_1} \cdots (x - \lambda_r)^{k_r}$, so ist

$$p(D) = (D - \lambda_1 \mathrm{id})^{k_1} \circ \ldots \circ (D - \lambda_r \mathrm{id})^{k_r}.$$

Ist $\{y_1, \ldots, y_n\}$ eine Basis des Lösungsraumes einer homogenen Differentialgleichung $p(D)[f] = 0$, so nennt man den Ausdruck

$$y(t) = c_1 \cdot y_1(t) + \cdots + c_n \cdot y_n(t) \text{ mit } c_1, \ldots, c_n \in \mathbb{C} \text{ oder } \in \mathbb{R}$$

die **allgemeine Lösung** der Differentialgleichung.

Beispiele

1. Betrachtet werde die Differentialgleichung $y''' - y'' - y' + y = 0$. Das zugehörige charakteristische Polynom ist

$$p(x) = x^3 - x^2 - x + 1.$$

Zunächst sind die Nullstellen von $p(x)$ zu bestimmen. Hier ist das einfach, Probieren liefert die Nullstellen $\lambda_1 = \lambda_2 = 1$ und $\lambda_3 = -1$. Dann kann man sofort die allgemeine Lösung hinschreiben:

$$y(t) = e^t(c_1 + c_2 t) + c_3 e^{-t}, \quad c_1, c_2, c_3 \in \mathbb{R} \text{ (oder } \in \mathbb{C}).$$

2. Bei der Differentialgleichung $y^{(4)} + 8y'' + 16y = 0$ geht man analog vor. Das charakteristische Polynom

$$p(x) = x^4 + 8x^2 + 16 = (x^2 + 4)^2$$

hat offensichtlich die Nullstellen $\lambda_1 = \lambda_2 = 2\,\mathrm{i}$ und $\lambda_3 = \lambda_4 = -2\,\mathrm{i}$. Weil die Nullstellen komplex sind, arbeitet man mit dem Real- und dem Imaginärteil von $e^{\lambda_1 t}$ und erhält die folgende allgemeine Lösung:

$$y(t) = (c_1 + c_2 t)\cos(2t) + (c_3 + c_4 t)\sin(2t).$$

Die allgemeine Lösung einer homogenen linearen Differentialgleichung mit konstanten Koeffizienten zu finden, ist also ein Kinderspiel, sofern man es schafft, die Nullstellen des charkteristischen Polynoms zu finden. Schwieriger wird es bei der inhomogenen Gleichung. Ist die rechte Seite von der Gestalt $q(t) = f(t)e^{\lambda t}$ mit einem Polynom $f(t)$, so gibt es das im Repetitorium angegebene Kochrezept. Letzteres reicht weiter, als man denkt.

Beispiel

Vorgelegt sei die Differentialgleichung $y'' - y = (t\cos t)e^t$.

Das charakteristische Polynom $p(x) = x^2 - 1$ der zugehörigen homogenen Gleichung hat die Nullstellen $\lambda_{1,2} = \pm 1$, die homogene Gleichung also die allgemeine Lösung $y(t) = c_1 e^t + c_2 e^{-t}$.

Die rechte Seite hat leider nicht die gewünschte Gestalt, aber man kann sich daran erinnern, dass $\cos t = \frac{1}{2}(e^{\mathrm{i}t} + e^{-\mathrm{i}t})$ ist. Das führt zur Differentialgleichung

$$y'' - y = \frac{t}{2}\left(e^{(1+i)t} + e^{(1-i)t}\right).$$

Behauptung: *Ist Y_ν Lösung der Differentialgleichung $p(D)[f] = p_\nu(t)e^{\varrho_\nu t}$, für $\nu = 1, \ldots N$ und mit Polynomen $p_\nu(t)$, so ist $Y_1 + \cdots + Y_N$ Lösung der Differentialgleichung $p(D)[f] = p_1(t)e^{\varrho_1 t} + \cdots p_N(t)e^{\varrho_N t}$.*

Der BEWEIS ist trivial.

Wir suchen nun eine partikuläre Lösung Y_1 der Differentialgleichung $y'' - y = (t/2) \cdot e^{(1+i)t}$. Weil $\lambda = 1 + i$ keine Nullstelle des charakteristischen Polynoms ist, macht man den Ansatz $Y_1(t) = (At + B)e^{\lambda t}$. Es ist

$$\begin{aligned}
Y_1'(t) &= \left((\lambda A)t + (A + \lambda B)\right)e^{\lambda t} \\
\text{und } Y_1''(t) &= \left((\lambda^2 A)t + (2\lambda A + \lambda^2 B)\right)e^{\lambda t},
\end{aligned}$$

also

$$Y_1''(t) - Y_1(t) = \left((\lambda^2 A - A)t + (2\lambda A + \lambda^2 B - B)\right)e^{\lambda t}.$$

Setzt man Y_1 in die Differentialgleichung ein, so erhält man das Gleichungssystem

$$\begin{aligned}
1/2 &= A(\lambda^2 - 1) \\
\text{und } 0 &= 2\lambda A + B(\lambda^2 - 1),
\end{aligned}$$

also

$$\begin{aligned}
A &= 1/(2(\lambda^2 - 1)) = 1/(4i - 2) = (-1 - 2i)/10 \\
\text{und } B &= -2\lambda A/(\lambda^2 - 1) = (3i - 1)/(10i - 5) = (7 - i)/25.
\end{aligned}$$

Damit ist

$$Y_1(t) = \left(\frac{-1 - 2i}{10}t + \frac{7 - i}{25}\right) \cdot e^{(1+i)t}.$$

Offensichtlich erfüllt $Y_2 = \overline{Y_1}$ die konjugierte Differentialgleichung $y'' - y = (t/2) \cdot e^{(1-i)t}$. Es ist

$$Y_2(t) = \left(\frac{-1 + 2i}{10}t + \frac{7 + i}{25}\right) \cdot e^{(1-i)t}.$$

Die gesuchte partikuläre Lösung der Ausgangsgleichung ist dann

$$Y(t) = Y_1(t) + Y_2(t) = 2\,\text{Re}(Y_1(t)) = e^t\left(\left(\frac{14}{25} - \frac{t}{5}\right)\cos t + \left(\frac{2}{25} + \frac{2t}{5}\right)\sin t\right).$$

Es ist

$$Y''(t) = e^t\left(\left(\frac{14}{25} + \frac{4t}{5}\right)\cos t + \left(\frac{2}{25} + \frac{2t}{5}\right)\sin t\right),$$

und die Probe ergibt dann: $Y''(t) - Y(t) = (t\cos t)\,e^t$.

Im Falle einer homogenen linearen Differentialgleichung 2. Ordnung $y'' + 2ay' + by = 0$ ist der Lösungsraum besonders übersichtlich. Das charakteristische Polynom $p(x) = x^2 + 2ax + b$ hat die beiden Nullstellen

$$\lambda_{1,2} = -a \pm \sqrt{\Delta} \quad \text{mit der Diskriminante } \Delta = a^2 - b.$$

Die allgemeine Lösung hat dann die Gestalt

$$y(t) = e^{-at}\big(c_1 u_1(t) + c_2 u_2(t)\big), \text{ mit } c_1, c_2 \in \mathbb{C}.$$

Dabei kann man die Funktionen u_1, u_2 wie folgt wählen:

1. Ist $\Delta = 0$, so wähle man $u_1(t) = 1$ und $u_2(t) = t$.

2. Ist $\Delta > 0$, so wähle man $u_1(t) = e^{\lambda t}$ und $u_2(t) = e^{-\lambda t}$ mit $\lambda = \sqrt{\Delta}$.

3. Ist $\Delta < 0$, so wähle man $u_1(t) = \cos(\lambda t)$ und $u_2(t) = \sin(\lambda t)$ mit $\lambda = \sqrt{-\Delta}$.

Die Funktionen $v_1(t) = e^{-at}u_1(t)$ und $v_2(t) = e^{-at}u_1(t)$ bilden ein Fundamentalsystem, also eine Basis des Lösungsraumes.

Über die partikuläre Lösung der inhomogenen Gleichung $y'' + 2ay' + by = q(t)$ kann man mehr aussagen als im allgemeinen Fall.

$$W(t) := \det \begin{pmatrix} v_1(t) & v_2(t) \\ v_1'(t) & v_2'(t) \end{pmatrix} = v_1(t)v_2'(t) - v_2(t)v_1'(t)$$

heißt **_Wronski-Determinante_** des Funktionensystems $\{v_1, v_2\}$. Im vorliegenden Fall ist

$$W(t) = \big(u_1(t) \cdot (u_2'(t) - au_2(t)) - u_2(t)(u_1'(t) - au_1(t))\big)e^{-2at},$$

und es gilt:

1. Ist $\Delta = 0$, so ist $W(t) = e^{-2at} \neq 0$.

2. Ist $\Delta > 0$, so ist $W(t) = -2\lambda e^{-2at} \neq 0$ (mit $\lambda = \sqrt{\Delta}$).

3. Ist $\Delta < 0$, so ist $W(t) = \lambda e^{-2at} \neq 0$ (mit $\lambda = \sqrt{-\Delta}$).

Es ist kein Zufall, dass die Wronski-Determinante hier immer $\neq 0$ ist. Vielmehr folgt dies aus einem allgemeinen Satz, der besagt, dass die Wronski-Determinante die Lösung einer gewissen linearen Differentialgleichung ist. Wäre dann $W(t_0) = 0$ für ein t_0, so müsste $W(t) \equiv 0$ für alle $t \in \mathbb{R}$ gelten. Man kann zeigen, dass das unmöglich ist, wenn die Funktionen v_1 und v_2 linear unabhängig sind.

Behauptung: _Die Differentialgleichung_ $y'' + 2ay' + by = q(t)$ _hat eine partikuläre Lösung_ $y_p(t) = g_1(t)v_1(t) + g_2(t)v_2(t)$ _mit_

$$g_1(t) = -\int v_2(s)\frac{q(s)}{W(s)}\,ds \quad \text{und} \quad g_2(t) = \int v_1(s)\frac{q(s)}{W(s)}\,ds.$$

BEWEIS: Wir beginnen mit einem Ansatz: $y_p = g_1 v_1 + g_2 v_2$. Dann ist

$$\begin{aligned}
y_p' &= g_1' v_1 + g_1 v_1' + g_2' v_2 + g_2 v_2' \\
\text{und} \quad y_p'' &= g_1'' v_1 + g_2'' v_2 + 2g_1' v_1' + 2g_2' v_2' + g_1 v_1'' + g_2 v_2''.
\end{aligned}$$

Das setzen wir in die Differentialgleichung ein und nutzen dabei aus, dass v_1 und v_2 die homogene Gleichung erfüllen: $v_i'' + 2av_i' + bv_i = 0$. Das ergibt folgende Bestimmungsgleichung:

$$\begin{aligned}
q &\overset{!}{=} y_p'' + 2ay_p' + by_p \\
&= g_1(v_1'' + 2av_1' + bv_1) + g_2(v_2'' + 2av_2' + bv_2) \\
&\quad + g_1'' v_1 + g_2'' v_2 + 2g_1' v_1' + 2g_2' v_2' + 2a(g_1' v_1 + g_2' v_2) \\
&= (g_1' v_1' + g_2' v_2') + 2a(g_1' v_1 + g_2' v_2) + (g_1' v_1 + g_2' v_2)'.
\end{aligned}$$

Diese Gleichung wird erfüllt, wenn $g_1' v_1 + g_2' v_2 = 0$ und $g_1' v_1' + g_2' v_2' = q$ ist, also

$$\begin{pmatrix} v_1 & v_2 \\ v_1' & v_2' \end{pmatrix} \cdot \begin{pmatrix} g_1' \\ g_2' \end{pmatrix} = \begin{pmatrix} 0 \\ q \end{pmatrix}.$$

Weil die Wronski-Determinante nicht verschwindet, kann man die Matrizen-Gleichung mit der Cramerschen Regel auflösen:

$$\begin{pmatrix} g_1' \\ g_2' \end{pmatrix} = \begin{pmatrix} v_1 & v_2 \\ v_1' & v_2' \end{pmatrix}^{-1} \cdot \begin{pmatrix} 0 \\ q \end{pmatrix} = \frac{1}{W} \begin{pmatrix} v_2' & -v_2 \\ -v_1' & v_1 \end{pmatrix} \cdot \begin{pmatrix} 0 \\ q \end{pmatrix} = \begin{pmatrix} -v_2 q/W \\ v_1 q/W \end{pmatrix}.$$

Eine einfache Integration liefert das gewünschte Ergebnis.   ∎

Beispiele

1. Betrachtet werde die Differentialgleichung $y'' + y = \tan t$ auf dem Intervall $(-\pi/2, +\pi/2)$.

   Das charakteristische Polynom $p(x) = x^2 + 1$ hat die Diskriminante $\Delta = -1$ und die Nullstellen $\lambda_{1,2} = \pm i$. Ein Fundamentalsystem ist gegeben durch

   $$v_1(t) = \cos t \quad \text{und} \quad v_2(t) = \sin t,$$

   und das ergibt die Wronski-Determinante $W(t) = v_1(t)v_2'(t) - v_2(t)v_1'(t) = 1$. Nach der obigen Formel ist dann

   $$g_1(t) = -\int \sin s \tan s\,ds \quad \text{und} \quad g_2(t) = \int \cos s \tan s\,ds.$$

   Dabei ist $g_2(t) = \int \cos s \tan s\,ds = \int \sin s\,ds = \cos t$. Das andere Integral ist etwas schwerer zu berechnen. Zunächst ist

$$\int \sin s \tan s\, ds = \int \frac{\sin^2 s}{\cos s}\, ds = \int \frac{1}{\cos s}\, ds - \int \cos s\, ds\,.$$

Das erste dieser beiden Integrale hat die Form $\int F(\sin s, \cos s)\, ds$ mit $F(x,y) = 1/y$. Wie im Hinweis zu Aufgabe 3.4.5 (9) beschrieben, bietet sich dann die Substitution $u = \tan(s/2)$ an. Dann ist

$$\sin s = \frac{2u}{1+u^2}, \quad \cos s = \frac{1-u^2}{1+u^2} \quad \text{und} \quad ds = \frac{2\, du}{1+u^2}\,,$$

und es folgt:

$$\begin{aligned}
\int \frac{1}{\cos s}\, ds &= \int \frac{1+u^2}{1-u^2} \cdot \frac{2\, du}{1+u^2} \\
&= 2 \int \frac{du}{1-u^2} = \int \frac{du}{u+1} - \int \frac{du}{u-1} \\
&= \ln|u+1| - \ln|u-1| = \ln\left|\frac{\tan(t/2)+1}{\tan(t/2)-1}\right|,
\end{aligned}$$

also

$$g_1(t) = -\int \sin s \tan s\, ds = \sin t - \ln\left|\frac{\tan(t/2)+1}{\tan(t/2)-1}\right|.$$

Als Lösung der inhomogenen Differentialgleichung gewinnt man somit

$$y_p(t) = 2\sin t \cos t - \cos t \ln\left|\frac{\tan(t/2)+1}{\tan(t/2)-1}\right|.$$

2. Bei der Differentialgleichung $y'' + y' - 2y = e^t$ hat das charakteristische Polynom $p(x) = x^2 + x - 2$ die beiden Nullstellen $\lambda_1 = 1$ und $\lambda_2 = -2$. Damit ist

$$v_1(t) = e^t, \quad v_2(t) = e^{-2t} \quad \text{und} \quad W(t) = \det\begin{pmatrix} e^t & e^{-2t} \\ e^t & -2e^{-2t} \end{pmatrix} = -3e^{-t}.$$

Daraus folgt:

$$\begin{aligned}
g_1(t) &= -\int v_2(s)\frac{q(s)}{W(s)}\, ds = \int \frac{1}{3}\, ds = \frac{t}{3} \\
\text{und} \quad g_2(t) &= \int v_1(s)\frac{q(s)}{W(s)}\, ds = -\frac{1}{3}\int e^{3s}\, ds = -\frac{1}{9}e^{3t}.
\end{aligned}$$

Eine Lösung der inhomogenen Gleichung ist dann

$$y_p(t) = \frac{1}{3}\, t\, e^t - \frac{1}{9}\, e^t.$$

Aufgaben

3.6.1. Sei $p(D) = \sum_{i=1}^{n} a_i D^i$ ein linearer Differentialoperator mit konstanten Koeffizienten. Zeigen Sie, dass man die Koeffizienten a_i aus den Werten $p(D)[x^k]$ (mit $k = 0, \ldots, n$) gewinnen kann.

Sei $p_k(D) := a_0 \mathrm{id} + a_1 D + \cdots + a_k D^k$. Dann berechne man $\big(p(D) - p_k(D)\big)[x^{k+1}]$.

3.6.2. Bestimmen Sie die Lösungsmenge der folgenden DGLn:

1. $y''' - 7y' + 6y = 0$,

2. $y''' - y'' - 8y' + 12y = 0$,

3. $y''' - 4y'' + 13y' = 0$.

Es geht immer nach dem gleichen Schema. Schritt 1: Bestimme das charakteristische Polynom $p(x)$. Schritt 2: Bestimme die Nullstellen von $p(x)$ mit ihren Vielfachheiten. Schritt 3: Ist λ Nullstelle mit Vielfachheit 1, so ist $e^{\lambda t}$ eine Lösung. Ist λ Nullstelle mit Vielfachheit k, so sind die Funktionen $t^\nu e^{\lambda t}$, $\nu = 1, \ldots, k-1$, Lösungen. Schritt 4: Ist $\lambda = \alpha + \mathrm{i}\,\beta$ eine komplexe Nullstelle (der Vielfachheit 1), so sind $\mathrm{Re}(e^{\lambda t}) = e^{\alpha t} \cos t$ und $\mathrm{Im}(e^{\lambda t}) = e^{\alpha t} \sin t$ reelle Lösungen.

Die Gesamtheit der so gefundenen (reellen) Lösungen bildet ein Fundamentalsystem.

3.6.3. Lösen Sie die DGL $y''' - 2y'' - 3y' = 0$.

Man findet sofort die Zerlegung $p(x) = x(x+1)(x-3)$. Der Rest ist Routine.

3.6.4. Lösen Sie die DGL $y^{(4)} + 4y''' + 6y'' + 4y' + y = 0$.

Das charakteristische Polynom hat den Grad 4. Man sieht sofort, dass es keine positive Nullstelle besitzen kann und rät dann leicht eine (negative) Nullstelle. Polynomdivision reduziert das Problem auf ein Polynom dritten Grades, das man mit Hilfe der binomischen Formel weiter zerlegen kann. Dann geht es weiter nach Schema F.

3.6.5. Bestimmen Sie ein Fundamentalsystem von Lösungen für $y''' - y = 0$.

Hier findet man eine reelle und zwei komplexe Lösungen. Wie man zu dem reellen Fundamentalsystem kommt, wurde in den Anmerkungen zu Aufgabe 3.6.2 erklärt.

3.6.6. Sei $p(D)$ ein linearer Differentialoperator mit reellen konstanten Koeffizienten. Zeigen Sie:

1. Sind die Funktionen f_i jeweils Lösung der DGL $p(D)[y] = g_i(t)$, so ist $c_1 f_1 + \cdots + c_k f_k$ Lösung der DGL $p(D)[y] = c_1 g_1(t) + \cdots + c_k g_k(t)$.

2. Ist Q eine komplexwertige Funktion und Y eine (komplexe) Lösung der DGL $p(D)[y] = Q(t)$, so ist $\mathrm{Re}(Y)$ eine Lösung der DGL $p(D)[y] = \mathrm{Re}(Q(t))$.

(1) ist trivial, und (2) ergibt sich auch fast von selbst.

4 Vertauschung von Grenzprozessen

4.1 Gleichmäßige Konvergenz

In diesem Abschnitt wird die Vertauschbarkeit verschiedener Grenzprozesse untersucht. Dabei geht es auf der einen Seite um Funktionenfolgen und ihre Grenzwerte, und auf der anderen Seite um Integration und Differentiation.

Es sei $M \subset \mathbb{R}^n$ eine beliebige Teilmenge. Eine Folge von Funktionen $f_n : M \to \mathbb{R}$ **konvergiert punktweise** gegen eine Funktion $f : M \to \mathbb{R}$, falls gilt:

$$\text{Für jeden Punkt } \mathbf{x} \in M \text{ ist } \lim_{n \to \infty} f_n(\mathbf{x}) = f(\mathbf{x}).$$

Bei dieser Art von Grenzwertbetrachtung hält man jeweils **einen** Punkt $\mathbf{x}$ aus dem gemeinsamen Definitionsbereich aller (f_n) fest und untersucht dann die Folge der Werte $(f_n(\mathbf{x}))$ wie eine gewöhnliche Zahlenfolge. Kommt nun Differentiation oder Integration ins Spiel, so wird das Werteverhalten aller f_n in der Nachbarschaft von $\mathbf{x}$ oder gar auf dem ganzen Definitionsbereich wichtig. Da reicht die punktweise Konvergenz nicht aus.

Eine Folge von Funktionen $f_n : M \to \mathbb{R}$ **konvergiert gleichmäßig** auf M gegen eine Funktion $f : M \to \mathbb{R}$, wenn es zu jedem $\varepsilon > 0$ ein n_0 gibt, so dass für $n \geq n_0$ und **alle** $\mathbf{x} \in M$ gleichzeitig gilt:

$$|f_n(\mathbf{x}) - f(\mathbf{x})| < \varepsilon.$$

Anschaulich kann man das am besten verstehen, wenn man das Konzept des ε-Schlauches verwendet:

$$S_\varepsilon(f) := \{(\mathbf{x}, y) \in M \times \mathbb{R} \, : \, f(\mathbf{x}) - \varepsilon < y < f(\mathbf{x}) + \varepsilon\}.$$

Eine Funktion $g : M \to \mathbb{R}$ liegt in dem ε-Schlauch um f, wenn der Graph von g zwischen den Graphen von $f - \varepsilon$ und $f + \varepsilon$ liegt. Und eine Funktionenfolge (f_n) konvergiert gleichmäßig gegen f, wenn man zu jedem $\varepsilon > 0$ ein n_0 finden kann, so dass die Graphen aller f_n mit $n \geq n_0$ im ε-Schlauch um f liegen.

Satz: *Konvergiert* (f_n) *auf* M *gleichmäßig gegen* f *und sind alle* f_n *stetig, so ist auch die Grenzfunktion* f *auf* M *stetig.*

Diese Aussage ist ein typischer Vertauschungssatz, denn man könnte sie auch folgendermaßen schreiben:

$$\lim_{x \to x_0} \lim_{n \to \infty} f_n(x) = \lim_{n \to \infty} \lim_{x \to x_0} f_n(x).$$

Dass diese Regel ohne die Voraussetzung der gleichmäßigen Konvergenz nicht zu gelten braucht, sieht man am Beispiel der Funktionen $f_n(x) = x^n$ (auf dem Intervall $[0,1]$) im Falle $x < 1$ und $x_0 = 1$. Da ergibt die linke Seite den Wert 0 und die rechte Seite den Wert 1.

In den vorangegangenen Abschnitten wurden vor allem Funktionenreihen betrachtet, bei denen der Begriff der normalen Konvergenz besonders handlich ist. Es gibt einen Zusammenhang mit der gleichmäßigen Konvergenz:

Satz: *Sei* $M \subset \mathbb{R}^n$ *beliebig. Die Folge der Partialsummen einer normal konvergenten Reihe von Funktionen auf* M *ist dort gleichmäßig konvergent.*

Schließlich gelten folgende Vertauschungssätze:

A) *Eine Folge von stetigen Funktionen* $f_n : [a,b] \to \mathbb{R}$ *konvergiere gleichmäßig gegen eine Grenzfunktion* $f : [a,b] \to \mathbb{R}$. *Dann ist*

$$\lim_{n \to \infty} \int_a^b f_n(t)\, dt = \int_a^b f(t)\, dt.$$

B) *Eine Folge von stetig differenzierbaren Funktionen* $f_n : [a,b] \to \mathbb{R}$ *sei punktweise konvergent gegen eine Funktion* $f : [a,b] \to \mathbb{R}$. *Außerdem sei* f_n' *gleichmäßig konvergent. Dann ist auch* f *stetig differenzierbar und*

$$\lim_{n \to \infty} f_n'(x) = f'(x).$$

Sei $M \subset \mathbb{R}^n$ und (f_n) eine gleichmäßig konvergente Folge von Funktionen auf M. Dann ist (f_n) auch punktweise konvergent, und die Grenzfunktion f ist punktweise gegeben durch $f(x) := \lim_{n \to \infty} f_n(x)$. Die gleichmäßige Konvergenz bezieht sich nicht auf die Grenzfunktion, sondern auf die Art und Weise, wie sich die Folge (f_n) dieser Grenzfunktion nähert.

Geht es um gleichmäßige Konvergenz, so betrachtet man Funktionen als ganzheitliche Objekte, die in einem abstrakten (in der Regel unendlich-dimensionalen) Raum leben. Ein Beispiel wäre der Raum $\mathscr{C}^0(I)$ aller stetigen Funktionen auf einem abgeschlossenen Intervall. Funktionen im gleichen Raum kann man addieren oder mit Skalaren multiplizieren, so dass der Funktionenraum eine Vektorraum-Struktur trägt. Definiert wird die Struktur punktweise:

$$(f + g)(\mathbf{x}) := f(\mathbf{x}) + g(\mathbf{x}) \quad \text{und} \quad (r \cdot f)(\mathbf{x}) := r \cdot f(\mathbf{x}).$$

Wenn man Funktionen als Vektoren auffassen kann, dann ist es auch nicht mehr allzu verwunderlich, dass man ihnen eine Länge zuordnen kann. Als Länge oder „Norm" einer Funktion $f : M \to \mathbb{R}$ definiert man die Zahl

$$\|f\| := \sup\{|f(\mathbf{x})| \, : \, \mathbf{x} \in M\}.$$

Dabei gibt es ein kleines Problem. Die Norm kann auch $+\infty$ werden. Bei stetigen Funktionen auf einer kompakten Menge geht alles gut (denn die sind ja immer beschränkt), aber oft braucht man auch Funktionen mit nicht kompaktem Definitionsbereich. Dann muss man den Schönheitsfehler bei der Norm in Kauf nehmen.

Sei $\mathscr{F}(M, \mathbb{R})$ der Raum aller Funktionen $f : M \to \mathbb{R}$, sowie $f_0 \in \mathscr{F}(M, \mathbb{R})$. Die Menge

$$U_\varepsilon(f_0) = \{f \in \mathscr{F}(M, \mathbb{R}) \, : \, \|f - f_0\| < \varepsilon\}$$

ist dann die Menge aller Funktionen, deren Graph im ε-Schlauch um den Graphen von f_0 liegt. Eine Folge von Funktionen $f_n : M \to \mathbb{R}$ konvergiert gleichmäßig gegen f_0, wenn es zu jedem $\varepsilon > 0$ ein n_0 gibt, so dass $\|f - f_0\| < \varepsilon$ für $n \geq n_0$ gilt: Das bedeutet: Gleichmäßige Konvergenz ist nichts anderes als gewöhnliche Konvergenz im Funktionenraum.

Für die gewöhnliche Konvergenz gibt es das Cauchykriterium: Die Folge (f_n) ist genau dann konvergent, wenn es zu jedem $\varepsilon > 0$ ein n_0 gibt, so dass $\|f_n - f_m\| < \varepsilon$ für alle $n, m \geq n_0$ gilt. Übersetzt man das in die Sprache der Funktionen, so erhält man:

Cauchy-Kriterium für die gleichmäßige Konvergenz: *Eine Folge von Funktionen $f_n : M \to \mathbb{R}$ ist genau dann gleichmäßig konvergent, wenn es zu jedem $\varepsilon > 0$ ein $n_0 \in \mathbb{N}$ gibt, so dass für alle $n, m \geq n_0$ gilt:*

$$\text{Für alle } \mathbf{x} \in M \text{ ist } |f_n(\mathbf{x}) - f_m(\mathbf{x})| < \varepsilon.$$

Ein Spezialfall ist eine Reihe von Funktionen, also eine Folge von Partialsummen:

Eine Reihe $\sum_{n=0}^{\infty} f_n$ von Funktionen $f_n : M \to \mathbb{R}$ konvergiert gleichmäßig gegen eine Funktion $f : M \to \mathbb{R}$, falls zu jedem $\varepsilon > 0$ ein N_0 existiert, so dass für alle $N \geq N_0$ und alle $\mathbf{x} \in M$ gilt: $|f(\mathbf{x}) - \sum_{n=0}^{N} f_n(\mathbf{x})| < \varepsilon$.

Das Cauchy-Kriterium ist hier – wie bei Zahlenreihen – besonders nützlich: $\sum_{n=0}^{\infty} f_n$ konvergiert genau dann gleichmäßig, wenn es zu jedem $\varepsilon > 0$ ein N gibt, so dass für alle $k > 0$ und alle $\mathbf{x} \in M$ gilt: $|\sum_{n=N+1}^{N+k} f_n(\mathbf{x})| < \varepsilon$.

Beispiele

1. Sei $f_n : [0, 1] \to \mathbb{R}$ definiert durch $f_n(x) := 1$ für $0 < x < 1/n$ und $= 0$ sonst. Dann ist $f_n(x) = 0$ für $x = 0$ und $x = 1$ und alle n. Ist $0 < x < 1$, so gibt es ein n_0 mit $1/n_0 < x$, und dann ist $f_n(x) = 0$ für $n \geq n_0$. Also konvergiert (f_n) punktweise gegen die Nullfunktion.

Ist (f_n) nun auch gleichmäßig konvergent? Leider nein! Es ist ja

$$\|f_n - 0\| = \sup\{f_n(x) \,:\, x \in [0,1]\} = 1 \text{ für alle } n,$$

und dieser Ausdruck sollte mit wachsenden n beliebig klein werden, wenn (f_n) gleichmäßig gegen die Nullfunktion konvergiert.

2. Sei $f_n : \mathbb{R} \to \mathbb{R}$ definiert durch

$$f_n(x) := \begin{cases} \sin(\pi/2^x) & \text{für } x \in [n, n+1), \\ 0 & \text{sonst.} \end{cases}$$

Es soll gezeigt werden, dass (f_n) gleichmäßig gegen Null konvergiert. Zunächst untersuchen wir die punktweise Konvergenz. Ist $x < 1$, so ist $f_n(x) = 0$ für alle $n \in \mathbb{N}$ und daher nichts zu zeigen. Ist $x \geq 1$, so gibt es genau ein $n_0 \in \mathbb{N}$, so dass x in $[n_0, n_0 + 1)$ liegt. Dann ist $2^x \geq 2^{n_0} \geq 2$, also $0 < \pi/2^x \leq \pi/2$ und $0 < \sin(\pi/2^x) \leq 1$. Das bedeutet, dass $f_{n_0}(x) > 0$ ist, aber $f_n(x) = 0$ für $n \geq n_0$.

Wie sieht es nun mit der gleichmäßigen Konvergenz aus? Wir wollen folgende Taktik anwenden: Ist (a_n) eine Nullfolge (von positiven reellen Zahlen) und $\|f_n\| \leq a_n$ für alle n, so konvergiert (f_n) gleichmäßig gegen Null, denn es konvergiert ja auch $\|f_n\|$ gegen 0.

Im vorliegenden Fall nimmt f_n höchstens auf $[n, n+1)$ Werte $\neq 0$ an. Also ist

$$\|f_n\| = \sup\{|\sin(\pi/2^x)| \,:\, n \leq x < n+1\}.$$

Wenn aber $x \geq n \geq 1$ ist, dann ist $\pi/2^x \leq \pi/2^n \leq \pi/2$. Weil $\pi/2^n$ mit wachsendem n gegen Null konvergiert, ist auch $a_n := \sin(\pi/2^n)$ eine Nullfolge. Weil stets $\|f_n\| \leq a_n$ ist, folgt die gleichmäßige Konvergenz.

3. Die Funktionen $f_n : \mathbb{R} \to \mathbb{R}$ seien definiert durch

$$f_n(x) := \begin{cases} 1/n & \text{für } x \in [n, n+1), \\ 0 & \text{sonst.} \end{cases}$$

Dann betrachten wir die Funktionenreihe $\sum_{n=1}^{\infty} f_n(x)$. Punktweise ist

$$\sum_{n=1}^{\infty} f_n(x) = f(x) := \begin{cases} 1/n & \text{für } x \in [n, n+1) \text{ und } n \in \mathbb{N}, \\ 0 & \text{sonst.} \end{cases}$$

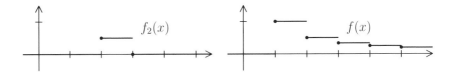

Die Reihe konvergiert sogar gleichmäßig. Das sieht man am besten mit dem Cauchy-Kriterium, denn dann braucht man die Grenzfunktion nicht. Es ist

$$\sup_{x \in \mathbb{R}} \Big| \sum_{n=N+1}^{N+k} f_n(x) \Big| = \frac{1}{N+1},$$

und dieser Ausdruck strebt für $N \to \infty$ gegen Null.

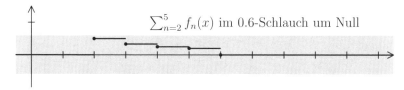

$\sum_{n=2}^{5} f_n(x)$ im 0.6-Schlauch um Null

Allerdings konvergiert die Reihe nicht normal, denn $\sum_{n=1}^{\infty} \|f_n(x)\| = \sum_{n=1}^{\infty} 1/n$ divergiert. Dieses Beispiel zeigt, dass das Instrument der normalen Konvergenz zu grob für die Untersuchung der Konvergenz von Funktionenreihen sein kann. Der Begriff der gleichmäßigen Konvergenz mag etwas schwieriger als der Begriff der normalen Konvergenz zu handhaben sein, aber in manchen Situationen kommt man nicht ohne ihn aus.

Eine der wichtigsten Anwendungen der gleichmäßigen Konvergenz ist die Vertauschbarkeit von Limes und Integral bzw. Ableitung. Allerdings muss man dabei vorsichtig sein, wie die folgenden Beispiele zeigen.

Beispiele

1. Sei $f_n : [0, \infty) \to \mathbb{R}$ definiert durch

$$f_n(x) := \begin{cases} e^{-x} & \text{für } 0 \le x \le n, \\ e^{-2n}(e^n + n - x) & \text{für } n \le x \le n + e^n, \\ 0 & \text{für } x \ge n + e^n. \end{cases}$$

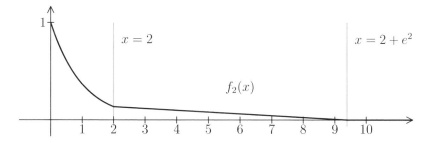

Die Folge (f_n) besteht aus stetigen Funktionen, und sie konvergiert offensichtlich punktweise gegen die Funktion $f(x) := e^{-x}$ (auf $[0, \infty)$). Sie konvergiert aber auch gleichmäßig, denn es ist $\|f - f_n\| \le e^{-n}$. Man müsste also Limes und Integral vertauschen können.

Eine stetige Funktion g auf dem unbeschränkten Intervall $[0, \infty)$ wird folgendermaßen integriert:

$$\int_0^\infty g(x)\,dx := \lim_{N \to \infty} \int_0^N g(x)\,dx \quad \text{(sofern der Limes existiert)}.$$

Näheres dazu erfährt man im Abschnitt 4.4 (uneigentliche Integrale), aber wir benutzen diese Definition hier schon mal. Dann ist

$$\int_0^\infty f(x)\,dx = \lim_{N \to \infty} \int_0^N e^{-x}\,dx = \lim_{N \to \infty} \left(1 - e^{-N}\right) = 1$$

und

$$
\begin{aligned}
\int_0^\infty f_n(x)\,dx &= \int_0^n e^{-x}\,dx + e^{-2n} \int_n^{n+e^n} (e^n + n - x)\,dx \\
&= \left(-e^{-x}\right)\Big|_0^n + e^{-2n}\left(e^{-n}x + nx - \frac{x^2}{2}\right)\Big|_n^{n+e^n} \\
&= \left(1 - e^{-n}\right) + e^{-2n}\left(1 - \frac{e^{2n}}{2}\right) \\
&= \frac{1}{2} - e^{-n} + e^{-2n},
\end{aligned}
$$

also

$$\lim_{n \to \infty} \int_0^\infty f_n(x)\,dx = \frac{1}{2} \neq \int_0^\infty \lim_{n \to \infty} f_n(x)\,dx.$$

Warum ist dies kein Widerspruch? Tatsächlich gilt (in der Riemann'schen Integrationstheorie) die Vertauschbarkeit von Limes und Integral nur auf abgeschlossenen Intervallen. Deutlicher sieht man das an folgendem Beispiel:

Das Dreieck mit den Ecken $(0,0)$, $(e^N, 0)$ und $(0, e^{-N})$ hat für jedes N die Fläche

$$F = \frac{1}{2} \cdot e^{-N} \cdot e^N = \frac{1}{2},$$

aber für $N \to \infty$ wird aus dem Dreieck eine Halbgerade mit dem Flächeninhalt 0.

2. Sei $f_n : \mathbb{R} \to \mathbb{R}$ definiert durch

$$f_n(x) := \begin{cases} 1/n & \text{für } |x| \leq 1/n, \\ |x| & \text{für } |x| \geq 1/n. \end{cases}$$

Dann konvergiert $f_n(x)$ punktweise gegen $f(x) := |x|$. Die Konvergenz ist auch gleichmäßig, denn es ist $\|f_n - f\| = 1/n$. Aber obwohl alle f_n in $x = 0$ differenzierbar sind, trifft das für die Grenzfunktion f nicht mehr zu. Was ist hier schiefgegangen? Man muss den entsprechenden Satz ganz genau lesen. Nicht die Folge der f_n muss gleichmäßig konvergieren (es genügt die punktweise Konvergenz), sondern die Folge der Ableitungen muss gleichmäßig konvergieren. Dazu gehört insbesondere, dass die f_n alle auf einem gemeinsamen festen Intervall differenzierbar sind. Und das trifft hier nicht zu.

In Abschnitt 2.3 wurden Regelfunktionen eingeführt, und in Abschnitt 2.4 wurde gezeigt, dass jede Regelfunktion Grenzwert einer normal konvergenten Reihe von Treppenfunktionen ist. In Abschnitt 2.5 ging es um die Vertauschung von Grenzwerten im Spezialfall normal konvergenter Reihen. Daraus ergab sich die Integrierbarkeit der Regelfunktionen.

Man kann diese Ergebnisse verfeinern.

> **Satz**
>
> *Eine Funktion $f : I = [a, b] \to \mathbb{R}$ ist genau dann eine Regelfunktion, wenn es eine Folge (τ_n) von Treppenfunktionen auf I gibt, die gleichmäßig gegen f konvergiert.*

Beweis [*]: 1) Es sei f gleichmäßiger Limes einer Folge von Treppenfunktionen. Es sei $x_0 \in [a, b)$ und $\varepsilon > 0$ vorgegeben. Es gibt eine Treppenfunktion τ mit $\|f - \tau\| < \varepsilon/2$ und ein $\delta > 0$, so dass τ auf $(x_0, x_0 + \delta)$ konstant ist. Für $x, y \in (x_0, x_0 + \delta)$ ist dann

$$|f(x) - f(y)| \le |f(x) - \tau(x)| + |\tau(y) - f(y)| < \varepsilon.$$

Wir wenden das zunächst auf eine beliebige Folge (x_n) in (x_0, b) mit $\lim\limits_{n \to \infty} x_n = x_0$ an. Zu gegebenem $\varepsilon > 0$ und dem zugehörigen δ gibt es ein n_0, so dass $x_0 < x_n < x_0 + \delta$ für $n \ge n_0$ ist, und dann ist

$$|f(x_n) - f(x_m)| < \varepsilon, \text{ für } n, m \ge n_0.$$

Also ist $(f(x_n))$ eine Cauchyfolge, die gegen ein $c \in \mathbb{R}$ konvergiert.

Wir wollen zeigen, dass $\lim\limits_{x \to x_0+} f(x) = c$ ist. Dazu geben wir wieder ein $\varepsilon > 0$ vor und wählen wie oben dazu ein passendes δ und ein passendes n_0, so dass $x_0 < x_n < x_0 + \delta$ und $|f(x_n) - c| < \varepsilon/2$ für $n \ge n_0$ ist, und $|f(x) - f(y)| < \varepsilon/2$ für $x, y \in (x_0, x_0 + \delta)$. Für ein beliebiges x mit $x_0 < x < x_0 + \delta$ und $n \ge n_0$ ist dann

$$|f(x) - c| \le |f(x) - f(x_n)| + |f(x_n) - c| < \varepsilon.$$

Die Existenz des linksseitigen Limes zeigt man genauso.

2) Ist umgekehrt f eine Regelfunktion, so wissen wir schon, dass f Grenzwert einer normal konvergenten Reihe $\sum_{n=1}^{\infty} \tau_n$ von Treppenfunktionen ist. Die Partialsummen $S_N := \sum_{n=1}^{N}$ sind dann auch noch Treppenfunktionen, und deren Folge konvergiert gleichmäßig gegen f. ∎

Nun kann man auch zeigen:

> **Satz**
>
> *Der gleichmäßige Limes einer Folge von Regelfunktionen ist selbst wieder eine Regelfunktion.*

Beweis [*]:   Sei (f_n) eine Folge von Regelfunktionen, die gleichmäßig gegen eine Funktion f konvergiert. Ist ein $\varepsilon > 0$ vorgegeben, so gibt es ein n_0, so dass $\|f - f_n\| < \varepsilon/2$ für $n \geq n_0$ ist. Und zu jedem $n \geq n_0$ gibt es eine Treppenfunktion τ_n mit $\|f_n - \tau_n\| < \varepsilon/2$. Dann ist

$$\|f - \tau_n\| \leq \|f - f_n\| + \|f_n - \tau_n\| < \varepsilon.$$

Das zeigt, dass f eine Regelfunktion ist.   ∎

Zum Schluss betrachten wir ein etwas umfangreicheres Beispiel. Dabei brauchen wir als Hilfsmittel das

---

Lemma von Riemann-Lebesgue

Sei $f : [a, b] \to \mathbb{R}$ stetig differenzierbar und $F(x) := \displaystyle\int_a^b f(t) \sin(xt)\, dt$.

Dann ist $\displaystyle\lim_{x \to \infty} F(x) = 0$.

BEWEIS: Sei $x \neq 0$. Dann ist

$$F(x) = -\int_a^b f(t) \left(\frac{\cos(xt)}{x} \right)' dt = -f(t) \frac{\cos(xt)}{x} \Big|_a^b + \frac{1}{x} \int_a^b f'(t) \cos(xt)\, dt.$$

Weil f und f' auf $[a, b]$ stetig sind, gibt es eine Konstante $M > 0$, so dass $|f(t)| \leq M$ und $|f'(t)| \leq M$ für alle $t \in [a, b]$ gilt. Damit ist

$$|F(x)| \leq \frac{2M}{|x|} + \frac{M(b - a)}{|x|},$$

und der Ausdruck auf der rechten Seite strebt für $x \to \infty$ gegen Null.   ∎

Betrachtet werden soll nun die Funktion $f_0 : [0, 2\pi] \to \mathbb{R}$ mit

$$f_0(x) := \begin{cases} \dfrac{\pi - x}{2} & \text{für } 0 < x < 2\pi, \\[2mm] 0 & \text{für } x = 0 \text{ und } x = 2\pi. \end{cases}$$

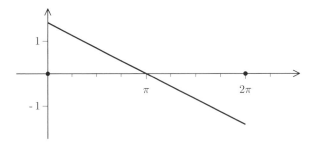

Behauptung: *Für* $0 < x < 2\pi$ *ist* $\displaystyle\sum_{k=1}^{\infty} \frac{\sin kx}{k} = \frac{\pi - x}{2}$.

BEWEIS: Für $x = \pi$ ist die Aussage trivial. Weil beide Seiten der Gleichung punktsymmetrisch zu $x = \pi$ sind, reicht es dann, $\pi < x < 2\pi$ anzunehmen.

Wir verwenden die Formel

$$\sum_{k=1}^{n} \cos kt = \frac{\sin(n + \frac{1}{2})t}{2 \sin \frac{1}{2}t} - \frac{1}{2}.$$

Der Beweis dafür wird zunächst für $t \neq 2k\pi$ geführt (vgl. Aufgabe 2.4.8), am besten unter Verwendung der komplexen Schreibweise. Bei $t = 2k\pi$ ist die rechte Seite nicht definiert, aber auf den Bruch kann man die Regel von de l'Hospital anwenden: Es ist

$$\lim_{t \to 2k\pi} \frac{\text{Ableitung des Zählers}}{\text{Ableitung des Nenners}} = \lim_{t \to 2k\pi} \frac{(n + \frac{1}{2}) \cos(n + \frac{1}{2})t}{\cos \frac{1}{2}t} = n + \frac{1}{2}.$$

Also ergeben beide Seiten der Gleichung für $t = 2k\pi$ den Wert n. Dann folgt:

$$\sum_{k=1}^{n} \frac{\sin kx}{k} = \sum_{k=1}^{n} \int_{\pi}^{x} \cos kt\, dt = \int_{\pi}^{x} \Big(\sum_{k=1}^{n} \cos kt\, dt \Big) = \int_{\pi}^{x} \frac{\sin(n + \frac{1}{2})t}{2 \sin \frac{1}{2}t}\, dt - \frac{1}{2}(x - \pi).$$

Weil $f(t) := 1/(2\sin(t/2))$ für $\pi < x < 2\pi$ auf $[\pi, x]$ stetig differenzierbar ist, strebt

$$F(y) := \int_{\pi}^{x} \frac{1}{2 \sin \frac{1}{2}t} \sin(yt)\, dt$$

nach Riemann-Lebesgue für $y \to \infty$ gegen Null.

Weil $\displaystyle\sum_{k=1}^{n} \frac{\sin kx}{k} = \frac{\pi - x}{2} + F(n + \frac{1}{2})$ ist, folgt die Behauptung. ∎

Wir haben also bewiesen, dass $\sum_{k=1}^{\infty} (\sin kx)/k$ auf $[0, 2\pi)$ punktweise gegen $f_0(x)$ konvergiert (im Nullpunkt ist die Aussage trivial), und wir zeigen nun zusätzlich:

Behauptung: *Auf jedem abgeschlossenen Intervall* $[\delta, 2\pi - \delta]$ *(mit* $\delta > 0$*) konvergiert die Reihe* $\sum_{k=1}^{\infty} (\sin kx)/k$ *sogar gleichmäßig gegen die Funktion* f_0.

BEWEIS: Wir benutzen die komplexe Schreibweise. Es sei

$$T_n(x) := \sum_{k=1}^{n} \sin kx = \text{Im}\Big(\sum_{k=1}^{n} e^{\,i\,kx} \Big).$$

Dann folgt:

$$|T_n(x)| \leq \Big| \sum_{k=1}^{n} e^{\,i\,kx} \Big| = \Big| \sum_{k=1}^{n} (e^{\,i\,x})^k \Big| = \Big| \frac{(e^{\,i\,x})^{n+1} - e^{\,i\,x}}{e^{\,i\,x} - 1} \Big|$$

$$= \Big| \frac{e^{\,i\,xn} - 1}{e^{\,i\,x} - 1} \Big| \leq \frac{2}{|e^{\,i\,x/2} - e^{-\,i\,x/2}|} = \frac{1}{\sin(x/2)} \leq \frac{1}{\sin(\delta/2)}.$$

Für $m > n$ ist also

$$
\begin{aligned}
\left|\sum_{k=n}^{m} \frac{\sin kx}{k}\right| &= \left|\sum_{k=n}^{m} \frac{T_k(x) - T_{k-1}(x)}{k}\right| \\
&= \left|\sum_{k=n}^{m} T_k(x)\left(\frac{1}{k} - \frac{1}{k+1}\right) + \frac{T_m(x)}{m+1} - \frac{T_{n-1}(x)}{n}\right| \\
&\leq \frac{1}{\sin(\delta/2)}\left(\frac{1}{n} - \frac{1}{m+1} + \frac{1}{m+1} + \frac{1}{n}\right) = \frac{2}{n\sin(\delta/2)}.
\end{aligned}
$$

Das ergibt schließlich für die Partialsummen $S_N(x) = \sum_{k=1}^{N}(\sin kx)/k$ und $m > n$ die Abschätzung

$$
\|S_m - S_n\| = \sup_{[\delta, 2\pi-\delta]} \left\|\sum_{k=n+1}^{m} \frac{\sin kx}{k}\right\| \leq \frac{2}{(n+1)\sin(\delta/2)}.
$$

Weil die rechte Seite für $n \to \infty$ (bei festem δ) gegen Null konvergiert, folgt die gleichmäßige Konvergenz auf $[\delta, 2\pi - \delta]$.   ∎

Die Reihe $F(x) := \sum_{n=1}^{\infty}(\cos nx)/n^2$ ist auf ganz $\mathbb{R}$ normal (und damit auch gleichmäßig) konvergent, weil sie $\sum_{n=1}^{\infty} 1/n^2$ als konvergente Majorante besitzt. Die gliedweise differenzierte Reihe $-\sum_{n=1}^{\infty}(\sin nx)/n$ konvergiert gleichmäßig auf $[\delta, 2\pi - \delta]$ gegen $-f_0(x)$. Also ist F auf $[\delta, 2\pi - \delta]$ differenzierbar und besitzt dort die Ableitung

$$
F'(x) = \frac{x-\pi}{2}, \quad \text{woraus} \quad F(x) = \left(\frac{x-\pi}{2}\right)^2 + C \text{ folgt,}
$$

mit einer reellen Konstanten C. Weil bei der zweiten Gleichung beide Seiten auf dem ganzen Intervall $[0, 2\pi]$ stetig sind, muss die Gleichung dort sogar überall gelten.

Wir können nun diese Gleichung integrieren und erhalten einerseits

$$
\int_0^{2\pi} F(x)\, dx = 2\pi C + \int_0^{2\pi} \left(\frac{x-\pi}{2}\right)^2 dx = 2\pi C + \frac{2}{3}\left(\frac{x-\pi}{2}\right)^3 \Big|_0^{2\pi} = 2\pi C + \frac{\pi^3}{6}
$$

und andererseits

$$
\int_0^{2\pi} F(x)\, dx = \sum_{n=1}^{\infty} \int_0^{2\pi} \frac{\cos nx}{n^2}\, dx = \sum_{n=1}^{\infty} \frac{1}{n^2}\left(\frac{\sin nx}{n}\right)\Big|_0^{2\pi} = 0.
$$

Also ist $C = -\dfrac{\pi^2}{12}$. Das liefert auf $[0, 2\pi]$ die Gleichung

$$
\sum_{n=1}^{\infty} \frac{\cos nx}{n^2} = \left(\frac{x-\pi}{2}\right)^2 - \frac{\pi^2}{12}.
$$

Setzt man auf beiden Seiten $x = 0$ ein, so erhält man

$$\sum_{n=1}^{\infty} \frac{1}{n^2} = \frac{\pi^2}{6} \, .$$

Diesen Grenzwert konnten wir bisher mit elementareren Mitteln noch nicht ermitteln.

Aufgaben

4.1.1. Sei $I \subset \mathbb{R}$ ein Intervall. Zeigen Sie: Eine Funktionenreihe $\sum_{\nu=0}^{\infty} f_\nu$ konvergiert genau dann auf I gleichmäßig gegen eine Grenzfunktion $f : I \to \mathbb{R}$, wenn es eine Nullfolge (a_n) gibt, so dass $|f(x) - \sum_{\nu=0}^{n} f_\nu(x)| \le a_n$ für fast alle n und alle $x \in I$ gilt.

Für den Fall $f = 0$ gab es schon in den ersten Beispielen dieses Abschnittes einen Hinweis.

4.1.2. Zeigen Sie, dass $\displaystyle\sum_{\nu=0}^{\infty} \frac{1}{(x+\nu)(x+\nu+1)}$ auf $\mathbb{R}_+$ gleichmäßig gegen $f(x) :=$ $1/x$ konvergiert.

Man betrachte endliche Partialsummen S_n und wende die Partialbruchzerlegung an. Zunächst ist die punktweise Konvergenz zu zeigen, und dann die gleichmäßige Konvergenz, etwa durch Abschätzung der Normen $\|f - S_n\|$.

4.1.3. Zeigen Sie, dass die Funktionenfolge $f_n(x) := x^2/(1 + nx^2)$ auf ganz $\mathbb{R}$ gleichmäßig konvergiert.

Auch hier kann man wieder mit dem Kriterium aus Aufgabe 4.1.1 arbeiten.

4.1.4. Sei $f_n(x) := \begin{cases} 4n^2 x & \text{für } 0 \le x \le 1/2n, \\ 4n - 4n^2 x & \text{für } 1/2n < x \le 1/n, \\ 0 & \text{für } 1/n < x \le 1. \end{cases}$

Zeigen Sie, dass (f_n) auf $[0, 1]$ punktweise gegen 0 konvergiert, dass aber $\int_0^1 f_n(x)\,dx = 1$ für alle n gilt. Konvergiert (f_n) gleichmäßig?

Die punktweise Konvergenz ist sehr leicht zu zeigen, und die Berechnung der Integrale bietet auch keine Probleme.

4.1.5. Sei $I \subset \mathbb{R}$ ein offenes Intervall und (f_n) eine Folge stetig differenzierbarer Funktionen auf I. Es gebe **einen** Punkt $a \in I$, so dass die Folge $(f_n(a))$ gegen eine Zahl c konvergiert, und die Folge der Ableitungen f_n' sei auf jedem abgeschlossenen Teilintervall von I gleichmäßig konvergent gegen eine (stetige) Funktion g.

Zeigen Sie, dass (f_n) auf jedem abgeschlossenen Teilintervall von I gleichmäßig gegen eine differenzierbare Funktion f konvergiert und dass $f' = g$ ist.

Ein alter, aber einfacher Trick besteht darin, eine Differenz zweier Funktionswerte (etwa $f_n(x) - f_n(a)$) als Integral aufzufassen. Hinzu kommt, dass bei einer gleichmäßig konvergenten Folge von stetigen Funktionen Limes und Integral vertauscht werden können. Die Gleichung $f' = g$ zeigt, wie f voraussichtlich aussehen wird.

Die gleichmäßige Konvergenz der Folge (f_n) muss auf geschickte Weise auf die Konvergenz von $(f_n(a))$ gegen c und die gleichmäßige Konvergenz von (f_n') gegen g zurückgeführt werden.

4.1.6. Bestimmen Sie das Konvergenzverhalten und ggf. den Grenzwert der durch $f_n(x) := x^{2n}/(1 + x^{2n})$ gegebenen Funktionenfolge.

Man bestimme – durch geeignete Fallunterscheidung – die Funktion, gegen die (f_n) punktweise konvergiert. Die Frage nach der gleichmäßigen Konvergenz beantwortet sich dann fast von selbst.

4.1.7. Die Formel $\lim_{n \to \infty} \int_a^b f_n(t)\,dt = \int_a^b \lim_{n \to \infty} f_n(t)\,dt$ kann auch gelten, wenn (f_n) nicht gleichmäßig konvergiert. Demonstrieren Sie das am Beispiel der Folge $f_n(x) := x^n$ auf $[0, 1]$.

Es ist offensichtlich, was nachgeprüft werden soll.

4.1.8. Es sei (f_n) eine Funktionenfolge auf $I := [a, b]$, die gleichmäßig gegen Null konvergiert. Außerdem sei $f_{n+1}(x) \le f_n(x)$ für alle $x \in I$. Zeigen Sie, dass die Reihe $\sum_{n=1}^{\infty} (-1)^{n+1} f_n$ auf I gleichmäßig konvergiert.

Man studiere noch einmal den Beweis des Leibniz-Kriteriums für alternierende Zahlenreihen.

4.1.9. Untersuchen Sie, ob die Reihe $\sum_{n=0}^{\infty} x^n$ auf $(-1, 1)$ gleichmäßig konvergiert.

Ist S_N die N-te Partialsumme, so kann man zeigen, dass $\|S_{n_0+m} - S_{n_0}\| \ge m$ ist (eigentlich sogar $= m$). Damit lässt sich beweisen, dass die Konvergenz nicht gleichmäßig sein kann. Das liegt daran, dass $S_N(x)$ für $x \to 1$ und $N \to \infty$ beliebig wächst.

4.2 Die Taylorentwicklung

Eine in einem Intervall um a konvergente Potenzreihe $f(x) = \sum_{k=0}^{\infty} c_k(x - a)^k$ ist beliebig oft differenzierbar, und für die Koeffizienten gilt:

$$c_k = \frac{f^{(k)}(a)}{k!}\,, \text{ für alle } k \ge 0.$$

Ist umgekehrt f in der Nähe von a beliebig oft differenzierbar, so kann man die **Taylorreihe** bilden:

$$Tf(x; a) := \sum_{k=0}^{\infty} \frac{f^{(k)}(a)}{k!}(x - a)^k.$$

Allerdings ist dann nicht klar, ob zwischen der Funktion und ihrer Taylorreihe eine engere Beziehung besteht.

Zur Untersuchung dieser Frage führt man das

$$n\text{-}te \ \textbf{\textit{Taylorpolynom}} \ T_n f(x) := \sum_{k=0}^{n} \frac{f^{(k)}(a)}{k!}(x-a)^k$$

und das zugehörige **Restglied** $R_n(x) := f(x) - T_n f(x)$ ein. Der **Satz von der Tylorentwicklung** besagt:

Es sei f auf dem Intervall $I = (a-r, a+r)$ n-mal differenzierbar

1. Es gibt eine Funktion η auf I mit $\lim\limits_{x \to a} \eta(x) = 0$, so dass gilt:

$$R_n f(x) = \eta(x) \cdot (x-a)^n.$$

2. Ist f auf I sogar $(n+1)$-mal differenzierbar, so gibt es zu jedem $x \neq a$ ein $c = c(x)$ zwischen a und x, so dass gilt:

$$R_n f(x) = \frac{f^{(n+1)}(c)}{(n+1)!} \cdot (x-a)^{n+1}.$$

Man spricht dann auch von der „Lagrange'schen Form" des Restgliedes.

Strebt das Restglied für $n \to \infty$ gegen Null, so wird f durch seine Taylorreihe dargestellt. Das ist zum Beispiel dann der Fall, wenn es Konstanten $C, r > 0$ gibt, so dass $|f^{(n)}(x)| \leq C \cdot r^n$ für alle $n \in \mathbb{N}$ und alle $x \in I$ gilt.

Bekannte Taylorreihen sind •

- $\exp(x) = \sum\limits_{k=0}^{\infty} \dfrac{x^k}{k!}$, $\cos(x) = \sum\limits_{k=0}^{\infty} (-1)^k \dfrac{x^{2k}}{(2k)!}$ und $\sin(x) = \sum\limits_{k=0}^{\infty} (-1)^k \dfrac{x^{2k+1}}{(2k+1)!}$,

- $\dfrac{1}{1-x} = \sum\limits_{k=0}^{\infty} x^k$ und $\dfrac{1}{1+x^2} = \sum\limits_{k=0}^{\infty} (-1)^k x^{2k}$, jeweils auf $(-1, 1)$,

- $\ln(1+x) = \sum\limits_{k=1}^{\infty} (-1)^{k-1} \dfrac{x^k}{k}$ und $\arctan(x) = \sum\limits_{k=0}^{\infty} (-1)^k \dfrac{x^{2k+1}}{2k+1}$ auf $(-1, 1)$,

- sowie die binomische Reihe $(1+x)^\alpha = \sum\limits_{k=0}^{\infty} \binom{\alpha}{k} x^k$ auf $(-1, 1)$, mit $\alpha \in \mathbb{R}$ und

$$\binom{\alpha}{k} = \frac{\alpha(\alpha-1)\cdots(\alpha-k+1)}{k!}.$$

Aus der binomischen Reihe gewinnt man zum Beispiel die Darstellung

$$\sqrt{1+x} = \sum_{k=0}^{\infty} \binom{\frac{1}{2}}{k} x^k = 1 + \frac{1}{2}x - \frac{1}{8}x^2 + \frac{1}{16}x^3 \pm \cdots ,$$

aus der Logarithmus-Reihe gewinnt man die Formel $\sum_{k=1}^{\infty}(-1)^{k-1}\frac{1}{k} = \ln(2)$ und aus

der Arcustangens-Reihe die Formel $\sum_{k=0}^{\infty}(-1)^k\frac{1}{2k+1} = \frac{\pi}{4}$.

Manchmal hilft der folgende Satz bei der Frage nach dem Konvergenzbereich der Taylorreihe:

Satz von Bernstein

Sei f auf einer offenen Umgebung $U = U(0) \subset \mathbb{R}$ beliebig oft differenzierbar. Ist $f^{(n)}(x) \geq 0$ auf $[0,r] \subset U$ für alle $n \in \mathbb{N}_0$, so konvergiert die Taylorreihe $Tf(x;0)$ auf $[0,r)$ gegen $f(x)$.

Beweis[*]:   Wir benutzen die Integraldarstellung des Restgliedes, die in Aufgabe 4.2.4 bewiesen wird:

$$R_n(x) = \frac{1}{n!}\int_0^x (x-t)^n f^{(n+1)}(t)\, dt.$$

Auf $[0,r]$ ist $R_n(x) \geq 0$, und mit der Substitution $t = x(1-u)$, also $u = 1 - t/x$, erhält man

$$R_n(x) = \frac{1}{n!}\int_1^0 (xu)^n \cdot f^{(n+1)}(x(1-u)) \cdot (-x)\, du = \frac{x^{n+1}}{n!}\int_0^1 u^n f^{(n+1)}(x-xu)\, du.$$

Weil alle Ableitungen von f nicht-negativ sind, wächst $f^{(n+1)}$ monoton, und es ist

$$f^{(n+1)}(x - xu) = f^{(n+1)}(x(1-u)) \leq f^{(n+1)}(r(1-u))$$

für $0 \leq u \leq 1$ und $x \in [0,r]$.

Für $x \in (0,r]$ sei $F_n(x) := R_n(x)/x^{n+1}$. Dann folgt für solche x:

$$F_n(x) = \frac{1}{n!}\int_0^1 u^n f^{(n+1)}(x - xu)\, du \leq \frac{1}{n!}\int_0^1 u^n f^{(n+1)}(r(1-u))\, du = F_n(r),$$

also $R_n(x)/x^{n+1} \leq R_n(r)/r^{n+1}$ und damit $0 \leq R_n(x) \leq (x/r)^{n+1} R_n(r)$. Daraus folgt, dass $R_n(x)$ für $x \in (0,r)$ und $n \to \infty$ gegen Null konvergiert. Im Entwicklungspunkt $x = 0$ gilt das sowieso. Also konvergiert die Taylorreihe auf $[0,r)$ gegen $f(x)$. ∎

Das Konvergenzintervall einer Potenzreihe ist symmetrisch zum Entwicklungspunkt. Also konvergiert die Taylorreihe von f unter den Voraussetzungen des Satzes von Bernstein auf $[-r,r]$. Aber konvergiert sie dort auch überall gegen f?

Beispiele

1. Die Funktion

$$f_0(x) := \begin{cases} \exp(-1/x^2) & \text{für } x \neq 0 \\ 0 & \text{für } x = 0 \end{cases}$$

ist beliebig oft differenzierbar, und im Nullpunkt verschwinden alle Ableitungen. Das ist das typische Beispiel für eine Funktion, deren Taylorreihe (im Nullpunkt) verschwindet und die daher nur im Entwicklungspunkt 0 gegen die Funktion konvergieren kann.

Sei nun $f(x) := \begin{cases} f_0(x) & \text{für } x < 0 \\ 0 & \text{für } x \geq 0. \end{cases}$

Für beliebiges $r > 0$ ist $f^{(n)}(x) = 0 \geq 0$ auf $[0, r]$ und für alle $n \in \mathbb{N}_0$. Es ist $Tf(x; 0) = 0$, und diese Reihe konvergiert überall. Sie konvergiert auf $[0, r]$ gegen $f(x)$, aber in keinem Punkt $x < 0$.

2. Sei $a \geq 1$ und $f(x) := a^x$. Dann ist $f'(x) = \ln(a) \cdot a^x$ und allgemein $f^{(n)}(x) = (\ln a)^n \cdot a^x$. Weil $\ln a \geq 0$ und $a^x = \exp(x \ln a) > 0$ ist, ist $f^{(n)}(x) \geq 0$ für alle $x \in \mathbb{R}$. Nach dem Satz von Bernstein konvergiert die Taylorreihe von f zumindest für $x \geq 0$ gegen die Funktion. Aber der Satz von Bernstein gilt sogar für beliebige Entwicklungspunkte, und deshalb konvergiert für jedes $x_0 \in \mathbb{R}$ die Taylorreihe von a^x in x_0 auf $[x_0, \infty)$ gegen die Funktion. Wir werden später sehen, dass dann jede dieser Taylorreihen auf ganz $\mathbb{R}$ gegen die Funktion konvergiert. Ist $0 < a < 1$, so ist $a^x = (1/a)^{-x}$, und man erhält eine analoge Aussage.

3. **Behauptung:** $(\arcsin)^{(n)}(x) \geq 0$ *für* $0 \leq x < 1$ *und alle* $n \in \mathbb{N}_0$.

   BEWEIS: Hier wird ein netter Trick benutzt. Sei $f(x) := \arcsin x$, $g(x) := f''(x)$, $h(x) := 1 - x^2$, $\varphi(x) := f'(x)$ und $\psi(x) = x$. Es ist

   $$\varphi(x) = f'(x) = \frac{1}{\sqrt{1 - x^2}}$$

   $$\text{und} \quad g(x) = f''(x) = \frac{x}{(1 - x^2)^{3/2}} = \frac{x}{(1 - x^2)\sqrt{1 - x^2}},$$

   also $g(x) \cdot h(x) = f''(x) \cdot (1 - x^2) = f'(x) \cdot x = \varphi(x) \cdot \psi(x)$. Deshalb müssen alle Ableitungen von gh mit den entsprechenden Ableitungen von $\varphi\psi$ übereinstimmen. Nun ist $h^{(k)} = 0$ für $k \geq 3$ und $\psi^{(k)} = 0$ für $k \geq 2$. Daraus folgt:

   $$(gh)^{(n-2)} = \sum_{i=0}^{n-2} \binom{n-2}{i} g^{(n-2-i)} h^{(i)}$$

   $$= hg^{(n-2)} + (n-2)h'g^{(n-3)} + \binom{n-2}{2}h''g^{(n-4)}$$

und

$$(\varphi\psi)^{(n-2)} = \sum_{i=0}^{n-2} \binom{n-2}{i} \varphi^{(n-2-i)}\psi^{(i)} = \varphi^{(n-2)}\psi + (n-2)\varphi^{(n-3)}\psi'.$$

Setzt man die rechten Seiten gleich, so erhält man

$$(1-x^2)f^{(n)}(x) - 2x(n-2)f^{(n-1)}(x) - (n-2)(n-3)f^{(n-2)}(x) =$$
$$= x \cdot f^{(n-1)}(x) + (n-2)f^{(n-2)}(x),$$

also $f^{(n)}(x) = \dfrac{1}{1-x^2}\Big(x(2n-3)f^{(n-1)}(x) + (n-2)^2 f^{(n-2)}(x)\Big).$

Offensichtlich sind f, f' und $f'' \geq 0$ auf $[0,1)$. Nach der obigen Formel überträgt sich das dann auf alle Ableitungen.   ∎

Aus dem Satz von Bernstein folgt nun, dass die Taylorreihe von $\arcsin(x)$ für $0 \leq x < 1$ gegen die Funktion konvergiert. Weil die Funktion symmetrisch ist, wird $\arcsin(x)$ sogar auf $(-1,1)$ durch die Taylorreihe dargestellt.

Auch die Reihe selbst können wir jetzt bestimmen.

Behauptung: Für $k \geq 1$ ist

$$f^{(2k)}(0) = 0 \quad \text{und} \quad f^{(2k+1)}(0) = 1^2 \cdot 3^2 \cdot 5^2 \cdots (2k-1)^2.$$

BEWEIS: Es ist

$$f(x) = \arcsin x, \quad f'(x) = (1-x^2)^{-1/2} \quad \text{und} \quad f''(x) = x \cdot (1-x^2)^{-3/2},$$

also $f(0) = f''(0) = 0$ und $f'(0) = 1$. Mit der Formel $f^{(n)}(x) = \big(x(2n-3)f^{(n-1)}(x) + (n-2)^2 f^{(n-2)}(x)\big)/(1-x^2)$ ist dann $f^{(3)}(0) = f'(0) = 1$ und allgemein $f^{(n+1)}(0) = (n-1)^2 f^{(n-1)}(0)$, und per Induktion folgt

$$f^{(2k+1)}(0) = (2k-1)^2 f^{(2k-1)}(0) = 1^2 \cdot 3^3 \cdot 5^2 \cdots (2k-3)^2 (2k-1)^2$$
und $f^{(2k+2)}(0) = (2k)^2 f^{(2k)}(0) = 0.$

∎

Also ist

$$\arcsin x = \sum_{k=1}^{\infty} \frac{1^2 \cdot 2^2 \cdots (2k-1)^2}{(2k+1)!} x^{2k+1}$$
$$= x + \sum_{k=1}^{\infty} \frac{1 \cdot 3 \cdot 5 \cdots (2k-1)}{2 \cdot 4 \cdot 6 \cdots 2k} \frac{x^{2k+1}}{2k+1} = x + \frac{1}{6}x^3 + \frac{3}{40}x^5 + \cdots$$

In Abschnitt 2.4 wurde am Beispiel der Cosinus-Reihe eine Abschätzung des Restgliedes durchgeführt und damit die Genauigkeit der Approximation durch ein Taylorpolynom untersucht. Dabei wurde das Restglied nur in der Form $R_n(x) = Tf(x; a) - T_n f(x)$ benutzt:

$$\cos x = 1 - \frac{x^2}{2!} + \frac{x^4}{4!} - \frac{x^6}{6!} + R(x), \text{ mit } |R(x)| \le 0.001 \text{ für } |x| \le \frac{\pi}{2}.$$

Mit dem Satz von der Taylorentwicklung kann man noch etwas sorgfältiger abschätzen. Es ist $T_2 \cos(x) = 1 - x^2/2$ und $R_2(x) = \dfrac{\cos^{(3)}(c)}{6} x^3 = -\dfrac{\cos(c)}{6} x^3$ für ein $c \in (0, x) \subset [0, \pi/2]$. Dort ist $0 < \cos(c) \le 1$. Auf $[0, x]$ ist also $|R_2(x)| \le x^3/6$. Will man erreichen, dass dieser Fehler < 0.0001 ist, so beachte man die folgende Äquivalenzbeziehung:

$$\frac{x^3}{6} < 10^{-4} \iff x < \sqrt[3]{6 \cdot 10^{-4}} \approx 0.0843433.$$

Im Intervall $[0, 0.0843]$ ist der Fehler, den man bei der Approximation von $\cos x$ durch $T_2(x)$ macht, kleiner als 0.0001.

Vorteilhafter wäre es, wenn das ganze Intervall $[0, \pi/2]$ abgedeckt wäre. Dafür versuchen wir es wie schon im Abschnitt 2.4 mit der Approximation durch

$$T_6(x) = 1 - \frac{x^2}{2} + \frac{x^4}{24} - \frac{x^6}{720}.$$

Es ist $R_6(x) = \dfrac{f^{(7)}(c)}{7!} = \dfrac{\sin(c)}{5040}$, also $|R_6(x)| \le \dfrac{x^7}{5040}$. Nun gilt:

$$\frac{x^7}{5040} < 10^{-3} \iff x < \sqrt[7]{5040 \cdot 10^{-3}} = \exp\left(\frac{1}{7} \ln(5.04)\right) \approx 1.26.$$

Das reicht noch nicht, denn es ist ja $\pi/2 \approx 1.57$. Es gilt aber

$$\frac{x^7}{5040} < 10^{-2} \iff x < \sqrt[7]{5040 \cdot 10^{-2}} = \exp\left(\frac{1}{7} \ln(50.4)\right) \approx 1.75067.$$

Das zeigt, dass die Abschätzung in Abschnitt 2.4 schon genau genug war. Verbessern kann man die Situation nur, indem man $T_8(x) = T_6(x) + x^8/40320$ verwendet. Dann ist $|R_8(x)| \le x^9/362880$, und es gilt:

$$\frac{x^9}{362880} < 10^{-3} \iff x < \sqrt[9]{362880 \cdot 10^{-3}} = \exp\left(\frac{1}{9} \ln(362.88)\right) \approx 1.924944.$$

Der Fehler, den man bei der Abschätzung durch $T_8(x)$ macht, ist auf $[0, \pi/2]$ kleiner als 0.001.

Man benutzt in diesem Zusammenhang gerne das ***Landau-Symbol*** o („Klein-o"). Ist $U = U(a)$ eine offene Umgebung und $g : U \setminus \{a\}$ eine Funktion, die für $x \ne a$ nicht verschwindet, so definiert man für Funktionen f auf $U \setminus \{a\}$:

$$f(x) = o\big(g(x)\big) \quad \text{(für } x \to a\text{), falls gilt:} \quad \lim_{x \to a} \frac{f(x)}{g(x)} = 0.$$

Beispiele

1. Es ist $\sin x = x - \dfrac{x^3}{3!} + \dfrac{x^5}{5!} - \dfrac{x^7}{7!} \pm \ldots$, also $\sin x = x - x^2 \cdot h(x)$, wobei
   $\lim\limits_{x \to 0} \dfrac{x^2 \cdot h(x)}{x^2} = h(0) = 0$ ist. Das bedeutet:

$$\sin x = x + o(x^2) \quad \text{für } x \to 0.$$

   Analog ist $\cos x = 1 - x^2/2 + o(x^3)$.

2. Weil $\lim\limits_{x \to 0} x \cdot \sin(1/x) = 0$ und $\lim\limits_{x \to \infty} \big(x \cdot \sin(1/x) - 1\big) = \lim\limits_{y \to 0} \big((\sin y)/y - 1\big) = 0$
   ist, ist $x \cdot \sin(1/x) = o(1)$ (für $x \to 0$) und $x \cdot \sin(1/x) = 1 + o(1)$ (für $x \to \infty$).

3. Ist $f_1(x) = o(g(x))$ und $f_2(x) = o(g(x))$, so ist auch $c_1 f_1(x) + c_2 f_2(x) = o(g(x))$. Der Beweis ist trivial.

4. Ist $f(x) = o(g(x))$ und $g(x) = o(h(x))$, so ist auch $f(x) = o(h(x))$.

   BEWEIS: Ist $\lim\limits_{x \to a} \dfrac{f(x)}{g(x)} = 0$ und $\lim\limits_{x \to a} \dfrac{g(x)}{h(x)} = 0$, so ist

$$\lim_{x \to a} \frac{f(x)}{h(x)} = \lim_{x \to a} \frac{f(x)}{g(x)} \cdot \frac{g(x)}{h(x)} = 0.$$

Jetzt wollen wir eine Funktion basteln, die nicht beliebig oft differenzierbar ist und dennoch eine nicht-triviale (endliche) Taylorentwicklung besitzt.

Es sei

$$g(x) := \begin{cases} 0 & \text{für } x < 0, \\ x^5 & \text{für } x \geq 0. \end{cases}$$

Dann ist g viermal stetig differenzierbar. Es existiert auch noch eine fünfte Ableitung, die allerdings im Nullpunkt nicht mehr stetig ist. Nun sei $f(x) := 1 - 2x + 3x^2 + 2x^3 + g(x)$. Offensichtlich ist auch f viermal stetig differenzierbar, und es ist $f(0) = 1$, $f'(0) = -2$, $f''(0) = 6$, $f^{(3)}(0) = 12$ und $f^{(4)}(0) = 0$, sowie
$f^{(5)}(x) = g^{(5)}(x) = \begin{cases} 0 & \text{für } x < 0, \\ 120 & \text{für } x \geq 0., \end{cases}$. Also ist

$$T_4 f(x; 0) = 1 - 2x + 3x^2 + 2x^3 \quad \text{und} \quad R_4(x) = \frac{g^{(5)}(c)}{5!} x^5 = \begin{cases} 0 & \text{für } x < 0 \\ x^5 & \text{für } x \geq 0 \end{cases}.$$

Eine besondere Nutzanwendung der Taylorformel ist das umfassende **_hinreichende Kriterium für Extremwerte:_**

Die Funktion f sei in der Nähe von x_0 n-mal stetig differenzierbar. Es sei

$$f^{(k)}(x_0) = 0 \quad \text{für } k = 1, \ldots, n-1$$
$$\text{und} \quad f^{(n)}(x_0) \neq 0.$$

Ist n ungerade, so besitzt f in x_0 kein lokales Extremum.

Ist n gerade, so liegt ein lokales Extremum in x_0 vor, und zwar

$$\text{ein Maximum, falls } f^{(n)}(x_0) < 0 \quad \text{ist,}$$
$$\text{und ein Minimum, falls } f^{(n)}(x_0) > 0 \quad \text{ist.}$$

Wir kehren zu den Taylorreihen zurück.

Seien $f(x) = \sum_{n=0}^{\infty} a_n (x - a)^n$ und $g(x) = \sum_{n=0}^{\infty} b_n (x - a)^n$ zwei Potenzreihen mit Entwicklungspunkt a und Konvergenzradius R. Die Reihen konvergieren für jedes feste $x \in (a - R, a + R)$ absolut. Also konvergiert auch $\sum_{n=0}^{\infty} (a_n + b_n) x^n$ auf $(a - R, a + R)$ gegen $f(x) + g(x)$, und nach dem Produktsatz für Reihen konvergiert $\sum_{n=0}^{\infty} \left(\sum_{i+j=n} a_i b_j \right) x^n$ gegen $f(x) \cdot g(x)$.

Die Division von Potenzreihen ist auch möglich, aber sie ist komplizierter und erfordert einige Vorbereitungen.

Doppelreihensatz

Es sei eine Doppelfolge (A_{nk}) gegeben, für jedes n konvergiere $\displaystyle\sum_{k=0}^{\infty} |A_{nk}|$ gegen eine Zahl B_n. Wenn dann auch noch $\displaystyle\sum_{n=0}^{\infty} B_n$ konvergiert, dann konvergieren die beiden Reihen $\displaystyle\sum_{n=0}^{\infty} \sum_{k=0}^{\infty} A_{nk}$ und $\displaystyle\sum_{k=0}^{\infty} \sum_{n=0}^{\infty} A_{nk}$, und ihre Summen sind gleich.

Beweis [*]: (nach Walter Rudin)   Sei $M := \{0\} \cup \{1/n : n \in \mathbb{N}\}$. Für $n \in \mathbb{N}$ sei die Funktion $f_n : M \to \mathbb{R}$ definiert durch

$$f_n(0) := \sum_{k=0}^{\infty} A_{nk} \quad \text{und} \quad f_n(1/i) := \sum_{k=0}^{i} A_{nk}.$$

Außerdem sei $g : M \to \mathbb{R}$ definiert durch $g(x) := \displaystyle\sum_{n=0}^{\infty} f_n(x)$.

Weil $\sum_{k=0}^{\infty} A_{nk}$ absolut (und damit auch im gewöhnlichen Sinne) konvergiert, ist

$$|\sum_{k=0}^{i} A_{nk}| \leq \sum_{k=0}^{i} |A_{nk}| \leq \sum_{k=0}^{\infty} |A_{nk}| = B_n \quad \text{für alle } i$$

und dann nach dem Übergang $i \to \infty$ auch $|f_n(0)| = |\sum_{k=0}^{\infty} A_{nk}| \leq B_n$. Also ist $g(0) = \sum_{n=0}^{\infty} f_n(0)$ wohldefiniert.

Für $i \in \mathbb{N}$ ist $|f_n(1/i)| \leq \sum_{k=0}^{i} |A_{nk}| \leq B_n$ und deshalb $g(1/i) = \sum_{n=0}^{\infty} f_n(1/i)$ ebenfalls wohldefiniert.

Für alle $n \in \mathbb{N}_0$ ist $\lim_{i \to \infty} f_n(1/i) = \lim_{i \to \infty} \sum_{k=0}^{i} A_{nk} = \sum_{k=0}^{\infty} A_{nk} = f_n(0)$. Das bedeutet, dass f_n in 0 „stetig" ist.

Weil $|f_n(1/i)| \leq B_n$ für alle i ist, ist auch $|f_n(0)| \leq B_n$. Nach dem Weierstrass-Kriterium ist dann $\sum_{n=0}^{\infty} f_n$ auf M normal und damit gleichmäßig konvergent. Das bedeutet, dass auch die Grenzfunktion $g = \sum_{n=0}^{\infty} f_n$ in 0 „stetig" ist.

Weil $\displaystyle\sum_{n=0}^{\infty} f_n\left(\frac{1}{j}\right)$ gegen $g\left(\frac{1}{j}\right)$ konvergiert, konvergiert

$$\sum_{n=0}^{\infty} A_{n,j} = \sum_{n=0}^{\infty} \left(f_n\left(\frac{1}{j}\right) - f_n\left(\frac{1}{j-1}\right) \right) \quad \text{gegen} \quad g\left(\frac{1}{j}\right) - g\left(\frac{1}{j-1}\right),$$

und dann konvergiert auch $\displaystyle\sum_{n=0}^{\infty}\sum_{j=0}^{i} A_{n,j}$ gegen $\displaystyle\sum_{j=0}^{i}\sum_{n=0}^{\infty} A_{n,j}$ (Grenzwertsatz).

Daher ist
$$\sum_{n=0}^{\infty}\sum_{k=0}^{\infty} A_{nk} = \sum_{n=0}^{\infty} f_n(0) = g(0) = \lim_{i \to \infty} g\left(\frac{1}{i}\right) = \lim_{i \to \infty} \sum_{n=0}^{\infty} f_n\left(\frac{1}{i}\right)$$
$$= \lim_{i \to \infty} \sum_{n=0}^{\infty}\sum_{k=0}^{i} A_{nk} = \lim_{i \to \infty} \sum_{k=0}^{i}\sum_{n=0}^{\infty} A_{nk} = \sum_{k=0}^{\infty}\sum_{n=0}^{\infty} A_{nk}.$$
∎

Wir kommen jetzt zur Division von Potenzreihen, zumindest in einem Spezialfall.

Sei $f(x) = \sum_{k=0}^{\infty} a_k x^k$ eine auf $(-R, R)$ (absolut) konvergente Reihe mit $a_0 \neq 0$. Außerdem mögen alle Koeffizienten a_k für $k \geq 1$ das gleiche Vorzeichen besitzen. Dann ist $f(x) = a_0\big(1 - h(x)\big)$, wobei $h(x) = 1 - f(x)/a_0$ eine ebenfalls auf $(-R, R)$ konvergente Potenzreihe mit $h(0) = 0$ ist. Es gibt ein r mit $0 < r < R$ und $|h(x)| < 1$ auf $(-r, r)$. Dann konvergiert dort $\sum_{n=0}^{\infty} h(x)^n$ gegen $1/(1 - h(x))$. Es ist dort immer noch $f(x) \neq 0$ und

$$\frac{1}{f(x)} = \frac{1}{a_0} \cdot \frac{1}{1 - h(x)} = \frac{1}{a_0} \cdot \sum_{n=0}^{\infty} h(x)^n.$$

Die Koeffizienten $c_k = -a_k/a_0$ von $h(x) = \sum_{k=1}^{\infty} c_k x^k$ haben wieder alle das gleiche Vorzeichen. Deshalb konvergiert $\sum_{k=1}^{\infty} |c_k x^k|$ gegen die Zahl $C(x) := \pm h(|x|) \geq 0$.

Jetzt geht es darum, die rechte Seite als Potenzreihe zu schreiben. Sei $x \in (-r, r)$ festgehalten und $A_{nm} := \left(\sum_{k_1 + \cdots + k_n = m} c_{k_1} \cdots c_{k_n} \right) x^m$. Nach dem Produktsatz für Reihen ist

$$h(x)^n = \sum_{m=0}^{\infty} \Big(\sum_{k_1 + \cdots + k_n = m} c_{k_1} \cdots c_{k_n} \Big) x^m = \sum_{m=0}^{\infty} A_{nm},$$

und diese Reihe konvergiert absolut. Außerdem geht aus dem Beweis des Produktsatzes hervor, dass $\sum_{m=0}^{N} |A_{nm}| \leq \Big(\sum_{k=0}^{N} |c_k x^k| \Big)^n$ für jedes N gilt. Lässt man N gegen Unendlich gehen, so sieht man, dass $\sum_{m=0}^{\infty} |A_{nm}|$ konvergiert und der Grenzwert $\leq \big(C(x) \big)^n$ ist. Weil $0 \leq C(x) < 1$ ist, konvergiert auch $\sum_{n=0}^{\infty} \sum_{m=0}^{\infty} |A_{nm}|$, und man kann den Satz über Doppelreihen anwenden. Es ist

$$
\begin{aligned}
\sum_{n=0}^{\infty} h(x)^n &= \sum_{n=0}^{\infty} \sum_{m=0}^{\infty} A_{nm} = \sum_{m=0}^{\infty} \sum_{n=0}^{\infty} A_{nm} \\
&= \sum_{m=0}^{\infty} \Big(\sum_{n=0}^{\infty} \sum_{k_1 + \cdots + k_n = m} c_{k_1} \cdots c_{k_n} \Big) x^m, \text{ und das ist eine Potenzreihe.}
\end{aligned}
$$

Wenn man erst mal weiß, dass $1/f(x)$ als Potenzreihe darstellbar ist, dann kann man die Koeffizienten dieser Reihe rekursiv aus der Gleichung $1 = f(x) \cdot \big(1/f(x) \big)$ berechnen. Wie, das zeigt das kommende Beispiel.

Beispiel

Sei $g(x) := (e^x - 1)/x = \sum_{k=0}^{\infty} x^k / ((k+1)!)$. Dann ist $g(0) = 1$, und alle Koeffizienten der Reihe sind positiv. Also kann $f(x) := 1/g(x) = x/(e^x - 1)$ in der Nähe von $x = 0$ in eine Potenzreihe entwickelt werden. Man schreibt diese Potenzreihe in der Form

$$f(x) = \frac{x}{e^x - 1} = \sum_{k=0}^{\infty} \frac{B_k}{k!} x^k,$$

wobei die B_k als **Bernoulli-Zahlen** bezeichnet werden. Weil $f(0) = 1/g(0) = 1$ ist, ist auf jeden Fall $B_0 = 1$. Die weiteren Bernoulli-Zahlen gewinnt man durch folgenden Trick: Es ist

$$
\begin{aligned}
x = f(x) \cdot (e^x - 1) &= \Big(\sum_{i=0}^{\infty} \frac{B_i}{i!} x^i \Big) \cdot \Big(\sum_{j=1}^{\infty} \frac{x^j}{j!} \Big) = \sum_{n=0}^{\infty} \Big(\sum_{i+j=n} \frac{B_i}{i! j!} \Big) x^n \\
&= \sum_{n=0}^{\infty} \Big(\sum_{i=0}^{n-1} B_i \frac{n!}{i!(n-i)!} \Big) \frac{x^n}{n!}
\end{aligned}
$$

Die Koeffizienten einer Potenzreihe sind (als Taylor-Koeffizienten) eindeutig bestimmt. Der Koeffizientenvergleich liefert deshalb die Formel

$$\sum_{i=0}^{n-1} B_i \binom{n}{i} = 0 \text{ für } n \geq 2.$$

Im Falle $n = 2$ erhält man $0 = B_0 + 2B_1$, also $B_1 = -1/2$. Außerdem ist

$$f(x) - f(-x) = \frac{x}{e^x - 1} + \frac{x}{e^{-x} - 1} = \frac{x - xe^x}{e^x - 1} = -x, \text{ also}$$

$$-x = \sum_{k=0}^{\infty} \frac{B_k}{k!} \big(1 - (-1)^k\big) x^k.$$

Das bedeutet: Ist k **ungerade** und $k > 1$, so ist $B_k = 0$. Für die ersten geraden Bernoulli-Zahlen erhält man

$$B_2 = \frac{1}{6}, \quad B_4 = -\frac{1}{30} \quad \text{und} \quad B_6 = \frac{1}{12}.$$

Als Anwendung kann man einige schwierigere Reihenentwicklungen ermitteln. Wir wollen damit beginnen, die Cotangens-Funktion um den Nullpunkt zu entwickeln. Das geht natürlich gar nicht, denn der Cotangens ist bei $x = 0$ nicht definiert. Besser sieht es bei der Funktion $f(x) := x \cot x = (x \cos x)/\sin x$ aus. Es ist $\lim_{x \to 0} x \cos x = 0$ und $\lim_{x \to 0} \sin x = 0$. Die Ableitungen $(x \cos x)' = \cos x - x \sin x$ und $\sin' x = \cos x$ streben aber beide für $x \to 0$ gegen 1. Also kann man de l'Hospital anwenden und erhält $\lim_{x \to 0} x \cot x = 1$. Wir werden nun aber nicht daran gehen, die Ableitungen von $x \cot x$ im Nullpunkt zu berechnen, sondern wir wollen schon bekannte Reihenentwicklungen ausnutzen. Dabei werden wir zum Komplexen übergehen. Es soll vielleicht nicht jeder Schritt einzeln begründet werden, das Prinzip kann man an aber ganz gut an folgendem Beispiel verstehen: Die Gleichung

$$\frac{x}{e^x - 1} = \sum_{k=0}^{\infty} \frac{B_k}{k!} x^k$$

kann man in der Form $x = (e^x - 1) \cdot \sum_{k=0}^{\infty} (B_k/k!) x^k$ als Gleichung zwischen konvergenten Potenzreihen auf einem Intervall $(-r, r)$ (mit $r > 1$) auffassen. Weil im Komplexen das Konvergenzgebiet ein Kreis ist, dessen Radius nach der Formel von Hadamard nur von den Koeffizienten der Reihe abhängt, gilt die obige Gleichung sogar auf $\{z \in \mathbb{C} : |z| < r\}$. Das bedeutet zum Beispiel, dass auch die Gleichung

$$\frac{\mathrm{i}\, t}{e^{\mathrm{i}\, t} - 1} = \sum_{k=0}^{\infty} \frac{B_k}{k!} (\mathrm{i}\, t)^k$$

für beliebiges $t \in \mathbb{R}$ gilt.

Benutzt man nun die Beziehungen $\cos x = (e^{\mathrm{i}\, x} + e^{-\mathrm{i}\, x})/2$ und $\sin x = (e^{\mathrm{i}\, x} - e^{-\mathrm{i}\, x})/(2\,\mathrm{i})$, so erhält man

$$
\begin{aligned}
x \cdot \cot x &= (\mathrm{i}\, x) \cdot \frac{e^{2\,\mathrm{i}\, x} + 1}{e^{2\,\mathrm{i}\, x} - 1} = \frac{1}{2} \cdot \frac{2\,\mathrm{i}\, x}{e^{2\,\mathrm{i}\, x} - 1} \cdot (e^{2\,\mathrm{i}\, x} + 1) \\
&= \frac{1}{2} \Big[\sum_{k=0}^{\infty} \frac{B_k}{k!} (2\,\mathrm{i}\, x)^k \cdot \Big(\sum_{m=0}^{\infty} \frac{(2\,\mathrm{i}\, x)^m}{m!} + 1 \Big) \Big] \\
&= \frac{1}{2} \Big[\sum_{n=0}^{\infty} \frac{B_n}{n!} (2\,\mathrm{i}\, x)^n + \sum_{n=0}^{\infty} \sum_{k=0}^{n} \frac{B_k}{k!(n-k)!} (2\,\mathrm{i}\, x)^n \Big]
\end{aligned}
$$

$$= \frac{1}{2}\Big[\sum_{n=0}^{\infty}\frac{1}{n!}\Big(B_n + \sum_{k=0}^{n}B_k\binom{n}{k}\Big)(2\,\mathrm{i}\,x)^n\Big]$$

$$= \frac{1}{2}\Big[2B_0 + (B_1 + B_0 + B_1)(2\,\mathrm{i}\,x) + \sum_{n=2}^{\infty}\frac{2B_n}{n!}(2\,\mathrm{i}\,x)^n\Big]$$

$$= \sum_{k=0}^{\infty}(-1)^k\frac{2^{2k}B_{2k}}{(2k)!}x^{2k}.$$

Damit ist $\cot x = \dfrac{1}{x} + \displaystyle\sum_{k=1}^{\infty}(-1)^k\frac{2^{2k}B_{2k}}{(2k)!}x^{2k-1}$.

Das ist natürlich keine Taylorreihe. Eine solche war auch nicht zu erwarten. Die Theorie solcher verallgemeinerter Reihen mit beliebigen (auch negativen) Exponenten bei x, die man „Laurent-Reihen" nennt, wird erst in der komplexen Funktionentheorie erschöpfend behandelt.

Nun sollte es auch möglich sein, die Tangens-Funktion zu entwickeln. Es ist

$$\begin{aligned}
\tan x &= \frac{\sin x}{\cos x} = \frac{2\sin^2 x}{2\sin x \cos x} = \frac{2(\cos^2 x - 1 + 2\sin^2 x)}{2\sin x \cos x}\\
&= \frac{\cos x}{\sin x} - \frac{2(1 - 2\sin^2 x)}{2\sin x \cos x} = \frac{\cos x}{\sin x} - \frac{2\cos(2x))}{\sin(2x)} = \cot x - 2\cot(2x).
\end{aligned}$$

Daraus folgt:

$$\begin{aligned}
\tan x &= \frac{1}{x} + \sum_{k=1}^{\infty}(-1)^k\frac{2^{2k}B_{2k}}{(2k)!}x^{2k-1} - \Big[\frac{1}{x} + 2\sum_{k=1}^{\infty}(-1)^k\frac{2^{2k}B_{2k}}{(2k)!}2^{2k-1}x^{2k-1}\Big]\\
&= \sum_{k=1}^{\infty}(-1)^k\frac{B_{2k}}{(2k)!}\Big(2^{2k} - 2\cdot 2^{2k}\cdot 2^{2k-1}\Big)x^{2k-1}\\
&= \sum_{k=1}^{\infty}(-1)^{k-1}\frac{4^k(4^k - 1)B_{2k}}{(2k)!}x^{2k-1} = x + \frac{1}{3}x^3 + \frac{7}{15}x^5 + \cdots
\end{aligned}$$

Sei $M \subset \mathbb{R}$ offen. Eine Funktion $f : M \to \mathbb{R}$ heißt **(reell-)analytisch**, falls es zu jedem $a \in M$ ein $\varepsilon > 0$ gibt, so dass f auf $(a - \varepsilon, a + \varepsilon) \subset M$ in eine Potenzreihe entwickelbar ist.

Es ist klar, dass eine beliebig oft differenzierbare Funktion nicht analytisch zu sein braucht. Weniger klar ist, ob wenigstens eine konvergente Potenzreihe in ihrem Konvergenzintervall analytisch ist. Tatsächlich muss man das erst mal beweisen, wobei wir uns auf den Fall einer Reihe mit Entwicklungspunkt 0 beschränken.

Satz

Sei $f(x) = \sum_{n=0}^{\infty} c_n x^n$ konvergent auf $I = (-R, R)$, $a \in I$ und $r := R - |a|$.

Dann gilt für $x \in (a - r, a + r)$: $f(x) = \sum_{k=0}^{\infty} \dfrac{f^{(k)}(a)}{k!}(x - a)^k.$

Beweis *:   Wir ordnen formal um:

$$f(x) = \sum_{n=0}^{\infty} c_n \big((x - a) + a\big)^n = \sum_{n=0}^{\infty} c_n \sum_{m=0}^{n} \binom{n}{m} a^{n-m}(x - a)^m$$

$$= \sum_{m=0}^{\infty} \Big(\sum_{n=m}^{\infty} \binom{n}{m} c_n \, a^{n-m}\Big)(x - a)^m.$$

Dass diese Umformungen erlaubt sind, muss man erst nachweisen. Dazu sei

$$\binom{n}{m} := 0 \text{ für } m > n, \text{ sowie } A_{nm} := c_n \binom{n}{m} a^{n-m}(x - a)^m.$$

Dann ist $$\sum_{n=0}^{\infty} \sum_{m=0}^{\infty} |A_{nm}| = \sum_{n=0}^{\infty} \sum_{m=0}^{\infty} \Big| c_n \binom{n}{m} a^{n-m}(x - a)^m \Big|$$

$$= \sum_{n=0}^{\infty} |c_n|(|x - a| + |a|)^n,$$

und diese Reihe konvergiert, wenn $|x - a| + |a| < R$ ist. Letzteres ist aber der Fall, wenn $|x - a| < r = R - |a|$ ist. Also kann man den Satz über Doppelreihen anwenden, und es ist

$$\sum_{m=0}^{\infty} \Big(\sum_{n=m}^{\infty} \binom{n}{m} c_n \, a^{n-m}\Big)(x - a)^m = \sum_{m=0}^{\infty} \sum_{n=0}^{\infty} A_{nm} = \sum_{n=0}^{\infty} \sum_{m=0}^{\infty} A_{nm}$$

$$= \sum_{n=0}^{\infty} c_n \sum_{m=0}^{n} \binom{n}{m} a^{n-m}(x - a)^m.$$

Damit ist gezeigt, dass die Umformungen erlaubt sind und $f(x)$ in $(a - r, a + r)$ als Potenzreihe um a darstellbar. Die Koeffizienten stimmen natürlich mit den Taylorkoeffizienten überein.   ■

Aufgaben

4.2.1.   Bestimmen Sie die Taylorreihe von $f(x) := 1 + x + x^2$ in den Entwicklungspunkten $x_0 = 0$ und $x_0 = 2$.

Diese sehr einfache Aufgabe dient nur dazu, sich die Definition der Taylorreihe in Erinnerung zu rufen.

4.2.2. Berechnen Sie das Taylorpolynom $T_4 f(x)$ und das Restglied $R_4(x)$ von $f(x) := \sqrt{x}$ im Punkt $x_0 = 1$.

Es sind die Koeffizienten $f^{(k)}(1)/k!$ für $k \leq 4$ zu berechnen, sowie $f^{(5)}(c)/5!$ an einer geeigneten Stelle c.

4.2.3. Berechnen Sie die Taylorreihen von $\sinh x$ und $\cosh x$ im Nullpunkt und untersuchen Sie das Konvergenzverhalten.

Es ist nicht unbedingt ratsam, Ableitungen zu berechnen.

4.2.4. Sei $I \subset \mathbb{R}$ ein Intervall, $x_0 \in I$ und $f : I \to \mathbb{R}$ $(n+1)$-mal stetig differenzierbar. Beweisen Sie, dass das Restglied $R_n(x)$ der Taylorentwicklung von f in x_0 die folgende Gestalt hat:

$$R_n(x) = \frac{1}{n!} \int_{x_0}^{x} (x - t)^n f^{(n+1)}(t) \, dt.$$

Es bietet sich Induktion nach n an. Will man von $n-1$ auf n schließen, so muss man herausfinden, was $R_{n-1}(x) - R_n(x)$ ist.

4.2.5. 1. Zeigen Sie, dass $\ln \dfrac{1+x}{1-x} = 2 \sum_{k=0}^{\infty} \dfrac{x^{2k+1}}{2k+1}$ für $|x| < 1$ gilt.

2. Sei $h(x) := \ln\big((1+x)/(1-x)\big)$. Zeigen Sie, dass $h(1/11) = \ln(1.2)$ ist, und benutzen Sie die Taylorentwicklung vom Grad 4 von h im Nullpunkt, um $\ln(1.2)$ auf 4 Stellen hinter dem Komma genau zu berechnen.

1) Die Reihenentwicklung gewinnt man aus der des Logarithmus.

2) Die Taylorentwicklung 4. Grades von h kann man einfach berechnen. Eine Abschätzung des Restgliedes $R_4(x)$ für $x = 1/11$ liefert die nötige Fehlerabschätzung, die 4 Stellen hinter dem Komma sichert.

4.2.6. Bestimmen Sie die Reihenentwicklung von $\arcsin x$ in $(-1, 1)$. Gehen Sie dabei von der Ableitung aus.

Dieser Lösungsweg ist einfacher als der oben im Text beschriebene Weg. Die Ableitung kann man als binomische Reihe schreiben, und weil Taylorreihen im Innern des Konvergenzintervalls normal konvergieren, kann man Reihensummierung und Integral vertauschen.

4.2.7. Sei g eine in der Nähe von 0 beliebig oft differenzierbare Funktion, $\lim_{x\to 0} g(x) = 0$. Beweisen Sie die Beziehungen

1. $o(g(x)) \pm o(g(x)) = o(g(x))$.

2. $o(o(g(x))) = o(g(x))$.

3. $\dfrac{1}{1 + g(x)} = 1 - g(x) + o(g(x))$

Hier erscheint die Aufgabenstellung etwas rätselhaft. Was soll $o(g(x))$ bedeuten, wenn es für sich alleine steht? Gemeint ist eine beliebige Funktion f mit $f(x) = o(g(x))$. Und mit $o(o(g(x)))$ ist eine Funktion f gemeint, zu der es eine Funktion h gibt, so dass $f(x) = o(h(x))$ und $h(x) = o(g(x))$ ist. Damit werden zumindest die ersten beiden Teilaufgaben ganz simpel. Die Bedingung an g wird eigentlich nur beim dritten Teil gebraucht.

4.2.8. Bestimmen Sie alle lokalen Extremwerte von $f(x) := \sin^5 x$.

Hier kann man mal die hinreichenden Kriterien für lokale Extremwerte benutzen.

4.3 Numerische Anwendungen

In diesem Abschnitt geht es exemplarisch um ein paar numerische Verfahren, etwa die Bestimmung von Nullstellen differenzierbarer Funktionen und die numerische Auswertung von Integralen.

Eines der einfachsten Verfahren zur numerischen Bestimmung von Nullstellen ist die **Sehnenmethode** (auch als **regula falsi** bekannt).

Betrachtet wird eine zweimal stetig differenzierbare Funktion $f : [a, b] \to \mathbb{R}$ mit $f(a) \cdot f(b) < 0$ (so dass $f(a)$ und $f(b)$ verschiedene Vorzeichen aufweisen). Außerdem sei vorausgesetzt, dass $f'(x)$ und $f''(x)$ auf $[a, b]$ keine Nullstellen besitzen. Das bedeutet, dass f streng monoton verläuft und entweder überall konvex oder überall konkav ist, also in $[a, b]$ keinen Wendepunkt besitzt. Es ist klar, dass f in (a, b) genau eine Nullstelle besitzt.

Die Idee ist, den Schnittpunkt der Sehne durch $(a, f(a))$ und $(b, f(b))$ mit der x-Achse als erste Annäherung an die gesuchte Nullstelle zu benutzen.

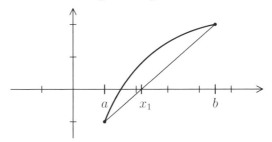

Die Sehne ist der Graph der Funktion $\sigma_{a,b}(x) := f(a) + \dfrac{f(b) - f(a)}{b - a}(x - a)$. Der Schnittpunkt der Sehne mit der x-Achse hat die Abszisse

$$x_1 = a - \frac{f(a) \cdot (b - a)}{f(b) - f(a)} \quad \text{mit } \sigma_{a,b}(x_1) = 0 \,.$$

Ist $f(x_1) = 0$, so hat man die gesuchte Nullstelle bereits gefunden. Ist $f(x_1) \neq 0$, so wählt man im nächsten Schritt das linke oder das rechte Intervall, je nachdem, ob $f(a) \cdot f(x_1) < 0$ oder $f(x_1) \cdot f(b) < 0$ ist. Die neue Sehne liefert einen Wert x_2, und dann wird das Verfahren fortgesetzt.

Es gibt eine Fehlerabschätzung: Ist x_n der n-te Näherungswert und x_0 die exakte Nullstelle, so gilt nach dem Mittelwertsatz:

$$f(x_n) = f(x_n) - f(x_0) = (x_n - x_0) \cdot f'(c) \text{ für ein } c \text{ zwischen } x_n \text{ und } x_0.$$

Dann ist

$$|x_n - x_0| = \frac{|f(x_n)|}{|f'(c)|} \le \frac{|f(x_n)|}{K}, \text{ wenn } K := \inf_{[a,b]}|f'| \text{ ist.}$$

Beispiel

Gesucht wird eine Nullstelle von $f(x) := x^3 + x - 5$ im Intervall $(a,b) = (1,2)$. Die Voraussetzungen sind alle erfüllt: Es ist $f(a) = -3 < 0$, $f(b) = 5 > 0$, $f'(x) = 3x^2 + 1 > 0$ und $f''(x) = 6x > 0$ in $[a,b]$. Sei x_0 die eindeutig bestimmte Nullstelle von f in (a,b).

1. Näherung: $x_1 = a - \dfrac{f(a) \cdot (b - a)}{f(b) - f(a)} = 1 - \dfrac{(-3) \cdot (2-1)}{5 - (-3)} = 1 + \dfrac{3}{8} = 1.375$.

Weil $f'(a) = 4$ und $f''(x) > 0$ ist, ist $K := \inf_{[a,b]}|f'| = 4$, und die Fehlerabschätzung liefert $|x_1 - x_0| \le |f(x_1)|/4 = 0.25634765625$.

2. Näherung: Es ist $f(x_1) = -1.025390625 < 0$. Im automatisierten Verfahren wird man jetzt x_1 als linke Intervallgrenze wählen. Man erhält dann $x_2 \approx 1.48136143$ (und $f(x_2) \approx -0.2678923\ldots$).

Hier ist $K = \inf_{[x_1,b]}|f'| = |f'(x_1)| = 6.671875$, also

$$|x_2 - x_0| \le |f(x_2)|/6.671875 \le 0.26789214/6.671875 \le 0.040153.$$

Demnach muss x_0 zwischen $x_2 - 0.040153 \ge 1.44120843$ und $x_2 + 0.0402 \le 1.52151443$. Der wahre Wert ($x_0 = 1.515980227\ldots$) liegt tatsächlich zwischen diesen beiden Grenzen.

3. - 12. Näherung:

$$
\begin{aligned}
x_3 &\approx 1.50773611 \quad &&\text{(im Intervall } (1.499194, 1.516279)\,) \\
x_4 &\approx 1.51403187 \quad &&\text{(im Intervall } (1.51206687, 1.51599687)\,) \\
x_5 &\approx 1.51552060 \quad &&\text{(im Intervall } (1.51505960, 1.51598160)\,) \\
x_6 &\approx 1.51587185 \quad &&\text{(im Intervall } (1.51576285, 1.51598085)\,) \\
&\ \vdots \\
x_{12} &\approx 1.51598015 \quad &&\text{(im Intervall } (1.51597915, 1.51598115)\,).
\end{aligned}
$$

Erst nach dem 12. Schritt stimmen beim Näherungswert die ersten 5 (und zufällig sogar die ersten 6) Stellen nach dem Komma. Die Fehlerabschätzung zeigt aber nur die Richtigkeit der ersten 4 Stellen nach dem Komma. Das Verfahren konvergiert schlecht, und die weiteren Näherungen werden kaum besser. Das liegt wohl daran, dass die rechte Intervallgrenze $b = 2$ immer relativ weit vom gesuchten Wert entfernt ist, während sich die linke Intervallgrenze der Nullstelle immer stärker annähert.

Man kann natürlich in das Verfahren eingreifen und es dazu zwingen, etwas schneller zu konvergieren:

2. (verbesserte) Näherung: Man kann probeweise $f(1.5) = -0.125$ berechnen. Also ist 1.5 ein besserer Kandidat für die linke Intervallgrenze. Man erhält dann $x_2 \approx 1.51219512$ (und $f(x_2) < 0$).

Bei den nächsten Schritten nimmt man als linke Intervallgrenze jeweils den vorhergehenden Näherungswert und die rechte Intervallgrenze verringert man schrittweise um 0.1 bis zum Wert 1.6. Das ergibt schließlich beim 7. Schritt $x_7 \approx 1.51598020$. Hier stimmen die ersten 7 Stellen nach dem Komma. Die Fehlerabschätzung bestätigt davon immerhin 4 Stellen.

Der Nachteil bei diesem Vorgehen besteht darin, dass es so nicht maschinell durchführbar ist.

So richtig befriedigend ist das Sehnenverfahren nicht. Ein deutlich besseres Verfahren wird also gesucht.

Es sei wieder $f : (a, b) \to \mathbb{R}$ eine differenzierbare Funktion. Das ***Tangenten-*** oder ***Newton-Verfahren*** zur Bestimmung einer Nullstelle von f funktioniert folgendermaßen:

1. Zunächst wird eine erste Approximation x_0 der Nullstelle möglichst geschickt geraten. x_0 sollte in einem Intervall liegen, in dem f das Vorzeichen wechselt. In der Nähe von x_0 sollte $f'(x) \neq 0$ sein.

   Ist zufällig schon $f(x_0) = 0$, ist man fertig.

2. Ist $f(x_0) \neq 0$, so benutzt man den Schnittpunkt x_1 der Tangente an f in x_0 als neue Approximation. Dann ist

$$x_1 = x_0 + \frac{f(x_0)}{f'(x_0)}.$$

3. Man iteriert den obigen Vorgang und setzt

$$x_{n+1} = x_n - \frac{f(x_n)}{f'(x_n)}.$$

Konvergiert die Folge (x_n) gegen eine Zahl x^*, so ist x^* die gesuchte Nullstelle.

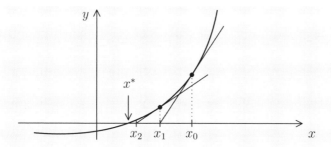

Das Newton–Verfahren konvergiert nicht in jedem Fall, aber man kann Kriterien angeben, unter denen es konvergiert.

Sei $f : I := [a, b] \to \mathbb{R}$ zweimal stetig differenzierbar und $f'(x) \neq 0$ für $x \in I$. Außerdem gebe es ein λ mit $0 < \lambda < 1$, so dass gilt:

$$|\frac{f(x)f''(x)}{f'(x)^2}| \leq \lambda \text{ für } x \in I \quad \text{und} \quad |\frac{f(x)}{f'(x)}| \leq (1 - \lambda)\frac{b - a}{2}.$$

Dann konvergiert das Newton-Verfahren, und man hat folgende Fehlerabschätzung:

$$\text{Ist } 0 < M \leq \min_I|f'(x)|, \text{ so ist } |x_n - x^*| \leq \frac{|f(x_n)|}{M}.$$

Der Nachteil dieses Kriteriums besteht darin, dass seine Voraussetzungen schwer nachzuprüfen sind. Es gibt aber eine einfachere Version.

Satz: *Sei $f : I := [a, b] \to \mathbb{R}$ dreimal stetig differenzierbar, $f(a) < 0$ und $f(b) > 0$. Außerdem gebe es Konstanten $C > 0$ und $\delta > 0$, so dass auf ganz I gilt:*

$$f'(x) \geq \delta \quad \text{und} \quad 0 \leq f''(x) \leq C.$$

Wählt man dann den Startpunkt $x_0 \in I$ so, dass $f(x_0) > 0$ ist, so konvergiert das Newton-Verfahren, und es gelten die gleichen Abschätzungen wie oben.

Wir wenden das Newton-Verfahren auf das Beispiel von vorhin an, um es mit dem Sehnenverfahren zu vergleichen. Es sei wieder $f(x) = x^3 + x - 5$ auf dem Intervall $I = [a, b] = [1, 2]$.

Natürlich ist f dreimal stetig differenzierbar, $f'(x) = 3x^2 + 1 \geq 1$ und $f''(x) = 6x \leq 12$ auf dem ganzen Intervall. Also sind die Voraussetzungen des vereinfachten Verfahrens erfüllt.

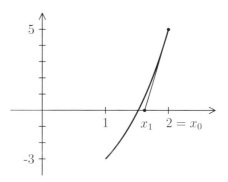

Es bietet sich normalerweise an, als Anfangswert den Intervallmittelpunkt $x_0 :=$ $(a + b)/2$ zu wählen. Hier ist allerdings $(a + b)/2 = 1.5$ und $f(1.5) = -0.125 < 0$. Deshalb wählen wir $x_0 := 2$. Dann berechnet man:

1. Näherung: $x_1 = 1.6153846154$
2. Näherung: $x_2 = 1.5212930501$
3. Näherung: $x_3 = 1.5159964269$
4. Näherung: $x_4 = 1.5159802278$
5. Näherung: $x_5 = 1.5159802277$, mit einem Fehler ≤ 0.0000000001.
Damit sind 9 Stellen nach dem Komma gesichert: Die Nullstelle liegt bei

$$x = 1.515980227\ldots$$

Das Newton-Verfahren liefert offensichtlich sehr schnell wesentlich bessere Ergebnisse als das Sehnenverfahren.

Wir wollen das Newton-Verfahren benutzen, um $\sqrt[6]{2}$ zu berechnen, also die eindeutig bestimmte Nullstelle von $f(x) := x^6 - 2$ auf $[1, 2]$. Es ist $f(1) = -1 < 0$ und $f(2) = 62 > 0$, sowie $f'(x) = 6x^5 \geq 6$ auf $[1, 2]$. Die Iteration ist gegeben durch

$$x_{n+1} = x_n - \frac{f(x_n)}{f'(x_n)} = x_n - \frac{x_n^6 - 2}{6x_n^5},$$

und sie konvergiert auf jeden Fall. Als Anfangswert kann man $x_0 = 2$ wählen. Dann erhält man:

$x_1 = 1.6770833333$
$x_2 = 1.4226944132$
$x_3 = 1.2427687459$
$x_4 = 1.1480822513$
$x_5 = 1.1238495540$
$x_6 = 1.1224663238$
$x_7 = 1.1224620484$
$x_8 = 1.1224620483$, mit einem Fehler ≤ 0.0000000001.

Berechnet man stattdessen die Quadratwurzel aus 2, so kommt man schneller zum Ziel:

$x_1 = 1.5000000000$
$x_2 = 1.4166666667$
$x_3 = 1.4142156863$, mit einem Fehler ≤ 0.000004.
$x_4 = 1.1442135624$, mit einem Fehler ≤ 0.0000000001.
Nach dem 3. Schritt hat man also schon 5 Stellen nach dem Komma, nach dem 4. Schritt 9 Stellen nach dem Komma. Hier konvergiert das Verfahren sehr schnell, und wahrscheinlich kommt es auch vielen bekannt vor. Es ist nämlich $f(x) = x^2 - 2$ und deshalb

$$x_{n+1} = x_n - \frac{f(x_n)}{f'(x_n)} = x_n - \frac{x_n^2 - 2}{2x_n} = \frac{1}{2}\left(x_n + \frac{2}{x_n}\right).$$

Dies ist die rekursive Folge zur Bestimmung der Quadratwurzel, die schon in Abschnitt 2.1 erwähnt wurde.

Das Newton-Verfahren kann zwar auch konvergieren, wenn nicht alle Voraussetzungen es vereinfachten Verfahrens erfüllt sind, aber es kann dann auch schief gehen.

Beispiel

Sei $f(x) := -\dfrac{2}{9}x^3 + x^2 + x - 3$. Dann ist $f(0) = -3$ und $f(3) = 3$. Wir versuchen, in $[0,3]$ eine Nullstelle von f zu finden. Als Anfangswert wählen wir $x_0 = 3$.

Es ist $f'(x) = -(2/3)x^2 + 2x + 1$ und daher $x_1 = x_0 - f(x_0)/f'(x_0) = 3 - 3/1 = 0$, $x_2 = x_1 - f(x_1)/f'(x_1) = 0 - (-3)/1 = 3$ usw.

Was passiert? Die Approximation läuft in einer Endlos-Schleife, weil die Tangenten in den Punkten 0 und 3 parallel zueinander sind. Zwischen den beiden Punkten hat die Funktion einen Wendepunkt, und das ist beim vereinfachten Newton-Verfahren nicht zugelassen. Beim allgemeinen Newton-Verfahren wäre nachzuprüfen, ob auf dem gesamten betrachteten Intervall $|f \cdot f''/(f')^2| \le \lambda < 1$ für ein geeignetes λ ist. Hier ist aber

$$\Big| \frac{f(0) \cdot f''(0)}{f'(0)^2} \Big| = \Big| \frac{(-3) \cdot 2}{1^2} \Big| = 6.$$

Es lohnt sich also immer, die Voraussetzungen zu überprüfen.

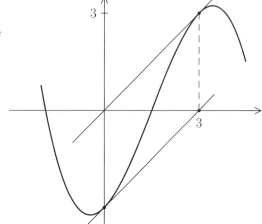

Eine ähnliche Katastrophe passiert auch beim nächsten Fall.

Beispiel

Es sei $f(x) := \dfrac{1}{2}x^3 - \dfrac{5}{4}x^2 - x + 2$ auf $[0,2]$. Weil $f(0) = 2 > 0 > -1 = f(2)$ ist, muss es dazwischen eine Nullstelle geben. Versucht man nun, das Newton-

Verfahren im Intervall $[0, 2]$ anzuwenden, so kann man folgendes erleben: Beginnt man mit dem Startwert $x_0 = 0$, so ergibt sich als erste Näherung der Punkt

$$x_1 = x_0 - \frac{f(x_0)}{f'(x_0)} = 0 - \frac{2}{-1} = 2.$$

Dann wäre $x_2 = x_1 - f(x_1)/f'(x_1)$. Ja, wenn nicht $f'(2) = 0$ wäre! Das Newton-Verfahren bricht hier ab, denn $f'(x_k)$ darf nicht Null werden. Das wird normalerweise durch die Voraussetzung $f' \neq 0$ (auf dem ganzen Intervall) verhindert.

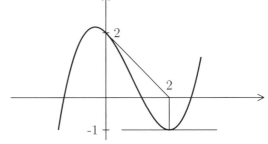

Freud' und Leid liegen beim Newton-Verfahren manchmal dicht beieinander.

Ein weiteres numerisches Verfahren, das hier behandelt werden soll, betrifft die numerische Integration.

Johannes Kepler hatte eines Tages den Verdacht, beim Weinkauf von den Küfern betrogen zu werden. Er widmete sich darauf so intensiv der Geometrie von Weinfässern, dass daraus eine berühmte wissenschaftliche Abhandlung entstand. Insbesondere ging es um die Volumenberechnung von Fässern. Kepler baute auf den Ergebnissen von Archimedes auf, verwendete aber die neue Theorie der „Indivisiblen", die später auch von Cavalieri aufgegriffen wurde.

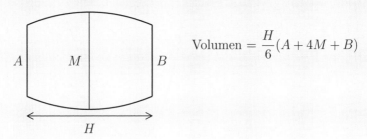

Bei der Volumenformel bedeuten A, M und B die Flächeninhalte der jeweiligen Querschnitte und H die Höhe des Fasses. Deshalb spricht man bei dieser Formel von der **Kepler'schen Fassregel**.

Ist diese Formel realistisch? Lässt man die Fläche unter dem Graphen einer überall positiven Funktion $\varphi : [a, b] \to \mathbb{R}$ um die x-Achse rotieren, so entsteht ein „Rotationskörper" mit dem Volumen $V = \pi \int_a^b \varphi(x)^2 \, dx$ (diese Formel ist wahrscheinlich vielen schon aus der Schule bekannt, exakt bewiesen wird sie in der mehrdimensionalen Integrationstheorie). Die moderne Version der Kepler'schen Fassregel besagt nun:

Sei $f : [a, b] \to \mathbb{R}$ viermal differenzierbar und $|f^{(4)}(x)| \leq K$ für $x \in [a, b]$. Ist $p(x)$ das eindeutig bestimmte quadratische Polynom mit $p(a) = f(a)$, $p(b) = f(b)$ und $p((a + b)/2) = f((a + b)/2)$, so ist

$$\int_a^b p(x)\, dx = \frac{b - a}{6}\Big(f(a) + 4f(\frac{a + b}{2}) + f(b)\Big)$$

und

$$\Big| \int_a^b f(x)\, dx - \int_a^b p(x)\, dx \Big| \leq \frac{K}{2880}(b - a)^5.$$

Ist f ein Polynom vom Grad ≤ 3, so wird $\int_a^b f(x)\, dx$ durch $\int_a^b p(x)\, dx$ exakt berechnet.

Eine noch bessere Approximation gewinnt man durch eine feinere Unterteilung des Intervalls.

Simpson'sche Regel: *Sei $f : [a, b] \to \mathbb{R}$ viermal differenzierbar, $|f^{(4)}| \leq K$ auf $[a, b]$, $h := (b - a)/n$, $x_i := a + ih$ für $i = 0, 1, 2, \ldots, n$ und*

$$S(h) := \frac{h}{6} \cdot \left[f(a) + f(b) + 2 \cdot \sum_{i=1}^{n-1} f(x_i) + 4 \cdot \sum_{i=1}^{n} f(\frac{x_{i-1} + x_i}{2}) \right].$$

Dann ist

$$\Big| \int_a^b f(x)\, dx - S(h) \Big| \leq \frac{K}{2880 n^4}(b - a)^5.$$

Wendet man die (moderne) Kepler'sche Fassregel auf das Volumen des Fasses (aufgefasst als Rotationskörper) an, so erhält man

$$\text{Volumen} \approx \pi \cdot \frac{b - a}{6}\Big(f^2(a) + 4f^2(\frac{a + b}{2}) + f^2(b)\Big) = \frac{H}{6}(A + 4M + B),$$

weil ja $f(x)$ jeweils der Radius des Querschnittes bei x und $\pi f^2(x)$ der Flächeninhalt dieses Querschnittes ist. Da man bei einem Weinfass davon ausgehen kann, dass die Funktion f einer Parabel sehr nahe kommt, ist Keplers Formel tatsächlich sehr gut. Wie er allerdings zu dieser Formel gekommen ist, ist schwer zu sagen. Archimedes hatte seinerzeit die Volumina spezieller Rotationskörper mit physikalischen Hilfsmitteln bestimmt. Kepler hat wohl mit seiner Theorie der Indivisiblen gearbeitet und das Volumen aus sehr vielen kreisförmigen Scheiben geringer Dicke zusammengesetzt.

Es ist ja klar, dass es ein quadratisches Polynom p mit $p(a) = f(a)$, $p(b) = f(b)$ und $p((a + b)/2) = f((a + b)/2)$ gibt. Sei nun $h := (b - a)/2$ und $m := (a + b)/2$, sowie $q(x) := p(x + m) = c_0 + c_1 x + c_2 x^2$. Dann ist q ebenfalls ein quadratisches Polynom und $q(-h) = f(a)$, $q(0) = f\big((a + b)/2\big)$ und $q(h) = f(b)$. Das macht die Situation etwas symmetrischer, und es ist

$$
\begin{aligned}
\int_{-h}^{h} q(x)\,dx &= \left(c_0 x + \frac{c_1}{2}x^2 + \frac{c_2}{3}x^3\right)\Big|_{-h}^{h} = 2c_0 h + \frac{2}{3}c_2 h^3 \\
&= \frac{h}{3}\big[(c_0 - c_1 h + c_2 h^2) + (c_0 + c_1 h + c_2 h^2) + 4c_0\big] \\
&= \frac{h}{3}[q(-h) + 4q(0) + q(h)].
\end{aligned}
$$

Mit der Substitution $\varphi(t) = t + m$ erhält man

$$
\begin{aligned}
\int_{a}^{b} p(x)\,dx &= \int_{\varphi(-h)}^{\varphi(h)} p(x)\,dx = \int_{-h}^{h} p(\varphi(t))\varphi'(t)\,dt = \int_{-h}^{h} q(t)\,dt \\
&= \frac{h}{3}\big[q(-h) + 4q(0) + q(h)\big] = \frac{b - a}{6}\big[f(a) + 4f(m) + f(b)\big].
\end{aligned}
$$

Das ist schon der erste Teil des Beweises der Kepler'schen Fassregel. Die Fehlerabschätzung, die erst das Integral über f mit dem über p in Verbindung bringt, ist etwas komplizierter und soll hier nicht näher erörtert werden. Insbesondere braucht man dafür die Interpolationsformeln von Lagrange. Bemerkenswert ist aber, dass der Fehler von der 4. Ableitung von f abhängt. Das hat zur Folge, dass die Fassregel sogar bei Polynomen vom Grad 3 noch exakte Werte liefert. Die Simpson'sche Regel ergibt sich aus der Fassregel durch Aufsummieren der Ergebnisse aus den Teilintervallen. Tatsächlich wird f zwischen zwei Teilungspunkten durch ein quadratisches Polynom approximiert, das im Mittelpunkt des Teilintervalls nochmals mit f übereinstimmt.

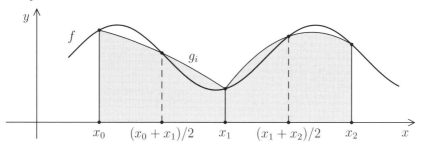

Das Simpson-Verfahren approximiert das Integral sehr gut, offensichtlich halten sich die Teile, die einen Überschuss oder ein Defizit liefern, bei einer nicht zu „wilden" Funktion recht gut die Waage.

Beispiel

Wir wollen das Integral $\int_{0}^{1} x^4\,dx$ näherungsweise berechnen. Da $f(x) = x^4$ ein Polynom vom Grad > 3 ist, muss mit einem kleinen Fehler gerechnet werden.

- Der exakte Wert ist natürlich $\left(x^5/5\right)\Big|_0^1 = 1/5 = 0.2$.

- Die Kepler'sche Fassregel liefert den Wert

$$\frac{1-0}{6}(0^4 + 4 \cdot 0.5^4 + 1^4) = \frac{1}{6}(1 + 4 \cdot 0.0625) = 0.20833333\ldots$$

- Die Simpson'sche Regel liefert mit $n = 2$ (also 2 Teilintervallen) und $h = 0.5$ den Wert

$$
\begin{aligned}
S(h) &= \frac{h}{6}\Big(f(0) + f(1) + 2 \cdot f(0.5) + 4 \cdot \big(f(0.25) + f(0.75)\big)\Big) \\
&= 0.08333333\ldots \cdot \big(1 + 2 \cdot 0.0625 + 4 \cdot (0.00390625 + 0.31640625)\big) \\
&= 0.08333333\ldots \cdot (1 + 0.125 + 1.28125) \approx 0.2005208253125.
\end{aligned}
$$

Was sagt die Fehlerabschätzung? Es ist $|f^{(4)}(x)| = 24$, also

$$\Big|\int_0^1 f(x)\,dx - S(h)\Big| \le \frac{24}{2880 \cdot 2^4}(1-0)^5 = \frac{1}{1920} \le 0.000520833334.$$

Damit muss das korrekte Ergebnis zwischen 0.199999991978 und 0.201041658647 liegen.

- Mit $n = 5$ (also 5 Teilintervallen der Länge 0.2) und $h = 0.2$ liefert die Simpson'sche Regel den Wert

$$
\begin{aligned}
S(h) &= \frac{h}{6}\Big(f(0) + f(1) + 2 \cdot \sum_{i=1}^{4} f(i \cdot 0.2) + 4 \cdot \sum_{i=0}^{4} f(i \cdot 0.2 + 0.1)\Big) \\
&= 0.0333333333\ldots \cdot \big(1 + 2 \cdot 0.5664 + 4 \cdot 0.9669\big) \\
&= 0.0333333333\ldots \cdot 6.0004 \approx 0.20001333313332.
\end{aligned}
$$

Hier ist der Fehler ≤ 0.0000133334. Man hat also ein Ergebnis zwischen 0.19999999973332 und 0.200026646532. Das ist ziemlich genau das wahre Ergebnis 0.2.

Interessantere Beispiele finden sich im Aufgabenteil.

Aufgaben

4.3.1. Bestimmen Sie mit Hilfe des Newton-Verfahrens eine Nullstelle von $f(x) := x^3 - 2x - 5$ auf 4 Nachkommastellen genau.

Es ist $f(0) = -5$, und für großes x wird $f(x)$ positiv. Also sollte es eine Nullstelle $x_0 > 0$ geben. Man sollte aber zumindest noch ein passendes Intervall suchen, in dem $f'(x) \ne 0$ ist. Dann kann man die Iteration beginnen. Schätzt man beim k-ten Schritt den Fehler durch eine Zahl δ_k ab, so liegt der wahre Wert zwischen $x_k - \delta_k$ und $x_k + \delta_k$. Unterscheiden sich die beiden Grenzen in den ersten 4 Stellen nach dem Komma nicht mehr, so hat man das Ziel erreicht.

4.3.2. Lösen Sie die Gleichung $x^2 + 2 = e^x$ mit Hilfe des Newtonverfahrens.

Es ist ratsam, sich erst mal einen groben Überblick über den Verlauf der Funktion zu verschaffen, um den Anfangswert möglichst gut zu wählen.

4.3.3. Mit dem Newtonverfahren soll eine Nullstelle von $f(x) := x^5 - x^4 - x + 2$ gesucht werden. Warum klappt das nicht mit dem Startwert $x_0 := 1$?

Schreiben Sie ein Computerprogramm für die Anwendung des Newtonverfahrens auf $f(x)$. Was geht schief mit dem Startwert $x_0 := 2$?

Man überlege sich, wie man am besten einen brauchbaren Anfangswert auswählt, und man erinnere sich daran (siehe Textteil), unter welchen Umständen das Newton-Verfahren komplett schiefgeht.

4.3.4. Bestimmen Sie ein quadratisches Polynom p, das in 0, $\pi/2$ und π mit $f(x) := \sin x$ übereinstimmt. Schätzen Sie die Differenz $|f(x) - p(x)|$ in $x = \pi/4$ ab.

Bei der Kepler'schen Fassregel wird ein solches quadratisches Polynom bestimmt. Die Fehlerabschätzung ergibt sich aus den Interpolationsformeln von Lagrange. Ist p das gesuchte quadratische Polynom, so ist in jedem $x \in [0, \pi]$

$$f(x) - p(x) = x \cdot (x - \frac{\pi}{2})(x - \pi) \cdot \frac{f'''(\xi)}{6}$$

für ein geeignetes $\xi \in [0, \pi]$, das von x abhängt. Allerdings kann man den Betrag der Differenz in $x = \pi/4$ sogar exakt berechnen.

4.3.5. Berechnen Sie $\int_0^1 (x^3 + 3x^2 - x + 1)\, dx$ direkt und numerisch mit Hilfe der Kepler'schen Fassregel. Kommentieren Sie das Ergebnis.

Die Aufgabe birgt keinerlei Schwierigkeiten oder Geheimnisse.

4.3.6. Berechnen Sie $\pi/4 = 0.7854\ldots$ mit Hilfe des Integrals $\displaystyle\int_0^1 \frac{dx}{1 + x^2}$, sowohl mit der Trapez-, als auch mit der Simpson'schen Regel. Benutzen Sie dazu die Teilpunkte 0, 0.25, 0.5, 0.75 und 1, also $n = 4$.

Bei der allgemeinen Trapezregel und n Teilintervallen vergleicht man das Integral $\int_a^b f(x)\, dx$ mit dem Wert

$$T(h) := h \cdot \left(\frac{f(a)}{2} + \sum_{i=1}^{n-1} f(a + ih) + \frac{f(b)}{2} \right),$$

wobei $h := (b - a)/n$ ist. Ist $|f''| \leq k$ auf $[a, b]$, so ist der dabei auftretende Fehler

$$\leq \frac{k}{12n^2}(b - a)^3.$$

Die Simpson'sche Regel wurde ausführlich im Textteil behandelt. Wieviele Teilpunkte man benutzt, hängt davon ab, wie genau das Ergebnis sein soll.

4.3.7. Berechnen Sie $\int_0^\pi \frac{\sin x}{x}\,dx = 1.85193705\ldots$ mit Hilfe der Simpson'schen Regel.

Die Werte des Integrals $\int_0^\pi (\sin x/x)\,dx$ sind tabelliert, weil sie in der Fourier-Theorie gebraucht werden. Hier soll überprüft werden, wie nahe man dem wahren Wert mit dem Simpson'schen Verfahren kommt.

4.4   Uneigentliche Integrale

Sei $f : [a, b) \to \mathbb{R}$ eine stückweise stetige Funktion. Der Grenzwert

$$\int_a^b f(t)\,dt := \lim_{x \to b-} \int_a^x f(t)\,dt$$

wird als **uneigentliches Integral** bezeichnet. Falls er existiert, nennt man das uneigentliche Integral **konvergent**, andernfalls **divergent**. Analog erklärt man das uneigentliche Integral einer stückweise stetigen Funktion $f : (a, b] \to \mathbb{R}$ durch den rechtsseitigen Limes. Und an Stelle von stückweise stetigen Funktionen kann man zum Beispiel auch Regelfunktionen benutzen.

Ist $f : [a, +\infty) \to \mathbb{R}$ eine stückweise stetige Funktion, so wird auch der Grenzwert

$$\int_a^\infty f(t)\,dt := \lim_{x \to \infty} \int_a^x f(t)\,dt$$

als **uneigentliches Integral** bezeichnet. Uneigentliche Integrale über $(-\infty, b]$ definiert man analog.

Zum Beispiel ist eine Funktion der Form $1/x^\alpha$ genau dann über $(0, 1)$ (bzw. über $(1, \infty)$) uneigentlich integrierbar, wenn ihr Graph ganz innerhalb der hellgrau gefärbten Fläche verläuft.

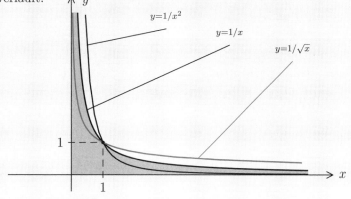

Insbesondere ergibt sich, dass $\int_0^\infty (1/x^\alpha)\,dx$ für **kein** α konvergiert!

Uneigentliche Integrale über ganz $\mathbb{R}$ werden durch zwei voneinander unabhängige Grenzprozesse berechnet:

Das uneigentliche Integral $\int_{-\infty}^{+\infty} f(t)\,dt$ konvergiert genau dann, wenn die beiden uneigentlichen Integrale $\int_{-\infty}^{0} f(t)\,dt$ und $\int_{0}^{+\infty} f(t)\,dt$ konvergieren. Der Wert des Integrals über ganz $\mathbb{R}$ ist gleich der Summe der Werte der Teilintegrale, d.h. es ist

$$\int_{-\infty}^{+\infty} f(t)\,dt = \lim_{\substack{a \to -\infty \\ b \to +\infty}} \int_{a}^{b} f(t)\,dt.$$

Während hier a und b unabhängig voneinander gegen die Grenzen streben, findet man manchmal auch noch den folgenden Grenzwert:

$$HW \int_{-\infty}^{+\infty} f(t)\,dt := \lim_{r \to \infty} \int_{-r}^{+r} f(t)\,dt.$$

Man spricht vom **Cauchy'schen Hauptwert**. Es kann passieren, dass dieser Hauptwert existiert, obwohl das uneigentliche Integral von f über $\mathbb{R}$ divergiert.

Der Begriff der „absoluten Konvergenz" offenbart eine gewisse Ähnlichkeit zwischen uneigentlichen Integralen und unendlichen Reihen. Das uneigentliche Integral $\int_{a}^{\infty} f(x)\,dx$ **konvergiert absolut**, falls $\int_{a}^{\infty} |f(x)|\,dx$ konvergiert. Für andere Typen von uneigentlichen Integralen definiert man die absolute Konvergenz entsprechend.

Analog zu den Reihen gilt auch hier: *Konvergiert das uneigentliche Integral $\int_{a}^{\infty} f(x)\,dx$ absolut, so auch im gewöhnlichen Sinne, und es ist*

$$\left| \int_{a}^{\infty} f(x)\,dx \right| \le \int_{a}^{\infty} |f(x)|\,dx.$$

Das **Majorantenkriterium für uneigentliche Integrale** besagt dann: *Es seien f und g zwei stückweise stetige Funktionen über einem Intervall I, mit $|f| \le g$. Konvergiert das uneigentliche Integral über g, so konvergiert das uneigentliche Integral über f absolut.*

Eine endgültige Verbindung zwischen Reihen und uneigentlichen Integralen stellt der **Vergleichssatz** her: *Sei $m \in \mathbb{N}$ und $f : [m, \infty) \to \mathbb{R}$ positiv, stetig und monoton fallend. Dann haben die Reihe $\sum_{k=m}^{\infty} f(k)$ und das uneigentliche Integral $\int_{m}^{\infty} f(x)\,dx$ das gleiche Konvergenzverhalten.*

Beispiele

1. Manchmal lassen sich uneigentliche Integrale leicht berechnen:

$$\int_{-\infty}^{\infty} \frac{dt}{1 + t^2} = 2 \int_{0}^{\infty} \frac{dt}{1 + t^2} = 2 \cdot \lim_{x \to \infty} \arctan t \,\Big|_{0}^{x} = 2 \cdot \lim_{x \to \infty} \arctan x = \pi.$$

2. Sei $k > 0$. Dann ist

$$\int_0^\infty e^{-kt}\, dt = \lim_{x \to \infty} \left(-\frac{e^{-kt}}{k} \,\Big|_0^x \right) = \lim_{x \to \infty} \left(-\frac{1}{k}(e^{-kx} - 1) \right) = \frac{1}{k}.$$

3. $\int_0^x \sin t\, dt = (-\cos t)\,\Big|_0^x = -\cos x + 1$ hat für $x \to \infty$ keinen Grenzwert. Deshalb divergiert das uneigentliche Integral $\int_0^\infty \sin t\, dt$.

4. Wie sieht es mit $\int_0^{\pi/2}(1/\sin t)\, dt$ aus? Hier lohnt es nicht, nach einer Stammfunktion zu suchen, denn auf $(0, \pi/2)$ ist $\sin t < t$, also $1/\sin t > 1/t$. Weil $\int_0^1 (1/t)\, dt$ divergiert, ist auch $\int_0^{\pi/2}(1/\sin t)\, dt$ divergent.

5. Die Funktion $\sin t \cos t$ hat $\sin t$ als Majorante. Also ist $1/(\sin t \cos t)$ bei 0 nicht uneigentlich integrierbar. Man kann allerdings auch eine Stammfunktion finden:

$$\frac{1}{\sin t \cos t} = \frac{\cos t}{\cos^2 t \sin t} = \frac{\tan' t}{\tan t} = (\ln \circ \tan)'(t),$$

so dass gilt:

$$\int_0^{\pi/4} \frac{dt}{\sin t \cos t} = \lim_{x \to 0} \ln(\tan t)\,\Big|_x^{\pi/4} = \lim_{x \to 0} \big(-\ln(\tan x) \big) = \infty.$$

6. Bei den Funktionen Sinus und Cosinus kann es nützlich sein, im Komplexen zu arbeiten und zum Beispiel die Gleichung $\sin x = \big(e^{\mathrm{i}x} - e^{-\mathrm{i}x}\big)/(2\,\mathrm{i})$ zu verwenden. Ist $c = -a + \mathrm{i}\,b$ mit $a > 0$, so ist $|e^{\mathrm{i}b}| = 1$ und $\lim_{t \to \infty} e^{-at} = 0$, also auch $\lim_{t \to \infty} e^{ct} = 0$. Daraus folgt für $k > 0$ und $\omega \in \mathbb{R}$:

$$
\begin{aligned}
\int_0^\infty \sin(\omega t) e^{-kt}\, dt &= \frac{1}{2\,\mathrm{i}} \int_0^\infty \left(e^{(\mathrm{i}\omega - k)t} - e^{-(\mathrm{i}\omega + k)t} \right) dt \\
&= \frac{1}{2\,\mathrm{i}} \lim_{x \to \infty} \left(\frac{e^{(\mathrm{i}\omega - k)t}}{\mathrm{i}\,\omega - k} + \frac{e^{(-\mathrm{i}\omega - k)t}}{\mathrm{i}\,\omega + k} \right) \Big|_0^x \\
&= -\frac{1}{2\,\mathrm{i}} \left(\frac{1}{\mathrm{i}\,\omega - k} + \frac{1}{\mathrm{i}\,\omega + k} \right) \\
&= -\frac{1}{2\,\mathrm{i}} \cdot \frac{2\,\mathrm{i}\,\omega}{-\omega^2 - k^2} = \frac{\omega}{\omega^2 + k^2}.
\end{aligned}
$$

7. Um $\int_\pi^\infty e^s \sin 2s\, ds$ zu berechnen, wendet man am besten erst mal die Methode der partiellen Integration auf das endliche Integral $\int_\pi^x e^s \sin 2s\, ds$ an.

$$\int_\pi^x e^{-s} \sin 2s \, ds = -\frac{1}{2} \int_\pi^x e^{-s} (\cos 2s)' \, ds$$

$$= -\frac{1}{2} \left[(e^{-s} \cos 2s) \Big|_\pi^x + \int_\pi^x e^{-s} \cos 2s \, ds \right]$$

$$= -\frac{1}{2} \left[e^{-x} \cos 2x - e^{-\pi} + \frac{1}{2} \int_\pi^x e^{-s} (\sin 2s)' \, ds \right]$$

$$= -\frac{1}{2} \Big[e^{-x} \cos 2x - e^{-\pi} +$$

$$+ \frac{1}{2} \Big((e^{-s} \sin 2s) \Big|_\pi^x + \int_\pi^x e^{-s} \sin 2s \, ds \Big) \Big]$$

$$= -\frac{e^{-x}}{2} \cos 2x + \frac{e^{-\pi}}{2} - \frac{1}{4} \Big(e^{-x} \sin 2x + \int_\pi^x e^{-s} \sin 2s \, ds \Big)$$

$$= -\frac{e^{-x}}{2} \cos 2x + \frac{e^{-\pi}}{2} - \frac{1}{4} e^{-x} \sin 2x - \frac{1}{4} \int_\pi^x e^{-s} \sin 2s \, ds$$

Also ist

$$\frac{5}{4} \int_\pi^x e^{-s} \sin 2s \, ds = -\frac{e^{-x}}{2} \cos 2x + \frac{e^{-\pi}}{2} - \frac{1}{4} e^{-x} \sin 2x$$

und

$$\int_\pi^\infty e^{-s} \sin 2s \, ds = \frac{4}{5} \lim_{x \to \infty} \int_\pi^x e^{-s} \sin 2s \, ds = \frac{4}{5} \cdot \frac{e^{-\pi}}{2} = \frac{2}{5} e^{-\pi}.$$

8. Es ist

$$\int_3^\infty \frac{dt}{9 + t^2} = \frac{1}{9} \lim_{x \to \infty} \int_3^x \frac{dt}{1 + (t/3)^2},$$

mit

$$\int_3^x \frac{dt}{1 + (t/3)^2} = \int_1^{x/3} \frac{3 \, du}{1 + u^2} = 3 \arctan u \Big|_1^{x/3}$$

$$= 3 \cdot \Big(\arctan \frac{x}{3} - \frac{\pi}{4} \Big).$$

Daraus folgt:

$$\int_3^\infty \frac{dt}{9 + t^2} = \frac{1}{3} \lim_{x \to \infty} \Big(\arctan \frac{x}{3} - \frac{\pi}{4} \Big) = \frac{1}{3} \Big(\frac{\pi}{2} - \frac{\pi}{4} \Big) = \frac{\pi}{12}.$$

Beim Integrieren kann man auch mal fatale Fehler machen. Wenn nach dem Wert des Integrals $\int_{\pi/4}^{3\pi/4} \tan^2 t \, dt$ gefragt wird, kann man auf die Idee kommen, die Stammfunktion $F(x) := \tan x - x$ von $f(x) = \tan^2 x$ zu benutzen. Danach wäre

$$\int_{\pi/4}^{3\pi/4} \tan^2 t \, dt = (\tan t - t) \Big|_{\pi/4}^{3\pi/4} = \Big(-1 - \frac{3\pi}{4} \Big) - \Big(1 - \frac{\pi}{4} \Big) = -2 - \frac{\pi}{2}.$$

Dass das Ergebnis negativ ist, sollte einem zu denken geben. Da kann etwas nicht stimmen! Tatsächlich ist diese Rechnung völliger Unsinn, der Integrand wird im Punkt $x = \pi/2$ Unendlich. Man muss das Integral in zwei uneigentliche Integrale aufspalten:

$$
\begin{aligned}
\int_{\pi/4}^{3\pi/4} \tan^2 t \, dt &= \lim_{\varepsilon \to 0} \left(\int_{\pi/4}^{\pi/2-\varepsilon} \tan^2 t \, dt + \int_{\pi/2+\varepsilon}^{3\pi/4} \tan^2 t \, dt \right) \\
&= \lim_{\varepsilon \to 0} \left(\tan\left(\frac{\pi}{2} - \varepsilon\right) - \tan\left(\frac{\pi}{2} + \varepsilon\right) - \frac{\pi}{2} + 2\varepsilon - 2 \right) = +\infty .
\end{aligned}
$$

Ein besonders prominentes Beispiel für ein uneigentliches Integral liefert die **Gammafunktion** $\Gamma : (0, \infty) \to \mathbb{R}$, definiert durch

$$
\Gamma(x) := \int_0^\infty e^{-t} t^{x-1} \, dt.
$$

Den Wert in $x = 1$ erhält man sofort, denn das uneigentliche Integral $\Gamma(1) = \int_0^\infty e^{-t} \, dt = -(e^{-t}) \Big|_0^\infty = 1$ konvergiert offensichtlich.

Nun sei ein $x > 0$ mit $x \neq 1$ festgehalten. Dann ist $t^{x-1} = e^{(x-1)\ln t} > 0$, und das Integral $\Gamma(x) = \int_0^\infty e^{(x-1)\ln t - t} \, dt$ wird sowohl bei $t = 0$ als auch für $t \to \infty$ uneigentlich.

1) Wir untersuchen zunächst die Konvergenz auf $(0, 1]$. Dort ist $1 < e^t \leq e$, also $0 < 1/e \leq e^{-t} < 1$ und $|e^{-t} t^{x-1}| < t^{x-1}$.

Ist $x > 1$, so ist $\alpha := x - 1 > 0$, die Vergleichsfunktion t^{x-1} strebt für $t \to 0$ gegen Null und es gibt keine Probleme.

Für $0 < x < 1$ ist auch $0 < \alpha := 1 - x < 1$, und das uneigentliche Integral über $t^{x-1} = 1/t^\alpha$ konvergiert.

2) Nun zeigen wir die Konvergenz des Integrals auf $[1, \infty)$. Da die Exponentialfunktion stärker als jede Potenz wächst, strebt $t^2 \cdot (t^{x-1} e^{-t}) = e^{-t} t^{x+1}$ für $t \to \infty$ gegen Null. Also gibt es eine Zahl $C > 0$ und ein t_0, so dass $e^{-t} t^{x+1} \leq C$ für $t \geq t_0$ ist, und somit $t^{x-1} e^{-t} \leq C \cdot t^{-2}$. Weil $\int_1^\infty t^{-2} \, dt$ konvergiert, folgt die Konvergenz des Integrals.

Sei nun $\Pi(n) := \Gamma(n + 1) = \int_0^\infty e^{-t} t^n \, dt$.

Behauptung: $\Pi(0) = 1$ und $\Pi(n) = n\Pi(n - 1)$, also $\Pi(n) = n!$.

BEWEIS: Es ist

$$
\begin{aligned}
\int_0^x e^{-t} t^n \, dt &= -\int_0^x (e^{-t})' t^n \, dt = -\left[e^{-t} t^n \Big|_0^x - n \int_0^x e^{-t} t^{n-1} \, dt \right] \\
&= -e^{-x} x^n + n \int_0^x e^{-t} t^{n-1} \, dt.
\end{aligned}
$$

Lässt man nun x gegen Unendlich gehen, so erhält man die Gleichung $\Pi(n) = n \cdot \Pi(n-1)$. ∎

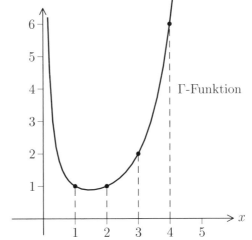

Die Gammafunktion interpoliert also die Fakultäten!

Genauso zeigt man ganz allgemein: $\Gamma(x+1) = x \cdot \Gamma(x)$.

Aufgaben

4.4.1. Zeigen Sie: $\int_0^1 \dfrac{\sin x}{x^\alpha}\, dx$ konvergiert für $\alpha < 2$ und $\int_1^\infty \dfrac{\sin x}{x^\alpha}\, dx$ konvergiert für $\alpha > 0$ und konvergiert absolut für $\alpha > 1$.

Bei der ersten Aussage erinnere man sich an die Funktion $\sin x / x$ und benutze das Majoranten-kriterium. Letzteres hilft auch bei der letzten Aussage.

Die Konvergenz von $\int_1^\infty \sin x / x^\alpha\, dx$ für $\alpha > 0$ ist etwas schwerer zu zeigen. Folgender Trick hilft weiter: Man setze $F(x) := \int_1^x \sin t\, dt$ und schreibe $\int_1^\infty \sin t / t^\alpha\, dt = \int_1^\infty F'(t) / t^\alpha\, dt = \alpha \int_1^\infty F(t) / t^{\alpha+1}\, dt$ (mittels partieller Integration).

4.4.2. Zeigen Sie, dass das Integral $\displaystyle\int_1^\infty \dfrac{\sqrt{x}}{\sqrt{1+x^4}}\, dx$ konvergiert.

Majoranten-Kriterium!

4.4.3. Berechnen Sie die Werte der Integrale

$$\int_{-1}^1 \frac{dx}{\sqrt{1-x^2}}\,, \quad \int_0^1 \frac{\arcsin x}{\sqrt{1-x^2}}\, dx \quad \text{und} \quad \int_1^\infty \frac{\ln x}{x^2}\, dx\,.$$

Hier kann man das Integral über endlichen Intervallen berechnen und dann zum Grenzwert über-gehen. Zum Teil sind Substitutionen nötig.

4.4.4. Konvergiert das uneigentliche Integral $\displaystyle\int_0^{\pi/2} \ln \sin x \, dx$?

Die kritische Grenze liegt bei $x = 0$. Mit Hilfe der Beziehung $\ln(ab) = \ln a + \ln b$ kann man den Integranden in zwei Summanden g und $\ln x$ zerlegen, von denen nur der zweite zu einem uneigentlichen Integral führt. Da nur nach der Konvergenz gefragt wird, braucht man dann nur noch die Stammfunktion von $\ln x$ und den Wert von $\lim_{x\to 0+} x \ln x$ nach de l'Hospital.

4.4.5. Zeigen Sie:

1. $\displaystyle\int_0^\infty \frac{\sin x}{1 + x^2} \, dx$ konvergiert absolut.

2. $\displaystyle\int_{-\infty}^{+\infty} \frac{x + \sin x}{1 + x^2} \, dx$ existiert nicht.

3. $\displaystyle\lim_{r\to\infty} \int_{-r}^r \frac{x + \sin x}{1 + x^2} \, dx = 0$.

(1) erhält man mit dem Majorantenkriterium, (2) folgt mit Hilfe von (1). Bei (3) wird mal wieder der Unterschied zwischen Integral und Hauptwert deutlich.

4.4.6. Berechnen Sie die (ersten) Ableitungen der Funktionen

$$f_1(x) := \ln \ln x \quad \text{und} \quad f_\alpha(x) := (\ln x)^{1-\alpha} \text{ (für } \alpha \neq 1).$$

Untersuchen Sie dann das Konvergenzverhalten des Integrals

$$\int_2^\infty \frac{dx}{x(\ln x)^\alpha}$$

für verschiedene α, und leiten Sie eine Aussage über das Konvergenzverhalten der Reihe $\displaystyle\sum_{n=2}^\infty \frac{1}{n(\ln n)^\alpha}$ ab.

Die Berechnung der Ableitungen soll natürlich eine Hilfestellung für den Rest der Aufgabe leisten.

4.4.7. Berechnen Sie den Wert der Integrale

$$\int_1^5 \frac{dx}{\sqrt{5 - x}} \quad \text{und} \quad \int_0^\infty \frac{8}{x^4 + 4} \, dx.$$

Die Lösung folgt dem Standardweg. Beim zweiten Integral braucht man eine Partialbruchzerlegung und dafür eine Faktorzerlegung des Nenners. Selbstverständlich besitzt $x^4 + 4$ keine Nullstelle und kann deshalb nicht in Linearfaktoren zerfallen. Man kann aber $x^4 + 4$ in zwei quadratische Polynome zerlegen.

4.4.8. Konvergieren die folgenden Integrale?

$$\int_1^5 \frac{3}{x \ln x} \, dx, \quad \text{und} \quad \int_0^\infty (1 - \tanh x) \, dx.$$

Die für das erste Integral erforderliche Stammfunktion wurde schon bei einer früheren Aufgabe ermittelt. Beim zweiten Integral braucht man den Tangens hyperbolicus $\tanh x := \sinh x / \cosh x$, und den kann man dann auch gleich für eine Substitution benutzen.

4.5 Parameterintegrale

Sei $B \subset \mathbb{R}^n$ offen, $I = [a, b] \subset \mathbb{R}$ ein abgeschlossenes Intervall und $f : B \times I \to \mathbb{R}$ eine stetige Funktion. Dann ist das ***Parameterintegral***

$$F(\mathbf{x}) := \int_a^b f(\mathbf{x}, t) \, dt$$

stetig. Um untersuchen zu können, ob das Integral über eine nach dem Parameter differenzierbare Funktion auch wieder differenzierbar ist, muss man zunächst den Begriff der „partiellen Differenzierbarkeit" einführen.

Sei $B \subset \mathbb{R}^n$ offen, $f : B \to \mathbb{R}$ eine stetige Funktion und $\mathbf{a} = (a_1, \ldots, a_n) \in B$ ein fester Punkt, sowie $i \in \{1, \ldots, n\}$. Ist die Funktion

$$f_i(t) := f(a_1, \ldots, a_{i-1}, a_i + t, a_{i+1}, \ldots, a_n) = f(\mathbf{a} + t \, \mathbf{e}_i) \qquad .$$

in $t = 0$ differenzierbar, so sagt man, f sei in $\mathbf{a}$ ***partiell nach x_i differenzierbar***. Unter der ***partiellen Ableitung*** von f nach x_i in $\mathbf{a}$ versteht man die Ableitung

$$D_i f(\mathbf{a}) := f_i'(0) = \lim_{t \to 0} \frac{f_i(t) - f_i(0)}{t} = \lim_{t \to 0} \frac{f(\mathbf{a} + t \, \mathbf{e}_i) - f(\mathbf{a})}{t}.$$

Man benutzt auch die Bezeichnungen

$$\frac{\partial f}{\partial x_i}(\mathbf{a}) = f_{x_i}(\mathbf{a}) := D_i f(\mathbf{a}), \text{ für } i = 1, \ldots, n.$$

Ist $f : B \to \mathbb{R}$ in allen Punkten von B partiell nach x_i differenzierbar, so kann man die Funktion $D_i f := f_{x_i} : \mathbf{x} \mapsto f_{x_i}(\mathbf{x})$ bilden. Ist diese Funktion auf B stetig, so nennt man f auf B *stetig nach x_i partiell differenzierbar*. Gilt dies für alle Variablen x_i, so nennt man f auf B ***stetig partiell differenzierbar***.

Nützlich ist der **schwache Mittelwertsatz:** *Sei $f : U_\varepsilon(\mathbf{x}_0) \to \mathbb{R}$ partiell differenzierbar und $\mathbf{x} \in U_\varepsilon(\mathbf{x}_0)$ beliebig. Die Punkte $\mathbf{z}_0, \ldots, \mathbf{z}_n$ seien definiert durch $\mathbf{z}_0 := \mathbf{x}_0$ und $\mathbf{z}_i := \mathbf{z}_{i-1} + (x_i - x_i^{(0)}) \cdot \mathbf{e}_i$ für $i = 1, \ldots, n$. Dann liegen alle $\mathbf{z}_i$ und die Verbindungsstrecken von $\mathbf{z}_{i-1}$ nach $\mathbf{z}_i$ in $U_\varepsilon(\mathbf{x}_0)$, und auf jeder dieser Verbindungsstrecken gibt es einen Punkt $\mathbf{c}_i$, so dass gilt:*

$$f(\mathbf{x}) = f(\mathbf{x}_0) + \sum_{i=1}^{n} \frac{\partial f}{\partial x_i}(\mathbf{c}_i) \cdot (x_i - x_i^{(0)}).$$

Damit lässt sich zum Beispiel folgende **spezielle Kettenregel** beweisen:

Ist $B \subset \mathbb{R}^n$ offen, $\alpha : I \to B$ in $t_0 \in I$ differenzierbar und $f : B \to \mathbb{R}$ partiell differenzierbar und in $\mathbf{a} := \alpha(t_0)$ sogar stetig partiell differenzierbar, so ist auch $f \circ \alpha$ in t_0 differenzierbar, und es gilt:

$$(f \circ \alpha)'(t_0) = \sum_{i=1}^{n} \frac{\partial f}{\partial x_i}(\alpha(t_0)) \cdot \alpha_i'(t_0).$$

Nun kann man den gewünschten Satz über Parameterintegrale formulieren.

Satz: *Ist $f(\mathbf{x}, t)$ auf $B \times I$ stetig partiell differenzierbar nach $x_1, \ldots, x_n$, so ist $F(\mathbf{x}) := \int_a^b f(\mathbf{x}, t)\, dt$ stetig partiell differenzierbar auf B, und für $i = 1, \ldots, n$ ist*

$$\frac{\partial F}{\partial x_i}(\mathbf{x}) = \int_a^b \frac{\partial f}{\partial x_i}(\mathbf{x}, t)\, dt.$$

Nicht nur Differentiation, sondern auch Integration ist bei Parameterintegralen möglich. Wir betrachten eine stetige Funktion auf einem abgeschlossenen Rechteck, $f : [a, b] \times [c, d] \to \mathbb{R}$. Dann sind die Funktionen

$$F_1(s) := \int_c^d f(s, t)\, dt \quad \text{bzw.} \quad F_2(t) := \int_a^b f(s, t)\, ds$$

stetig und daher wieder integrierbar, und es gilt der

Satz von Fubini für stetige Funktionen:

$$\int_a^b \int_c^d f(s, t)\, dt\, ds = \int_c^d \int_a^b f(s, t)\, ds\, dt.$$

Man kann auch die folgende, etwas allgemeinere Situation betrachten:

Sind $\varphi, \psi : I := [a, b] \to \mathbb{R}$ zwei differenzierbare Funktionen mit $\varphi \le \psi$, so nennt man die Menge $N := \{(x, t) \in I \times \mathbb{R} : \varphi(x) \le t \le \psi(x)\}$ einen **Normalbereich** (bezüglich der x-Achse).

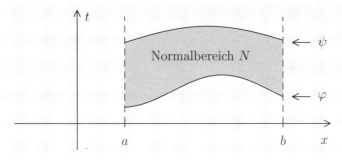

Ist f auf einer offenen Umgebung $U = U(N) \subset \mathbb{R}^2$ stetig und nach der ersten Variablen stetig partiell differenzierbar, so gilt die **Leibniz'sche Formel:** $F(x) := \int_{\varphi(x)}^{\psi(x)} f(x,t)\, dt$ ist auf $[a,b]$ differenzierbar, mit

$$F'(x) = \int_{\varphi(x)}^{\psi(x)} \frac{\partial f}{\partial x}(x,t)\, dt + f(x, \psi(x))\psi'(x) - f(x, \varphi(x))\varphi'(x).$$

Neu ist hier vor allem der Begriff der partiellen Differenzierbarkeit, der nur bei Funktionen von mehreren Veränderlichen relevant ist. Ist $f : (-\pi/2, \pi/2) \times (1, \infty) \to \mathbb{R}$ definiert durch $f(x,y) := e^{y\tan x}/(1-y^2)$, so ist f zunächst mal wohldefiniert. Um Stetigkeit braucht man sich nicht zu kümmern. Bei festgehaltenem y ist $g(x) := f(x,y)$ differenzierbar und

$$\frac{\partial f}{\partial x}(x,y) = g'(x) = \frac{1}{1-y^2} \cdot e^{y\tan x} \cdot y \cdot \tan'(x) = \frac{y}{1-y^2} e^{y\tan x}(1 + \tan^2 x).$$

Bei festgehaltenem x ist $h(y) := f(x,x)$ differenzierbar und

$$\begin{aligned}
\frac{\partial f}{\partial y}(x,y) &= h'(y) = \tan x \cdot e^{y\tan x} \cdot \frac{1}{1-y^2} + e^{y\tan x} \cdot \frac{2y}{(1-y^2)^2} \\
&= \frac{e^{y\tan x}}{1-y^2}\Big[\tan x + \frac{2y}{1-y^2}\Big].
\end{aligned}$$

Also ist f nach beiden Variablen partiell differenzierbar.

Sei $f(x,y) := xy^2/(x^2 + y^2)$ für $(x,y) \neq (0,0)$ und $f(0,0) = 0$. In allen Punkten $(x,y) \neq (0,0)$ ist f partiell differenzierbar. Den Nullpunkt muss man extra untersuchen. Für die Differenzierbarkeit nach x im Nullpunkt muss man $y = 0$ festhalten und $g(x) := f(x,0) = 0$ anschauen. Offensichtlich ist g bei $x = 0$ differenzierbar und $\frac{\partial f}{\partial x}(0,0) = g'(0) = 0$, also f in $(0,0)$ partiell nach x differenzierbar. Analog sieht man auch, dass f in $(0,0)$ partiell nach y differenzierbar und $\frac{\partial f}{\partial y}(0,0) = 0$ ist.

Beherrscht man die Regeln der partiellen Differentiation, so kann man Parameterintegrale differenzieren.

Beispiele

1. Sei $F(x) := \int_0^1 (x^3 + t^3)\, dt$. Dann sind offensichtlich alle Voraussetzungen dafür erfüllt, dass F differenzierbar ist, und es ist $F'(x) = \int_0^1 3x^2\, dt = 3x^2$. In einem so einfachen Fall kann man natürlich auch erst das Integral berechnen und dann differenzieren:

$$F(x) = \Big(x^3 t + \frac{1}{4}t^4\Big)\Big|_0^1 = x^3 + \frac{1}{4} \quad \text{und} \quad F'(x) = 3x^2.$$

Im Falle der Funktion $H(x) := \int_0^1 \sin(x^3 + t^3)\,dt$ steht der Weg der direkten Berechnng nicht zur Verfügung, aber man kann H als Parameterintegral ableiten:

$$H'(x) = \int_0^1 \frac{\partial}{\partial x}\sin(x^3 + t^3)\,dt = \int_0^1 3x^2 \cdot \cos(x^3 + t^3)\,dt.$$

2. Hängen auch die Grenzen vom Parameter ab, so benutzt man am besten die Leibniz'sche Formel. $f(x, t) := \sin(xt)$ ist stetig auf dem $\mathbb{R}^2$, insbesondere auch auf $N := \{(x, t) \ : \ x \geq 1 \text{ und } x \leq t \leq x^2\}$.

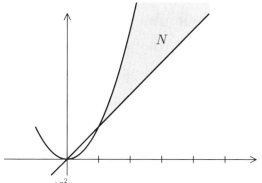

Dann ist $F(x) := \int_x^{x^2} \sin(xt)\,dt$ für $x \geq 1$ definiert und differenzierbar, und mit $\varphi(x) = x$ und $\psi(x) = x^2$ gilt:

$$
\begin{aligned}
F'(x) &= \int_x^{x^2} \frac{\partial f}{\partial x}(x, t)\,dt + f(x, \psi(x))\psi'(x) - f(x, \varphi(x))\varphi'(x) \\
&= \int_x^{x^2} t\cos(xt)\,dt + \sin(x \cdot x^2) \cdot 2x - \sin(x \cdot x) \cdot 1 \\
&= \left(\frac{t}{x}\sin(xt) + \frac{1}{x^2}\cos(xt) \right) \Big|_x^{x^2} + 2x\sin(x^3) - \sin(x^2) \\
&= 3x\sin(x^3) - 2\sin(x^2) + \frac{1}{x^2}\cos(x^3) - \frac{1}{x^2}\cos(x^2).
\end{aligned}
$$

Sehr häufig braucht man uneigentliche Parameter-Integrale und dafür den Begriff der „gleichmäßigen Konvergenz" von solchen Integralen.

Es sei $I \subset \mathbb{R}$ ein beschränktes Intervall, $J := [a, \infty)$ und $f : I \times J \to \mathbb{R}$ eine stetige Funktion. Für jedes $x \in I$ möge das Integral

$$F(x) := \int_a^\infty f(x, t)\,dt$$

konvergieren. Dieses uneigentliche Parameter-Integral heißt auf I **gleichmäßig konvergent**, falls es zu jedem $\varepsilon > 0$ ein $R = R(\varepsilon) \geq a$ gibt, so dass

$$\left| F(x) - \int_a^r f(x,t)\,dt \right| < \varepsilon$$

für $r \geq R$ und **alle** $x \in I$ gilt.

Sehr nützlich für den Nachweis der gleichmäßigen Konvergenz ist das **Majorantenkriterium für uneigentliche Parameterintegrale:**

Es gebe eine stetige Funktion $\varphi : [a, \infty) \to \mathbb{R}$, so dass gilt:

    1. $|f(x,t)| \leq \varphi(t)$ für alle $(x,t) \in I \times [a, \infty)$.

    2. Das uneigentliche Integral $\int_a^\infty \varphi(t)\,dt$ konvergiert.

Dann konvergiert $\displaystyle\int_a^\infty f(x,t)\,dt$ auf I (absolut) gleichmäßig.

Damit wird man in der Regel die Voraussetzungen der folgenden Sätze überprüfen:

Satz über die Stetigkeit von uneigentlichen Parameterintegralen:

Wenn $F(x) := \displaystyle\int_a^\infty f(x,t)\,dt$ auf dem Intervall I gleichmäßig konvergiert, so ist F dort stetig.

Differenzierbarkeit von uneigentlichen Parameterintegralen:

Sei $f : I \times [a, \infty) \to \mathbb{R}$ stetig. Für jedes $x \in I$ konvergiere das uneigentliche Integral $F(x) := \int_a^\infty f(x,t)\,dt$. Außerdem sei f stetig nach x partiell differenzierbar und $G(x) := \int_a^\infty f_x(x,t)\,dt$ konvergiere auf I gleichmäßig. Dann ist F auf I differenzierbar, und es gilt:

$$F'(x) = \int_a^\infty \frac{\partial f}{\partial x}(x,t)\,dt.$$

Ein besonders wichtiges Beispiel für ein uneigentliches Parameter-Integral stellt die Gammafunktion dar.

$$\Gamma(x) = \int_0^\infty e^{-t} t^{x-1}\,dt.$$

Wir zeigen, dass das Integral auf jedem Intervall $[a, b] \subset \mathbb{R}_+$ gleichmäßig konvergiert. Dazu sei

$$\varphi(t) := \begin{cases} e^{-t} t^{a-1} & \text{für } t \leq 1, \\ e^{-t} t^{b-1} & \text{für } t > 1 \end{cases}$$

Für $(x,t) \in [a,b] \times \mathbb{R}_+$ ist $|e^{-t} t^{x-1}| \leq \varphi(t)$. Dass $\displaystyle\int_0^\infty \varphi(t)\,dt$ konvergiert, beweist man so, wie in Abschnitt 4.4 die Existenz von $\Gamma(x)$ für ein festes x gezeigt wurde. Also ist Γ stetig auf $(0, \infty)$.

Der Integrand $f(x,t) = e^{-t} t^{x-1}$ ist nach x stetig partiell differenzierbar, mit

$$\frac{\partial f}{\partial x}(x,t) = \ln t \cdot e^{-t} \cdot t^{x-1} = \ln(t) \cdot f(x,t).$$

Jetzt sei $\psi : \mathbb{R}_+ \to \mathbb{R}$ definiert durch

$$\psi(t) := \begin{cases} t^{a/2-1} \cdot |t^{a/2} \ln(t)| & \text{für } t < 1, \\ t^b e^{-t} & \text{für } t \geq 1 \end{cases}$$

Für $(x,t) \in [a,b] \times \mathbb{R}_+$ ist $|f_x(x,t)| \leq \psi(t)$. Weil $t^{a/2} \ln(t)$ für $t \to 0$ gegen Null konvergiert und $a/2 - 1 > -1$ ist, konvergiert das Integral über $\psi(t)$ auf $(0,1]$. Weil $\ln t \leq t$ ist, gilt für $0 < a \leq x \leq b$ und $t \geq 1$ die Abschätzung $|\ln(t) \cdot t^{x-1} e^{-t}| \leq t^b e^{-t}$. So folgt, dass das Integral über ψ auch auf $[1,\infty)$ konvergiert.

Also ist das Integral über f_x gleichmäßig konvergent und $\Gamma(x)$ differenzierbar, mit

$$\Gamma'(x) = \int_0^\infty \ln(t) e^{-t} t^{x-1} \, dt \, .$$

Induktiv kann man sogar zeigen, dass Γ beliebig oft differenzierbar ist.

Behauptung:

$$\Gamma(\frac{1}{2}) = \int_{-\infty}^\infty e^{-x^2} \, dx = \sqrt{\pi}.$$

BEWEIS: Wir benutzen folgende Aussage: Ist $\varphi : [0,\infty) \to [0,\infty)$ surjektiv und differenzierbar, mit $\varphi'(x) > 0$ für $x > 0$, so ist

$$\int_0^\infty f(t) \, dt = \int_0^\infty f(\varphi(x)) \varphi'(x) \, dx.$$

Das soll heißen: Konvergiert eines dieser beiden Integrale, so auch das andere, und die Grenzwerte sind gleich. Zum Beweis benutzt man die Substitutionsregel innerhalb endlicher Grenzen und geht dann auf beiden Seiten der Gleichung zu den uneigentlichen Integralen über.

Mit $t = \varphi(x) := x^2$ folgt nun: $\Gamma(\frac{1}{2}) \quad = \quad \displaystyle\int_0^\infty e^{-t} t^{-1/2} \, dt \quad = \quad \int_0^\infty e^{-x^2} \cdot (x^2)^{-1/2} \cdot 2x \, dx$

$$= \quad 2 \cdot \int_0^\infty e^{-x^2} \, dx \quad = \quad \int_{-\infty}^\infty e^{-x^2} \, dx.$$

In den folgenden Beispielen wird aber gezeigt, dass $\int_0^\infty e^{-x^2} \, dx = \frac{1}{2}\sqrt{\pi}$ ist.   ∎

Gerne wählt man den Umweg über Parameter-Integrale, um schwierige Integrale zu berechnen.

Beispiele

1. Für $x \in \mathbb{R}$ sei $F(x) := \displaystyle\int_0^1 \frac{e^{-(1+t^2)x^2}}{1+t^2} \, dt$. Dann ist

$$F'(x) \;=\; -\int_0^1 2x \cdot e^{-(1+t^2)x^2}\, dt \;=\; -2xe^{-x^2}\int_0^1 e^{-t^2x^2}\, dt$$

$$=\; -2e^{-x^2}\int_0^x e^{-u^2}\, du \quad (\text{Substitution } tx = u).$$

Einerseits ist jetzt

$$-\int_0^x F'(t)\, dt = F(0) - F(x) = \int_0^1 \frac{dt}{1+t^2} - F(x) = \frac{\pi}{4} - F(x)$$

und andererseits gilt – mit $f(t) := \int_0^t e^{-u^2}\, du$ – die Beziehung

$$-\int_0^x F'(t)\, dt \;=\; \int_0^x \left(2e^{-t^2}\int_0^t e^{-u^2}\, du \right) dt$$

$$=\; 2\int_0^x f'(t)f(t)\, dt \;=\; 2\int_{f(0)}^{f(x)} v\, dv$$

$$=\; f(x)^2 \;=\; \left(\int_0^x e^{-u^2}\, du \right)^2 .$$

Zusammen liefert das die Gleichung $\left(\int_0^x e^{-u^2}\, du \right)^2 = \frac{\pi}{4} - F(x)$.

Da $F(x)$ für $x \to \infty$ gegen Null konvergiert, folgt daraus

$$\int_0^\infty e^{-u^2}\, du = \frac{1}{2}\sqrt{\pi}\,.$$

2. Es soll das (bei $t = 1$) uneigentliche Integral $\displaystyle\int_0^1 \frac{\arctan t}{t\sqrt{1-t^2}}\, dt$ berechnet werden. Ein direkter Angriffspunkt bietet sich nicht an, aber ein Trick hilft. Man führt ein Parameter-Integral ein:

$$F(x) := \int_0^1 \frac{\arctan(tx)}{t\sqrt{1-t^2}}\, dt, \text{ für } x \geq 0.$$

Der Integrand $f(x,t) = \arctan(tx)/(t\sqrt{1-t^2})$ ist stetig auf $\mathbb{R}_+ \times [0,1)$, mit $\lim_{t\to 0} f(x,t) = x$ für $x \in \mathbb{R}_+$ (nach de l'Hospital). Außerdem ist er partiell differenzierbar nach x, mit

$$\frac{\partial f}{\partial x}(x,t) = \frac{1}{(1+t^2x^2)\sqrt{1-t^2}}\,.$$

Weil $1 + t^2x^2 \geq 1$ ist, ist $|f_x(x,t)| \leq 1/\sqrt{1-t^2}$ für alle x und $0 \leq t < 1$. Und weil das uneigentliche Integral

$$\int_0^1 \frac{dt}{\sqrt{1-t^2}} = \lim_{\varepsilon\to 0} \arctan(t)\, \Big|_0^{1-\varepsilon} = \frac{\pi}{2}$$

existiert, konvergiert das uneigentliche Parameterintegral $\int_0^1 f_x(x,t)\,dt$ auf jedem Intervall $[a,b] \subset \mathbb{R}_+$ absolut gleichmäßig. Das bedeutet, dass F differenzierbar und $F'(x) = \int_0^1 f_x(x,t)\,dt$ ist.

Mit der Substitution $t = \cos u$ (also $dt = -\sin u\,du$ und $\sqrt{1-t^2} = \sin u$) erhält man:

$$
\begin{aligned}
F'(x) &= \int_0^1 \frac{1}{(1+t^2 x^2)\sqrt{1-t^2}}\,dt = \int_0^{\pi/2} \frac{du}{1+x^2\cos^2 u} \\
&= \int_0^\infty \frac{1}{1+x^2/(1+s^2)} \cdot \frac{ds}{1+s^2} = \int_0^\infty \frac{ds}{1+x^2+s^2} \\
&\quad \text{(mit der Substitution } u = \arctan s \text{ und der Beziehung} \\
&\quad \cos^2 u = 1/(1+\tan^2 u)) \\
&= \frac{1}{1+x^2}\int_0^\infty \frac{ds}{1+s^2/(1+x^2)} = \frac{1}{\sqrt{1+x^2}}\int_0^\infty \frac{dy}{1+y^2} \\
&\quad \text{(mit der Substitution } y = s/\sqrt{1+x^2}) \\
&= \frac{1}{\sqrt{1+x^2}}\arctan(y)\Big|_0^\infty = \frac{\pi}{2}\cdot\frac{1}{\sqrt{1+x^2}}.
\end{aligned}
$$

Jetzt kann man integrieren:

$$
F(x) = \frac{\pi}{2}\int \frac{dx}{\sqrt{1+x^2}} = \frac{\pi}{2}\operatorname{arsinh} x + C = \frac{\pi}{2}\ln\big(x+\sqrt{1+x^2}\big) + C.
$$

Weil $F(0) = 0$ ist, ist $C = 0$, also

$$
\int_0^1 \frac{\arctan t}{t\sqrt{1-t^2}}\,dt = F(1) = \frac{\pi}{2}\ln(1+\sqrt{2}).
$$

Eine weitere wichtige Anwendung von (uneigentlichen) Parameterintegralen sind die sogenannten **Integraltransformationen**

$$
f \mapsto \Big(\mathcal{F}[f] : x \mapsto \int f(t)\cdot K(x,t)\,dt\Big),
$$

mit geeigneten Integralgrenzen und einem festen „Integralkern" $K(x,t)$. Auf diesem Wege wird jedem Element f aus einer bestimmten Funktionenklasse eine transformierte Funktion $\mathcal{F}[f]$ aus einer anderen Funktionenklasse zugeordnet. Die eigentliche Zuordnung $\mathcal{F}$ bezeichnet man auch als **Funktional**.

Hier soll als Beispiel die Laplace-Transformation vorgeführt werden, die sich als sehr nützlich bei der Lösung von linearen Differentialgleichungen erweisen wird.

Zunächst brauchen wir eine geeignete Funktionenklasse: Unter einer **L-Funktion** versteht man eine Funktion $f : \mathbb{R} \to \mathbb{C}$ mit folgenden Eigenschaften:

1. $f(t) = 0$ für $t < 0$.

2. f ist stückweise stetig für $t > 0$.

3. f ist bei 0 (uneigentlich) integrierbar.

4. Das ***Laplace-Integral*** $\displaystyle\int_0^\infty f(t)e^{-st}\,dt$ konvergiert für wenigstens ein $s \in \mathbb{C}$ mit $\operatorname{Re}(s) > 0$ absolut.

Der Integrand $p(s,t) := f(t)e^{-st}$ ist eine komplexwertige Funktion. Dann ist natürlich

$$\int_0^\infty p(s,t)\,dt = \lim_{R\to\infty}\left(\int_0^R \operatorname{Re}p(s,t)\,dt + \mathrm{i}\int_0^R \operatorname{Im}p(s,t)\,dt\right).$$

Man nennt dann $\mathcal{L}f(s) := \displaystyle\int_0^\infty f(t)e^{-st}\,dt$ (für jedes $s \in \mathbb{C}$, in dem das Integral konvergiert) die ***Laplace-Transformierte*** von f. Der Buchstabe s für die komplexe Variable hat sich historisch vor allem im Ingenieurbereich durchgesetzt.

Satz über Bereiche absoluter Konvergenz

Wenn die Laplace-Transformierte $\mathcal{L}f$ für ein $s_0 \in \mathbb{C}$ (absolut) konvergiert, dann tut sie das auch für alle $s \in \mathbb{C}$ mit $\operatorname{Re}(s) \geq \operatorname{Re}(s_0)$.

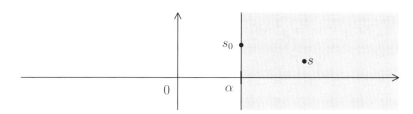

BEWEIS: Sei $s_0 := u + \mathrm{i}\,v$ und $s = x + \mathrm{i}\,y$, mit $x \geq u$. Dann ist

$$|e^{-st}| = e^{-xt} \leq e^{-ut} = |e^{-s_0 t}|.$$

Daraus folgt die Behauptung.   ∎

Das Infimum α aller reeller Zahlen $x \geq 0$, so dass $\int_0^\infty f(t)e^{-st}\,dt$ für $\operatorname{Re}(s) > x$ absolut konvergiert, heißt die ***Abszisse absoluter Konvergenz*** für das Laplace-Integral von f. Die Halbebene, die links von der vertikalen Geraden $x = \alpha$ begrenzt wird, ist das genaue Konvergenzgebiet des Laplace-Integrals. Der Rand gehört entweder ganz dazu oder überhaupt nicht. Da $f(t) = 0$ für $t < 0$ ist, kann auch die ganze Ebene als Konvergenzgebiet vorkommen.

Statt $F = \mathcal{L}f$ schreibt man auch $f(t) \circ\!\!-\!\!\bullet F(s)$.

$f(t)$ heißt ***Originalfunktion*** und $F(s)$ die ***Bildfunktion***.

Eine (stückweise stetige) Funktion $f : \mathbb{R}_0^+ := \{t \in \mathbb{R} : t \geq 0\} \to \mathbb{C}$ **wächst höchstens exponentiell von der Ordnung** a, wenn es Konstanten $M > 0$ und $T > 0$ gibt, so dass für $t \geq T$ gilt: $|f(t)| \leq M \cdot e^{at}$. Unter dieser Voraussetzung ist f eine L-Funktion, und das Laplace-Integral

$$F(s) = \int_0^\infty f(t) e^{-st}\, dt$$

konvergiert für alle $s \in \mathbb{C}$ mit $\mathrm{Re}(s) > a$ absolut.

BEWEIS: Wir schreiben s in der Form $s = x + \mathrm{i}\, y$, mit $x > a$. Dann gibt es Konstanten T und M, so dass für $t \geq T$ gilt:

$$|f(t)e^{-st}| = |f(t)| \cdot e^{-xt} \leq M \cdot e^{(a-x)t} = M \cdot e^{-|a-x|t}.$$

Die Funktion auf der rechten Seite ist uneigentlich integrierbar, denn es ist

$$\int_T^{T_1} e^{-|a-x|t}\, dt = \left(-\frac{1}{|a-x|} \cdot e^{-|a-x|t} \right) \Big|_T^{T_1} = \frac{1}{|a-x|} \cdot \left(e^{-|a-x|T} - e^{-|a-x|T_1} \right),$$

und dieser Ausdruck bleibt beschränkt für $T_1 \to \infty$. ∎

Beispiele

1. Sei $f(t) \equiv 1$. Gemeint ist immer eine Funktion, die links von $t = 0$ abgeschnitten wird, hier also eigentlich

$$f(t) = \begin{cases} 0 & \text{für } t < 0, \\ 1 & \text{für } t \geq 0 \end{cases}$$

Dieses Abschneiden wird in der Folge nicht mehr erwähnt, aber immer vorausgesetzt. Hier ist

$$\int_0^R 1 \cdot e^{-st}\, dt = \left(-\frac{1}{s} e^{-st} \right) \Big|_0^R = \frac{1}{s}(1 - e^{-sR}),$$

und dieser Ausdruck konvergiert für $\mathrm{Re}(s) > 0$ und $R \to \infty$ gegen $1/s$. Also haben wir:

$$1 \; \circ\!\!-\!\!\bullet \; \frac{1}{s} \qquad (\text{für } \mathrm{Re}(s) > 0 \text{ definiert})$$

2. Die Funktion $f(t) := e^{at}$ wächst höchstens exponentiell von der Ordnung a. Also können wir die Laplace-Transformierte bilden:

$$
\begin{aligned}
e^{at} \; \circ\!\!-\!\!\bullet \; F(s) &= \int_0^\infty e^{at} e^{-st}\, dt = \int_0^\infty e^{(a-s)t}\, dt \\
&= \left(\frac{1}{a-s} e^{(a-s)t} \right) \Big|_0^\infty = \frac{1}{a-s}(0-1) = \frac{1}{s-a},
\end{aligned}
$$

falls $\mathrm{Re}(a - s) < 0$ ist, also $\mathrm{Re}(s) > a$.

3. Sei $f(t) := \cos(\omega t) = \frac{1}{2}(e^{i\omega t} + e^{-i\omega t})$. Dann folgt:

$$\mathcal{L}f(s) = \int_0^\infty f(t)e^{-st}\,dt = \frac{1}{2}\left[\int_0^\infty e^{(i\omega-s)t}\,dt + \int_0^\infty e^{-(i\omega+s)t}\,dt\right]$$

$$= \frac{1}{2}\left[\frac{1}{i\omega - s}e^{(i\omega-s)t}\Big|_0^\infty + \frac{1}{-(i\omega+s)}e^{-(i\omega+s)t}\Big|_0^\infty\right]$$

$$= \frac{1}{2}[-\frac{1}{i\omega - s} + \frac{1}{i\omega + s}] = \frac{s}{s^2 + \omega^2}$$

für $\mathrm{Re}(i\omega - s) < 0$ und $\mathrm{Re}(i\omega + s) > 0$, also $\mathrm{Re}(s) > 0$. Analog erhält man:

$$\sin(\omega t) \ \circ\!\!-\!\!\bullet\ \frac{\omega}{s^2 + \omega^2}.$$

Ohne Beweis seien die folgenden Eigenschaften der Laplace-Transformation erwähnt:
Sei $f(t) \circ\!\!-\!\!\bullet F(z)$ und $g(t) \circ\!\!-\!\!\bullet G(z)$. Dann gilt:

1. Linearität: $a \cdot f(t) + b \cdot g(t) \ \circ\!\!-\!\!\bullet\ a \cdot F(z) + b \cdot G(z)$.

2. Ähnlichkeitssatz:

$$f(at) \ \circ\!\!-\!\!\bullet\ \frac{1}{a} \cdot F(\frac{1}{a}z). \quad \text{(für } a \in \mathbb{R},\, a > 0 \text{)}$$

3. Verschiebungssätze:

   (a) $f(t - T) \circ\!\!-\!\!\bullet e^{-zT} \cdot F(z)$ (für $T \in \mathbb{R}$),
       wobei $f(t - T)$ natürlich links vom Nullpunkt abzuschneiden ist!
   (b) $e^{-ct} \cdot f(t) \circ\!\!-\!\!\bullet F(z + c)$ (für $c \in \mathbb{C}$).

Beispiele

1. Wir betrachten eine Sprungfunktion

$$\sigma_T(t) := \begin{cases} 0 & \text{für } t \leq T \\ 1 & \text{für } t > T. \end{cases}$$

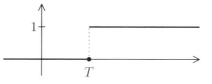

Mit Hilfe der **„Heavysidefunktion"** $H(t) := \begin{cases} 0 & \text{für } t \leq 0 \\ 1 & \text{für } t > 0 \end{cases}$ kann man
schreiben: $\sigma_T(t) = H(t - T)$.

Für die Laplace-Transformation besteht kein Unterschied zwischen H und
der Funktion 1. Also gilt:

$$\mathcal{L}[\sigma_T(t)] = \mathcal{L}[H(t - T)] = e^{-sT} \cdot \mathcal{L}[1] = \frac{1}{s} \cdot e^{-sT}.$$

2. Sei π_T der Rechteck-Impuls mit

$$\pi_T(t) := \begin{cases} 1 & \text{für } 0 < t \leq T \\ 0 & \text{sonst.} \end{cases}$$

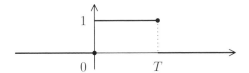

Es ist $\pi_T(t) = \sigma_0(t) - \sigma_T(t)$, also $\mathcal{L}[\pi_T(t)] = \dfrac{1}{s}(1 - e^{-sT})$.

Der größte Nutzen der Laplace-Transformation zeigt sich bei ihrem Verhalten bei Differentiation im Originalbereich.

Satz (über die Laplace-Transformierte der Ableitung)

$f(t)$ sei $= 0$ für $t < 0$ und differenzierbar für $t > 0$, und f' sei eine L-Funktion.

Dann ist f eine stückweise stetige Funktion von höchstens exponentiellem Wachstum, und mit $F(s) := \mathcal{L}[f(t)]$ gilt:

$$f'(t) \circ\!\!-\!\!\bullet\; s \cdot F(s) - f(0+).$$

BEWEIS: Bei der stückweisen Stetigkeit von f geht es nur um das Verhalten bei $t = 0$. Da f' eine L-Funktion ist, existiert das (uneigentliche) Integral

$$\int_0^t f'(\tau)\,d\tau = \lim_{\varepsilon \to 0} \int_\varepsilon^t f'(\tau)\,d\tau = \lim_{\varepsilon \to 0}(f(t) - f(\varepsilon)),$$

und damit existiert auch $f(0+) = \lim\limits_{\varepsilon \to 0} f(\varepsilon)$, und es ist $\int_0^t f'(\tau)\,d\tau = f(t) - f(0+)$. Weiterhin konvergiert nach Voraussetzung für ein s_0 mit $x_0 = \operatorname{Re}(s_0) > 0$ das Integral $\int_0^\infty f'(\tau)e^{-s_0\tau}\,d\tau$ absolut. Also ist $M(t) := \int_0^t |f'(\tau)|e^{-x_0\tau}\,d\tau$ durch eine Konstante $M > 0$ beschränkt und

$$\begin{aligned}
|f(t)e^{-x_0 t}| &= \left| \left(\int_0^t f'(\tau)\,d\tau + f(0+) \right) \cdot e^{-x_0 t} \right| \\
&\leq \int_0^t |f'(\tau)|e^{-x_0\tau}\,d\tau + |f(0+)e^{-x_0 t}| \\
&\qquad \text{(denn es ist } e^{-x_0 t} \leq e^{-x_0\tau} \leq 1 \text{ für } 0 \leq \tau \leq t) \\
&= M(t) + |f(0+)e^{-x_0 t}| \;\leq\; M + |f(0+)| \;=:\; \widetilde{M},
\end{aligned}$$

also $|f(t)| \leq \widetilde{M} \cdot e^{x_0 t}$. Damit wächst f höchstens exponentiell von der Ordnung x_0.

Ist $x := \operatorname{Re}(s) > x_0$, so ist $|f(t)e^{-st}| = |f(t)|e^{-x_0 t} \cdot e^{-(x-x_0)t} \leq \widetilde{M} \cdot e^{-(x-x_0)t}$, und dieser Ausdruck strebt für $t \to \infty$ gegen Null. Mit partieller Integration folgt nun:

$$\mathcal{L}[f'(t)] = \int_0^\infty f'(t)e^{-st}\,dt = f(t)e^{-st}\,\Big|_0^\infty - \int_0^\infty f(t)(-se^{-st})\,dt$$

$$= -f(0+) + s \cdot \int_0^\infty f(t)e^{-st}\,dt = -f(0+) + s \cdot F(s).\qquad\blacksquare$$

Mit vollständiger Induktion kann man dieses Ergebnis leicht verallgemeinern:

Sei $f(t)$ für $t > 0$ n-mal differenzierbar, und $f^{(n)}$ eine L-Funktion. Dann ist auch f eine L-Funktion, und für die Laplace-Transformierte $F(s)$ von f gilt:

$$f^{(n)}(t) \circ\!\!-\!\!\bullet\ s^n \cdot F(s) - s^{n-1} \cdot f(0+) - s^{n-2} \cdot f'(0+) - \ldots - f^{(n-1)}(0+).$$

Beispiel

Die Funktion $f(t) = t^n$ erfüllt alle nötigen Voraussetzungen. Also ist

$$\mathcal{L}[t^{n-1}] = \mathcal{L}[(\frac{1}{n}t^n)'] = \frac{1}{n}(s \cdot \mathcal{L}[t^n] - 0) = \frac{s}{n} \cdot \mathcal{L}[t^n] \quad \text{bzw. } \mathcal{L}[t^n] = \frac{n}{s}\mathcal{L}[t^{n-1}].$$

Außerdem ist

$$\mathcal{L}[t] = \int_0^\infty te^{-st}\,dt = \left(t \cdot (-\frac{1}{s}e^{-st})\right)\Big|_0^\infty + \frac{1}{s}\int_0^\infty e^{-st}\,dt$$

$$= -\frac{1}{s^2}e^{-st}\,\Big|_0^\infty = \frac{1}{s^2}, \text{ für } \mathrm{Re}(s) > 0.$$

Also folgt aus der obigen Reduktionsformel: $t^n \circ\!\!-\!\!\bullet\ \dfrac{n!}{s^{n+1}}$.

Da man die Laplace-Transformation bei Anwendungen auch rückgängig machen muss, stellt sich die Frage, ob die Transformation $f \mapsto \mathcal{L}f$ injektiv ist. Im Allgemeinen ist das leider nicht der Fall, wohl aber, wenn man sich auf stetige oder gar differenzierbare L-Funktionen beschränkt. Dann bleibt noch die Frage, wie man das Urbild einer Funktion unter $\mathcal{L}$ findet.

In der Praxis wird die Rücktransformation meist mit Hilfe von Tabellen durchgeführt. Dabei kann die Methode der Partialbruchentwicklung hilfreich sein. Man wendet diesen Kalkül gerne bei der Lösung linearer Differentialgleichungen mit konstanten Koeffizienten an.

Beispiele

1. Besonders einfach ist es bei einer linearen Differentialgleichung 1. Ordnung, zum Beispiel $y' + 2y = 2t - 4$, mit der Anfangsbedingung $y(0) = 1$.

   1. Schritt: Man führe auf beiden Seiten der Gleichung die Laplace-Transformation durch. Dabei sei $Y(s)$ die Transformierte der gesuchten Lösung $y(t)$. Dann gilt:

$$s \cdot Y(s) - 1 + 2 \cdot Y(s) = \mathcal{L}[2t - 4] = 2/s^2 - 4/s.$$

2. Schritt: Im Bildbereich entsteht eine rationale Gleichung für $Y(s)$, die man leicht lösen kann.

$$(s+2) \cdot Y(s) - 1 = 2/s^2 - 4/s,$$
$$\text{also} \quad Y(s) = \frac{2}{s^2(s+2)} - \frac{4}{s(s+2)} + \frac{1}{s+2}.$$

3. Schritt: Für die Rücktransformation führt man am besten erst mal eine Partialbruchzerlegung durch. Mit den Formeln

$$\frac{1}{(s-a)(s-b)} = \frac{1/(a-b)}{s-a} - \frac{1/(a-b)}{s-b}$$
$$\text{und} \quad \frac{1}{s^2(s-a)} = \frac{-1/a^2}{s} + \frac{-1/a}{s^2} + \frac{1/a^2}{s-a}$$

erhält man:

$$\frac{1}{s^2(s+2)} = \frac{-1/4}{s} + \frac{1/2}{s^2} + \frac{1/4}{s+2} \quad \text{und} \quad \frac{1}{s(s+2)} = \frac{1/2}{s} - \frac{1/2}{s+2}.$$

Daraus folgt:

$$Y(s) = 2\left(\frac{-1/4}{s} + \frac{1/2}{s^2} + \frac{1/4}{s+2}\right) - 4\left(\frac{1/2}{s} - \frac{1/2}{s+2}\right) + \frac{1}{s+2}$$
$$= \frac{-5/2}{s} + \frac{7/2}{s+2} + \frac{1}{s^2}$$
$$\bullet\!\!-\!\!\circ \quad -\frac{5}{2} + \frac{7}{2}e^{-2t} + t.$$

Das ist tatsächlich eine Lösung der Differentialgleichung.

2. Etwas komplizierter wird es bei der Differentialgleichung $y'' - 2y' + 2y = \sin(3t)$, mit $y(0) = y'(0) = 0$.

   1. Schritt: Die Laplace-Transformation ergibt

$$s^2 Y(s) - 2sY(s) + 2Y(s) = \mathcal{L}[\sin 3t] = \frac{3}{s^2 + 9}.$$

   2. Schritt: Die Lösung im Bildbereich ergibt

$$Y(s) = \frac{3}{(s^2 - 2s + 2)(s^2 + 9)}.$$

   3. Schritt: Bei der Partialbruchzerlegung bietet es sich an, im Komplexen zu arbeiten und folgenden Ansatz zu verwenden:

$$\frac{1}{(s^2 - 2s + 2)(s^2 + 9)} = \frac{1}{(s - (1 + i))(s - (1 - i))(s - 3i)(s + 3i)}$$

$$= \frac{A}{s - (1 + i)} + \frac{B}{s - (1 - i)} + \frac{C}{s - 3i} + \frac{D}{s + 3i}.$$

Den Koeffizienten A erhält man dann beispielsweise als

$$A = \lim_{s \to 1 + i} \frac{1}{(s - (1 - i))(s^2 + 9)} = \frac{1}{2i((1 + i)^2 + 9)}$$

$$= \frac{1}{18i - 4} = \frac{9i + 2}{2(-81 - 4)} = \frac{-(9/2)i - 1}{85}.$$

Analog folgt:

$$B = \frac{(9/2)i - 1}{85}, \quad C = \frac{(7/6)i + 1}{85} \quad \text{und} \quad D = \frac{-(7/6)i + 1}{85}.$$

Dann ist

$$Y(s) := 3 \cdot \left(\frac{A(s - (1 - i)) + B(s - (1 + i))}{(s - 1)^2 + 1} + \frac{C(s + 3i) + D(s - 3i)}{s^2 + 9} \right)$$

$$= \frac{3}{85} \left(\frac{-2s + 11}{(s - 1)^2 + 1} + \frac{2s - 7}{s^2 + 9} \right).$$

Jetzt kann man die Rücktransformation mit Hilfe der bekannten Formeln durchführen und erhält so die Lösung

$$y(t) = \frac{1}{85} \left(-6e^t \cos t + 27e^t \sin t + 6 \cos(3t) - 7 \sin(3t) \right).$$

Eine typische Anwendung der Parameterintegrale ist die Variationsrechnung.. Sei $I = [a, b]$ und $\mathcal{L} : I \times \mathbb{R} \times \mathbb{R} \to \mathbb{R}$ eine stetig partiell differenzierbare Funktion, deren Ableitungen nochmals stetig partiell differenzierbar sind, die **Lagrange-Funktion**. Es seien c_1, c_2 zwei Konstanten und $K := \{\varphi \in \mathcal{C}^2([a, b]) : \varphi(a) = c_1 \text{ and } \varphi(b) = c_2\}$.

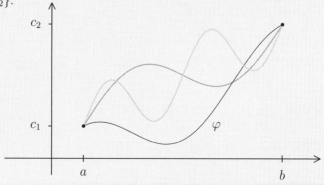

Gesucht wird ein φ, für das das „Lagrange-Funktional" $S : K \to \mathbb{R}$ mit

$$S[\varphi] := \int_a^b \mathcal{L}(t, \varphi(t), \varphi'(t))\, dt\,.$$

minimal wird. Notwendig dafür ist die Gültigkeit der **Euler'schen Gleichung:**

$$\frac{d}{dt}\left(\frac{\partial \mathcal{L}}{\partial y}(t, \varphi(t), \varphi'(t))\right) - \frac{\partial \mathcal{L}}{\partial x}(t, \varphi(t), \varphi'(t)) \equiv 0\,.$$

Ist etwa $\boldsymbol{\alpha}(t) = (t, \varphi(t))$ der Verbindungsweg von $(a, \varphi(a))$ und $(b, \varphi(b))$ und $\mathcal{L}(t, x, y) := \sqrt{1 + y^2}$, so ist

$$S[\varphi] = \int_a^b \mathcal{L}(t, \varphi(t), \varphi'(t))\, dt = \int_a^b \sqrt{1 + \varphi'(t)^2}\, dt = \int_a^b \|\boldsymbol{\alpha}'(t)\|\, dt$$

die Bogenlänge von $\boldsymbol{\alpha}$. Das Variationsfunktional $S[\varphi]$ wird beim kürzesten Verbindungsweg minimal, und die Euler'sche Gleichung besagt dann, dass $\varphi''(t) \equiv 0$ ist, also φ linear. Mit den Randbedingungen folgt dann:

$$\varphi(t) = \frac{c_2 - c_1}{b - a}(t - a) + c_1\,.$$

Damit parametrisiert $\boldsymbol{\alpha}$ die Verbindungsstrecke von (a, c_1) und (b, c_2).

Beispiel

Es soll das Funktional $S[\varphi] := \int_a^b \dfrac{\varphi'(t)^2}{t}\, dt$ unter den Randbedingungen $\varphi(1) = 1$ und $\varphi(2) = 2$ minimalisiert werden.

Die Lagrange-Funktion $\mathcal{L}(t, x, y) := y^2/t$ hängt nicht explizit von x ab, deshalb ist $\dfrac{\partial \mathcal{L}}{\partial x} = 0$, und die Euler'sche Gleichung reduziert sich auf die Gleichung

$$0 = \frac{d}{dt}\left(\frac{\partial \mathcal{L}}{\partial y}(t, \varphi(t), \varphi'(t))\right) = \frac{2\varphi''(t)t - 2\varphi'(t)}{t^2}\,.$$

Also ist $\varphi''(t)/\varphi'(t) = 1/t$. Setzt man $\psi(t) := \varphi'(t)$, so ist $(\ln \circ \psi)'(t) = 1/t$, also $\ln(\psi(t)) = \ln t + c$. Damit ist $\psi(t) = Ct$ und $\varphi(t) = Ct^2/2 + D$ mit geeigneten Konstanten C und D. Die Konstanten berechnet man mit Hilfe der Anfangsbedingungen. Dann erhält man $\varphi(t) = (1/3)t^2 + 2/3$.

Sei nun $\mathcal{L} = \mathcal{L}(x, y)$ eine nicht explizit von t abhängige Lagrange-Funktion und

$$E(x, y) := y \cdot \frac{\partial \mathcal{L}}{\partial y}(x, y) - \mathcal{L}(x, y).$$

Behauptung: $E(\varphi(t), \varphi'(t))$ ist für jedes φ konstant.

BEWEIS: Es ist

$$\frac{d}{dt}E(\varphi(t),\varphi'(t)) = \frac{d}{dt}\left[\varphi'(t)\cdot\frac{\partial\mathcal{L}}{\partial y}(\varphi(t),\varphi'(t)) - \mathcal{L}(\varphi(t),\varphi'(t))\right]$$

$$= \varphi''(t)\cdot\frac{\partial\mathcal{L}}{\partial y}(\varphi(t),\varphi'(t)) + \varphi'(t)\cdot\frac{d}{dt}\left(\frac{\partial\mathcal{L}}{\partial y}(\varphi(t),\varphi'(t))\right)$$

$$- \frac{\partial\mathcal{L}}{\partial x}(\varphi(t),\varphi'(t))\cdot\varphi'(t) - \frac{\partial\mathcal{L}}{\partial y}(\varphi(t),\varphi'(t))\cdot\varphi''(t)$$

$$= \varphi'(t)\cdot\left[\frac{d}{dt}\left(\frac{\partial\mathcal{L}}{\partial y}(\varphi(t),\varphi'(t))\right) - \frac{\partial\mathcal{L}}{\partial x}(\varphi(t),\varphi'(t))\right] = 0.$$

Also ist $E(\varphi(t),\varphi'(t)) \equiv c$ konstant.   ∎

Ein typisches Beispiel kommt aus der Physik. Der physikalische Zustand eines bewegten Massenpunktes ist ein Punkt (q,p) mit Orts- und Geschwindigkeitskoordinate. Ist m die Masse des Punktes, so ist $T = (m/2)p^2$ seine kinetische Energie. Bewegt sich der Punkt in einem Potentialfeld $U = U(q)$, so besagt das Bewegungsgesetz, dass sich der Punkt auf der Bahn bewegt, für die die Lagrange-Funktion $\mathcal{L}(q,p) = T - U$ minimal wird. Da diese nicht explizit von der Zeit abhängt, ist die Gesamtenergie

$$E(q,p) = p\cdot\frac{\partial\mathcal{L}}{\partial p}(q,p) - \mathcal{L}(q,p) = p\cdot(mp) - (T - U) = T + U$$

konstant.

Beispiel

1696/97 stießen die Bernoulli-Brüder Johann und Jacob auf das Brachystochronen-Problem, die Frage nach der Kurve schnellsten Falles. Eine Kugel soll sich unter dem Einfluss der Erdschwere, aber reibungslos, von einem Punkt A zu einem niedriger gelegenen Punkt B bewegen, etwa, indem sie auf einer geeigneten Bahn rollt. Gefragt ist, auf welcher Bahn dies am schnellsten geht.

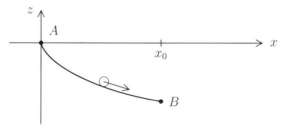

Die Kurve, entlang der sich die Kugel bewegt, sei auf einem Intervall $[0,t_0]$ durch einen $\mathscr{C}^2$-Weg $\boldsymbol{\alpha}(t) = \big(x(t),z(x(t))\big)$ definiert, mit $\boldsymbol{\alpha}(0) = A = (0,0)$ und $\boldsymbol{\alpha}(t_0) = (x_0,-z_0)$ (mit $z_0 > 0$). Man kann davon ausgehen, dass $x'(t) > 0$ auf $(0,t_0]$ ist.

Die kinetische Energie der Kugel (mit Masse m) ist gegeben durch

$$T(t) = \frac{1}{2}m\|\boldsymbol{\alpha}'(t)\|^2 = \frac{1}{2}m\Big[x'(t)^2 + (z \circ x)'(t)^2\Big]$$
$$= \frac{1}{2}mx'(t)^2\Big[1 + z'\big(x(t)\big)^2\Big],$$

die potentielle Energie durch $U(t) = mg \cdot z(x(t))$ (g = Erdbeschleunigung). Die Gesamtenergie $H := T + U$ ist konstant. Weil $H(0) = 0$ ist, ist $H(t) \equiv 0$. Daraus folgt:

$$0 = \frac{1}{2}mx'(t)^2\Big[1 + z'\big(x(t)\big)^2\Big] + mgz(x(t)),$$

also $0 = x'(t)^2\Big[1 + z'(x(t))^2\Big] + 2gz(x(t))$ und

$$x'(t) = \sqrt{\frac{-2gz(x(t))}{1 + z'(x(t))^2}}\,.$$

Weil $x' > 0$ ist, ist x umkehrbar. Sei $\tau = \tau(x)$ die Umkehrfunktion. Dann ist

$$\tau'(x) = \frac{1}{x'(t(x))} = \sqrt{\frac{1 + z'(x)^2}{-2gz(x)}},$$

und für die Zeit $t_0 = \tau(x_0)$, die die Kugel auf ihrer Bahn braucht, gilt:

$$\tau(x_0) = \tau(x_0) - \tau(0) = \int_0^{x_0} \sqrt{\frac{1 + z'(x)^2}{-2gz(x)}}\, dx$$
$$= \frac{1}{\sqrt{2g}} \int_0^{x_0} \sqrt{\frac{1 + z'(x)^2}{-z(x)}}\, dx.$$

Es ist also die Lagrangefunktion $\mathcal{L}(q, p) = \sqrt{\dfrac{1 + p^2}{-q}}$ zu minimieren, die nicht explizit von der unabhängigen Variablen x (statt t) abhängt. Dabei steht q für $z(x)$ und p für $z'(x)$. Die Energiefunktion $E(q, p) = p \cdot \partial\mathcal{L}/\partial p(q, p) - \mathcal{L}(q, p)$ ist konstant, und dabei ist

$$\frac{\partial\mathcal{L}}{\partial p}(q, p) = \frac{p}{\sqrt{-q}\sqrt{1 + p^2}}\,.$$

Es gibt also eine Konstante C mit

$$C = z'(x) \cdot \frac{\partial\mathcal{L}}{\partial p}(z(x), z'(x)) - \mathcal{L}(z(x), z'(x))$$
$$= z'(x)^2 \cdot \frac{1}{\sqrt{-z(x)}\sqrt{1 + z'(x)^2}} - \sqrt{\frac{1 + z'(x)^2}{-z(x)}}$$
$$= -\frac{1}{\sqrt{-z(x) \cdot (1 + z'(x)^2)}}\,.$$

Demnach kann man $(1 + z'(x)^2) \cdot (-z(x)) = 2R$ setzen, mit einer positiven Konstanten R. Die gewonnene Differentialgleichung für $z(x)$ könnte man lösen, aber das bringt nicht viel.

Weil $1 + z'(x)^2 \geq 1$ und offensichtlich $-z'(x) \geq 0$ ist, muss gelten:

$$-2R \leq z(x) \leq 0 \quad \Longleftrightarrow \quad |z(x)/R + 1| \leq 1.$$

Da liegt es nahe, $z(x)/R + 1 = \cos u(x)$ zu setzen, mit eine geeigneten Funktion $u = u(x)$ mit $u(0) = 0$, also $z(x) = -R(1 - \cos u(x))$.

Setzt man $z'(x) = -R \sin u(x) \cdot u'(x)$ in die Differentialgleichung ein, so erhält man:

$$\left(1 + R^2 \sin^2 u(x) \cdot u'(x)^2\right) \cdot R \cdot (1 - \cos u(x)) = 2R,$$

also

$$R^2 \sin^2 u(x) \cdot u'(x)^2 (1 - \cos u(x)) = 1 + \cos u(x).$$

Die Multiplikation mit $(1 - \cos u(x))/\sin^2 u(x)$ auf beiden Seiten bringt

$$R^2 u'(x)^2 (1 - \cos u(x))^2 = \frac{1 - \cos^2 u(x)}{\sin^2 u(x)} = 1,$$

mit $u' > 0$ also $R(u - \sin u)'(x) = 1$ und $R(u(x) - \sin u(x)) = x$ (die Integrationskonstante verschwindet, weil $u(0) = 0$ ist). Damit ist

$$\boldsymbol{\alpha}(t) = \left(x(t), z(x(t))\right) = \left(R(u - \sin u), -R(1 - \cos u)\right),$$

wobei $u = u(x(t))$ letztendlich auch eine Funktion von t ist. Man erhält eine Zykloide (siehe Abschnitt 3.5).

Eine Anwendung: Die Halfpipes der Skater und Snowboarder haben die Form einer Brachystochrone und liefern so die größtmögliche Geschwindigkeit.

Aufgaben

4.5.1. Sei $f(x, y, z) := \sin(x^2 + e^y + z)$ (auf $\mathbb{R}^3$). Berechnen Sie alle partiellen Ableitungen.

In dieser und den nächsten zwei Aufgaben sollen rein handwerklich Ableitungen berechnet werden. Ernsthafte Probleme gibt es dabei nicht, man muss nur die Kettenregel beherrschen. Neu ist der Begriff der „partiellen Ableitung". Der Umgang damit soll hier noch mal an einem Beispiel erläutert werden:

Soll die partielle Ableitung von $f(x, y, z) = \sin(x^2 + e^y + z)$ nach x berechnet werden, so behandelt man y und z als Konstante und hat dann hier eigentlich eine Funktion $g : x \mapsto \sin(x^2 + c)$ mit $c := e^y + z$. Deren Ableitung ergibt nach Kettenregel

$$g'(x) = \sin'(x^2 + c) \cdot (x^2 + c)' = \cos(x^2 + c) \cdot 2x.$$

Ersetzt man c wieder durch $e^y + z$, so erhält man die gesuchte partielle Ableitung.

4.5.2. Berechnen Sie für $xy \neq 1$ die partiellen Ableitungen von

$$f(x,y) := \arctan \frac{x+y}{1-xy}.$$

4.5.3. Berechnen Sie für $(x,y) \neq (0,0)$ die partiellen Ableitungen von $f(x,y) := \ln(x^2 + y^2)$ und $g(x,y) := x/\sqrt{x^2 + y^2}$.

4.5.4. Sei $f : [-1,1] \times [0,\pi/2] \to \mathbb{R}$ definiert durch $f(x,t) := x^2 \sin t$. Berechnen Sie $F(x) := \int_0^{\pi/2} f(x,t)\,dt$ und verifizieren Sie, dass $F'(x) = \int_0^{\pi/2} f_x(x,t)\,dt$ ist.

Man kann das Integral berechnen und dann differenzieren oder erst unter dem Integral differenzieren und dann integrieren. In beiden Fällen sollte das Gleiche herauskommen. Diese Bemerkung betrifft auch die nächste Aufgabe.

4.5.5. Sei $-1 < a < b < 1$ und $f : [a,b] \times [0,1] \to \mathbb{R}$ definiert durch

$$f(x,t) := \frac{x}{\sqrt{1 - x^2 t^2}},$$

sowie $F(x) := \int_0^1 f(x,t)\,dt$. Berechnen Sie $F'(x)$ auf zweierlei Weise.

4.5.6. Sei $F(x) := \displaystyle\int_0^\infty \frac{1 - e^{-xt}}{t e^t}\,dt$ für $x > -1$. Berechnen Sie zunächst $F'(x)$ und daraus dann durch Integration $F(x)$.

Gemeint ist natürlich, dass man unter dem Integral differenzieren und dann integrieren soll. Das ist leichter als eine direkte Berechnung des Integrals.

4.5.7. Berechnen Sie $x \cdot F'(x)$ für $F(x) := \displaystyle\int_0^{\pi/2} \ln(1 + x \sin^2 t)\,dt$ und bestimmen Sie daraus $F(x)$ (für $x \geq 0$).

Noch ein Trick ür die Berechnung eines komplizierten Integrals! Im Laufe der Berechnung muss eine Stammfunktion von $1/(1 + x \sin^2 t)$ gefunden werden. Dafür ist die Beziehung $\sin^2 t = \tan^2 t/(1 + \tan^2 t)$ und die Substitution $u = \sqrt{1 + x} \tan t$ nützlich.

4.5.8. Berechnen Sie die Ableitung von $F(x) := \displaystyle\int_{\cos x}^{\sin x} \frac{e^{xt}}{t}\,dt$.

Hier und bei der nächsten Aufgabe ist nach einer Anwendung der Leibniz'schen Formel gefragt.

4.5.9. Berechnen Sie die Ableitung von $F(x) := \displaystyle\int_{1/x}^{e^x} \frac{\sin(xt)}{t}\,dt$.

4.5.10. Sei $f : \mathbb{R} \to \mathbb{R}$ stetig und $a < b$. Zeigen Sie, dass

$$F(x) := \frac{1}{b-a} \int_a^b f(x+t)\,dt$$

differenzierbar ist, und berechnen Sie die Ableitung.

4.5.11. Bestimmen Sie eine Funktion $\varphi : [1, 2] \to \mathbb{R}$ mit $\varphi(1) = 1$ und $\varphi(2) = 2$, für die das Lagrange-Funktional $S[\varphi] := \int_1^2 \dfrac{\varphi'(t)^2}{t^3} \, dt$ kritisch wird.

Man bestimme die Lagrange-Funktion und benutze die Euler'sche Gleichung.

5 Anhang: Lösungen

Wer von Anfang an Schwierigkeiten hat, kann die Lücke, die zwischen Schule und Hochschule klafft, vielleicht mit dem Buch „Mathematik für Einsteiger" (siehe [MfE]) füllen. Dort findet man eine sehr ausführliche Einführung in Logik, Mengenlehre, Axiome der reellen Zahlen, Beweismethoden, Induktion und elementare Kombinatorik, aber durchaus auch einige weiterführende Themen.

Lösungen der Aufgaben in 1.1

1.1.1. (a) ist falsch, denn $\sqrt{2}$ ist keine rationale Zahl.
(b) ist falsch, denn $x = \sqrt{2}$ ist eine reelle Zahl, und es ist $x\sqrt{2} = \sqrt{2} \cdot \sqrt{2} = 2$ liegt in $\mathbb{Q}$.
(c): Es ist $T_{39} \cap T_{81} = \{1, 3, 13, 39\} \cap \{1, 3, 9, 27, 81\} = \{1, 3\}$, also $9 \in T_{39} \cap T_{81}$ falsch. Weiter ist $T_{12} \cup T_{56} = \{1, 2, 3, 4, 6, 12\} \cup \{1, 2, 4, 7, 8, 14, 28, 56\} = \{1, 2, 3, 4, 6, 7, 8, 12, 14, 28, 56\}$, also $7 \in T_{12} \cup T_{56}$ wahr. Damit ist auch die Gesamtaussage wahr.
Für (d) muss man die Ungleichung lösen:

$$
\begin{aligned}
n^2 - 6n - 5 \geq 0 &\iff n^2 - 2 \cdot 3 \cdot n + 3^2 \geq 5 + 9 \text{ (quadratische Ergänzung)} \\
&\iff (n-3)^2 \geq 14 \\
&\iff ((n-3) \leq -\sqrt{14} \text{ oder } (n-3) \geq \sqrt{14}) \\
&\iff (n \leq 3 - \sqrt{14}) \text{ oder } (n \geq 3 + \sqrt{14}).
\end{aligned}
$$

Weil $3 < \sqrt{14} < 4$ ist, erfüllt 6 beide Ungleichungen nicht. Die Aussage ist falsch.
(e) Es ist $(-2)^2 = 4$. Also liegt -2 nicht in der Menge aller $x \in \mathbb{Z}$ mit $x^2 < 2$.

1.1.2. (a): Die Menge besteht aus den Elementen 1, 2, 3, 4, 6, 8, 12.

(b) Mit quadratischer Ergänzung erhält man: $(x - 4/3)^2 > 1/9$, also $x < 1$ oder $x > 5/3$.

(c): Die Auflösung der quadratischen Gleichung $2x - 3 = (3x - 5)^2$ liefert $x = 2$ und $x = 14/9$. Aber damit $3x - 5 = \sqrt{2x - 3} \geq 0$ ist, muss $x \geq 5/3 = 1.666\ldots$ sein. Nur $x = 2$ ist eine passende Lösung.

(d): Die Menge enthält nur 1 und 2.

(e): Man muss etwas knobeln. Es muss $a \geq 5$ und $b \leq 11$ sein. Da $a \neq b$ ist, folgt: Ist a oder b Primzahl, so ist entweder $\mathrm{ggT}(a, b) = 1$ oder a Primzahl, b ein Vielfaches von a und $\mathrm{ggT}(a, b) = a$. Man muss also nur noch die folgenden Fälle betrachten:

a	5	6	6	6	8	8	9
b	10	8	9	10	9	10	10
$\mathrm{ggT}(a, b)$	5	2	3	2	1	2	1

Die gesuchte Menge ist also $= \{1, 2, 3, 5\}$.

1.1.3. Es ist zu zeigen, dass die Aussagen „$(x \in A)$ **oder** $\big((x \in B)$ **und** $(x \in C)\big)$"
und „$\big((x \in A)$ **oder** $(x \in B)\big)$ **und** $\big((x \in A)$ **oder** $(x \in C)\big)$" äquivalent sind. Man
macht das am besten mit Hilfe von Wahrheitstafeln.

$x \in A$	$x \in B$	$x \in C$	$x \in B \cap C$	$x \in A \cup B$	$x \in A \cup C$	l.S.	r.S.
w	w	w	w	w	w	w	w
w	w	f	f	w	w	w	w
w	f	w	f	w	w	w	w
w	f	f	f	w	w	w	w
f	w	w	w	w	w	w	w
f	w	f	f	w	f	f	f
f	f	w	f	f	w	f	f
f	f	f	f	f	f	f	f

1.1.4. 1) Weil $A \cup B = B \cup A$ und $A \cap B = B \cap A$ ist, ist $A \Delta B = B \Delta A$.

2) Wir führen Aussagen $\mathscr{A}$, $\mathscr{B}$, $\mathscr{C}$ und $\mathscr{A} \Delta \mathscr{B}$ ein:

$$\mathscr{A} :\Longleftrightarrow x \in A$$
$$\mathscr{B} :\Longleftrightarrow x \in B$$
$$\mathscr{C} :\Longleftrightarrow x \in C$$
$$\text{und} \quad \mathscr{A} \Delta \mathscr{B} :\Longleftrightarrow (\mathscr{A} \wedge \neg \mathscr{B}) \vee (\mathscr{B} \wedge \neg \mathscr{A}) \Longleftrightarrow x \in A \Delta B.$$

Dann erhält man folgende Wahrheitswertverteilung:

$\mathscr{A}$	$\mathscr{B}$	$\mathscr{A} \Delta \mathscr{B}$
w	w	f
w	f	w
f	w	w
f	f	f

Dann erledigt man das Problem mit einer großen Wahrheitstafel:

$\mathscr{A}$	$\mathscr{B}$	$\mathscr{C}$	$\mathscr{A} \Delta \mathscr{B}$	$(\mathscr{A} \Delta \mathscr{B}) \Delta \mathscr{C}$	$\mathscr{B} \Delta \mathscr{C}$	$\mathscr{A} \Delta (\mathscr{B} \Delta \mathscr{C})$
w	w	w	f	w	f	w
w	w	f	f	f	w	f
w	f	w	w	f	w	f
w	f	f	w	w	f	w
f	w	w	w	f	f	f
f	w	f	w	w	w	w
f	f	w	f	w	w	w
f	f	f	f	f	f	f

3) Hier kann man die gleichen Notationen wie oben verwenden:

$\mathscr{A}$	$\mathscr{B}$	$\mathscr{C}$	$\mathscr{A}\,\triangle\,\mathscr{B}$	$\mathscr{A}\,\triangle\,\mathscr{C}$
w	w	w	f	f
w	w	f	f	w
w	f	w	w	f
w	f	f	w	w
f	w	w	w	w
f	w	f	w	f
f	f	w	f	w
f	f	f	f	f

Die Beziehung „ $\mathscr{A}\,\triangle\,\mathscr{B} \iff \mathscr{A}\,\triangle\,\mathscr{C}$ " ist in den Zeilen $1, 4, 5$ und 8 erfüllt, und das sind genau die Fälle, wo $\mathscr{B} \iff \mathscr{C}$ ist. So sieht man, dass aus $A\triangle B = A\triangle C$ die Aussage $B = C$ folgt.

1.1.5. Diese Aufgabe kann nur sinnvoll gelöst werden, wenn die Axiome der reellen Zahlen und Satz 1.1.3 behandelt wurden. Weil a/b hier als die eindeutig bestimmte Lösung der Gleichung $bx = a$ definiert wurde und $b(b^{-1}a) = (bb^{-1})a = 1 \cdot a = a$ ist, muss $a/b = b^{-1}a$ sein.

a) Die erste Aussage folgt aus der Definition. Weil $1 \cdot 1 = 1$ ist, ist $1^{-1} = 1$, also $n/1 = 1^{-1} \cdot n = 1 \cdot n = n$.

b) Ist $a/b = c/d$, so ist $b^{-1}a = d^{-1}c$, also

$$bc = b(dd^{-1})c = (bd)(d^{-1}c) = (bd)(b^{-1}a) = (bd)(ab^{-1}) = \ldots = ad.$$

Ist umgekehrt $ad = bc$, so ist

$$b^{-1}a = b^{-1}(ad)d^{-1} = b^{-1}(bc)d^{-1} = (b^{-1}b)(cd^{-1}) = d^{-1}c.$$

c) Es ist $(ax)b = (xa)b = b(xa) = (bx)a$, also $(ax)/(bx) = a/b$.

Es ist $(xy)(x^{-1}y^{-1}) = y(xx^{-1})y^{-1} = yy^{-1} = 1$, also $(xy)^{-1} = x^{-1}y^{-1}$. Daraus folgt

$$
\begin{aligned}
(a/b) \cdot (c/d) &= (b^{-1}a)(d^{-1}c) &= b^{-1}(ad^{-1})c &= b^{-1}(d^{-1}a)c \\
&= (b^{-1}d^{-1})(ac) &= (bd)^{-1}(ac) \\
&= (ac)/(bd)
\end{aligned}
$$

und

$$
\begin{aligned}
(a/b) + (c/d) &= b^{-1}a + d^{-1}c &= b^{-1}a + (b^{-1}b)(d^{-1}c) \\
&= b^{-1}\big(a + b(d^{-1}c)\big) \\
&= b^{-1}\big((d^{-1}d)a + d^{-1}(bc)\big) \\
&= (b^{-1}d^{-1})(da + bc) &= (bd)^{-1}(ad + bc) \\
&= (ad + bc)/(bd).
\end{aligned}
$$

Lösungen der Aufgaben in 1.2

1.2.1. a) Es gibt ein x, für das **nicht** die Aussage $A(x)$ gilt.

b) Es gibt ein x, so dass die Aussage $A(x, y)$ für kein y gilt.

1.2.2. Die Aussagen sind nicht äquivalent. Als Beispiel wähle man für $A(x, y)$ die Bedeutung „y ist Mutter von x". Dann ergibt sich: „Jeder Mensch besitzt eine Mutter" und „Es gibt eine Frau, die die Mutter von jedem Menschen ist".

1.2.3. Man führt die Aussagen auf die entsprechenden logischen Sachverhalte zurück. Dann muss man allerdings noch die folgenden Regeln beweisen:

$$\big(\exists\, x \,:\, A(x)\big) \,\textbf{und}\, B \;\Longleftrightarrow\; \exists\, x \,:\, \big(A(x) \,\textbf{und}\, B\big)$$

und

$$\big(\forall\, x \,:\, A(x)\big) \,\textbf{oder}\, B \;\Longleftrightarrow\; \forall\, x \,:\, \big(A(x) \,\textbf{oder}\, B\big)$$

Die erste Regel kann man folgendermaßen einsehen: Die Aussage „$\big(\exists\, x \,:\, A(x)\big) \,\textbf{und}\, B$" bedeutet, dass für ein spezielles x_0 die Aussage „$A(x_0) \,\textbf{und}\, B$" wahr ist. Dann ist aber auch die Aussage „$\exists\, x \,:\, \big(A(x) \,\textbf{und}\, B\big)$" wahr, und die Umkehrung gilt genauso. Die zweite Regel erhält man aus der ersten durch Verneinung.

Bei der dritten Regel kann man ein $x \in X$ betrachten. Dann muss man nur zeigen:

$$\textbf{nicht}\,\big(\exists\, i \in I \,:\, x \in A_i\big) \;\Longleftrightarrow\; \big(\forall\, i \,:\, \textbf{nicht}\,(x \in A_i)\big).$$

Das ist aber klar, wegen der Verneinungsregeln für Quantoren.

1.2.4. Sei $N(n) := n^3 + 2n$. Dann ist

$$\begin{aligned} N(3k) &= 3 \cdot (9k^3 + 2k), \\ N(3k+1) &= (3x+1) + 2(3k+1) = 3(x + 2k + 1) \\ \text{und } N(3k+2) &= (3y+8) + 2(3k+2) = 3(y + 2k + 4), \end{aligned}$$

mit geeigneten ganzen Zahlen x und y. Also ist $N(n)$ immer durch 3 teilbar.

1.2.5. a) $n^3 + 11n$ ist immer gerade, also durch 2 teilbar. Und wie bei der obigen Aufgabe folgt die Teilbarkeit durch 3.

b) Hier kann man Induktion benutzen. Für $n = 1$ kommt 0 heraus, das ist durch 27 teilbar. Ist die Behauptung für n bewiesen, also $N := 10^n + 18n - 28$ durch 27 teilbar, so ist

$$10^{n+1} + 18(n+1) - 28 = 10^{n+1} - 10^n + 18 + N = 9 \cdot (10^n + 2) + N.$$

Weil $10^n + 2 = 9x + 1 + 2$ (mit einer ganzen Zahl x) durch 3 teilbar ist, folgt die Behauptung für $n + 1$.

1.2.6. Ist $0 < a < b$, so ist auch $0 < a^2 < ab < b^2$. Mit einem trivialen Induktionsbeweis folgt die allgemeine Aussage. Betrachtet man auch negative Zahlen, so wird die Aussage falsch. Zum Beispiel ist $-2 < -1 < 1$ und $(-2)^2 > (-1)^2 = 1^2$. Allerdings gilt: Ist $a < b < 0$, so ist $0 < b^2 < a^2$.

1.2.7. Ist $0 < a < 1$, so ist auch $0 < 1 - a < 1$ und $0 < 1 - a^2 < 1$. Mit der Bernoulli'schen Ungleichung ist dann

$$(1-a)^n(1+na) < (1-a)^n(1+a)^n = (1-a^2)^n < 1 < n.$$

Daraus folgt die Behauptung.

1.2.8. Für $a, b \in \mathbb{R}$ und $n \in \mathbb{N}$ ist die Formel

$$(a+b)^n = \sum_{k=0}^{n} \binom{n}{k} a^{n-k} b^k$$

zu beweisen. Wir führen Induktion nach n.

Der Fall $n = 1$ ist trivial, auf beiden Seiten erhält man den Ausdruck $a + b$.

Die Formel sei nun für $n \geq 1$ schon bewiesen. Dann folgt:

$$
\begin{aligned}
(a+b)^{n+1} &= (a+b)^n \cdot (a+b) \\
&= \sum_{k=0}^{n} \binom{n}{k} a^{n-k} b^k \cdot (a+b) \\
&\quad \text{(nach Induktionsvoraussetzung)} \\
&= \sum_{k=0}^{n} \binom{n}{k} a^{n+1-k} b^k + \sum_{k=0}^{n} \binom{n}{k} a^{n-k} b^{k+1} \\
&\quad \text{(distributiv ausmultipliziert)} \\
&= a^{n+1} + \sum_{k=1}^{n} \binom{n}{k} a^{n+1-k} b^k + \sum_{k=0}^{n-1} \binom{n}{k} a^{n-k} b^{k+1} + b^{n+1} \\
&= a^{n+1} + \sum_{k=1}^{n} \left(\binom{n}{k} + \binom{n}{k-1} \right) a^{n+1-k} b^k + b^{n+1} \\
&\quad \text{(Umnummerierung in der 2. Summe, Zusammenfassung)} \\
&= a^{n+1} + \sum_{k=1}^{n} \binom{n+1}{k} a^{n+1-k} b^k + b^{n+1} \\
&\quad \text{(Additionsformel für Binomialkoeffizienten)} \\
&= \sum_{k=0}^{n+1} \binom{n+1}{k} a^{n+1-k} b^k.
\end{aligned}
$$

1.2.9. a) Der erste Beweis ist simpel. Der Induktionsanfang ist trivial, und es ist

$$\sum_{k=1}^{n+1} = \frac{n(n+1)}{2} + (n+1) = \frac{(n+1)(n+2)}{2} .$$

b) Auch bei der zweiten Formel ist der Induktionsanfang trivial. Induktionsschluss:

$$\begin{aligned}
\sum_{k=1}^{n+1} k^2 &= \frac{n(n+1)}{6}(2n+1) + (n+1)^2 \\
&= \frac{n+1}{6}\big(n(2n+1) + 6(n+1)\big) \\
&= \frac{n+1}{6}(2n^2 + 7n + 6) = \frac{n+1}{6}\big(2n(n+2) + 3(n+2)\big) \\
&= \frac{n+1}{6}(n+2)(2n+3).
\end{aligned}$$

1.2.10. Wir verwenden Induktion nach n und müssen $1 \le k \le n$ voraussetzen.

Ist $n = 1$, so steht links eine 1 und rechts ebenfalls.

Nun sei die Formel für n bewiesen. Dann ist

$$\begin{aligned}
\sum_{i=k}^{n+1} \binom{i-1}{k-1} &= \sum_{i=k}^{n} \binom{i-1}{k-1} + \binom{n}{k-1} = \binom{n}{k} + \binom{n}{k-1} \\
&= \binom{(n+1)-1}{k-1} + \binom{(n+1)-1}{k} = \binom{n+1}{k}.
\end{aligned}$$

Damit ist die Induktion abgeschlossen.

1.2.11. Es ist

$$S_n = \sum_{k=1}^{n} \left(\frac{1}{k} - \frac{1}{k+1} \right) = 1 - \frac{1}{n+1} = \frac{n}{n+1} .$$

1.2.12. Es ist

$$n^2 = \sum_{i=1}^{n} \big(i^2 - (i-1)^2\big) = \sum_{i=1}^{n} (2i-1) = \sum_{i=0}^{n-1} (2i+1).$$

1.2.13. Es ist $1 - \dfrac{1}{k^2} = \dfrac{k^2 - 1}{k^2} = \dfrac{(k-1)(k+1)}{k \cdot k}$, also

$$P_n = \frac{1 \cdot 3}{2 \cdot 2} \cdot \frac{2 \cdot 4}{3 \cdot 3} \cdot \frac{3 \cdot 5}{4 \cdot 4} \cdots \frac{(n-1)(n+1)}{n \cdot n} .$$

Ohne allzu genau hinzusehen, rät man jetzt schon, dass $P_n = (n+1)/2n$ ist. Der genaue Beweis kann mit Induktion geführt werden.

1.2.14. a) Ist $x > 0$, so ist $x^2 = x \cdot x > 0$, nach dem 3. Axiom der Anordnung. Ist $x < 0$, so ist $-x > 0$ und $x^2 = (-x)(-x) > 0$. Insbesondere ist dann $1 = 1 \cdot 1 > 0$.

Die Menge $M := \{1\} \cup \{x \in \mathbb{R} : x \geq 2\}$ enthält definitionsgemäß die 1. Sei nun $x \in M$ ein beliebiges Element. Ist $x = 1$, so ist $x + 1 = 1 + 1 = 2 \in M$. Ist $x \neq 1$, so ist $x \geq 2$, also $x + 1 \geq 2 + 1 > 2$ und wieder $x + 1 \in M$. Also ist M induktiv. Da $\mathbb{N}$ in jeder induktiven Menge liegt, muss $\mathbb{N} \subset M$ gelten. Also enthält $\mathbb{N}$ keine reelle Zahl x mit $1 < x < 2$.

b) Wir zeigen durch Induktion: Ist $n \in \mathbb{N}$ und $n \geq 2$, so gibt es ein $m \in \mathbb{N}$ mit $m + 1 = n$. Der Induktionsanfang ist der Fall $n = 2$, und der ist klar, weil $2 = 1 + 1$ ist. Der Induktionsschluss ist trivial, denn $n + 1$ hat schon die gewünschte Gestalt. Die Induktionsvoraussetzung wird hier gar nicht gebraucht.

Für die Folgerung zeigen wir zunächst: Sind $n, m \in \mathbb{N}$ und ist $m - n > 0$, so ist $m - n \in \mathbb{N}$. Der Beweis wird durch Induktion nach n geführt.

- $n = 1$: Ist $m - 1 > 0$, so ist $m > 1$ und besitzt einen Vorgänger, $m = m' + 1$ mit $m' \in \mathbb{N}$. Also ist $m - 1 = m' \in \mathbb{N}$.

- Ist die Behauptung für n bewiesen und $m - (n + 1) > 0$, also $m - n > 1$, so ist $m - n \in \mathbb{N}$ (nach Induktionsvoraussetzung), und es gibt ein k mit $k + 1 = m - n$. Also ist auch $m - (n + 1) = k \in \mathbb{N}$.

Zurück zur ursprünglichen Aufgabe! Sei $n < m + 1$. Wäre $m = 1$, so wäre $n < 2$, also $n = 1$ und nichts mehr zu zeigen. Ist nun $m \geq 2$ und nicht $n \leq m$, so muss $m < n$ und außerdem $m = m' + 1$ (mit $m' \in \mathbb{N}$) sein. Daraus folgt $m' + 1 < n < m' + 2$, also $1 < n - m' < 2$. Das kann nicht sein, weil $n - m' \in \mathbb{N}$ ist. Widerspruch!

Lösungen der Aufgaben in 1.3

1.3.1. a) Nach der 2. Dreiecksungleichung ist $|a| - |b| \leq |a - b|$ und $|a| = |b - (b - a)| \geq |b| - |a - b|$, also $-|a - b| \leq |a| - |b|$.

b) Ist $x \leq -1$, so ist $x - 3 < x - 1 < x + 1 \leq 0$. Die Gleichung

$$-(x + 1) - (x - 1) - (x - 3) = 3 + x, \qquad \text{also } 4x = 0,$$

hat in diesem Bereich keine Lösung.

Ist $-1 < x \leq 1$, so ist $x - 3 < x - 1 \leq 0 < x + 1$. Die Gleichung

$$(x + 1) - (x - 1) - (x - 3) = 3 + x, \qquad \text{also } 2x = 2,$$

hat die Lösung $x = 1$.

Ist $1 < x \leq 3$, so ist $x - 3 \leq 0 < x - 1 < x + 1$. Die Gleichung

$$(x + 1) + (x - 1) - (x - 3) = 3 + x, \quad \text{also } x = x,$$

wird in dem angegebenen Bereich von allen Zahlen erfüllt.

Ist $x > 3$, so ist $0 < x - 3 < x - 1 < x + 1$. Die Gleichung

$$(x + 1) + (x - 1) + (x - 3) = 3 + x, \quad \text{also } 2x = 6,$$

hat im angegebenen Bereich keine Lösung.

Also ist $[1, 3]$ die Lösungmenge.

c) Ist $x \leq 1/2$, so ist $2x - 1 \leq 0$ und $x - 1 < 0$. Dann hat man die Ungleichung

$$1 - 2x < 1 - x, \quad \text{also } x > 0.$$

Ist $1/2 < x < 1$, so ist $2x - 1 > 0$ und $x - 1 < 0$. Das ergibt die Ungleichung $2x - 1 < 1 - x$, also $3x < 2$.

Ist $x \geq 1$, so ist $2x - 1 > 0$ und $x - 1 \geq 0$, und wir haben die Ungleichung $2x - 1 < x - 1$, also $x < 0$. Das kann nicht sein.

Die Lösungsmenge ist also die Menge $\{x \in \mathbb{R} : 0 < x < 2/3\}$.

1.3.2. a) $\inf(M_1) = 0 \notin M_1$ und $\sup(M_1) = 1 \in M_1$.

b) Weil $1 = 1/1 > 1 - 1/1 = 0$ ist, gehören 0 und 1 nicht zu M_2. Es ist aber $\inf(M_2) = 0$ und $\sup(M_2) = 1$.

c) Es ist $M_3 = \{x \in \mathbb{R} : -2 < x^2 - 1 < 2\} = \{x \in \mathbb{R} : 0 \leq x^2 < 3\} = (-\sqrt{3}, +\sqrt{3})$, also $\inf(M_3) = -\sqrt{3}$ und $\sup(M_3) = \sqrt{3}$.

1.3.3. Ansatz: $|a_n| < \varepsilon \iff (3n - 1)/2 > 1/\varepsilon \iff n > 2/(3\varepsilon) + 1/3$.

Dann schreibt man den Beweis richtig auf: Sei $\varepsilon > 0$. Ist $n_0 > 2/(3\varepsilon) + 1/3$ (was nach Archimedes möglich ist), so folgt für $n \geq n_0$ die Ungleichung $|a_n| < \varepsilon$.

1.3.4. Es ist $b_n = 1 - \dfrac{n}{n+1} = \dfrac{1}{n+1}$, und das ist offensichtlich eine Nullfolge.

1.3.5. Es ist $c_n = \dfrac{1 + 2 + \cdots + n}{n^2} = \dfrac{n(n+1)}{2n^2} = \dfrac{n+1}{2n} = \dfrac{1}{2}\left(1 + \dfrac{1}{n}\right) \geq \dfrac{1}{2}$. Also kann c_n keine Nullfolge sein.

1.3.6. Ist $0 < a_n, b_n < \varepsilon$, so ist

$$0 < \frac{a_n^2 + b_n^2}{a_n + b_n} < \frac{\varepsilon(a_n + b_n)}{a_n + b_n} = \varepsilon.$$

Diese Ungleichungen kann man verwenden, um zu zeigen, dass (c_n) eine Nullfolge ist.

1.3.7. Ist $a \geq 0$, so ist $\sqrt{a}$ die eindeutig bestimmte Zahl $x \geq 0$ mit $x^2 = a$.

a) Sei $u := \sqrt{x}$ und $v := \sqrt{y}$, so ist $u^2 = x$ und $v^2 = y$, also $(uv)^2 = u^2 v^2 = xy$ und daher $uv = \sqrt{xy}$.

b) Zum Beispiel ist $3 = \sqrt{9} = \sqrt{4+5}$, aber $\sqrt{4} + \sqrt{5} = 2 + \sqrt{5} = 4.236\ldots$

c) Wäre $0 \leq \sqrt{x} \leq \sqrt{y}$, so wäre auch $0 \leq x \leq y$. Letzteres ist aber falsch. Also muss $\sqrt{x} > \sqrt{y}$ sein.

d) Es ist $x + y - 2\sqrt{xy} = (\sqrt{x} - \sqrt{y})^2 \geq 0$, also $\sqrt{xy} \leq (x+y)/2$.

Lösungen der Aufgaben in 1.4

1.4.1.

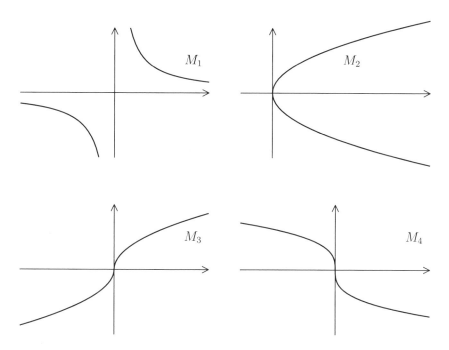

Mit Ausnahme von M_2 sind alles Funktionsgraphen. Bei M_1 ist der Definitionsbereich und der Wertebereich die Menge $\mathbb{R} \setminus \{0\}$. Bei M_3 und M_4 ist es jeweils ganz $\mathbb{R}$.

1.4.2. Eine affin-lineare Funktion hat die Gestalt $f(x) = mx + c$. Setzt man die vorgeschriebenen Werte ein, so kann man m und c ausrechnen. Das ergibt in diesem Fall

$$f(x) = \begin{cases} 2 + 2x & \text{für } -1 \leq x \leq 1, \\ \frac{1}{3}(16 - 4x) & \text{für } 1 \leq x \leq 4. \end{cases}$$

Man kann natürlich auch die Normalform für eine affin-lineare Funktion durch zwei Punkte (x_1, y_1) und (x_2, y_2) verwenden:

$$f(x) = y_1 + \frac{y_2 - y_1}{x_2 - x_1}(x - x_1) \quad \text{oder} \quad f(x) = y_2 + \frac{y_2 - y_1}{x_2 - x_1}(x - x_2).$$

Am Ergebnis ändert das nichts.

Eine quadratische Funktion g, die eine nach unten geöffnete Parabel mit Scheitelpunkt (x_s, y_s) beschreibt, hat die Gestalt $g(x) = a(x - x_s)^2 + y_s$, mit einer reellen Zahl $a < 0$. Schreibt man noch einen Wert vor, so kann a ausrechnen. Hier ergibt sich

$$g(x) = -\frac{4}{9}(x - 1)^2 + 4.$$

1.4.3. Man überzeugt sich leicht davon, dass $g(x) < 0$ für $x < 1/2$ und ≥ 0 für $x \geq 1/2$ ist, sowie $f(x) \leq 2$ für $x \leq -1/2$ und > 2 für $x > -1/2$.

Daraus folgt:

$$f \circ g(x) := \begin{cases} 4x + 1 & \text{für } x < 1/2, \\ 4x^2 - 4x + 4 & \text{für } 1/2 \leq x \leq 2, \\ x^2 + 2x + 4 & \text{für } x > 2 \end{cases}$$

und

$$g \circ f(x) := \begin{cases} 4x + 5 & \text{für } x \leq -1/2, \\ 2x + 4 & \text{für } -1/2 < x < 0, \\ x^2 + 4 & \text{für } x \geq 0. \end{cases}$$

1.4.4. Ist $F(x_1) = F(x_2)$, so ist $(x_1, f(x_1)) = (x_2, f(x_2))$, also $x_1 = x_2$. Auch wenn der Beweis so einfach ist, so ist das Ergebnis doch recht wichtig.

1.4.5. Es ist

$$\chi_{M \cap N}(x) = 1 \iff x \in M \cap N \iff x \in M \text{ und } x \in N$$
$$\iff \chi_M(x) = 1 \text{ und } \chi_N(x) = 1 \iff \chi_M(x) \cdot \chi_N(x) = 1.$$

Und es ist

$$\chi_{M \cup N}(x) = 1 \iff x \in M \cup N$$
$$\iff (x \in M \setminus N) \text{ oder } (x \in N \setminus M) \text{ oder } (x \in M \cap N)$$
$$\iff (\chi_M(x) = 1 \text{ und } \chi_N(x) = 0) \text{ oder}$$
$$(\chi_N(x) = 1 \text{ und } \chi_M(x) = 0) \text{ oder}$$
$$(\chi_M(x) = \chi_N(x) = 1)$$
$$\iff \chi_M(x) + \chi_N(x) - \chi_M(x) \cdot \chi_N(x) = 1.$$

1.4.6. a) f und g seien beide injektiv. Ist $g \circ f(x_1) = g \circ f(x_2)$, so ist $f(x_1) = f(x_2)$ und daher auch $x_1 = x_2$. Also ist $g \circ f$ injektiv.

b) Seien f und g beide surjektiv. Ist $z \in C$ vorgegeben, so gibt es ein $y \in B$ mit $g(y) = z$ und dann ein $x \in A$ mit $f(x) = y$.

c) Sei $g \circ f$ injektiv. Ist $f(x_1) = f(x_2)$, so ist auch $g \circ f(x_1) = g \circ f(x_2)$ und dann $x_1 = x_2$. Also ist f injektiv.

d) Sei $g \circ f$ surjektiv. Ist z gegeben, so existiert ein x mit $g \circ f(x) = z$, also $g(f(x)) = z$. Damit ist g surjektiv.

1.4.7. Ist $x \leq 2$, so ist $2x - 1 \leq 3$. Ist dagegen $x > 2$, so ist $x + 1 > 3$. Deshalb bildet f die disjunkten Teile $(-\infty, 2]$ und $(2, +\infty)$ auf die ebenfalls disjunkten Teile $(-\infty, 3]$ und $(3, +\infty)$ ab.

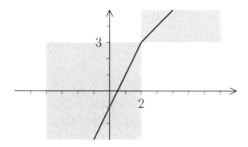

Da die einzelnen affin-linearen Zweige jeweils für sich bijektiv sind, gilt das auch für die zusammengesetzte Funktion. Eine Umkehrfunktion kann man leicht angeben:

$$f^{-1}(y) := \begin{cases} \frac{1}{2}(y + 1) & \text{für } x \leq 3, \\ y - 1 & \text{für } y > 3. \end{cases}$$

Man kann es auch „zu Fuß" versuchen. Sei $y_0 \in \mathbb{R}$ beliebig. Ist $y_0 \leq 3$, so ist $x_0 := (y_0 + 1)/2 \leq 2$ und $f(x_0) = 2x_0 - 1 = y_0$. Ist $y_0 > 3$, so ist $x_0 := y_0 - 1 > 2$ und $f(x_0) = x_0 + 1 = y_0$. Damit ist die Surjektivität gezeigt, und ein Kandidat für die Umkehrfunktion ist schon in Sicht. Für die Injektivität untersuchen wir horizontale Geraden $L = \{(x, y) : y = c\}$. Ist $c \leq 3$, so schneidet L den unteren Zweig des Graphen genau einmal im Punkt $((c+1)/2, c)$. Ist $c > 3$, so schneidet L den oberen Teil des Graphen in $(c - 1, c)$. Da es jedesmal nur einen Schnittpunkt gibt, ist f injektiv.

1.4.8. 1) $f(x) = g(x) = x$ ist streng monoton wachsend auf $\mathbb{R}$, nicht aber $f(x) \cdot g(x) = x^2$.

b) Als einfache Zusatzvoraussetzung bietet sich an: $f > 0$ und $g > 0$ auf $\mathbb{R}$. Ist $x_1 < x_2$, so ist $0 < f(x_1) < f(x_2)$ und $0 < g(x_1) < g(x_2)$. Deshalb ist

$$f(x_1)g(x_1) < f(x_2)g(x_1) < f(x_2)g(x_2), \quad \text{also } f \cdot g \text{ streng monoton wachsend.}$$

1.4.9. Wie in den Hinweisen angedeutet, wird der Beweis schrittweise geführt.

1) Weil $f(0) = f(0+0) = f(0) + f(0)$ ist, muss $f(0) = 0$ sein.

2) Wegen $0 = f(0) = f(x - x) = f(x) + f(-x)$ ist $f(-x) = -f(x)$.

3) Für $k \in \mathbb{N}$ ist $f(kx) = f(x + \cdots + x) = f(x) + \cdots + f(x) = k \cdot f(x)$.

4) Sei $a := f(1)$. Weil $0 < 1$ ist, muss auch $0 = f(0) < f(1) = a$ sein. Nach (3) ist $f(k) = k \cdot a$ für $k \in \mathbb{N}$. Nun kommt ein kleiner Trick! Für $n, m \in \mathbb{N}$ gilt:

$$am = m \cdot f(1) = f(m) = f\left(n \cdot \frac{m}{n}\right) = n \cdot f\left(\frac{m}{n}\right),$$

also $f\left(\dfrac{m}{n}\right) = a \cdot \dfrac{m}{n}$.

5) Wegen (2) und (4) ist $f(q) = aq$ für jede rationale Zahl q.

6) Bisher wurde die Monotonie nur wenig ausgenutzt. Sei nun x reell und beliebig. Wir nehmen an, es ist $f(x) \neq ax$.

   a) Ist $f(x) < ax$, so gibt es ein $q \in \mathbb{Q}$ mit $f(x) < aq < ax$, man braucht ja nur ein q mit $f(x)/a < q < x$ zu finden. Weil jetzt $q < x$ und $f(q) = aq > f(x)$ ist, steht dies im Widerspruch dazu, dass f streng monoton wächst.

   b) Den Fall $f(x) > ax$ führt man genauso zum Widerspruch.

Also muss $f(x) = ax$ sein.

Lösungen der Aufgaben in 1.5

1.5.1. Die Lösung ist $\mathbf{x} = (-14, 73, 42)$.

1.5.2. Es ist $\|\mathbf{a}\| = \sqrt{14}$, $\|b\| = \sqrt{74}$ und $\|\mathbf{c}\| = p\sqrt{134}$, sowie

$$\mathrm{dist}(\mathbf{b}, \mathbf{c}) = \|\mathbf{c} - \mathbf{b}\| = \sqrt{74 + 36p + 134p^2}.$$

1.5.3. Sei $\mathbf{a} := (0, 1, 1)$ und $\mathbf{v} := (4, 1, 0)$. Gesucht ist $\mathbf{p} = \mathbf{a} + t\mathbf{v}$ mit $(\mathbf{p} - \mathbf{x}_0) \cdot \mathbf{v} = 0$.

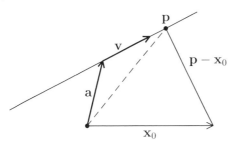

Die Gleichung liefert $0 = (4t - 10, t - 3, -4) \bullet (4, 1, 0) = 17t - 43$, also $t = 43/17$. Damit ist $\mathbf{p} = \frac{1}{17}(172, 60, 17)$.

Arbeitet man mit dem anderen Ansatz, so erhält man

$$\mathbf{w} = \frac{\mathbf{v} \bullet \mathbf{x}_0}{\mathbf{v} \bullet \mathbf{v}} \cdot \mathbf{v} = \frac{1}{17}(176, 44, 0) \quad \text{und} \quad \mathbf{u} = \frac{\mathbf{v} \bullet \mathbf{a}}{\mathbf{v} \bullet \mathbf{v}} \cdot \mathbf{v} = \frac{1}{17}(4, 1, 0).$$

Die gesuchte Projektion ist dann $\mathbf{p} = \mathbf{a} + (\mathbf{w} - \mathbf{u}) = \frac{1}{17}(172, 60, 17)$.

1.5.4. Es soll $(c_1, c_2, c_3) \bullet (1, -1, 0) = (c_1, c_2, c_3) \bullet (0, 1, -1) = 0$ sein. Das liefert die Gleichungen $c_1 - c_2 = c_2 - c_3 = 0$, also $\mathbf{c} = (x, x, x)$ mit einem beliebigen $x \in \mathbb{R}$. Das umfasst auch den Nullvektor.

1.5.5. Die Punkte auf L_1 haben die Gestalt $\mathbf{x} = (-1 + 8t, 1 + 2t)$ (mit $t \in \mathbb{R}$), die auf L_2 die Gestalt $\mathbf{x} = (1 + 2s, 5 - 8s)$ (mit $s \in \mathbb{R}$). Gleichsetzen liefert $8t = 2 + 2s$ und $2t = 4 - 8s$, also $t = 2 - 4s$ und damit $16 - 32s = 2 + 2s$, also $s = 7/17$ und $t = 6/17$. Der Schnittpunkt ist dann $\mathbf{x} = \frac{1}{17}(31, 29)$.

1.5.6. Es ist

$$\begin{aligned}
\|\mathbf{a} - \mathbf{b}\|^2 &= (\mathbf{a} - \mathbf{b}) \bullet (\mathbf{a} - \mathbf{b}) = \mathbf{a} \bullet \mathbf{a} - \mathbf{a} \bullet \mathbf{b} - \mathbf{b} \bullet \mathbf{a} + \mathbf{b} \bullet \mathbf{b} \\
&= \|\mathbf{a}\|^2 - 2\,\mathbf{a} \bullet \mathbf{b} + \|\mathbf{b}\|^2
\end{aligned}$$

und $\mathbf{a} \bullet \mathbf{b} = \|\mathbf{a}\| \cdot \|\mathbf{b}\| \cos \angle(\mathbf{a}, \mathbf{b})$.

1.5.7. Hier ist eine Skizze:

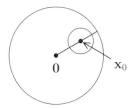

Sei $\varepsilon := \frac{1}{2}(2 - \|\mathbf{x}_0\|) = 1 - \frac{1}{2}\|\mathbf{x}_0\|$. Dann ist $\|\mathbf{x}_0\| + \varepsilon < \|\mathbf{x}_0\| + (2 - \|\mathbf{x}_0\|) = 2$. Ist $\mathbf{x} \in B_\varepsilon(\mathbf{x}_0)$, so gilt:

$$\|\mathbf{x}\| \leq \|\mathbf{x} - \mathbf{x}_0\| + \|\mathbf{x}_0\| < \varepsilon + \|\mathbf{x}_0\| < 2.$$

Dabei wurde der übliche Trick mit der Dreiecksungleichung benutzt: $\|\mathbf{x}\| = \|(\mathbf{x} - \mathbf{x}_0) + \mathbf{x}_0\| \leq \|\mathbf{x} - \mathbf{x}_0\| + \|\mathbf{x}_0\|$.

1.5.8. Unter Verwendung der Formel $(z - w)(z + w) = z^2 - w^2$ kann man Nenner leicht reell machen. Dann erhält man:

$$z_1 = 1 + i, \quad z_2 = 0 \quad \text{und} \quad z_3 = 3 + 4i.$$

1.5.9. a) Offensichtlich ist $w_1 = 2$ und dann auch $|w_1| = 2$.

b) Es ist $|-1 + i| = \sqrt{1 - i^2} = \sqrt{2}$, also $|w_2| = \sqrt{2}^3 = 2\sqrt{2}$.

1.5.10. Es ist $(1 - i)(2 - i)(3 - i) = (1 - 3i)(3 - i) = -10i$, also $z = -5/(10i) = i/2$.

1.5.11. Aus der Elementargeometrie weiß man: Die Menge der Punkte in der Ebene, die von zwei gegebenen Punkten den gleichen Abstand haben, ist die Mittelsenkrechte. Daraus ergibt sich, dass $\{z \in \mathbb{C} : |z - i| < |z + i|\}$ die obere Halbebene $H := \{z = x + iy : y > 0\}$ ist.

Um dies sauber algebraisch herzuleiten, berechne man (für $z = x + iy$)

$$
\begin{aligned}
|z + i|^2 - |z - i|^2 &= (x + i(y + 1))(x - i(y + 1)) - (x + i(y - 1))(x - i(y - 1)) \\
&= (x^2 + (y + 1)^2) - (x^2 + (y - 1)^2) \\
&= (x^2 + y^2 + 2y + 1) - (x^2 + y^2 - 2y + 1) = 4y.
\end{aligned}
$$

1.5.12. Mit $z = x + iy$ erhält man $x^2 + 2xyi - y^2 = -2i$, also die reellen Gleichungen $x^2 - y^2 = 0$ und $xy = -1$. Aus der ersten Gleichung folgt $y = \pm x$ und wegen der zweiten Gleichung muss $y = -x$ und $x^2 = 1$ sein, also entweder $z = 1 - i$ oder $z = -1 + i$.

Mit der Polarkoordinaten-Darstellung $z = r(\cos t + i \sin t)$ sieht es folgendermaßen aus: Aus $z^2 = -2i$ folgt $|z|^2 = 2$, also $|z| = \sqrt{2}$.

Weil $(\cos t + i \sin t)^2 = \cos(2t) + i \sin(2t)$ ist, muss außerdem $\cos(2t) = 0$ und $\sin(2t) = -1$ sein. Im Intervall $[0, 2\pi)$ erfüllt dies nur $t = t_1 := 3\pi/4$ und $t = t_2 := 3\pi/4 + \pi = 7\pi/4$. Nun ist

$$
\cos(t_1) = -\frac{1}{2}\sqrt{2}, \quad \sin(t_1) = \frac{1}{2}\sqrt{2}, \quad \cos(t_2) = \frac{1}{2}\sqrt{2} \text{ und } \sin(t_2) = -\frac{1}{2}\sqrt{2}.
$$

Damit erhält man wieder die beiden Lösungen

$$
z_1 = -1 + i \quad \text{und} \quad z_2 = 1 - i.
$$

Lösungen der Aufgaben in 1.6

1.6.1. Nach Konstruktion ist

$$
\begin{aligned}
c_0 &= a_0 + b_0 = a_0 + \alpha c_1 \\
&= a_0 + \alpha(a_1 + b_1) = a_0 + \alpha(a_1 + \alpha c_2) \\
&= a_0 + \alpha(a_1 + \alpha(a_2 + b_2)) = a_0 + \alpha(a_1 + \alpha(a_2 + \alpha c_3)) \\
&\;\;\vdots \\
&= a_0 + \alpha(a_1 + \alpha(a_2 + \alpha(\ldots))) = f(\alpha).
\end{aligned}
$$

Ein Induktionsbeweis (mit Induktion nach n) könnte folgendermaßen aussehen:

Ist $n = 1$, also $f(x) = a_0 + a_1 x$, so ist $c_1 = a_1$ und $b_0 = \alpha a_1$, also $c_0 = a_0 + b_0 = a_0 + \alpha a_1 = f(\alpha)$.

Ist die Behauptung für n bewiesen, so betrachte man

$$f(x) = a_0 + a_1 x + \cdots + a_n x^n + a_{n+1} x^{n+1} = g(x) + a_{n+1} x^{n+1}.$$

Bei der Auswertung von $g(x)$ erhält man die Folge

$$
\begin{aligned}
c'_n &= a_n, \\
c'_{n-1} &= a_{n-1} + \alpha c'_n, \\
c'_{n-2} &= a_{n-2} + \alpha c'_{n-1} = a_{n-2} + \alpha a_{n-1} + \alpha^2 a_n, \ldots,
\end{aligned}
$$

und schließlich $c'_0 = g(\alpha)$. Bei der Auswertung von $f(x)$ erhält man entsprechend:

$$
\begin{aligned}
b_{n+1} &= 0 & \text{und } c_{n+1} &= a_{n+1}, \\
b_n &= \alpha c_{n+1} & \text{und } c_n &= a_n + \alpha c_{n+1} = c'_n + \alpha a_{n+1}, \\
b_{n-1} &= \alpha c_n & \text{und } c_{n-1} &= a_{n-1} + \alpha c_n = c'_{n-1} + \alpha^2 a_{n+1}, \\
b_{n-2} &= \alpha c_{n-1} & \text{und } c_{n-2} &= a_{n-2} + \alpha c_{n-1} = c'_{n-2} + \alpha^3 a_{n+1},
\end{aligned}
$$

und schließlich $c_0 = c'_0 + \alpha^{n+1} a_{n+1} = g(\alpha) + \alpha^{n+1} a_{n+1} = f(\alpha)$.

Ist $f(x) = x^5 - 7x^3 + 9x^2 + x + 3$ und $\alpha = 2$, so ist $n = 5$, $c_5 = 1$, $c_4 = 0 + \alpha \cdot c_5 = 2$, $c_3 = -7 + \alpha \cdot c_4 = -3$, $c_2 = 9 + \alpha \cdot c_3 = 3$, $c_1 = 1 + \alpha \cdot c_2 = 7$ und schließlich $c_0 = 3 + \alpha \cdot c_1 = 17$.

1.6.2. Es ist

$$(3x^5 - x^4 + 8x^2 - 1) : (x^3 + x^2 + x) = 3x^2 - 4x + 1, \text{ Rest } 11x^2 - x - 1,$$

und

$$(x^5 - x^4 + x^3 - x^2 + x - 1) : (x^2 - 2x + 2) = x^3 + x^2 + x - 1, \text{ Rest } -3x + 1.$$

1.6.3. Ist $f(x) = \sum_{i=0}^{n} a_i x^i$ und $g(y) = \sum_{j=0}^{m} b_j y^j$, so ist

$$
\begin{aligned}
g \circ f(x) &= \sum_{j=0}^{m} b_j f(x)^j \\
&= \sum_{j=0}^{m} b_j \big((\text{Terme vom Grad} \leq n-1) + a_n x^n \big)^j \\
&= \sum_{j=0}^{m} b_j \big((\text{Terme vom Grad} \leq nj - 1) + (a_n x^n)^j \big) \\
&= (\text{Terme vom Grad} \leq nm - 1) + b_m a_n x^{nm}.
\end{aligned}
$$

Weil $a_n \neq 0$ und $b_m \neq 0$ ist, folgt die Behauptung.

1.6.4. a) Ist $f(x) = \sum_{k=0}^{n} a_k x^k$, so ist

$$
\begin{aligned}
f(x+h) - f(x) &= \sum_{k=0}^{n} a_k \big((x+h)^k - x^k\big) \\
&= \sum_{k=0}^{n} a_k (x^k + kx^{k-1}h + \cdots + h^k - x^k) \\
&= \Big(\sum_{k=1}^{n} a_k k x^{k-1}\Big) h + h^2 \cdot g(h) \\
&= Df(x) \cdot h + h^2 \cdot g(h),
\end{aligned}
$$

wobei g ein Polynom in h ist, mit Koeffizienten, die von (dem festen) x abhängen.

Speziell ist $(x - \alpha + h)^n - (x - \alpha)^n = n(x-\alpha)^{n-1}h + h^2 \cdot (\dots)$, also $D(x-\alpha)^n = n \cdot (x-\alpha)^{n-1}$.

b) Sei

$$
\begin{aligned}
f(x+h) &= f(x) + Df(x) \cdot h + h^2 \cdot p(h) \\
\text{und} \quad g(x+h) &= g(x) + Dg(x) \cdot h + h^2 \cdot q(h).
\end{aligned}
$$

Dann ist

$$
\begin{aligned}
(fg)(x+h) &= \big(f(x) + Df(x)h + h^2 p(h)\big)\big(g(x) + Dg(x)h + h^2 q(h)\big) \\
&= (fg)(x) + \big(Df(x)g(x) + f(x)Dg(x)\big) h + h^2(\dots),
\end{aligned}
$$

also $D(fg)(x) = Df(x)g(x) + f(x)Dg(x)$.

c) f besitzt genau dann eine Nullstelle α der Vielfachheit ≥ 2, wenn $f(x) = (x - \alpha)^s \cdot g(x)$ mit $s \geq 2$ und $g(\alpha) \neq 0$ ist.

Trifft das zu, so ist

$$
\begin{aligned}
Df(x) &= s(x-\alpha)^{s-1}g(x) + (x-\alpha)^s Dg(x) \\
&= (x-\alpha) \cdot [s(x-\alpha)^{s-2}g(x) + (x-\alpha)^{s-1} Dg(x)],
\end{aligned}
$$

also α auch Nullstelle von $Df(x)$.

Sei umgekehrt α gemeinsame Nullstelle von f und Df. Wir nehmen an, dass $f(x) = (x-\alpha)^s \cdot g(x)$ mit $s = 1$ und $g(\alpha) \neq 0$ ist. Dann ist $Df(x) = 1 \cdot g(x) + (x-\alpha) \cdot Dg(x)$ und daher $0 = Df(\alpha) = g(\alpha) + 0 \cdot Dg(\alpha)$. Das ist ein Widerspruch, es muss $s \geq 2$ sein.

1.6.5. Sei $f(x) = 1 + x + x^2 + \cdots + x^{p-1}$. Ist p ungerade, so ist $p \geq 1$ und $f(1) = 1 + \cdots + 1 = p \neq 0$. Sei nun $\alpha \neq 1$ eine Nullstelle von f. Dann ist

$$
0 = (\alpha - 1)f(\alpha) = \alpha^p - 1, \quad \text{also } \alpha^p = 1.
$$

Weil p ungerade ist, muss $\alpha = 1$ sein, und das hatten wir schon ausgeschlossen. Also kann f keine (reelle) Nullstelle besitzen.

1.6.6. Sei $f(x)$ ein nicht konstantes Polynom und $k := \text{grad}(f) \geq 1$. Ist $g := 1/f$ ein Polynom, so ist auf jeden Fall $g \neq 0$ und $\text{grad}(g) \geq 0$. Dann ist $0 = \text{grad}(1) = \text{grad}(fg) = \text{grad}(f) + \text{grad}(g) \geq 1$. Das kann nicht sein, d.h., $1/f$ kann kein Polynom sein.

1.6.7. Sei $f(x) = a_0 + a_1 x + \cdots + a_n x^n$.

a) Sei $f(-x) = f(x)$ für alle x. Dann ist $a_1 x + a_3 x^3 + \cdots \equiv 0$ und daher $a_1 = a_3 = \ldots = 0$.

b) Sei $a_{2k+1} = 0$ für $k \geq 0$. Dann ist $f(x) = a_0 + a_2 x^2 + a_4 x^4 + \cdots$ und das ist offensichtlich eine gerade Funktion.

1.6.8. Polynomdivision ergibt

$$R(x) = \frac{x^3 + x^2 + 1}{x^2 - 1} = x + 1 + \frac{x + 2}{x^2 - 1} = x + 1 + \frac{x + 2}{(x - 1)(x + 1)}.$$

Der Ansatz $\dfrac{a}{x - 1} + \dfrac{b}{x + 1} = \dfrac{x + 2}{(x - 1)(x + 1)}$ liefert das Gleichungssystem $a + b = 1$ und $a - b = 2$, also $a = 3/2$ und $b = -1/2$. Damit ist

$$R(x) = x + 1 + \frac{3/2}{x - 1} - \frac{1/2}{x + 1}.$$

1.6.9. Durch Zerlegung des Nenners erhält man den komplexen Ansatz

$$R(x) = \frac{A}{x - i} + \frac{B}{x + i} + \frac{C}{x - 1} + \frac{D}{x + 2}.$$

Multipliziert man jeweils $R(x)$ mit der Nullstelle $x - \alpha$ und setzt man dann α ein, so erhält man den gesuchten Koeffizienten. Zum Beispiel ist

$$
\begin{aligned}
A &= \frac{2x^3 + 3x + 2}{(x + i)(x^2 + x - 2)}\bigg|_{x=i} = \frac{-2i + 3i + 2}{2i(-1 + i - 2)} \\
&= \frac{2 + i}{-2 - 6i} = -\frac{(2 + i)(2 - 6i)}{(2 + 6i)(2 - 6i)} \\
&= -\frac{10 - 10i}{40} = \frac{1}{4}(i - 1).
\end{aligned}
$$

Genauso erhält man

$$B = -\frac{1}{4}(1 + i), \quad C = \frac{7}{6} \quad \text{und} \quad D = \frac{4}{3}.$$

Nun ist

$$\frac{(i - 1)/4}{x - i} - \frac{(1 + i)/4}{x + i} = \frac{(i - 1)(x + i) - (1 + i)(x - i)}{4(x^2 + 1)} = \frac{-x - 1}{2(x^2 + 1)},$$

also $R(x) = \dfrac{-x - 1}{2(x^2 + 1)} + \dfrac{7/6}{x - 1} + \dfrac{4/3}{x + 2}$.

1.6.10. Sei

$$f(x) = x^n + a_{n-1}x^{n-1} + \cdots + a_0 \text{ und } g(x) = x^m + b_{m-1}x^{m-1} + \cdots + b_0,$$

alle Koeffizienten a_i und b_j seien rational. Es gibt ganze Zahlen c und d, so dass alle Zahlen ca_i und db_j in $\mathbb{Z}$ liegen. Wählt man $|c|$ und $|d|$ minimal, so kann man erreichen, dass jeweils $ca_0, \ldots, ca_{n-1}$ teilerfremd und $db_0, \ldots, db_{m-1}$ teilerfremd sind. Sei $D := cd$. Wir nehmen an, dass es einen Primteiler p von D gibt. Der kann dann nicht alle ca_i und auch nicht alle db_j teilen. Also gibt es minimale Indizes i_0 und j_0, so dass p kein Teiler von ca_{i_0} und kein Teiler von sb_{j_0} ist.

Es ist $(cf)(dg) = \ldots + (ca_{i_0}db_{j_0} + pq)x^{i_0+j_0} + \ldots$ (mit einer ganzen Zahl q). Das zeigt, dass $D \cdot (fg)$ einen Koeffizienten besitzt, der nicht durch p teilbar ist. Weil fg nach Voraussetzung ganzzahlige Koeffizienten hat, ist das ein Widerspruch. Also muss $D = \pm 1$ (und dann auch $c = \pm 1$ und $d = \pm 1$) sein. Das bedeutet, dass schon alle a_i und b_j ganzzahlig waren.

1.6.11. a) Ist $u^3 + v^3 = q$ und $uv = -p/3$, so ist

$$
\begin{aligned}
(u+v)^3 + p(u+v) &= u^3 + 3u^2v + 3uv^2 + v^3 + p(u+v) \\
&= q - p(u+v) + p(u+v) = q.
\end{aligned}
$$

b) Ist $u^3 + v^3 = q$ und $u^3v^3 = -p^3/27$, so sind u^3 und v^3 nach Vieta die Nullstellen des quadratischen Polynoms $y^2 - qy - p^3/27$.

Also ist $u^3 = \dfrac{1}{2}(q + \sqrt{q^2 + 4p^3/27})$ und $v^3 = \dfrac{1}{2}(q - \sqrt{q^2 + 4p^3/27})$. Die Zahlen u und v erhält man durch Ziehen der 3. Wurzel.

c) Man verwendet (a) und setzt hier $p = 63$ und $q = 316$. Dann ist $q/2 = 158$ und $p/3 = 21$, also

$$u = \sqrt[3]{\frac{q}{2} + \sqrt{\left(\frac{q}{2}\right)^2 + \left(\frac{p}{3}\right)^3}} = \sqrt[3]{158 + \sqrt{158^2 + 21^3}} = \sqrt[3]{158 + 185} = 7$$

und $v = \sqrt[3]{\frac{q}{2} - \sqrt{\left(\frac{q}{2}\right)^2 + \left(\frac{p}{3}\right)^3}} = \sqrt[3]{158 - \sqrt{158^2 + 21^3}} = \sqrt[3]{158 - 185} = -3$

Eine Lösung der kubischen Gleichung ist dann $x = u + v = 4$.

Lösungen der Aufgaben in 2.1

2.1.1. a) Es ist $|a_n| = 1/(3 \cdot 4 \cdots (n-1)) < 1/(n-1)$, und das ist offensichtlich eine Nullfolge.

b) Die Teilfolge $b_{2k} = 1/k$ konvergiert gegen 0, die Teilfolge $b_{2k+1} = 0$ ist konstant und konvergiert ebenfalls gegen 0. Demnach ist (b_k) beschränkt und besitzt nur einen Häufungspunkt, ist also konvergent.

2.1.2. Sei $|b_n| \leq C$ für alle n, $\varepsilon > 0$ vorgegeben. Dann gibt es ein n_0, so dass $|a_n| < \varepsilon/C$ für $n \geq n_0$ ist. Es folgt, dass $|a_n b_n| < (\varepsilon/C) \cdot C = \varepsilon$ für $n \geq n_0$ ist.

2.1.3. $a_n = (3/5)^n + (2/5)^n$ konvergiert offensichtlich gegen Null.

$b_n = (6n^2 + 2)/n^2 = 6 + 2/n^2$ konvergiert gegen 6.

$c_n = u_n + v_n$ mit $u_n = 3n/3^n$ und $v_n = 2 + 1/n$. Offensichtlich konvergiert (v_n) gegen 2. Bei (u_n) ist es etwas schwieriger. Per Induktion kann man zeigen, dass $n^2 < 2^n$ für $n \geq 5$ gilt. Also ist erst recht $n^2 < 3^n$ und damit $3n/3^n < 3n/n^2 = 3/n$. Das bedeutet, dass (u_n) gegen Null und c_n gegen 2 konvergiert.

2.1.4. Gesondert zu betrachten ist der Fall $a = 0$. In diesem Falle sei ein $\varepsilon > 0$ vorgegeben. Es gibt dann nach Voraussetzung ein n_0, so dass $a_n < \varepsilon^2$ für $n \geq n_0$ gilt. Und dann ist $\sqrt{a_n} < \varepsilon$ für $n \geq n_0$.

Nun sei $a \neq 0$. Es ist

$$|\sqrt{a_n} - \sqrt{a}| = \frac{|a_n - a|}{\sqrt{a_n} + \sqrt{a}} \leq \frac{|a_n - a|}{\sqrt{a}},$$

und die rechte Seite strebt für $n \to \infty$ gegen Null.

2.1.5. Es ist

$$
\begin{aligned}
a_{n+1} \geq a_n \quad &\Longleftrightarrow \quad \frac{2n - 5}{3n + 5} \geq \frac{2n - 7}{3n + 2} \\
&\Longleftrightarrow \quad (2n - 5)(3n + 2) \geq (2n - 7)(3n + 5) \\
&\qquad (\text{denn es ist } 3n + 2 \geq 0 \text{ und } 3n + 5 \geq 0) \\
&\Longleftrightarrow \quad 6n^2 - 11n - 10 \geq 6n^2 - 11n - 35.
\end{aligned}
$$

Weil $10 \leq 35$ ist, ist die letzte Ungleichung korrekt. Und weil überall (zu Recht) Äquivalenzen stehen, muss auch $a_{n+1} \geq a_n$ sein.

Es ist $a_1 = -1$, $a_2 = -3/8$, $a_3 = -1/11$, $a_4 = 1/14, \ldots$, $a_{100} = 193/302 \approx 0.64$. Vielleicht ist $c = 1$ eine obere Schranke? Tatsächlich ist

$$a_n \leq 1 \quad \Longleftrightarrow \quad 2n - 7 \leq 3n + 2 \quad \Longleftrightarrow \quad n \geq -9.$$

Da die rechte Aussage trivialerweise für alle $n \in \mathbb{N}$ erfüllt ist, gilt auch die linke Aussage.

Übrigens ist 1 keineswegs die kleinste obere Schranke. Weil die Folge monoton wächst, muss das Supremum zugleich der Grenzwert sein. Der Grenzwert lässt sich aber mit Hilfe der Grenzwertsätze leicht ermitteln, er ist $= 2/3$.

2.1.6. Setzt man voraus, dass die rationalen Zahlen dicht in $\mathbb{R}$ liegen, so gibt es zu jedem $\varepsilon > 0$ eine rationale Zahl q_n mit $|q_n - a| < \varepsilon$. Dann ist klar, dass (q_n) gegen a konvergiert.

Ist die obige Aussage nicht bekannt, so wähle man erst ein n mit $1/n < \varepsilon$ (nach Archimedes), und dann ein m mit $an - 1 < m < an + 1$. Das geht immer, es sei m die größte ganze Zahl $\leq an$. Dann ist $m < an + 1$. Wäre $m \leq an - 1$, so wäre auch noch $m + 1 \leq an$, im Widerspruch zur Wahl von m. Also ist $an - 1 < m$.

2.1.7. a) Nach der Bernoullischen Ungleichung ist $1 \geq u_n > 1 - n \cdot (1/n^2) = 1 - 1/n$, also $\lim_{n\to\infty} u_n = 1$.

b) Sei $a_n := (1 + 1/n)^n$. Dann ist

$$u_n = \left(1 - \frac{1}{n}\right)^n \cdot \left(1 + \frac{1}{n}\right)^n = x_n \cdot a_n,$$

und $x_n = u_n/a_n$ konvergiert gegen $1/e$.

c) Es ist

$$y_n \cdot x_n = \left(\frac{n+2}{n} \cdot \frac{n-1}{n}\right)^n = \left(\frac{n+2}{n+1}\right)^n \cdot \left(\frac{n^2-1}{n^2}\right)^n = \left(\frac{n+2}{n+1}\right)^n \cdot u_n$$

und

$$a_{n+1} \cdot u_n = \left(\frac{n+2}{n+1}\right)^n \cdot \left(1 + \frac{1}{n+1}\right) \cdot u_n.$$

Geht man zu den Grenzwerten über, so erhält man:

$$\left(\lim_{n\to\infty} y_n\right) \cdot \frac{1}{e} = e \cdot 1, \text{ und daher } \lim_{n\to\infty} y_n = e^2.$$

2.1.8. Wir betrachten nur den Fall, dass (a_n) monoton wächst und zeigen, dass a dann sogar obere Schranke von (a_n) ist. Wenn nicht, dann müsste es ein $a_{n_0} > a$ geben. Dann wäre aber $a_n > a_{n_0} > a$ für fast alle n und a kein Häufungspunkt.

Es folgt, dass (a_n) konvergiert, und der Grenzwert ist dann der einzige Häufungspunkt. Also konvergiert (a_n) gegen a.

2.1.9. In jeder Umgebung von a liegen fast alle Glieder der Folge und damit auch fast alle Glieder einer beliebigen Teilfolge.

2.1.10. Es ist $a_n = n(n+1)(2n+1)/(6n^3) = (1 + 1/n)(2 + 1/n)/6$, und diese Folge konvergiert gegen $1/3$.

2.1.11. Sei $\varepsilon > 0$. Dann gibt es ein n_0, so dass $|a_n - a| < \varepsilon/2$ für $n \geq n_0$ gilt. Und es gibt ein $n_1 \geq n_0$, so dass $\dfrac{|a_1 - a|}{n} + \cdots + \dfrac{|a_{n_0} - a|}{n} < \dfrac{\varepsilon}{2}$ für n$\geq n_1$ ist. Dann gilt:

$$
\begin{aligned}
|b_n - a| &= \left| \frac{a_1 + \cdots + a_n}{n} - a \right| \\
&= \left| \frac{(a_1 - a) + \cdots + (a_n - a)}{n} \right| \\
&\leq \frac{|a_1 - a|}{n} + \cdots + \frac{|a_{n_0} - a|}{n} + \frac{|a_{n_0+1} - a|}{n} + \cdots + \frac{|a_n - a|}{n} \\
&\leq \frac{\varepsilon}{2} + \frac{\varepsilon}{2} \cdot \frac{n - n_0}{n} < \varepsilon \text{ für } n \geq n_1.
\end{aligned}
$$

2.1.12. Zunächst ist $a_n > 0$ für alle n. Ist nämlich $a_i > 0$ für alle $i < n$, so ist auch $a_n = 1/(a_1 + \cdots + a_{n-1}) > 0$.

Daraus folgt, dass $a_n + 1/a_n > 1/a_n$ und damit $a_{n+1} = 1/(1/a_n + a_n) < a_n$ ist. Außerdem ist (a_n) nach unten durch Null beschränkt, also konvergent gegen eine Zahl $a \geq 0$.

Wir nehmen an, es sei $a > 0$. Da $a_n \geq a$ für alle n gilt, ist dann $a_1 + \cdots + a_n \geq n \cdot a$ und $a_{n+1} \leq 1/(na)$. Für $n > 1/a^2$ ist aber $1/(na) < a$. Das ergibt die Ungleichung $a_{n+1} < a$, also einen Widerspruch. Es muss $a = 0$ sein.

2.1.13. a) (z_n) besitzt die Teilfolge $z^{2k} = (-1)^k$ mit den Häufungspunkten 1 und -1 und kann daher nicht konvergieren.

b) Es ist $|1 + i| = \sqrt{2}$, also $|w_n| = 2^{-n/2}$. Damit ist (w_n) eine Nullfolge.

2.1.14. Konvergiert $z_n = x_n + i y_n$ gegen $z_0 = x_0 + i y_0$, so konvergiert (x_n) gegen x_0 und (y_n) gegen y_0. Aber dann konvergiert auch $\overline{z}_n = x_n - i y_n$ gegen $x_0 - i y_0 = \overline{z}_0$ und $|z_n|^2 = x_n^2 + y_n^2$ gegen $x_0^2 + y_0^2 = |z_0|^2$. Daraus folgt, dass $|z_n| = \sqrt{|z_n|^2}$ gegen $\sqrt{|z_0|^2} = |z_0|$ konvergiert. Man beachte, dass alles gut geht, weil man die Quadratwurzel aus nicht-negativen reellen Zahlen zieht. Mit „komplexen" Wurzeln würde es nicht funktionieren.

2.1.15. Als Beispiel sei hier nur Aussage (c) betrachtet.

Sei $\varepsilon > 0$ vorgegeben und ein n_0 gewählt, so dass $\|\mathbf{a}_n - \mathbf{a}\| < \varepsilon$ und $\|\mathbf{b}_n - \mathbf{b}\| < \varepsilon$ für $n \geq n_0$ gilt. Insbesondere ist dann $\|\mathbf{a}_n\|$ durch eine positive Konstante c beschränkt und daher für fast alle n

$$
\begin{aligned}
|\mathbf{a}_n \bullet \mathbf{b}_n - \mathbf{a} \bullet \mathbf{b}| &= |\mathbf{a}_n \bullet (\mathbf{b}_n - \mathbf{b}) + (\mathbf{a}_n - \mathbf{a}) \bullet \mathbf{b}| \\
&\leq \|\mathbf{a}_n\| \cdot \|\mathbf{b}_n - \mathbf{b}\| + \|\mathbf{a}_n - \mathbf{a}\| \cdot \|\mathbf{b}\| \quad \text{(Cauchy-Schwarz)} \\
&\leq c \cdot \varepsilon + \|\mathbf{b}\| \varepsilon,
\end{aligned}
$$

und das wird beliebig klein.

2.1.16. a) Ist $\delta > 0$ gegeben und $\mathbf{x} \in U_\delta(\mathbf{x}_0)$, so ist

$$
|x_\nu - x_\nu^{(0)}| \leq \sqrt{(x_1 - x_1^{(0)})^2 + \cdots + (x_n - x_n^{(0)})^2} < \delta \text{ für } \nu = 1, \ldots, n,
$$

also $U_\delta(\mathbf{x}_0) \subset Q_\delta(\mathbf{x}_0)$. Das bedeutet: Erfüllt M das Kriterium, so gibt es zu jedem $\mathbf{x}_0 \in M$ ein $\delta > 0$, so dass die Kugel mit Radius δ um $\mathbf{x}_0$ ganz in M enthalten ist. Also ist M offen.

Ist umgekehrt ein $\varepsilon > 0$ gegeben, $\delta := \varepsilon/\sqrt{n}$ und $\mathbf{x} \in Q_\delta(\mathbf{x}_0)$, so ist

$$
\|\mathbf{x} - \mathbf{x}_0\| = \sqrt{(x_1 - x_1^{(0)})^2 + \cdots + (x_n - x_n^{(0)})^2} < \sqrt{n \delta^2} = \varepsilon,
$$

also $Q_\delta(\mathbf{x}_0) \subset U_\varepsilon(\mathbf{x}_0)$. Das bedeutet: Ist M offen, $\mathbf{x}_0 \in M$ und die Kugel mit Radius $\varepsilon > 0$ noch in M enthalten, so ist auch der Würfel mit Seitenlänge $2\varepsilon/\sqrt{n}$ um $\mathbf{x}_0$ ganz in M enthalten. Damit ist das Kriterium erfüllt.

b) Ist $(\mathbf{x}_0, \mathbf{y}_0) \in U \times V$, so liegt ein Würfel P mit Seitenlänge 2ε um $\mathbf{x}_0$ noch ganz in U, und ein Würfel Q mit Seitenlänge 2δ um $\mathbf{y}_0$ liegt in V. Der Würfel mit Seitenlänge $2 \cdot \min(\varepsilon, \delta)$ um $(\mathbf{x}_0, \mathbf{y}_0)$ ist dann im Quader $P \times Q$ und damit in $U \times V$ enthalten.

2.1.17. Sei $\mathbf{a} = \mathbf{x}_0 + \mathbf{x} \in \mathbf{x}_0 + M$. Dann liegt $\mathbf{x}$ in M, und es gibt ein $\varepsilon > 0$, so dass $U_\varepsilon(\mathbf{x}) \subset M$ gilt. Nun ist

$$
\begin{aligned}
\mathbf{x}_0 + U_\varepsilon(\mathbf{x}) &= \{\mathbf{x}_0 + \mathbf{y} \,:\, \|\mathbf{y} - \mathbf{x}\| < \varepsilon\} \\
&= \{\mathbf{u} \,:\, \|\mathbf{u} - \mathbf{x}_0 - \mathbf{x}\| < \varepsilon\} \\
&= \{\mathbf{u} \,:\, \|\mathbf{u} - \mathbf{a}\| < \varepsilon\} = U_\varepsilon(\mathbf{a}).
\end{aligned}
$$

Damit liegt $U_\varepsilon(\mathbf{a}) = \mathbf{x}_0 + U_\varepsilon(\mathbf{x})$ in $\mathbf{x}_0 + M$. Weil es für jeden Punkt $\mathbf{a} \in \mathbf{x}_0 + M$ ein solches ε gibt, ist $\mathbf{x}_0 + M$ offen.

2.1.18. Sei $(\mathbf{x}_\nu)$ eine Folge von Punkten in A, die gegen ein $\mathbf{x}_0 \in \mathbb{R}^n$ konvergiert. Da die Punktfolge in jeder Menge A_n liegt und da die A_n abgeschlossen sind, muss auch der Grenzwert $\mathbf{x}_0$ in jedem A_n und damit in A liegen.

2.1.19. a) (x_n) und (y_n) besitzen jeweils die Null als Häufungspunkt. Die Folge $(\mathbf{z}_n)$ setzt sich aus den beiden Teilfolgen $\mathbf{z}_{2k} = (1/k, k)$ und $\mathbf{z}_{2k+1} = (k, 1/k)$ zusammen. Diese Teilfolgen haben jeweils keinen Häufungspunkt, denn sie liegen auf Kreisen um Null, deren Radius zwischen k und $k+1$ liegt. Hätte $(\mathbf{z}_n)$ einen Häufungspunkt $\mathbf{z}_0$, so müssten in jeder Umgebung von $\mathbf{x}_0$ wenigstens von einer der beiden Teilfolgen unendlich viele Glieder liegen. Aber das geht nicht, denn dann hätte diese Teilfolge doch einen Häufungspunkt.

b) Die Folge (x_n) konvergiere gegen x_0, die Folge (y_n) habe den Häufungspunkt y_0. Jede Umgebung W von (x_0, y_0) enthält ein Produkt $U \times V$ von Umgebungen U von x_0 und V von y_0. Es gibt ein n_0, so dass alle x_n für $n \geq n_0$ in U liegen, und es gibt unendlich viele y_{n_i} mit $n_i \geq n_0$, die in V liegen. Dann liegen die unendlich vielen Punkte (x_{n_i}, y_{n_i}), $i \in \mathbb{N}$, in $U \times V \subset W$. Damit ist (x_0, y_0) ein Häufungspunkt der Folge $\mathbf{z}_n = (x_n, y_n)$.

2.1.20. Die Menge A besitzt keinen Häufungspunkt, enthält also alle ihre Häufungspunkte. Damit ist sie abgeschlossen.

Die Menge B hat $\mathbf{0} = (0, 0)$ als Häufungspunkt, aber der Nullpunkt gehört nicht zu B. Daher ist B nicht abgeschlossen.

Lösungen der Aufgaben in 2.2

2.2.1. Im 1. Schritt teilt man das Intervall von 0 bis 1 in n gleiche Teile und markiert im Intervall $I_1 := [0, (n-m)/n]$ die ersten m Teile. Das geht, weil $2m < n$ ist, also $m < n - m$, und liefert den Beitrag m/n. Der markierte Teil entspricht genau $m/(n-m)$ des Intervalls I_1.

Im zweiten Schritt teilt man das Rest-Intervall von $(n-m)/n$ bis 1 (der Länge m/n) wieder in n gleiche Teile und markiert im Intervall I_2, das aus den ersten $(n-m)/n$ des Restintervalls besteht, die ersten m davon. Das ergibt den Beitrag $(m/n)^2$, und der markierte Teil entspricht genau $m/(n-m)$ des Intervalls I_2. So geht es weiter.

2.2.2. Sei $x := 0.123123123\ldots$, also $1000x - x = 123$. Dann ist $x = 123/999 = 41/333$.

2.2.3. Eine Majorante ist die (konvergente) geometrische Reihe

$$\sum_{n=1}^{\infty} \frac{g-1}{g^n} = \frac{g-1}{g} \sum_{n=0}^{\infty} g^{-n}.$$

2.2.4. a) $(k+1)/k^2 = 1/k + 1/k^2$ ist eine monoton fallende Nullfolge. Man kann das Leibniz-Kriterium anwenden, die Reihe konvergiert.

b) Die zweite Reihe konvergiert gegen $\exp(-3 - \mathrm{i}) - 1$. Man darf sich nicht durch die wechselnden Vorzeichen irritieren lassen, und man muss daran denken, dass bei der Exponentialreihe die Summation bei $k = 0$ beginnt.

c) Das Quotientenkriterium hilft! Es ist $a_{n+1}/a_n = (n/(n+1))^n$, und diese Folge konvergiert gegen $1/e < 1$. Also ist die Reihe konvergent.

2.2.5. a) Es handelt sich um eine „Teleskopreihe":

$$\sum_{k=0}^{\infty} \frac{1}{4k^2 - 1} = \frac{1}{2} \lim_{N\to\infty} \sum_{k=0}^{N} \left(\frac{1}{2k-1} - \frac{1}{2k+1}\right) =$$

$$= \frac{1}{2} \lim_{N\to\infty} \left((-1-1) + (1 - \frac{1}{3}) + (\frac{1}{3} - \frac{1}{5}) + \cdots + (\frac{1}{2N-1} - \frac{1}{2N+1})\right)$$

$$= \frac{1}{2} \lim_{N\to\infty} \left(-1 - \frac{1}{2N+1}\right) = -\frac{1}{2}.$$

b) Hier geht es um die Summe zweier geometrischer Reihen (bei denen jeweils der erste Term fehlt). Als Grenzwert ergibt sich

$$\left(\frac{1}{1 - 1/2} - 1\right) + \left(\frac{1}{1 - (-1/3)} - 1\right) = (2 - 1) + (\frac{3}{4} - 1) = \frac{3}{4}.$$

c) Bei der dritten Reihe handelt es sich um die Kombination zweier geometrischer Reihen, der Grenzwert ist $(2 - 1) + \mathrm{i}\,(3/2 - 1) = 1 + (1/2)\,\mathrm{i}$.

2.2.6. Wegen $a_n/(1 + n^2 a_n) = 1/(n^2 + 1/a_n) < 1/n^2$ ist $\sum_{n=1}^{\infty} 1/n^2$ eine konvergente Majorante.

2.2.7. a) Wegen der Monotonie ist $2^n a_{2^n} \geq a_{2^n} + a_{2^n+1} + \cdots + a_{2^{n+1}-1}$. Damit kann man das Majorantenkriterium anwenden.

b) Ist $r \in \mathbb{N}$, so ist $2^r > 2^0 = 1$. Mit dem Widerspruchsprinzip folgt dann, dass auch $2^{r/s} = \sqrt[s]{2^r} > 1$ ist.

c) Sei $a_n = 1/n^q$ mit $q > 1$. Dann ist $2^n a_{2^n} = (2^{1-q})^n$. Also ist die Reihe $\sum_{n=1}^{\infty} 2^n a_{2^n}$ eine konvergente geometrische Reihe und daher $\sum_{n=1}^{\infty} a_n$ auch konvergent.

2.2.8. Wenn a_n/b_n gegen 1 konvergiert, dann gibt es ein n_1, so dass $a_n/b_n > 1/2$ für $n \geq n_1$ ist. Deshalb ist $b_n < 2a_n$ für $n \geq n_1$. Ist $\sum_{n=1}^{\infty} a_n$ konvergent, so ist nach dem Majorantenkriterium auch $\sum_{n=1}^{\infty} b_n$ konvergent.

Genauso gibt es ein n_2, so dass $a_n/b_n < 3/2$ für $n \geq n_2$ ist, also $a_n < 3b_n/2$. Ist $\sum_{n=1}^{\infty} b_n$ konvergent, so konvergiert auch $\sum_{n=1}^{\infty} a_n$.

2.2.9. a) Aus den Voraussetzungen folgt, dass $1/2 < a_n/b_n < 3/2$ für $n \geq n_0$ gilt, also $b_n < 2a_n < 3b_n$. Mit dem Majorantenkriterium (und dem Widerspruchsprinzip) folgt die Behauptung.

b) Es ist

$$\frac{1}{\sqrt{n(n+10)}} \bigg/ \frac{1}{n} = \frac{n}{\sqrt{n(n+10)}} = \frac{1}{\sqrt{1+10/n}},$$

und dieser Ausdruck strebt gegen 1. Der Vergleich mit der harmonischen Reihe liefert die Divergenz der zu untersuchenden Reihe.

2.2.10. a) Es ist $n!/(n+2)! = 1/\big((n+1)(n+2)\big) < 1/n^2$. Die Reihe konvergiert nach dem Majoranten-Kriterium.

b) Sei $a > 0$, $b > 0$ und $a_n := 1/(an + b)$, sowie $b_n := 1/n$. Dann konvergiert $a_n/b_n = 1/(a + b/n)$ gegen $1/a$. Es gibt also ein n_0, so dass $a_n/b_n > 1/(2a)$ für $n \geq n_0$ gilt, also $a_n > b_n/(2a)$. Daraus folgt, dass $\sum_{n=1}^{\infty} a_n$ divergiert.

c) Ist $a_n := (3^n n!)/n^n$, so ist $a_{n+1}/a_n = 3(n+1)n^n/(n+1)^{n+1} = 3 \cdot (n/(n+1))^n$. Dieser Ausdruck konvergiert gegen $3/e > 1$. Also divergiert die Reihe.

2.2.11. Die Behauptung folgt ganz einfach aus dem Beweis des Leibniz-Kriteriums. Setzt man $u_k := S_{2k-1}$ und $v_k := S_{2k}$, so ist (u_k) monoton wachsend und – wegen $u_k \leq v_k$ – nach oben beschränkt, und (v_k) ist monoton fallend und nach unten beschränkt. Beide Teilfolgen konvergieren also, und weil $v_k - u_k = a_{2k}$ gegen Null konvergiert, stimmen beide Grenzwerte überein, es handelt sich um den Reihenwert a. Damit ist $u_k \leq a \leq v_k$, und das war zu zeigen.

2.2.12. Es ist $\sum_{n=0}^{\infty} q^n = 1/(1-q)$, also

$$\frac{1}{(1-q)^2} = \Big(\sum_{n=1}^{\infty} q^n\Big) \cdot \Big(\sum_{m=0}^{\infty} q^m\Big) = \sum_{k=0}^{\infty} \sum_{n+m=k} q^{n+m} = \sum_{k=0}^{\infty} (k+1)q^k.$$

Die Umformungen sind erlaubt, weil die geometrische Reihe absolut konvergiert.

Wenn man möchte, kann man aber auch die Konvergenz der Reihe $\sum_{k=0}^{\infty}(k+1)q^k$ mit dem Quotientenkriterium beweisen, und dann folgendermaßen argumentieren: Es ist

$$(1-q)\sum_{k=0}^{N}(k+1)q^k = \sum_{k=1}^{N+1} kq^{k-1} - \sum_{k=2}^{N+2}(k-1)q^{k-1} = \sum_{k=0}^{N} q^k - (N+1)q^{N+1}.$$

Weil die Folge $x_n := nq^n$ eine Nullfolge ist (wie man daraus ersieht, dass $x_{n+1}/x_n = q(1+1/n)$ gegen $q < 1$ konvergiert), ergibt sich aus der obigen Gleichung für $N \to \infty$:

$$(1-q)\sum_{k=0}^{\infty}(k+1)q^k = \sum_{k=0}^{\infty} q^k = \frac{1}{1-q}.$$

Lösungen der Aufgaben in 2.3

2.3.1. a) $\lim_{x\to 3}(3x+9)/(x^2-9) = \lim_{x\to 3} 3/(x-3)$ existiert nicht.

b) $\lim_{x\to -3}(3x+9)/(x^2-9) = \lim_{x\to -3} 3/(x-3) = -1/2$.

c) $\lim_{x\to 0-} x/|x| = -1$ und d) $\lim_{x\to 0+} x/|x| = 1$.

e) $\lim_{x\to -1}(x^2+x)/(x^2-x-2) = \lim_{x\to -1} x/(x-2) = 1/3$.

f) $\lim_{x\to 3}(x^3-5x+4)/(x^2-2) = 16/7$.

g) $\lim_{x\to 0}(\sqrt{x+2}-\sqrt{2})/x = \lim_{x\to 0} 1/(\sqrt{x+2}+\sqrt{2}) = 1/(2\sqrt{2})$.

2.3.2. Es ist $\lim_{x\to x_0-} f(x) = \lim_{x\to x_0} f_1(x) = f_1(x_0) = f_2(x_0) = \lim_{x\to x_0} f_2(x) = \lim_{x\to x_0+} f(x)$.

Bekanntlich existiert der beidseitige Limes in x_0 genau dann, wenn dort beide einseitigen Grenzwerte existieren und gleich sind.

2.3.3. Offensichtlich ist $f(x)$ stetig für $x \neq 1$. Weil $\lim_{x\to 1}(x^2+2x-3)/(x-1) = \lim_{x\to 1}(x+3) = 4$ ist, kann f durch Einsetzen dieses Wertes stetig ergänzt werden.

Die Funktion $g(x)$ ist nicht definiert für $x = -1$ und $x = 4$, in allen anderen Punkten stetig. Weiter ist $\lim_{x\to -1} g(x) = \lim_{x\to -1}(x^3-x^2-2x+2)/(x-4) = -2/5$, während $\lim_{x\to 4} g(x) = 42/0$ nicht existiert. Also kann g bei $x = -1$ stetig ergänzt werden, nicht aber bei $x = 4$.

2.3.4. Es ist

$$\lim_{x \to \infty} \left(\sqrt{4x^2 - 2x + 1} - 2x\right) = \lim_{x \to \infty} \frac{4x^2 - 2x + 1 - 4x^2}{\sqrt{4x^2 - 2x + 1} + 2x}$$

$$= \lim_{x \to \infty} \frac{-2x + 1}{\sqrt{4x^2 - 2x + 1} + 2x}$$

$$= \lim_{x \to \infty} \frac{-2 + 1/x}{2 + \sqrt{4 - 2/x + 1/x^2}} = -1/2.$$

2.3.5. Division mit Rest liefert

$$\frac{4x^3 + 5}{-6x^2 - 7x} = -\frac{2}{3}x + \frac{7}{9} + \frac{5 + 49x/9}{-6x^2 - 7x}.$$

Also ist $L(x) = (-2/3)x + 7/9$, und $g(x) := (5 + 49x/9)/(-6x^2 - 7x)$ strebt für $x \to \infty$ gegen 0.

2.3.6. Die Graphen von $y = x$ und $y = x^2$ treffen sich bei $(0,0)$ und bei $(1,1)$. Dort ist f offensichtlich stetig. In jedem anderen Punkt x_0 ist $x_0 \neq x_0^2$, und es gibt Folgen $x_\nu \in \mathbb{Q}$ und $y_\nu \in \mathbb{R} \setminus \mathbb{Q}$ mit $x_\nu \to x_0$, $y_\nu \to x_0$, $f(x_\nu) \to x_0$ und $f(y_\nu) \to x_0^2$. Daher kann f dort nicht stetig sein.

2.3.7. 1) Ist $x = x_0 + h$, so ist $|x^2 - x_0^2| = |h^2 + 2x_0 h|$. Ist $|h| < \delta$, so ist $|x^2 - x_0^2| \leq |h|^2 + 2|x_0| \cdot |h|$. Damit dieser Ausdruck $< \varepsilon$ wird, muss gelten:

$$|h|^2 + 2|x_0| \cdot |h| - \varepsilon < 0 \iff |h| < \delta := -x_0 + \sqrt{x_0^2 + \varepsilon}.$$

Das ist der gesuchte Zusammenhang zwischen ε und δ.

2) Ist $x_0 = 0.2$, so ergibt sich für $\varepsilon = 0.01$ die Zahl $\delta \approx 0.0236$.

Ist $x_0 = 20$. so ergibt sich $\delta \approx 0.00025$.

2.3.8. Für reelle Zahlen ist $\big| |a| - |b| \big| \leq |a - b|$, denn es ist

$$|a| - |b| = |(a - b) + b| - |b| \leq |a - b| + |b| - |b| = |a - b|$$

und (wegen der Ungleichung $|a - b| \geq |a| - |b|$)

$$-|a - b| = -|b - a| \leq -(|b| - |a|) = |a| - |b|.$$

Ist $x_0 \in I := [a, b]$ und $\varepsilon > 0$ vorgegeben, so gibt es ein $\delta > 0$, so dass $|f(x) - f(x_0)| < \varepsilon$ für $x \in I$ und $|x - x_0| < \delta$ ist. Aber dann ist erst recht $\big| |f(x)| - |f(x_0)| \big| < \varepsilon$ für diese x, also $|f|$ in x_0 stetig.

Es ist $\max(f, g) = \frac{1}{2}(f + g + |f - g|)$. Mit f und g ist auch $|f - g|$ und damit $\max(f, g)$ stetig.

2.3.9. Sei $f(x) = (x - x_0)^k \cdot f^*(x)$ und $g(x) = (x - x_0)^s \cdot g^*(x)$, mit $k \geq s$ und Polynomen f^*, g^*, die in x_0 keine Nullstelle besitzen. Dann ist $f(x)/g(x) = (x - x_0)^{k-s} \cdot f^*(x)/g^*(x)$, und der Limes für $x \to x_0$ existiert offensichtlich.

2.3.10. Es ist $p(0) = a_0 < 0$, und für $k \in \mathbb{N}$ ist $p(k) = k^n \big(a_0 k^{-n} + \cdots + a_{n-1} k^{-1} + a_n\big)$. Für $k \to +\infty$ strebt die Klammer auf der rechten Seite gegen $a_n > 0$. Also ist $p(k) > 0$ für genügend großes k. Nach dem Zwischenwertsatz muss p eine positive Nullstelle besitzen.

2.3.11. Es ist $p(1) = 1 - 7 - 2 + 14 - 3 + 21 = 36 - 12 = 24 > 0$ und $p(2) = 32 - 7 \cdot 16 - 16 + 56 - 6 + 21 = -6 \cdot 16 + 71 = -25 < 0$. Nach dem Zwischenwertsatz muss zwischen 1 und 2 eine Nullstelle liegen.

Tatsächlich ist $p(x) = (x - 7)(x^2 + 1)(x^2 - 3)$, die gesuchte Nullstelle ist $x = \sqrt{3}$.

2.3.12. Ist $f(0) = 0$ oder $f(1) = 1$, so ist man fertig. Es sei also $f(0) > 0$ und $f(1) < 1$. Wir definieren $g(x) := f(x) - x$. Dann ist g stetig auf $[0, 1]$, $g(0) > 0$ und $g(1) < 0$. Nach dem Zwischenwertsatz gibt es ein c zwischen 0 und 1 mit $g(c) = 0$, also $f(c) = c$.

2.3.13. Sei $x_0 \in \mathbb{R}$, sowie $\varepsilon > 0$ beliebig vorgegeben, $c := f(x_0) - \varepsilon$ und $d := f(x_0) + \varepsilon$. Dann ist $(x_0, c) \in U_-$ und es gibt ein $\delta_- > 0$, so dass $U_{\delta_-}(x_0, c) \subset U_-$ ist. Analog folgt die Existenz einer Zahl $\delta_+ > 0$, so dass $U_{\delta_+}(x_0, d) \subset U_+$ ist.

Sei nun $\delta := \min(\delta_-, \delta_+)$. Ist $|x - x_0| < \delta$, so ist $\|(x, c) - (x_0, c)\| < \delta_-$, und (x, c) liegt in $U_{\delta_-}(x_0, c)$. Analog folgt, dass (x, d) in $U_{\delta_+}(x_0, d)$ liegt. Das bedeutet, dass $f(x_0) - \varepsilon = c < f(x) < d = f(x_0) + \varepsilon$ ist, also $|f(x) - f(x_0)| < \varepsilon$.

2.3.14. a)Für $(x, y) \neq (0, 0)$ und $t \neq 0$ ist $f(tx, ty) = t \cdot f(x, y)$, und dieser Ausdruck strebt für festes (x, y) gegen Null.

b) Sei (a_n) eine Nullfolge und $b_n := (a_n^2 - 1)a_n$. Dann ist auch (b_n) eine Nullfolge, und

$$f(a_n, b_n) = \frac{a_n^2}{a_n + (a_n^2 - 1)a_n} = \frac{a_n}{1 + (a_n^2 - 1)} = \frac{1}{a_n}$$

strebt für $n \to \infty$ gegen Unendlich. Also ist f im Nullpunkt nicht stetig.

2.3.15. Annahme, es gibt Folgen $\mathbf{x}_n \in K$ und $\mathbf{y}_n \in B$ mit $\mathrm{dist}(\mathbf{x}_n, \mathbf{y}_n) \to 0$. Dann gibt es eine Teilfolge $(\mathbf{x}_{n_i})$, die gegen einen Punkt $\mathbf{x}_0 \in K$ konvergiert. Es ist $\mathrm{dist}(\mathbf{x}_0, \mathbf{y}_{n_i}) \leq \mathrm{dist}(\mathbf{x}_0, \mathbf{x}_{n_i}) + \mathrm{dist}(\mathbf{x}_{n_i}, \mathbf{y}_{n_i})$, und das strebt gegen Null. Also konvergiert $(\mathbf{y}_{n_i})$ gegen $\mathbf{x}_0$, und weil B abgeschlossen ist, muss $\mathbf{x}_0$ zu B gehören. Das ist ein Widerspruch.

2.3.16. Sei S die Menge der Unstetigkeitsstellen von f. Es kann sich nur um Sprungstellen handeln. Ist $x \in S$, so sei $y_-(x) := f(x-)$, $y_+(x) := f(x+)$. Wegen der Monotonie muss $y_-(x) \leq y_+(x)$ sein und im Falle einer echten Sprungstelle sogar $y_-(x) < y_+(x)$. Dann kann man eine rationale Zahl $q(x)$ mit $y_-(x) < q(x) < y_+(x)$ finden. Sind $x_1 < x_2$ zwei Sprungstellen, so ist $y_+(x_1) \leq y_-(x_2)$, also $q(x_1) <$

$q(x_2)$. Damit ist $\{q(x) : x \in S\}$ eine Teilmenge von $\mathbb{Q}$, und jedem Element $s \in S$ wird genau ein $q(s) \in \mathbb{Q}$ zugeordnet. Also ist S höchstens abzählbar.

2.3.17. M_1 ist nicht einmal abgeschlossen.
M_2 ist nicht beschränkt.
M_3 ist nicht abgeschlossen, denn der Grenzwert der Folge $(1/n)$ gehört nicht zur Menge.
M_4 ist abgeschlossen und beschränkt, also kompakt.
M_5 ist nicht abgeschlossen, weil die irrationalen Punkte fehlen.
M_6 ist zwar abgeschlossen, aber nicht beschränkt.

2.3.18. Endliche Vereinigungen und Durchschnitte von abgeschlossenen Mengen sind wieder abgeschlossen. Außerdem bleiben beschränkte Mengen bei diesen Operationen beschränkt. Daraus folgt die Kompaktheit.

2.3.19. Auch hier ist klar, dass $K_1 \times \ldots \times K_n$ wieder abgeschlossen und beschränkt ist, wenn die einzelnen K_i es sind.

2.3.20. a) Klar ist, dass K eine beschränkte Menge ist. Sei nun $(\mathbf{x}_n)$ eine Folge von Punkten in K, die im $\mathbb{R}^n$ gegen ein $\mathbf{x}_0$ konvergiert. Da die Glieder der Folge in jeder Menge K_n liegen, gehört auch $\mathbf{x}_0$ zu jedem K_n und damit zu K. Also ist K auch abgeschlossen und damit kompakt.

b) Wählt man in jedem K_n einen Punkt $\mathbf{y}_n$, so erhält man eine beschränkte Folge. Nach dem Satz von Bolzano-Weierstraß besitzt diese einen Grenzwert $\mathbf{y}_0$. Da $\mathbf{y}_0$ auch Grenzwert der in K_r enthaltenen Folge $(\mathbf{y}_n)_{n \geq r}$ ist, gehört $\mathbf{y}_0$ zu jedem K_r und damit zu K.

2.3.21. a) Ist f stetig, so ist G_f abgeschlossen (man benutze das Folgenkriterium) und beschränkt (weil f beschränkt ist).

b) Sei G_f kompakt und $x_0 \in [a, b]$. Ist f in x_0 nicht stetig, so gibt es ein $c > 0$ und eine Folge (x_n) in $[a, b]$, die gegen x_0 konvergiert, so dass $|f(x_n) - f(x_0)| \geq c$ für alle n ist. Die Folge $(x_n, f(x_n))$ besitzt aber eine Teilfolge $(x_{n_i}, f(x_{n_i}))$, die gegen ein Element $(x_0, y_0) \in G_f$ konvergiert. Dann muss $y_0 = f(x_0)$ sein und daher $(f(x_{n_i}))$ gegen $f(x_0)$ konvergieren. Das ist ein Widerspruch. Also ist f überall stetig.

2.3.22. Sei $M \subset [-R, R]$. Da f gleichmäßig stetig ist, gibt es ein $\delta > 0$, so dass $|f(x_1) - f(x_2)| < 1$ für alle $x_1, x_2 \in M$ mit $|x_1 - x_2| < \delta$ ist. Ist $n\delta > 2R$, so kann man M durch n Intervalle der Länge $< \delta$ überdecken, und jedes dieser Intervalle wird auf ein Intervall der Länge < 1 abgebildet. Also muss $f(M)$ in einem Intervall der Länge n liegen. Damit ist f beschränkt.

Lösungen der Aufgaben in 2.4

2.4.1. Ist $x < 1$, so ist $f_n(x) = 0$ für alle n.

Ist $x \geq 1$, so gibt es genau ein $n \in \mathbb{N}$ mit $x \in [n, n+1)$. Dann ist $f_n(x) = 1/n$ und $f_m(x) = 0$ für $m \neq 0$. Also konvergiert die Reihe $\sum_{n=1}^{\infty} f_n$ überall punktweise absolut gegen Null.

Es ist $\sum_{n=1}^{\infty} \|f_n\| = \sum_{n=1}^{\infty} 1/n$ divergent. Die Reihe konvergiert also nicht normal.

Sei $\varepsilon > 0$ vorgegeben. Ist $n_0 \geq 1/\varepsilon$, $m > n_0$ und $x \in \mathbb{R}$, so ist entweder $f_n(x) = 0$ für alle n mit $n_0 + 1 \leq n \leq m$, oder es gibt ein n zwischen $n_0 + 1$ und m, so dass $f_n(x) = 1/n < \varepsilon$ und $f_k(x) = 0$ für $k \neq n$ ist. Auf jeden Fall ist dann $|\sum_{n=n_0+1}^{m} f_n(x)| < \varepsilon$ für alle $x \in \mathbb{R}$.

2.4.2. a) $|c_n/c_{n+1}| = n^k/(n+1)^k = (1 - 1/(n+1))^k$ strebt gegen $R = 1$.

b) $|c_{n+1}/c_n| = \dfrac{(n+1)n^n}{(n+1)^{n+1}} = \dfrac{1}{(1+1/n)^n}$ strebt gegen $1/e$. Also ist $R = e$.

c) $|c_n/c_{n+1}| = 2^n/2^{n+1} = 1/2$. Also ist auch $R = 1/2$.

d) Es ist $\exp(\mathrm{i}\,n\pi) = \cos(n\pi) + \mathrm{i}\,\sin(n\pi) = (-1)^n$, also $|c_n/c_{n+1}| = (n+2)/(n+1) = 1 + 1/(n+1)$ und $R = 1$.

e) Hier ist $c_{2k+1} = 0$ und

$$\left| \frac{c_{2k}}{c_{2k+2}} \right| = \frac{2^{2k+2}((k+1)!)^2}{2^{2k}(k!)^2} = 4(k+1)^2 \,,$$

und das strebt gegen Unendlich. Also ist $R = \infty$.

f) $|c_n/c_{n+1}| = (1/3)\sqrt{(n+2)/(n+1)} = (1/3)\sqrt{1 + 1/(n+1)}$ strebt gegen $R = 1/3$.

2.4.3. a) Es ist $P(x) = \sum_{n=0}^{\infty} a_n(x-4)^n$ mit $a_n = 2^n/3$. Das Quotientenkriterium liefert den Konvergenzradius $R = 1/2$, also das Konvergenzintervall $(7/2, 9/2)$.

$P(7/2) = 3 \cdot \sum_{n=0}^{\infty} 2^n \cdot (-1/2)^n = 3 \cdot \sum_{n=0}^{\infty} (-1)^n$ divergiert, und genauso $P(9/2) = 3 \cdot \sum_{n=0}^{\infty} 1$.

b) Hier ist $P(x) = \sum_{n=0}^{\infty} c_n(x-(-3))^n$, mit $c_n = n^3$ und $c_n/c_{n+1} = (n/(n+1))^3$. Also ist der Konvergenzradius $R = 1$ und das Konvergenzintervall $(-4, -2)$.

$P(-4) = \sum_{n=0}^{\infty} (-1)^n n^3$ und $P(-2) = \sum_{n=0}^{\infty} n^3$ divergieren.

2.4.4. a) Die erste Reihe ist eine geometrische Reihe, die für $|z - 1| < 2$ konvergiert, gegen $3/(1 - (z-1)/(-2)) = 6/(1+z)$.

b) Die zweite Reihe konvergiert aus dem gleichen Grund für $|z| < 1/\sqrt{3}$ gegen $-1/(4(1 - 3z^2)) = 1/(12z^2 - 4)$.

c) Hier handelt es sich um die Reihe $\sum_{n=0}^{\infty} (-1)^n z^{2n}/n! = \sum_{n=0}^{\infty} (-z^2)^n/n! = \exp(-z^2)$. Der Konvergenzradius ist Unendlich.

2.4.5. Ist $x = \log_a(b)$, so ist $b = a^x = \exp(x \ln a)$, also $x = (\ln b)/(\ln a)$. Dabei muss $a \neq 1$ sein.

a) Offensichtlich ist dann $\log_a b \cdot \log_b a = 1$.

b) Die Gleichung bedeutet, dass $\log_3(4x^2) = 2$ ist, also $4x^2 = 3^2 = 9$ und $x = 3/2$ (das negative Vorzeichen kommt nicht in Frage).

c) Es ist $\log_{a^n}(x^m) = \dfrac{m \ln x}{n \ln a} = \dfrac{m}{n} \cdot \log_a x$.

2.4.6. In der Integrationstheorie wird es von Nutzen sein, Sinus und Cosinus möglichst einfach durch den Tangens ausdrücken zu können. Man kann die Gleichung $\tan x = \sin x / \cos x$ direkt auflösen.

Sei $s := \sin x$, $c := \cos x$ und $t := \tan x$. Dann ist $t = s/c$ und $c = \sqrt{1 - s^2}$. Aus der Gleichung $s/\sqrt{1 - s^2} = t$ erhält man $s^2 = t^2(1 - s^2)$, also $s = t/\sqrt{1 + t^2}$ und $c = 1/\sqrt{1 + t^2}$, d.h.

$$\sin x = \pm \frac{\tan x}{\sqrt{1 + \tan^2 x}} \quad \text{und} \quad \cos x = \pm \frac{1}{\sqrt{1 + \tan^2 x}}.$$

Besser wäre es aber, wenn man die Wurzel vermeiden könnte. Das geht folgendermaßen. Es ist

$$(\sin x)(\cos x) = \frac{\tan x}{1 + \tan^2 x} \quad \text{und} \quad \cos^2 x - \sin^2 x = \frac{1 - \tan^2 x}{1 + \tan^2 x}.$$

Daraus folgt:

$$\sin x = \sin(2 \cdot (x/2)) = 2\sin(x/2)\cos(x/2) = \frac{2\tan(x/2)}{1 + \tan^2(x/2)}$$

$$\text{und} \quad \cos x = \cos(2 \cdot (x/2)) = \cos^2(x/2) - \sin^2(x/2) = \frac{1 - \tan^2(x/2)}{1 + \tan^2(x/2)}.$$

2.4.7. Es ist $\sin(\pi/2) = 1$ und $\cos(\pi/2) = 0$. Außerdem sind beide Funktionen zwischen 0 und $\pi/2$ positiv.

Sei $s := \sin(\pi/4)$ und $c := \cos(\pi/4)$. Dann ist $i = \exp((\pi/2)i) = \exp((\pi/4)i)^2 = (c + si)^2 = c^2 - s^2 + 2sci$, also $(c - s)(c + s) = 0$ und $2cs = 1$. Daraus folgt: $c = s$ und $c^2 = 1/2$, also

$$\sin(\pi/4) = \cos(\pi/4) = \frac{1}{2}\sqrt{2}.$$

Nun sei $s := \sin(\pi/6)$ und $c := \cos(\pi/6)$. Dann ist $s^2 + c^2 = 1$ und $(c + si)^3 = \exp((\pi/6)i)^3 = i$, also $c^3 - 3cs^2 = 0$ und $3c^2s - s^3 = 1$. Daraus folgt, dass $c^3 + 3c^3 - 3c = 0$ ist, also $c^2 = 3/4$ und $c = \sqrt{3}/2$. Zusammen ergibt das

$$\sin(\pi/6) = \frac{1}{2} \quad \text{und} \quad \cos(\pi/6) = \frac{1}{2}\sqrt{3}.$$

Schließlich ist $\exp((\pi/3)\,\mathrm{i}) = \exp((\pi/6)\,\mathrm{i})^2 = (\sqrt{3}+\mathrm{i})^2/4 = 1/2 + (1/2)\sqrt{3}\,\mathrm{i}$, also

$$\sin(\pi/3) = \frac{1}{2}\sqrt{3} \quad \text{und} \quad \cos(\pi/3) = \frac{1}{2}.$$

2.4.8. Sei $D_N(x) := \displaystyle\sum_{n=-N}^{N} e^{\mathrm{i}nx}$. Dann gilt:

$$(e^{\mathrm{i}x} - 1)D_N(x) = \sum_{n=-N}^{N} e^{\mathrm{i}(n+1)x} - \sum_{n=-N}^{N} e^{\mathrm{i}nx} = e^{\mathrm{i}(N+1)x} - e^{-\mathrm{i}Nx}.$$

Multiplikation mit $e^{-\mathrm{i}\frac{x}{2}}$ ergibt:

$$(e^{\mathrm{i}\frac{x}{2}} - e^{-\mathrm{i}\frac{x}{2}}) \cdot D_N(x) = e^{\mathrm{i}(N+\frac{1}{2})x} - e^{-\mathrm{i}(N+\frac{1}{2})x},$$

also

$$D_N(x) = \frac{\sin(N+\frac{1}{2})x}{\sin\frac{x}{2}} \quad \text{für } x \neq 2k\pi.$$

Daraus folgt:

$$
\begin{aligned}
\frac{1}{2} + \sum_{n=1}^{N} \cos(nx) &= \frac{1}{2} \cdot \left(1 + \sum_{n=1}^{N} 2\cos(nx)\right) \\
&= \frac{1}{2} \cdot \left(1 + \sum_{n=1}^{N} (e^{\mathrm{i}nx} + e^{-\mathrm{i}nx})\right) \\
&= \frac{1}{2} \cdot \sum_{n=-N}^{N} e^{\mathrm{i}nx} = \frac{\sin(N+\frac{1}{2})x}{2\sin\frac{x}{2}}.
\end{aligned}
$$

2.4.9. Ist $0 < x \leq 2$ so ist $x - x^3/6 < \sin x < x$ und $1 - x^2/2 < \cos x < 1 - x^2/2 + x^4/24$. Daraus folgt:

$$1 - \frac{x^2}{6} < \frac{\sin x}{x} < 1 \quad \text{und} \quad \frac{x}{2} - \frac{x^3}{24} < \frac{1 - \cos x}{x} < \frac{x}{2}.$$

Daraus folgt die Behauptung.

2.4.10. Sei $x_n := 1/(n\pi)$ und $y_n := 1/(2n\pi + \pi/2)$. In beiden Fällen handelt es sich um Nullfolgen. Es ist aber $\sin(1/x_n) = \sin(n\pi) = 0$ und $\sin(1/y_n) = \sin(\pi/2 + 2n\pi) = 1$. Aus dem Folgenkriterium kann man nun entnehmen, dass $\lim_{x\to 0} \sin(1/x)$ nicht existiert.

2.4.11. Es ist

$$
\begin{aligned}
\sinh x \cosh y + \cosh x \sinh y &= \\
&= \frac{1}{4}\Big((e^x - e^{-x})(e^y + e^{-y}) + (e^x + e^{-x})(e^y - e^{-y})\Big) \\
&= \frac{1}{2}(e^x e^y - e^{-x}e^{-y}) = \sinh(x+y).
\end{aligned}
$$

2.4.12. Nach der Methode der quadratischen Ergänzung erhält man:

$$z^2 - (3 + 4\,\mathrm{i}\,)z - 1 + 5\,\mathrm{i} = 0$$
$$\iff (z - (3 + 4\,\mathrm{i}\,)/2)^2 = (4\,\mathrm{i} - 3)/4$$
$$\iff z - (3 + 4\,\mathrm{i}\,)/2 = \pm(1 + 2\,\mathrm{i}\,)/2.$$

Das ergibt die beiden Lösungen $z_1 = 2 + 3\,\mathrm{i}$ und $z_2 = 1 + \mathrm{i}$.

Lösungen der Aufgaben in 2.5

2.5.1. 1) Sei f integrierbar, also $I_*(f) = I^*(f) = I_{a,b}(f)$. Dann gibt es zu jedem $\varepsilon > 0$ Zerlegungen $\mathfrak{Z}'$ und $\mathfrak{Z}''$ von $I = [a,b]$ mit

$$I_{a,b} - U(f, \mathfrak{Z}') < \frac{\varepsilon}{2} \quad \text{und} \quad O(f, \mathfrak{Z}'') - I_{a,b} < \frac{\varepsilon}{2}.$$

Ist $\mathfrak{Z}$ eine gemeinsame Verfeinerung von $\mathfrak{Z}'$ und $\mathfrak{Z}''$, so ist

$$O(f, \mathfrak{Z}) - U(f, \mathfrak{Z}) \le \big(O(f, \mathfrak{Z}'') - I_{a,b}(f)\big) + \big(I_{a,b}(f) - U(f, \mathfrak{Z}')\big) < \varepsilon.$$

2) Sei umgekehrt das Kriterium erfüllt. Ist $\varepsilon > 0$ und $\mathfrak{Z}$ eine Zerlegung, so dass $O(f, \mathfrak{Z}) - U(f, \mathfrak{Z}) < \varepsilon$ ist, so ist auch

$$0 \le I^*(f) - I_*(f) \le O(f, \mathfrak{Z}) - U(f, \mathfrak{Z}) < \varepsilon.$$

Da das für jedes ε gilt, ist $I^*(f) = I_*(f)$.

3) Sei $f : [a,b] \to \mathbb{R}$ beschränkt und monoton wachsend, $m \le f(x) \le M$ für alle $x \in [a,b]$. Ist $\varepsilon > 0$ vorgegeben, so gibt es ein $n \in \mathbb{N}$, so dass $(b-a)(M-m)/n < \varepsilon$ ist. Wählt man eine äquidistante Zerlegung $\mathfrak{Z} = \{x_0, x_1, \ldots, x_n\}$ von $[a,b]$, so ist $x_i - x_{i-1} = (b-a)/n$, und aus der Monotonie folgt:

$$O(f, \mathfrak{Z}) - U(f, \mathfrak{Z}) = \sum_{i=1}^{n}(M_i - m_i)(x_i - x_{i-1}) = \frac{b-a}{n}\sum_{i=1}^{n}(M_i - m_i)$$
$$\le \frac{b-a}{n}(M - m) < \varepsilon.$$

2.5.2. 1) Sei $f(x) = 2x - 2x^2$. Teile $[0,1]$ in n gleiche Teile der Länge $1/n$ und wähle $\xi_i := i/n = x_i$. Dann ist

$$\Sigma(f, \mathfrak{Z}, \boldsymbol{\xi}) = \sum_{i=1}^{n} f(i/n) \cdot 1/n = \sum_{i=1}^{n}\big(2i/n - 2(i/n)^2\big) \cdot 1/n$$
$$= \frac{2}{n^2}\sum_{i=1}^{n} i - \frac{2}{n^3}\sum_{i=1}^{n} i^2$$
$$= \frac{2}{n^2} \cdot \frac{n(n+1)}{2} - \frac{2}{n^3} \cdot \frac{n(n+1)(2n+1)}{6}$$
$$= \frac{n+1}{n} - \frac{(n+1)(2n+1)}{3n^2}$$
$$= \frac{(n+1)(n-1)}{3n^2} = \frac{1}{3}\Big(1 - \frac{1}{n^2}\Big),$$

und dieser Ausdruck konvergiert gegen $1/3$.

2) Sei $f(x) = x^2 - 2x$. Teile $[0, 2]$ in n gleiche Teile der Länge $2/n$ und wähle $\xi_i := x_i = 2i/n$. Dann ist

$$
\begin{aligned}
\Sigma(f, \mathfrak{Z}, \boldsymbol{\xi}) &= \sum_{i=1}^{n} f(2i/n) \cdot 2/n = \sum_{i=1}^{n} (4i^2/n^2 - 4i/n) \cdot 2/n \\
&= \frac{8}{n^3} \sum_{i=1}^{n} i^2 - \frac{8}{n^2} \sum_{i=1}^{n} i \\
&= \frac{8}{n^3} \cdot \frac{n(n+1)(2n+1)}{6} - \frac{8}{n^2} \cdot \frac{n(n+1)}{2} \\
&= \frac{4(n+1)(2n+1)}{3n^2} - \frac{4(n+1)}{n} \\
&= \frac{4(n+1)}{3n^2}(1-n) = -\frac{4}{3}\left(1 - \frac{1}{n^2}\right),
\end{aligned}
$$

und das konvergiert gegen $-4/3$.

3) Sei $f(x) = e^x$. Teile $[0, 1]$ in n gleiche Teile der Länge $1/n$ und wähle $\xi_i := (i-1)/n = x_{i-1}$. Dann ist

$$
\begin{aligned}
\Sigma(f, \mathfrak{Z}, \boldsymbol{\xi}) &= \sum_{i=0}^{n-1} e^{i/n} \cdot \frac{1}{n} = \frac{1}{n} \sum_{i=0}^{n-1} (e^{1/n})^i \\
&= \frac{1}{n} \cdot \frac{e-1}{e^{1/n} - 1} = (e-1) \cdot \frac{1/n}{e^{1/n} - 1}.
\end{aligned}
$$

Da $(e^x - 1)/x$ für $x \to 0$ gegen 1 konvergiert, strebt $\Sigma(f, \mathfrak{Z}, \boldsymbol{\xi})$ für $n \to \infty$ gegen $e - 1$.

2.5.3. Da rationale und irrationale Zahlen dicht liegen, ist $U(f, \mathfrak{Z}) = 0$ und $O(f, \mathfrak{Z}) = 1$ für jede Zerlegung $\mathfrak{Z}$.

Wäre $\chi_{\mathbb{Q}}$ integrierbar, so müsste $O(f, \mathfrak{Z}) - U(f, \mathfrak{Z})$ bei geeigneten Zerlegungen beliebig klein werden. Das ist nicht der Fall.

2.5.4. a) Sei f ungerade, $f^+ := f|_{[0,a]}$, $f^- := f|_{[-a,0]}$ und $\varepsilon > 0$ vorgegeben.

Wir wählen eine genügend feine Zerlegung $\mathfrak{Z} = \{x_0, x_1, \ldots, x_n\}$ von $[0, a]$ (mit $x_0 = 0$ und $x_n = a$), so dass für jede Wahl von Zwischenpunkten $|\Sigma(f^+, \mathfrak{Z}, \boldsymbol{\xi}) - I_{0,a}(f^+)| < \varepsilon$ ist. Sei $\mathfrak{Z}^- := \{-x_n, -x_{n-1}, \ldots, -x_1, -x_0\}$. Dann ist

$$
\begin{aligned}
\Sigma(f^-, \mathfrak{Z}^-, -\boldsymbol{\xi}) &= \sum_{i=1}^{n} f(-\xi_i)(-x_{i-1} - (-x_i)) \\
&= -\sum_{i=1}^{n} f(\xi_i)(x_i - x_{i-1}) = -\Sigma(f^+, \mathfrak{Z}, \boldsymbol{\xi}).
\end{aligned}
$$

Also ist $|\Sigma(f^-, \mathfrak{Z}^-, -\boldsymbol{\xi}) - (-I_{0,a}(f))| = |\Sigma(f^+, \mathfrak{Z}, \boldsymbol{\xi}) - I_{0,a}(f^+)| < \varepsilon$. Daraus folgt, dass $I_{-a,0}(f) = -I_{0,a}(f)$ und $I_{-a,a}(f) = I_{-a,0}(f) + I_{0,a}(f) = 0$ ist.

b) Sei f gerade und $\widetilde{f} : [-a, a] \to \mathbb{R}$ definiert durch

$$\widetilde{f}(x) := \begin{cases} -f(x) & \text{für } x < 0 \\ f(x) & \text{für } x \geq 0. \end{cases}$$

Dann ist $\widetilde{f}$ ungerade und

$$\begin{aligned}
\int_{-a}^{a} f(x)\,dx &= \int_{-a}^{0} f(x)\,dx + \int_{0}^{a} f(x)\,dx \\
&= -\int_{-a}^{0} \widetilde{f}(x)\,dx + \int_{0}^{a} f(x)\,dx \\
&= \left(\int_{-a}^{0} \widetilde{f}(x)\,dx + \int_{0}^{a} \widetilde{f}(x)\,dx \right) - \int_{-a}^{0} \widetilde{f}(x)\,dx + \int_{0}^{a} f(x)\,dx \\
&= 2\int_{0}^{a} f(x)\,dx.
\end{aligned}$$

2.5.5. a) Sei $g : [a + c, b + c] \to \mathbb{R}$ definiert durch $g(x) := f(x - c)$. Ist $\mathfrak{Z} = \{x_0, \ldots, x_n\}$ eine Zerlegung von $[a, b]$ und $\xi_i \in [x_{i-1}, x_i]$, so ist $\mathfrak{Z}^* := \{x_0 + c, \ldots, x_n + c\}$ eine Zerlegung von $[a + c, b + c]$ und $\xi_i + c \in [x_{i-1} + c, x_i + c]$. Wir setzen $\boldsymbol{\xi}^* := (\xi_1 + c, \ldots, \xi_n + c)$. Dann ist

$$\begin{aligned}
\Sigma(g, \mathfrak{Z}^*, \boldsymbol{\xi}^*) &= \sum_{i=1}^{n} g(\xi_i + c)\big((x_i + c) - (x_{i-1} + c)\big) \\
&= \sum_{i=1}^{n} f(\xi_i)(x_i - x_{i-1}) = \Sigma(f, \mathfrak{Z}, \boldsymbol{\xi}).
\end{aligned}$$

Also müssen auch die Integrale übereinstimmen.

b) Sei $h : [ca, cb] \to \mathbb{R}$ definiert durch $h(x) := f(x/c)$. Ist $\mathfrak{Z} = \{x_0, \ldots, x_n\}$ eine Zerlegung von $[a, b]$ und $\xi_i \in [x_{i-1}, x_i]$, so ist $\mathfrak{Z}^* := \{cx_0, \ldots, cx_n\}$ eine Zerlegung von $[ca, cb]$ und $c\xi_i \in [cx_{i-1}, cx_i]$. Wir setzen $\boldsymbol{\xi}^* := (c\xi_1, \ldots, c\xi_n)$. Dann ist

$$\begin{aligned}
\Sigma(h, \mathfrak{Z}^*, \boldsymbol{\xi}^*) &= \sum_{i=1}^{n} h(c\xi_i)\big(cx_i - cx_{i-1}\big) \\
&= c\sum_{i=1}^{n} f(\xi_i)(x_i - x_{i-1}) = c\Sigma(f, \mathfrak{Z}, \boldsymbol{\xi}).
\end{aligned}$$

Daraus folgt die Behauptung.

2.5.6. 1) Es ist

$$\frac{(n+1)^{p+1} - n^{p+1}}{p+1} = \frac{n^{p+1} + (p+1)n^p + \cdots + (p+1)n + 1 - n^{p+1}}{p+1}$$

$$= n^p + \text{positive Terme} > n^p$$

und wegen der Beziehung $x^{q+1} - y^{q+1} = (x - y)\sum_{i=0}^{q} x^{q-i}y^i$ ist

$$(n+1)^{p+1} - n^{p+1} = \big((n+1) - n\big)\sum_{i=0}^{p}(n+1)^{p-i}n^i$$

$$< 1 \cdot \sum_{i=0}^{p}(n+1)^p = (p+1)(n+1)^p.$$

2) Induktionsanfang: Ist $n = 1$, so ergeben sich die Ungleichungen

$$0 < 1/(p+1) < 1,$$

die offensichtlich erfüllt sind.

Der Schritt von n nach $n+1$ (für $n \geq 1$):

$$\sum_{k=1}^{(n+1)-1} k^p = \sum_{k=1}^{n-1} k^p + n^p < \frac{n^{p+1}}{p+1} + \frac{(n+1)^{p+1} - n^{p+1}}{p+1} = \frac{(n+1)^{p+1}}{p+1}$$

und

$$\sum_{k=1}^{n+1} k^p = \sum_{k=1}^{n} k^p + (n+1)^p > \frac{n^{p+1}}{p+1} + \frac{(n+1)^{p+1} - n^{p+1}}{p+1} = \frac{(n+1)^{p+1}}{p+1}.$$

3) Multipliziert man die in (2) bewiesenen Ungleichungen mit a^{p+1}/n^{p+1}, so erhält man:

$$\frac{a}{n}\sum_{k=1}^{n-1}\left(\frac{ak}{n}\right)^p < \frac{a^{p+1}}{p+1} < \frac{a}{n}\sum_{k=1}^{n}\left(\frac{ak}{n}\right)^p.$$

Sei nun $f : [0, a] \to \mathbb{R}$ definiert durch $f(x) := x^p$. Wir teilen das Intervall in n gleiche Teile der Länge a/n. Das ergibt eine Zerlegung $\mathfrak{Z}_n = \{x_0, x_1, \ldots, x_n\}$ mit $x_k = ak/n$ für $k = 0, 1, \ldots, n$, und es folgt:

$$U(f, \mathfrak{Z}_n) = \frac{a}{n}\sum_{k=0}^{n-1} f(x_k) = \frac{a}{n}\sum_{k=1}^{n-1}\left(\frac{ak}{n}\right)^p < \frac{a^{p+1}}{p+1}$$

und

$$\frac{a^{p+1}}{p+1} < \frac{a}{n}\sum_{k=1}^{n}\left(\frac{ak}{n}\right)^p = \frac{a}{n}\sum_{k=1}^{n} f(x_k) = O(f, \mathfrak{Z}_n).$$

Außerdem ist

$$O(f, \mathfrak{Z}_n) - U(f, \mathfrak{Z}_n) = \frac{a}{n}\big(f(a) - f(0)\big) = \frac{a^{p+1}}{n},$$

und dieser Ausdruck strebt für $n \to \infty$ gegen Null. Also ist $\int_0^a x^p\, dx = a^{p+1}/(p+1)$.

2.5.7. Sei $f(x) = 1/x$. Man verwende die Zerlegung $\mathfrak{Z} := \{x_0, x_1, x_2, x_3\} = \{1, 4/3, 5/3, 2\}$. Dann erhält man die Untersumme

$$U(f, \mathfrak{Z}) = \frac{1}{3} \cdot \left(\frac{3}{4} + \frac{3}{5} + \frac{1}{2}\right) = \frac{37}{60}$$

und die Obersumme

$$O(f, \mathfrak{Z}) = \frac{1}{3} \cdot \left(1 + \frac{3}{4} + \frac{3}{5}\right) = \frac{47}{60}.$$

Der Mittelwert zwischen Untersumme und Obersumme beträgt $(37/60 + 47/60)/2 = 84/120 = 7/10$. Also ist $\ln(2) \approx 0.7$, mit einem Fehler von $(O(f, \mathfrak{Z}) - U(f, \mathfrak{Z}))/2 = 1/12 < 0.09$.

Tatsächlich ist $\ln(2) \approx 0.69314718\ldots$. Mit einer feineren Zerlegung geht es natürlich genauer.

2.5.8. a) Ist $f(x_0) = 0$, so ist $f(x) = f(x_0 + (x - x_0)) = f(x_0) \cdot f(x - x_0) = 0$ für alle x. Das kann nicht sein.

b) Es ist $f(0) \neq 0$ und $f(0) = f(0 + 0) = f(0) \cdot f(0)$, also $f(0) = 1$. Sei $a := f(1)$. Dann ist $a = f(1/2 + 1/2) = f(1/2)^2 \geq 0$, also sogar > 0.

Es ist $f(n) = f(1 + \cdots + 1) = a^n$ und $1 = f(0) = f(n + (-n)) = a^n \cdot f(-n)$, also $f(-n) = a^{-n}$.

Weiter ist $a = f(1) = f(n \cdot (1/n)) = f(1/n + \cdots + 1/n) = f(1/n)^n$ und damit $f(1/n) = \sqrt[n]{a}$. Das bedeutet, dass $f(q) = a^q$ für jede rationale Zahl q gilt.

Wegen der Stetigkeit von f ist auch $f(x) = a^x$ für jede reelle Zahl x.

Lösungen der Aufgaben in 3.1

3.1.1. Wer schlau ist, führt bei $f(x)$ zunächst eine Polynomdivision aus und vermeidet so die Quotientenregel. Für $x \neq \pm 1$ ist $f(x) = x^2 + 1$. So sieht man sofort, dass dort $f'(x) = 2x$ ist, aber auch bei Anwendung der Quotientenregel kommt das heraus.

Bei $g(x)$ kommt (außerhalb $x = 0$) die Quotientenregel ins Spiel, aber auch Ketten- und Produktregel. Das Ergebnis ist

$$g'(x) = \frac{6\cos(3x)}{x^2} - \frac{4\sin(3x)}{x^3} + \cos x - x \sin x.$$

Die dritte Funktion stellt man am besten in der Form $h(x) = \exp(\sqrt{x} \cdot \ln x)$ dar. Dann ist $h'(x) = x^{\sqrt{x}} \cdot (\ln x + 2)/(2\sqrt{x})$.

Bei $k(x)$ muss mehrfach Ketten- und Produktregel angewandt werden. Um die Übersicht zu behalten, kann man z.B. die drei vorkommenden Exponentialfunktionen mit verschiedenen Bezeichnungen versehen:

$$\alpha(x) = \beta(x) = \gamma(x) := e^x.$$

Dann ist $\alpha'(x) = \beta'(x) = \gamma'(x) = e^x$ und

$$k(x) = \alpha(x \cdot \beta(x \cdot \gamma(x^2))).$$

Daraus folgt:

$$
\begin{aligned}
k'(x) &= \alpha'\Big(x \cdot \beta\big(x \cdot \gamma(x^2)\big)\Big) \cdot \Big[1 \cdot \beta\big(x \cdot \gamma(x^2)\big) + \\
&\quad + x \cdot \beta'\big(x \cdot \gamma(x^2)\big) \cdot \big(1 \cdot \gamma(x^2) + x \cdot \gamma'(x^2) \cdot 2x\big)\Big] \\
&= k(x) \cdot \beta(x \cdot \gamma(x^2)) \cdot [1 + x \cdot \gamma(x^2) \cdot \{1 + 2x^2\}] \\
&= k(x) \cdot \exp(x \cdot e^{x^2}) \cdot \big(1 + x \cdot e^{x^2}(1 + 2x^2)\big).
\end{aligned}
$$

3.1.2. Es ist

$$
\begin{aligned}
f'(x) &= a \sin x + (ax + b) \cos x + c \cos x - (cx + d) \sin x \\
&= (a - d - cx) \sin x + (b + c + ax) \cos x, \\
&\quad \text{und dies soll} \\
&= x \cos x \quad \text{sein.}
\end{aligned}
$$

Das klappt, wenn man $a = d$ und $c = 0$ setzt, sowie $b = -c$ und $a = 1$. Das ergibt $a = d = 1$ und $b = c = 0$, also $f(x) = x \sin x + \cos x$. Die Probe zeigt, dass f tatsächlich die vorgeschriebene Ableitung besitzt.

3.1.3. Die Berechnung der Ableitung außerhalb des Nullpunktes sollte jedem gelingen, es ist

$$f'(x) = \sin\Big(\frac{1}{x}\Big) - \frac{1}{x} \cdot \cos\Big(\frac{1}{x}\Big)$$

und

$$g'(x) = 2x \cdot \sin\Big(\frac{1}{x}\Big) - \cos\Big(\frac{1}{x}\Big).$$

Nun untersuche man $x = 0$. Für f ergibt sich als Differenzenquotient

$$\frac{\Delta f}{\Delta x} = \frac{f(x) - f(0)}{x - 0} = \frac{f(x)}{x} = \sin\Big(\frac{1}{x}\Big).$$

Diese Funktion hat keinen Grenzwert für $x \to 0$, denn an den Stellen $x_k = 2/(\pi(2k + 1))$ nimmt sie die Werte $(-1)^k = \pm 1$ an. Damit ist f in 0 nicht differenzierbar. Die Funktion f ist allerdings im Nullpunkt stetig, denn $|\sin(1/x)|$ bleibt durch 1 beschränkt und $x \cdot \sin(1/x)$ strebt dann für $x \to 0$ gegen Null.

Weil der Differenzenquotient $\Delta g/\Delta x = f(x)$ ist, bedeutet das, dass g in $x = 0$ differenzierbar und $g'(0) = 0$ ist.

3.1.4. Weil f in x_0 differenzierbar ist, gibt es eine Darstellung $f(x) = f(x_0) + (x - x_0) \cdot \Delta(x)$, mit einer in x_0 stetigen Funktion Δ. Nach Voraussetzung ist $\Delta(x_0) = f'(x_0) > 0$. Dann gibt es eine ganze ε-Umgebung von x_0, auf der $\Delta > 0$ ist (folgt aus der Stetigkeit). Für jedes x aus dieser Umgebung gilt: Ist $x < x_0$, so ist $f(x) - f(x_0) = (x - x_0) \cdot \Delta(x) < 0$, also $f(x) < f(x_0)$. Ist $x > x_0$, so folgt analog, dass $f(x) > f(x_0)$ ist.

Zur Übung können Sie ja einen Widerspruchsbeweis führen und ihn mit dem direkten Beweis vergleichen.

3.1.5. Im Falle $n = 1$ erhält man die normale Produktregel

$$(f \cdot g)' = f \cdot g' + f' \cdot g.$$

Nun zum Schluss von n auf $n + 1$: Ist die Formel bereits für n bewiesen, so folgt

$$
\begin{aligned}
(f \cdot g)^{(n+1)} &= (f' \cdot g + f \cdot g')^{(n)} \text{ (nach Induktionsanfang)} \\
&= \sum_{k=0}^{n} \binom{n}{k} f^{(k+1)} g^{(n-k)} + \sum_{k=0}^{n} \binom{n}{k} f^{(k)} g^{(n-k+1)} \\
&\qquad \text{(nach Induktionsvoraussetzung)} \\
&= \sum_{m=1}^{n+1} \binom{n}{m-1} f^{(m)} g^{(n+1-m)} + \sum_{k=0}^{n} \binom{n}{k} f^{(k)} g^{(n+1-k)} \\
&\qquad (m = k + 1) \\
&= f^{(n+1)} g + \sum_{k=1}^{n} \binom{n}{k-1} f^{(k)} g^{(n+1-k)} + \\
&\qquad + \sum_{k=1}^{n} \binom{n}{k} f^{(k)} g^{(n+1-k)} + f g^{(n+1)} \\
&= f^{(n+1)} g + \sum_{k=1}^{n} \binom{n+1}{k} f^{(k)} g^{(n+1-k)} + f g^{(n+1)} \\
&\qquad \text{(Additionsformel für Binomialkoeffizienten)} \\
&= \sum_{k=0}^{n+1} \binom{n+1}{k} f^{(k)} g^{(n+1-k)}. \qquad \blacksquare
\end{aligned}
$$

3.1.6. Weil f differenzierbar und damit erst recht stetig ist, nimmt f auf dem abgeschlossenen Intervall sein globales Minimum und sein globales Maximum an. Am Rand des Intervalls ergeben sich die Werte $f(-1/2) = 1/8$ und $f(4) = 17$. Wenn f seinen kleinsten oder größten Wert in einem Punkt x_0 im Innern des Intervalls annimmt, so muss dort ein lokales Minimum oder Maximum vorliegen, also $f'(x_0) = 0$ sein. Es ist $f'(x) = 3x^2 - 6x = 3x(x - 2)$. Kandidaten für lokale Extremwerte sind demnach die Punkte $x_1 := 0$ und $x_2 = 2$. Nun ist $f(x_1) = 1$ und $f(x_2) = -3$. Also nimmt f seinen größten Wert am Rande des Intervalls bei $x = 4$ und seinen kleinsten Wert im Innern des Intervalls bei x_2 an.

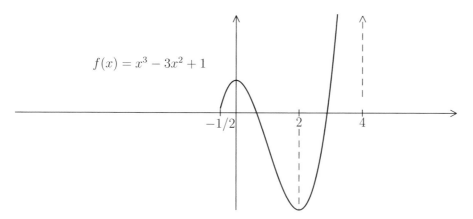

$$f(x) = x^3 - 3x^2 + 1$$

3.1.7. Es ist $f(-3) = 47$ und $f(2) = 2$. Außerdem hat $f'(x) = 4x^3 - 8x = 4x(x^2 - 2)$ die Nullstellen $x_1 = 0$ und $x_{2/3} = \pm\sqrt{2}$. Weil $f(x_1) = 2$ und $f(x_2) = f(x_3) = -2$ ist, liegt der minimale Wert von f (nämlich -2) bei x_2 und x_3 und der maximale Wert (nämlich 47) bei dem Randpunkt $x = -3$.

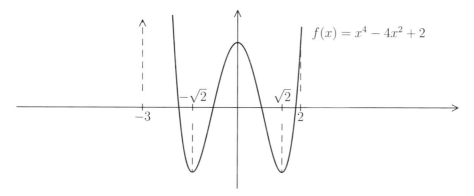

$$f(x) = x^4 - 4x^2 + 2$$

Es ist $g(-\pi) = 2-\pi$ und $g(\pi) = 2+\pi$. Die Ableitung $g'(x) = 1 + 2\sin x$ hat im Innern des Intervalls genau zwei Nullstellen, nämlich $x_1 = -\pi/6$ und $x_2 = -5\pi/6$. Weil

$$g(x_1) = -\frac{\pi}{6} - \sqrt{3} < g(-\pi) < \sqrt{3} - \frac{5\pi}{6} = g(x_2)$$

ist, folgt:

Das Minimum von g liegt bei $-\pi/6$ und das Maximum bei π.

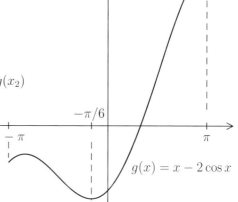

$$g(x) = x - 2\cos x$$

3.1.8. Es ist
$f'(x) = -2\sin x + 2\cos(2x) = -2(\sin x - 1 + 2\sin^2 x) = -2(2\sin x - 1)(\sin x + 1)$.
Damit lassen sich die Nullstellen von f' besser bestimmen:

$$f'(x) = 0 \iff \sin x = \frac{1}{2} \text{ oder } \sin x = -1$$

$$\iff x = \frac{\pi}{6} + 2k\pi, \; x = \frac{5\pi}{6} + 2k\pi \text{ oder } x = \frac{3\pi}{2} + 2k\pi.$$

Es ist $f(\pi/6) = 2\cos(\pi/6) + \sin(\pi/3) = 3\sqrt{3}/2$,
$f(5\pi/6) = 2\cos(5\pi/6) + \sin(5\pi/3) = -3\sqrt{3}/2$ und $f(3\pi/2) = 0$.

Offensichtlich liegen in den Punkten $x = \pi/6 + 2k\pi$ Maxima und in den Punkten $x = 5\pi/6 + 2k\pi$ Minima vor. Die Werte von f in diesen Punkten haben wir oben berechnet.

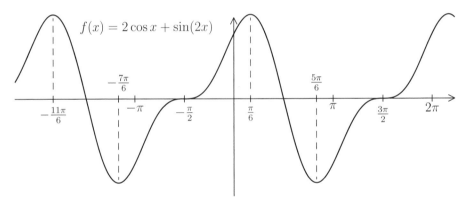

3.1.9. Die direkte Auflösung der Gleichung ergibt $y(x) = \pm\sqrt{x^2(x+1)}$ (und ist nur möglich, wenn $x + 1 \geq 0$, also $x \geq -1$ ist). Ist $x < -1$, so ist $x^2(x+1) < 0$ und kann kein Quadrat sein, also können solche Punkte (x, y) nicht auf C liegen. Offensichtlich liegt die Kurve C symmetrisch zur x-Achse und trifft diese in den Punkten $(0, 0)$ und $(-1, 0)$. Da der Radikand in der Darstellung von y genau in diesen Punkten verschwindet, sind die beiden Auflösungen $y = y(x)$ in allen anderen Punkten (also auf $(-1, 0) \cup (0, \infty)$) differenzierbar. Dort gilt:

Es ist $2yy' = 3x^2 + 2x$, also $y' = (3x^2 + 2x)/2y$. Liegt eine waagerechte Tangente vor, so muss $y' = 0$, also $x(3x + 2) = 0$ sein. Die Möglichkeit $x = 0$ scheidet aus. Also muss $x = -2/3$ sein. Dann ist $y^2 = 4/27$, also $y = \pm(2/3)\sqrt{3}$. In den Ausnahmepunkten $(0, 0)$ und $(-1, 0)$ können wir mit den zur Verfügung stehenden Mitteln noch gar nicht sagen, was eine Tangente ist. Eine Skizze zeigt aber, dass dort bestenfalls eine senkrechte Tangente vorliegt.

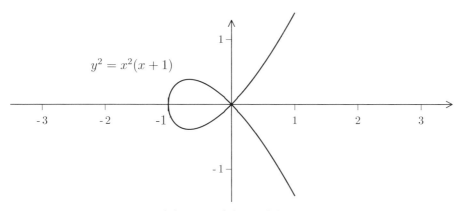

$$y^2 = x^2(x+1)$$

3.1.10. Es ist $s'(x) = \left(\dfrac{k(x)}{x}\right)' = \dfrac{k'(x)}{x} - \dfrac{k(x)}{x^2}$, also

$$s'(x) = 0 \iff k'(x) = k(x)/x = s(x).$$

Hier einige Überlegungen zur Zusatzfrage: Mit wachsender Produktionszahl steigen natürlich auch die Gesamtkosten. Also ist die Funktion $k(x)$ streng monoton wachsend, $k'(x) > 0$. Ist $k'(x_0) < s(x_0)$ (und $x_0 > 0$, was man immer voraussetzen kann), so ist $k'(x_0)/x_0 < s(x_0)/x_0 = k(x_0)/x_0^2$, also $s'(x_0) = k'(x_0)/x_0 - k(x_0)/x_0^2 < 0$, d.h., s fällt bei x_0. Da immer $s > 0$ ist und die Produktionszahl nach oben beschränkt ist, muss irgendwo rechts von x_0 ein Minimum erreicht werden. Dort werden die durchschnittlichen Kosten minimiert. Da man das erreichen will, sollte man die Produktionszahlen erhöhen.

Lösungen der Aufgaben in 3.2

3.2.1. Definiert und stetig ist f_a auf $M_a := \{x : x \geq -a/2\}$, differenzierbar nur für $x > -a/2$. Nullstellen ergeben sich bei $x = -a/2$ und bei $x = 0$, überall sonst ist $f_a(x) > 0$.

Weiter ist

$$f_a'(x) = \frac{5x^2 + 2ax}{\sqrt{2x + a}} \quad \text{und} \quad f_a''(x) = \frac{15x^2 + 12ax + 2a^2}{(2x + a)\sqrt{2x + a}} .$$

Das liefert ein offensichtliches lokales Minimum bei $x = 0$ und einen Kandidaten für ein lokales Extremum bei $x = -(2/5)a$. Wegen der Lage der Nullstellen und der Positivität von f_a kann dort nur ein lokales Maximum liegen. Am Rand des Definitionsbereiches, bei $x = -a/2$ liegt natürlich ebenfalls ein lokales Minimum vor.

Die zweite Ableitung von f_a besitzt zwei Nullstellen, nämlich

$$x_{1,2} = a \cdot \left(-(2/5) \pm \sqrt{2/75}\right).$$

Da das Minuszeichen zu einem Wert außerhalb des Definitionsbereichs führt, kommt nur $x_1 = a \cdot \left(-(2/5) + \sqrt{2/75}\right)$ als Wendepunkt in Frage. Der Punkt liegt zwischen einem isolierten Maximum und einem isolierten Minimum, muss also tatsächlich ein Wendepunkt sein. (Genaue Argumentation: Außer in x_1 ist $f''(x) \neq 0$ und stetig. Also muss f'' bei dem Maximum (und damit links von x_1) negativ sein, und bei dem Minimum (und damit rechts von x_1) positiv sein).

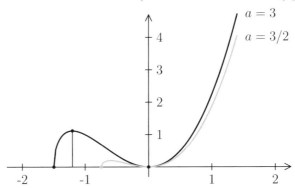

3.2.2. a) Ist x_0 Nullstelle k-ter Ordnung von $p(x)$ und $\deg(p) = n$, so ist $p(x) = (x - x_0)^k \cdot q(x)$ mit einem Polynom q der Ordnung $n - k$. Einmaliges Differenzieren ergibt $p'(x) = (x - x_0)^{k-1} \cdot q_1(x)$, wobei q_1 wieder die Ordnung $n - k$ hat. Nach endlich vielen Schritten erhält man $p^{(k-1)}(x) = (x - x_0) \cdot q_{k-1}(x)$.

b) Durch Probieren erhält man die Nullstelle $x_1 = 1$. Daher ist

$$p(x) = (x - 1)(x^3 - 11x^2 + 35x - 25).$$

Nochmaliges Probieren ergibt $p(x) = (x - 1)^2(x^2 - 10x + 25) = (x - 1)^2(x - 5)^2$. Insbesondere sind dann $x_1 = 1$ und $x_2 = 5$ Nullstellen von

$$p'(x) = 4x^3 - 36x^2 + 92x - 60 = 4(x - 1)(x - 5)(x - 3).$$

Das ergibt folgenden Zusammenhang:

$$\begin{aligned}
x < 1 &\implies p'(x) < 0 \implies p \text{ streng monoton fallend,} \\
1 < x < 3 &\implies p'(x) > 0 \implies p \text{ streng monoton wachsend,} \\
3 < x < 5 &\implies p'(x) < 0 \implies p \text{ streng monoton fallend,} \\
x > 5 &\implies p'(x) > 0 \implies p \text{ streng monoton wachsend.}
\end{aligned}$$

Also müssen bei x_1 und x_2 Minima und bei $x_3 = 3$ ein Maximum vorliegen. Die Extremwerte sind alle isoliert. Weil $p(x)$ als Produkt zweier Quadrate immer nicht-negativ ist, sind die Minima sogar global. Weil $p(x)$ für $x \to \pm\infty$ gegen $+\infty$ strebt, ist das Maximum in x_3 nicht global.

Wendepunkte kann es nur bei den beiden Nullstellen von $p''(x) = 12x^2 - 72x + 92$ geben. Da $p''(3 - x) = p''(3 + x) = 4(3x^2 - 4)$ ist, liegen diese beiden Nullstellen bei

$x = 3 \pm 2/\sqrt{3}$ (man kann natürlich auch direkt die quadratische Gleichung lösen). Weil p'' stetig ist, und $p''(1) = p''(3-2) = 4(3 \cdot 2^2 - 4) = 4 \cdot 8 > 0$, $p''(3) < 0$ und $p''(5) > 0$, liegen tatsächlich Wendepunkte vor.

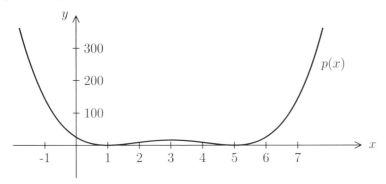

3.2.3. Man soll f in der Form $f(x) = f(0) + x \cdot \Delta(x)$ schreiben. Das ist einfach, man setze $\Delta(x) := 1 + 2x \cdot \sin(1/x)$ für $x \neq 0$. Weil die Sinusfunktion beschränkt bleibt, konvergiert $\Delta(x)$ für $x \to 0$ gegen 1. Damit ist $\Delta(x)$ in $x = 0$ durch $\Delta(0) := 1$ stetig fortsetzbar, und f ist in Null differenzierbar mit $f'(0) = \Delta(0) = 1 > 0$.

Zur Lösung des zweiten Teils berechnen wir $f'(x)$ für $x \neq 0$, offensichtlich ist

$$f'(x) = 1 + 4x \cdot \sin(1/x) - 2\cos(1/x).$$

Nun suchen wir Punkte, in denen f' negativ ist und f daher fällt. Da bietet es sich an, die Punkte $x_\nu := 1/(2\pi\nu)$ zu wählen. Dann ist

$$f'(x_\nu) = 1 + 4x_\nu \cdot \sin(2\pi\nu) - 2\cos(2\pi\nu) = 1 - 2 = -1 < 0.$$

Also fällt f in den Punkten x_ν. Weil die Folge (x_ν) gegen Null konvergiert, gibt es keine Umgebung von 0, auf der f streng monoton wächst.

Übrigens folgt nun auch, dass f (im Nullpunkt) nicht stetig differenzierbar ist, denn es ist $f'(0) = 1$ und $\lim_{\nu \to \infty} f'(x_\nu) = -1$.

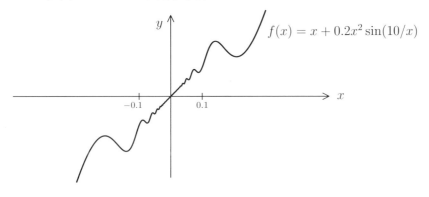

3.2.4. Für $x \neq 0$ ist $f(x) = x \cdot \Delta(x)$ mit $\Delta(x) := 2x + x\sin(1/x)$. Da $\Delta(x)$ für $x \to 0$ gegen Null konvergiert, ist f in $x = 0$ differenzierbar und $f'(0) = 0$. Dass f in Null ein Minimum besitzt, zeigt sich an den Werten von f, es ist $f(x) > 0$ für $x \neq 0$. Weil $f(x) = x^2(2 + \sin(1/x)) \geq x^2$ ist, liegt sogar ein isoliertes Minimum vor.

Für den zweiten Teil braucht man die Ableitung

$$f'(x) = 4x + 2x\sin(1/x) - \cos(1/x) \quad \text{für } x \neq 0.$$

In den Punkten $x_n = 1/(2n\pi)$ ist $f'(x_n) = 4/(2n\pi) - 1 < 0$, und in den Punkten $y_n = 2/((4n+1)\pi)$ ist $f'(y_n) = 12/((4n+1)\pi) > 0$. Also wechselt f' bei Annäherung an Null auf beiden Seiten beliebig oft das Vorzeichen. Es gibt keine Umgebung von 0, auf der $f'(x) < 0$ für $x < 0$ und $f'(x) > 0$ für $x > 0$ ist.

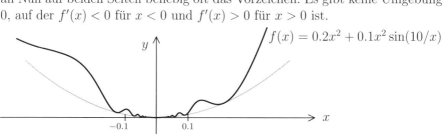

Natürlich verschwindet f' in jeder Umgebung von 0 beliebig oft, aber diese Punkte sind etwas schwierig zu berechnen.

3.2.5. 1) Es ist

$$
\begin{aligned}
\lim_{x \to 0}\left(\frac{1}{\ln(1+x)} - \frac{1}{x}\right) &= \lim_{x \to 0}\frac{x - \ln(1+x)}{x \cdot \ln(1+x)} \quad \text{(nun ist de l'Hospital anwendbar)} \\
&= \lim_{x \to 0}\frac{1 - 1/(1+x)}{\ln(1+x) + x/(1+x)} \quad \text{(Erweiterung mit } (1+x)) \\
&= \lim_{x \to 0}\frac{x}{(1+x)\ln(1+x) + x} \quad \text{(de l'Hospital anwendbar)} \\
&= \lim_{x \to 0}\frac{1}{\ln(1+x) + 2} = \frac{1}{2}.
\end{aligned}
$$

2) Man verwende die Formel $a^x = \exp(x \cdot \ln a)$. Dann ist

$$
\begin{aligned}
\lim_{x \to 0+}\left(\frac{1}{x}\right)^{\sin x} &= \lim_{x \to 0+}\exp(-\sin x \cdot \ln x) \\
&= \lim_{x \to 0+}\exp\big((-\sin x/x) \cdot (x\ln x)\big).
\end{aligned}
$$

Wir wissen schon, dass $\sin x/x$ für $x \to 0$ gegen 1 strebt, und mit de l'Hospital folgt:

$$\lim_{x \to 0+} x\ln x = -\lim_{x \to 0+}\frac{-\ln x}{1/x} = -\lim_{x \to 0+}\frac{-1/x}{-1/x^2} = \lim_{x \to 0} x = 0.$$

Also geht das Produkt gegen Null und die zu untersuchende Funktion gegen $e^0 = 1$. Dieser letzte Schluss ist möglich, weil exp stetig ist.

3) Es ist

$$\lim_{x \to 0} \frac{x - \tan x}{x - \sin x} = \lim_{x \to 0} \frac{1 - 1/\cos^2 x}{1 - \cos x} \text{ (nach l'Hospital)}$$

$$= \lim_{x \to 0} \frac{\cos^2 x - 1}{\cos^2 x (1 - \cos x)} \text{ (nach Erweiterung mit } \cos^2 x)$$

$$= -\lim_{x \to 0} \frac{1 + \cos x}{\cos^2 x} = -2.$$

3.2.6. Es ist $-C \leq f'(x) \leq C$ für $x \in I$, nach dem Schrankensatz also

$$-C \leq \frac{f(y) - f(x)}{y - x} \leq C \text{ für } x < y.$$

Daraus folgt: $|f(y) - f(x)| \leq C \cdot (y - x)$.

Ist $x > y$, so erhält man $|f(y) - f(x)| \leq C \cdot (x - y)$. Beide Resultate zusammen ergeben die Behauptung.

3.2.7. Wir beweisen die erste Behauptung mit Hilfe des Schrankensatzes. Sei $\varepsilon > 0$ vorgegeben. Dann gibt es ein $\delta > 0$, so dass für $x \in U_\delta(x_0)$ und $x \neq x_0$ gilt:

$$c - \varepsilon \leq f'(x) \leq c + \varepsilon,$$

also $|(f - c \cdot \mathrm{id})'(x)| \leq \varepsilon$ auf $U_\delta(x_0) \setminus \{x_0\}$. Aus dem Schrankensatz folgt nun:

$$|f(x) - f(x_0) - c \cdot (x - x_0)| \leq \varepsilon \cdot |x - x_0|, \quad \text{für } x \in U_\delta(x_0), \text{ also}$$

$$c - \varepsilon \leq \frac{f(x) - f(x_0)}{x - x_0} \leq c + \varepsilon.$$

Das bedeutet, dass $\lim\limits_{x \to x_0} \dfrac{f(x) - f(x_0)}{x - x_0} = c$ ist.

Ein **alternativer Beweis (ohne Schrankensatz)**, der den Mittelwertsatz direkter ausnutzt, könnte folgendermaßen aussehen:

Sei (x_ν) eine beliebige Folge in I, die gegen x_0 konvergiert. Außerdem sei ein $\varepsilon > 0$ vorgegeben. Es gibt dann ein $\delta > 0$, so dass $|f'(x) - c| < \varepsilon$ für $|x - x_0| < \delta$ ist. Ist ν so groß, dass $|x_\nu - x_0| < \delta$ ist, sowie c_ν ein Punkt zwischen x_ν und x_0 mit $D(x_\nu, x_0) = f'(c_\nu)$ (der ja nach dem Mittelwertsatz existieren muss), so ist auch $|c_\nu - x_0| < \delta$ und daher $|D(x_\nu, x_0) - c| = |f'(c_\nu) - c| < \varepsilon$. So folgt, dass die Differenzenquotienten $D(x_\nu, x_0)$ immer gegen c konvergieren.

Die zweite Behauptung folgt nun ganz leicht: Wenn linksseitiger und rechtsseitiger Limes existieren und beide gleich sind, dann existiert auch der gewöhnliche Limes.

3.2.8. Die Funktion ist stetig und links und rechts vom Nullpunkt beliebig oft differenzierbar, mit Ableitungen $1 + x - 4x^3$ und e^x. Beide Ausdrücke streben für $x \to 0$ gegen 1. Also ist f differenzierbar und

$$f'(x) = \begin{cases} 1 + x - 4x^3 & \text{für } x < 0, \\ 1 & \text{in } x = 0, \\ e^x & \text{für } x > 0. \end{cases}.$$

Offensichtlich ist f' stetig. Leitet man nochmals ab, so erhält man die Terme $1 - 12x^2$ und e^x. Wieder erhält man einen gemeinsamen Grenzwert. Also ist f zweimal differenzierbar und

$$f''(x) = \begin{cases} 1 - 12x^2 & \text{für } x < 0, \\ 1 & \text{in } x = 0, \\ e^x & \text{für } x > 0. \end{cases}.$$

Diese Funktion ist wieder stetig und links und rechts vom Nullpunkt differenzierbar. Schreibt man $f''(x) = f''(0) + x \cdot \Delta''(x)$, mit

$$\Delta''(x) = \begin{cases} -12x & \text{für } x < 0, \\ (e^x - 1)/x & \text{für } x > 0. \end{cases}.$$

so ist $\lim\limits_{x \to 0-} \Delta(x) = 0$ und $\lim\limits_{x \to 0+} \Delta(x) = 1$. Letzteres sieht man ganz einfach mit de l'Hospital. Also existiert der Grenzwert $\lim\limits_{x \to 0} f'''(x)$ nicht, und f ist in 0 nicht dreimal differenzierbar.

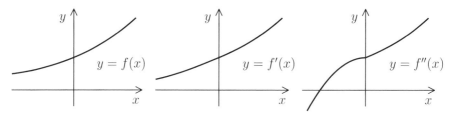

Wie man sieht, passen die beiden Teile von $f(x)$ bei $x = 0$ gut zusammen und ergeben einen glatten Funktionsgraphen. Mit jedem Differentiationsvorgang verliert man aber etwas von dieser Glätte. f'' besitzt bei 0 einen sichtbaren Knick.

3.2.9. Sei $f(x) = ax^3 + bx^2 + cx + d$ (mit $a \neq 0$). Dann ist $f'(x) = 3ax^2 + 2bx + c$, $f''(x) = 6ax + 2b$ und $f'''(x) = 6a$.

Es ist $f''(x) = 0 \iff x = -b/3a$, und $f'''(x)$ verschwindet nirgends. Also gibt es nur den Wendepunkt $x = -b/3a$.

3.2.10. Gesucht ist eine Funktion, deren Graph wie folgt aussieht:

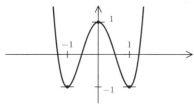

Die Ableitung der gesuchten Funktion muss die drei Nullstellen $x = 0$ und $x = \pm 1$ aufweisen. Also machen wir den Ansatz

$$f'(x) = \alpha \cdot x \cdot (x - 1)(x + 1) = \alpha \cdot (x^3 - x).$$

Eine mögliche Funktion f ist dann gegeben durch $f(x) = \frac{\alpha}{4}x^4 - \frac{\alpha}{2}x^2 + \beta$. Damit $f(0) = 1$ ist, muss $\beta = 1$ gesetzt werden. Dann ist $f(\pm 1) = \frac{\alpha}{4} - \frac{\alpha}{2} + 1$. Damit sich hier der Wert -1 ergibt, muss $\alpha = 8$ gesetzt werden. Tatsächlich leistet $f(x) = 2x^4 - 4x^2 + 1$ das Gewünschte.

3.2.11. Hier ist noch mal die Skizze:

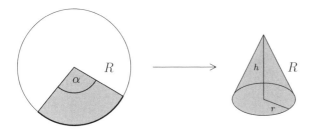

Die Grundfläche des Kreiskegels beträgt $F = r^2\pi$, wobei r der Radius ist. Die Höhe h ist durch $r^2 + h^2 = R^2$ gegeben. Der Umfang der Grundfläche des Kreiskegels muss mit der Grenzlinie des Kreissektors übereinstimmen: $2r\pi = \alpha \cdot R$ (wenn α im Bogenmaß angegeben wird). So erhält man r als Funktion von R und α, und damit auch das Volumen $V = (F \cdot h)/3$:

$$V = V(\alpha) = \frac{r^2\pi}{3}\sqrt{R^2 - r^2} = \frac{\alpha^2 R^2 \pi}{12\pi^2}\sqrt{R^2 - \frac{\alpha^2 R^2}{4\pi^2}} = \frac{R^3}{12\pi} \cdot \alpha^2 \sqrt{1 - \frac{\alpha^2}{4\pi^2}}.$$

Jetzt kann man – bei festem R – ein Maximum bestimmen. Setzt man $C := R^3/(12\pi)$ und $c := 1/(4\pi^2)$, so ist $V(\alpha) = C\alpha^2\sqrt{1 - c\alpha^2}$ und

$$V'(\alpha) = C\left(2\alpha\sqrt{1 - c\alpha^2} - \frac{c\alpha^3}{\sqrt{1 - c\alpha^2}}\right) = \frac{C}{\sqrt{1 - c\alpha^2}} \cdot \alpha \cdot (2 - 3c\alpha^2).$$

$V'(\alpha)$ verschwindet genau dann, wenn $\alpha = 0$ oder $\alpha = \pm\sqrt{2/(3c)}$ ist. Der gesuchte Winkel ist also $\alpha = 2\pi\sqrt{2/3}$. Das Ergebnis hängt nicht von R ab.

3.2.12. a) Die Funktion $f(x) := 1/(x^2 + r)$ ist auf ganz $\mathbb{R}$ definiert und gerade. Sie hat offensichtlich keine Nullstellen und ist sogar überall positiv.

Für $x \to \pm\infty$ strebt $f(x)$ gegen Null. Die x-Achse tritt in beiden Richtungen als horizontale Asymptote auf.

Es ist $f'(x) = -2x/(x^2 + r)^2$. Eine Nullstelle gibt es nur bei $x = 0$. Da $f(0) = 1/r$ und $f(x) \le 1/r$ für alle $x \in \mathbb{R}$ gilt, besitzt f bei $x = 0$ ein lokales und zugleich globales Maximum. Andere Extremwerte kann es nicht geben.

Weiter ist $f''(x) = \left(-2(x^2+r)^2 + 8x^2(x^2+r)\right)/(x^2+r)^4 = (6x^2 - 2r)/(x^2+r)^3$. Nullstellen treten bei $a_\pm := \pm\sqrt{r/3}$ auf. Ist $x < a_-$ oder $x > a_+$, so ist $f''(x) > 0$, also f konvex. Für $|x| < a_+$ ist f konkav. Insbesondere liegen bei $\pm a$ Wendepunkte vor.

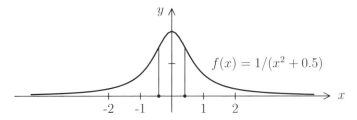

b) $f(x) := x^2/\sqrt{x^2-4}$ ist für $|x| \geq 4$ definiert und für $|x| > 4$ differenzierbar. Es handelt sich um eine gerade und positive Funktion, die für $x < -2$ und $x \to -2$ (bzw. für $x > 2$ und $x \to 2$ gegen $+\infty$ strebt. Wir haben also vertikale Asymptoten bei $x = \pm 2$.

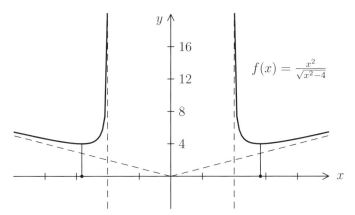

Es ist $f'(x) = x(x^2-8)/(x^2-4)^{3/2}$. Da f in $x = 0$ nicht definiert ist, muss man nur die Nullstellen $x = \pm 2\sqrt{2}$ betrachten. Da $f''(x) = (4x^2+32)/(x^2-4)^{5/2}$ überall positiv ist, liegen zwei Minima vor, und es gibt keine Wendepunkte.

Man kann sogar zeigen, dass $y = x$ und $y = -x$ schräge Asymptoten sind.

c) $f(x) := x + 1/x$ ist für $x \neq 0$ definiert und ungerade. Für $x > 0$ und $x \to 0$ strebt $f(x)$ gegen $+\infty$, für $x < 0$ und $x \to 0$ gegen $-\infty$.

Es ist $f'(x) = 1 - 1/x^2$ und $f''(x) = 2/x^3$. Die erste Ableitung verschwindet bei $x = \pm 1$. Da $f''(-1) < 0$ ist, liegt dort ein lokales Maximum vor. Da $f''(1) > 0$ ist, haben wir bei $x = 1$ ein lokales Minimum. Wendepunkte kann es nicht geben.

$f(x) - x = 1/x$ strebt für $x \to +\infty$ und $x \to -\infty$ gegen Null. Also ist durch $y = x$ eine schräge Asymptote gegeben.

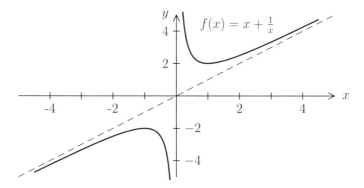

d) $f(x) := x^2 + 1/x$ ist auch für alle $x \neq 0$ definiert. Die Funktion ist allerdings weder gerade noch ungerade.

Für $x \to +\infty$ und für $x > 0$ und $x \to 0$ strebt $f(x)$ gegen $+\infty$. Für $x < 0$ und $x \to 0$ strebt $f(x)$ gegen $-\infty$, für $x \to -\infty$ gegen $+\infty$.

Es ist $f'(x) = 2x - 1/x^2$ und $f''(x) = 2 + 2/x^3$. Eine Nullstelle von f' gibt es nur bei $x_0 = 1/\sqrt[3]{2}$. Da $f''(x_0) = 6 > 0$ ist, liegt dort ein lokales Minimum vor. Andere Extremwerte gibt es nicht. Die 2. Ableitung verschwindet genau bei $x_1 = -1$. Es ist $f'''(x) = -6/x^4$, also $f'''(x_1) = -6 \neq 0$. Das zeigt einen Wendepunkt bei x_1.

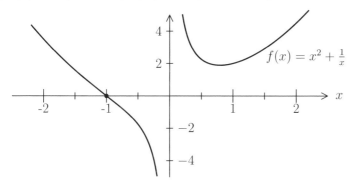

Lösungen der Aufgaben in 3.3

3.3.1. Die Funktion $f(x) := x(x-2)(x-3)$ nimmt positive Werte auf den Intervallen $(0,2)$ und $(3,4)$ an. Das Integral über $f(x)$ und diese beiden Intervalle liefert den gesuchten Flächeninhalt. Zum Integrieren benutzt man am besten die Darstellung $f(x) = x^3 - 5x^2 + 6x$.

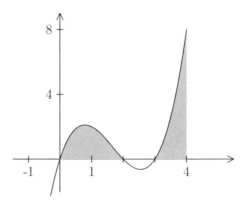

Eine Stammfunktion von f ist $F(x) := \frac{1}{4}x^4 - \frac{5}{3}x^3 + 3x^2$. Also ist

$$
\int_0^2 f(x)\,dx + \int_3^4 f(x)\,dx = \big(F(2) - F(0)\big) + \big(F(4) - F(3)\big)
$$

$$
= \big(4 - \frac{40}{3} + 12\big) + \big(64 - \frac{320}{3} + 48 - (\frac{81}{4} - 45 + 27)\big)
$$

$$
= \frac{8}{3} + \frac{16}{3} - \frac{9}{4} = 8 - 2.25 = 5.75.
$$

3.3.2. a) Sei $f(x) := x + |x - 1|$. Ist $x < 1$, so ist $f(x) = x - (x - 1) = 1$. Ist $x \geq 1$, so ist $f(x) = x + (x - 1) = 2x - 1$. Also ist

$$
F(x) = \int_0^x f(t)\,dt = \begin{cases} x & \text{für } x < 1 \\ x^2 - x + 1 & \text{für } x \geq 1 \end{cases}
$$

eine Stammfunktion von f.

b) Sei $g(x) := [x]$. Für $n \in \mathbb{N}_0$ und $n \leq x < n + 1$ ist $g(x) = n$. Ist nun $x > 0$ und $n = [x]$, so ist

$$
G(x) = \int_0^x g(t)\,dt = \sum_{i=1}^n \int_{i-1}^i g(t)\,dt + \int_n^x g(t)\,dt
$$

$$
= \sum_{i=1}^n \int_{i-1}^i (i-1)\,dt + \int_n^x n\,dt
$$

$$
= \sum_{i=1}^n (i-1) + nx - n^2 = \sum_{j=0}^{n-1} j + nx - n^2
$$

$$
= nx + \frac{n(n-1)}{2} - n^2 = nx - \frac{n(n+1)}{2}.
$$

der Wert einer Stammfunktion von g in x. Generell kann man also schreiben:

$$
G(x) = [x] \cdot x - \frac{[x]([x] + 1)}{2}.
$$

3.3.3. Laut Tabelle ist $2\sqrt{x}$ eine Stammfunktion von $1/\sqrt{x}$. Etwas kniffliger scheint es beim zweiten Integral zu sein. So schwierig ist es aber nicht, es ist ja $x\sqrt{x} = x^{3/2}$, und eine Stammfunktion davon ist $(2/5)x^{5/2} = (2/5)x^2\sqrt{x}$. Nun folgt:

$$\int_1^4 \frac{1}{\sqrt{x}}\, dx = 2\sqrt{x}\ \Big|_1^4 = 4 - 2 = 2$$

und

$$\int_0^1 (3 + x\sqrt{x})\, dx = \Big(3x + \frac{2}{5}x^2\sqrt{x}\Big)\ \Big|_0^1 = 3 + \frac{2}{5} = \frac{17}{5}.$$

3.3.4. Gesucht wird eine Stammfunktion von

$$f(x) := \begin{cases} (x+1)^2 & \text{für } -1 \le x < 0, \\ (x-1)^2 - 1 & \text{für } 0 \le x \le 1. \end{cases}$$

Dazu sei

$$
\begin{aligned}
F(x) \ =\ \int_{-1}^x f(t)\, dt \ &=\ \begin{cases} \int_{-1}^x (t^2 + 2t + 1)\, dt & \text{für } x \ge 0 \\ -5/3 + \int_0^x (t^2 - 2t)\, dt & \text{für } x \ge 0 \end{cases} \\
&=\ \begin{cases} (t^3/3 + t^2 + t)\ |_{-1}^x & \text{für } x \ge 0 \\ -\, 5/3 + (t^3/3 - t^2)\ |_0^x & \text{für } x \ge 0 \end{cases} \\
&=\ \begin{cases} x^3/3 + x^2 + x - 5/3 & \text{für } x < 0 \\ x^3/3 - x^2 - 5/3 & \text{für } x \ge 0 \end{cases}
\end{aligned}
$$

Offensichtlich ist F stetig, und außerhalb von $x = 0$ ist F differenzierbar und $F' = f$.

3.3.5. Bekanntlich ist $\tan(t) = -(\ln \circ |\cos|)'(t)$. Damit wäre

$$\int_x^{2\pi} \tan(t)\, dt = -\big(\ln|\cos(t)|\big)\ |_x^{2\pi} = \ln|\cos(x)|.$$

Aber Hoppla!! Der Tangens ist nicht überall definiert. Die gewonnene Formel gilt also nur, wenn $\cos(t)$ im Integrationsintervall keine Nullstelle besitzt! Es sollte $3\pi/2 < x < 2\pi$ sein.

Es ist $\dfrac{u}{1 + u^2} = \dfrac{1}{2}\dfrac{2u}{1 + u^2} = \dfrac{1}{2}\dfrac{f'(u)}{f(u)}$. Dies ist die Ableitung von

$$\frac{1}{2}\ln f(u) = \frac{1}{2}\ln(1 + u^2).$$

Also ist

$$\int_a^b \frac{u}{1 + u^2}\, du = \frac{1}{2}\ln(1 + u^2)\ \Big|_a^b = \frac{1}{2}\ln\Big(\frac{1 + b^2}{1 + a^2}\Big).$$

3.3.6. Ist g stetig, so ist die Funktion $G(y) := \int_0^y g(t)\, dt$ differenzierbar. Ist φ eine differenzierbare Funktion, deren Werte im Definitionsbereich von G liegen, so ist $F(x) := G(\varphi(x)) = \int_0^{\varphi(x)} g(t)\, dt$ ebenfalls differenzierbar und $F'(x) = G'(\varphi(x)) \cdot \varphi'(x) = g(\varphi(x)) \cdot \varphi'(x)$.

Im vorliegenden Fall ist $g(t) = e^t$ und $\varphi(x) = \sin(x)$, also $F'(x) = e^{\sin x} \cos x$.

3.3.7. a) Man sieht sofort, dass $\mu(f')$ der Differenzenquotient $(f(b) - f(a))/(b - a)$ ist. Ist also $\mu(f') = 0$, so ist $f(a) = f(b)$.

Da f' stetig ist, gibt es nach dem Mittelwertsatz der Integralrechnung ein $c \in [a, b]$ mit

$$f(b) - f(a) = \int_a^b f'(x)\, dx = f'(c) \cdot (b - a).$$

Also ist $\dfrac{f(b) - f(a)}{b - a} = f'(c)$.

b) Es ist

$$\frac{c - a}{b - a} \cdot \mu(f_{a,c}) + \frac{b - c}{b - a} \cdot \mu(f_{c,b}) =$$

$$= \frac{c - a}{b - a} \cdot \frac{1}{c - a} \int_a^c f(t)\, dt + \frac{b - c}{b - a} \cdot \frac{1}{b - c} \int_c^b f(t)\, dt$$

$$= \frac{1}{b - a} \left(\int_a^c f(t)\, dt + \int_c^b f(t)\, dt \right)$$

$$= \frac{1}{b - a} \int_a^b f(t)\, dt = \mu(f_{a,b}).$$

3.3.8. Es handelt sich um eine DGL mit getrennten Variablen: $y' = f(x)g(y)$ mit $f(x) = 1/(2x)$ und $g(y) = (1 + y^2)/y$. Wegen der Anfangsbedingung betrachte man alles auf $\mathbb{R}_-$. Dann ist $G(y) = \dfrac{1}{2} \ln(1 + y^2)$ Stammfunktion von $1/g$ und $F(x) = \dfrac{1}{2} \ln|x|$ Stammfunktion von f. Außerdem ist $G^{-1}(u) = \pm\sqrt{e^{2u} - 1}$. Wir müssen das Minuszeichen wählen. Damit erhält man die Lösung

$$\varphi(x) = G^{-1}(F(x) + c) = -\sqrt{e^{\ln(-x) + 2c} - 1} = -\sqrt{-Cx - 1} = -\sqrt{-2x - 1}.$$

Die Konstante C wurde mit Hilfe der Anfangsbedingung eliminiert.

3.3.9. Hier liegt eine lineare DGL vor: $y' + a(x)y = b(x)$ mit $a(x) = 1/x$ und $b(x) = x^3$. Als allgemeine Lösung der zugehörigen homogenen Gleichung $y' + (1/x)y = 0$ ergibt sich $y_h(x) = c/x$, denn $A(x) = \ln x$ ist Stammfunktion von $a(x)$, und die Lösung der homogenen Gleichung hat generell die Gestalt $c \cdot e^{-A(x)}$.

Als partikuläre Lösung der inhomogenen Gleichung erhält man $y_p(x) = \dfrac{1}{5}x^4$, denn $B(x) := (1/5)x^5$ ist Stammfunktion von $b(x)e^{A(x)} = x^4$, und als partikuläre Lösung kann man die Funktion $B(x) \cdot e^{-A(x)} = (1/5)x^4$ wählen.

Die allgemeine Lösung ist nun $y(x) = y_h(x) + y_p(x) = c/x + (1/5)x^4$. Die Lösung zur Anfangsbedingung $y(1) = 0$ ist dann

$$\varphi(x) = \frac{1}{5}\Big(x^4 - \frac{1}{x}\Big).$$

Die Probe zeigt, dass das stimmt.

Lösungen der Aufgaben in 3.4

3.4.1. Aus der Gleichung $4x^2 = 1 - u$ folgt $8x\,dx = -du$, also

$$\int \frac{x}{\sqrt{1 - 4x^2}}\,dx = -\frac{1}{8}\int \frac{du}{\sqrt{u}} = -\frac{1}{4}\sqrt{u} + C = -\frac{1}{4}\sqrt{1 - 4x^2} + C.$$

3.4.2. Wählt man $u = 1 + x^2$, so ist $2x\,dx = du$ und $x^4 = (u - 1)^2$, also

$$\int \sqrt{1 + x^2} \cdot x^5\,dx \;=\; \frac{1}{2}\int \sqrt{u}(u - 1)^2\,du \;=\; \frac{1}{2}\int \big(u^{5/2} - 2u^{3/2} + u^{1/2}\big)\,du$$

$$=\; \frac{1}{7}(1 + x^2)^{7/2} - \frac{2}{5}(1 + x^2)^{5/2} + \frac{1}{3}(1 + x^2)^{3/2} + C.$$

Man hätte natürlich auch $u = \sqrt{1 + x^2}$ wählen können. Dann ist $x^2 = u^2 - 1$ und $x\,dx = u\,du$, also

$$\int \sqrt{1 + x^2} \cdot x^5\,dx = \int u(u^2 - 1)^2 u\,du = \int (u^6 - 2u^4 + u^2)\,du\,,$$

und es kommt am Ende das Gleiche heraus.

3.4.3. Es ist $x = 1/u$, also $dx = -u^{-2}\,du$ und

$$\int \frac{e^{1/x}}{x^2}\,dx = -\int e^u\,du = -e^{1/x} + C.$$

3.4.4. Setze $u := x$ und $v := \sinh x$. Dann ist $u\,v' = x\cosh x$ und $u'\,v = \sinh x$, also

$$\int 3x\cosh x\,dx \;=\; 3\int u\,v'\,dx \;=\; 3uv - 3\int v\,u'\,dx$$

$$=\; 3x\sinh x - 3\int \sinh x\,dx \;=\; 3x\sinh x - 3\cosh x + C.$$

3.4.5. 1) Setze $u = e^x$, also $x = \ln u$ und $dx = du/u$.

Damit ergibt sich:

$\int e^x/(1 + e^{2x})\,dx = \int u/(1 + u^2) \cdot du/u = \int du/(1 + u^2) = \arctan(e^x) + C$.

2) Man verwende die Substitution $u = \varphi(x) = x^3$, mit $\varphi'(x) = 3x^2$ bzw. $du = 3x^2\,dx$.

Damit ergibt sich $\int x^2 \sin(x^3)\,dx = (1/3) \int \sin u\,du = -\cos(x^3)/3 + C$.

3) Es ist $x^4 + 2 = (5x^4 + 10)/5 = (1/5)(x^5 + 10x)'$. Man setze daher $\varphi(x) := x^5 + 10x$, mit $\varphi'(x) = 5x^4 + 10 = 5(x^4 + 2)$. Das ergibt

$$\int \frac{x^4 + 2}{(x^5 + 10x)^5}\,dx = \frac{1}{5} \int \frac{\varphi'(x)}{\varphi(x)^5}\,dx = \frac{1}{5} \int \frac{dy}{y^5} = -\frac{1}{20(x^5 + 10x)^4} + C\,.$$

4) Setze $\varphi(x) := x^3 + 3x^2 + 1$. Dann ist $\varphi'(x) = 3(x^2 + 2x)$ und

$$\int \frac{x^2 + 2x}{\sqrt[3]{x^3 + 3x^2 + 1}}\,dx = \frac{1}{3} \int \frac{\varphi'(x)}{\sqrt[3]{\varphi(x)}}\,dx = \frac{1}{3} \int y^{-1/3}\,dy = \frac{1}{2}(x^3 + 3x^2 + 1)^{2/3}\,.$$

5) Setze $u = \varphi(x) = x^2$. Dann ist $x = \sqrt{u}$ und $du = 2x\,dx$, also

$$\int_1^5 \frac{x}{x^4 + 10x^2 + 25}\,dx = \frac{1}{2} \int_1^{25} \frac{du}{(u + 5)^2} = \frac{1}{2} \int_6^{30} \frac{dv}{v^2} = -\frac{1}{2} \cdot \frac{1}{v} \Big|_6^{30} = \frac{1}{15}\,.$$

6) Setze $u = \sqrt{\sqrt{x} + 1}$. Dann ist $u^2 = \sqrt{x} + 1$, also $x = (u^2 - 1)^2$ und $dx = 4u(u^2 - 1)$. Es folgt:

$$
\begin{aligned}
\int \sqrt{\sqrt{x} + 1}\,dx &= 4 \int (u^4 - u^2)\,du = 4\left(\frac{u^5}{5} - \frac{u^3}{3}\right) + C \\
&= \frac{4}{15}(3u^5 - 5u^3) + C = \frac{4}{15} u \cdot u^2 (3u^2 - 5) \\
&= \frac{4}{15} \sqrt{\sqrt{x} + 1}(3x + \sqrt{x} - 2) + C\,.
\end{aligned}
$$

7) Man setze $u^3 = 4 - x^2$, also $\sqrt[3]{4 - x^2} = u$ und $3u^2\,du = -2x\,dx$. Dann ist

$$\int x\sqrt[3]{4 - x^2}\,dx = -\frac{3}{2} \int u \cdot u^2\,du = -\frac{3}{8}u^4 + C = -\frac{3}{8}(4 - x^2)^{4/3}\,.$$

8) Setzt man $u = \sqrt[3]{x}$, so ist $x = u^3$ und $dx = 3u^2\,du$, also

$$\int (x + 2)\sqrt[3]{x}\,dx = \int (u^3 + 2)u \cdot 3u^2\,du = 3 \int (u^6 + 2u^3)\,du = \frac{3}{7}x^{7/3} + \frac{3}{2}x^{4/3}\,.$$

9) Man verwendet die Beziehung

$$\cos x = \frac{1 - \tan^2(x/2)}{1 + \tan^2(x/2)},$$

sowie die Substitution $u = \tan(x/2)$, $x = 2 \arctan u$ und $dx = (2/(1 + u^2))\, du$. Dann ist

$$
\begin{aligned}
\int \frac{dx}{5 + 3 \cos x}\, dx &= \int \frac{1}{5 + 3(1 - u^2)/(1 + u^2)} \cdot \frac{2}{1 + u^2}\, du \\
&= \int \frac{1}{4 + u^2}\, du = \frac{1}{2} \int \frac{1}{1 + t^2}\, dt \\
&= \frac{1}{2} \arctan\left(\frac{1}{2} \tan\left(\frac{x}{2}\right)\right).
\end{aligned}
$$

3.4.6. Es ist $c_0 = \pi/2$ und $c_1 = 1$. Für $n \geq 1$ ist

$$
\begin{aligned}
c_{n+1} &= \int_0^{\pi/2} \sin^n t \sin t\, dt \\
&= \sin^n t(-\cos t)\Big|_0^{\pi/2} + n \int_0^{\pi/2} \sin^{n-1} t \cos^2 t\, dt \\
&= n \int_0^{\pi/2} \sin^{n-1} t(1 - \sin^2 t)\, dt = n c_{n-1} - n c_{n+1},
\end{aligned}
$$

also $c_{n+1} = \dfrac{n}{n+1} c_{n-1}$. Daraus folgt:

$$
c_{2k} = \frac{\pi}{2} \cdot \frac{1 \cdot 2 \cdots (2k-1)}{2 \cdot 4 \cdots (2k)} \quad \text{und} \quad c_{2k+1} = \frac{2 \cdot 4 \cdots (2k)}{1 \cdot 3 \cdot (2k+1)}.
$$

Lösungen der Aufgaben in 3.5

3.5.1. (x, y, z) liegt genau dann auf der Kurve C, wenn (x, y) auf dem ebenen Kreis um $(0, 0)$ mit Radius 3 (also (x, y, z) auf dem Zylinder um die z-Achse mit Radius 3) liegt und $z = 2 - y$ ist (also (x, y, z) auf der Ebene $y + z = 2$ liegt). Da bietet sich folgende Parametrisierung an:

$$\boldsymbol{\alpha}(t) := (3\cos t, 3\sin t, 2 - 3\sin t), \quad \text{mit } \boldsymbol{\alpha}'(t) = (-3\sin t, 3\cos t, -3\cos t).$$

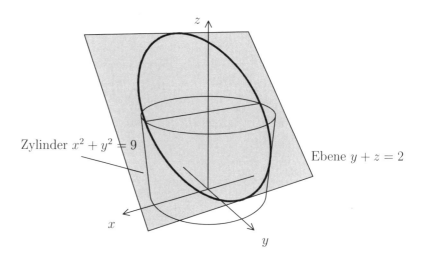

3.5.2. Ignoriert man die in den Anmerkungen zur Aufgabe gemachten Einwände, so kann man folgendermaßen vorgehen:

Man teilt den Kreis in n gleiche Sektoren ein und verbindet die Endpunkte der Wände eines Sektors auf der Peripherie miteinander, so dass n gleichschenklige Dreiecke entstehen, deren Basis mit b_n bezeichnet werde.

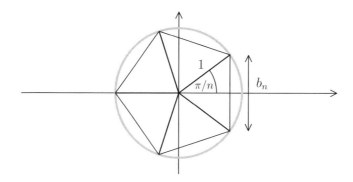

Elementargeometrisch ist $b_n/2 = \sin(\pi/n)$. Das ist unser „Axiom", das wir unbewiesen der Aufgabenstelung hinzufügen müssen.

Die Länge des (dem Kreis einbeschriebenen) Polygonzuges ist

$$U_n := n \cdot b_n = 2n \cdot \sin(\pi/n) = 2\pi \cdot \sin(\pi/n)/(\pi/n).$$

Weil $(\sin x)/x$ für $x \to 0$ gegen 1 strebt, konvergiert U_n für $n \to \infty$ gegen 2π.

3.5.3. Sei $\boldsymbol{\alpha}(t) := (\cos^3 t, \sin^3 t)$ und $\boldsymbol{\beta}(t) := (e^{-2t}, 2t, 4)$. Dann ist $\boldsymbol{\alpha}'(t) = (-3\cos^2 t \sin t, 3\sin^2 t \cos t)$ und $\|\boldsymbol{\alpha}'(t)\| = 3|\cos t \sin t|$, also

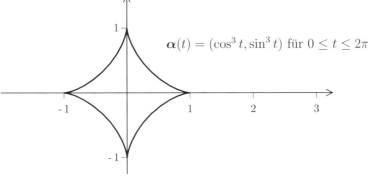

$$\mathbf{T}_\alpha(t) = \begin{cases} (-\cos t, \sin t) & \text{für } 0 \le t < \pi/2, \\ (\cos t, -\sin t) & \text{für } \pi/2 \le t < \pi, \\ (-\cos t, \sin t) & \text{für } \pi \le t < 3\pi/2, \\ (\cos t, -\sin t) & \text{für } 3\pi/2 \le t \le 2\pi. \end{cases}$$

$$\boldsymbol{\alpha}(t) = (\cos^3 t, \sin^3 t) \text{ für } 0 \le t \le 2\pi$$

Weiter ist $\boldsymbol{\beta}'(t) = (-2e^{-2t}, 2, 0)$ und $\|\boldsymbol{\beta}'(t)\| = 2\sqrt{1 + e^{-4t}}$, also

$$\mathbf{T}_\beta(t) = \left(-\frac{e^{-2t}}{\sqrt{1 + e^{-4t}}}, \frac{1}{\sqrt{1 + e^{-4t}}}, 0 \right).$$

3.5.4. Sei $\boldsymbol{\alpha}(t) := (t, t \sin t, t \cos t)$ für $0 \le t \le \pi$. Dann ist

$$\boldsymbol{\alpha}'(t) = (1, \sin t + t \cos t, \cos t - t \sin t) \quad \text{und} \quad \|\boldsymbol{\alpha}'(t)\| = \sqrt{2 + t^2},$$

also

$$L(\boldsymbol{\alpha}) = \int_0^\pi \|\boldsymbol{\alpha}'(t)\| \, dt = \int_0^\pi \sqrt{2 + t^2} \, dt.$$

Dieses Integral ist nicht so leicht auszuwerten, aber es ist machbar.

$t = \sqrt{2} \sinh u$, also $dt = \sqrt{2} \cosh u \, du$, liefert

$$\int \sqrt{2 + t^2} \, dt = 2 \int \cosh^2 u \, du = \frac{1}{2} \int (e^{2u} + e^{-2u} + 2) \, du = \frac{1}{2}(\sinh(2u) + 2u).$$

Weil $\sinh(2u) = 2 \sinh u \cosh u = 2 \sinh u \sqrt{1 + \sinh^2 u}$ und $u = \operatorname{arsinh}(t/\sqrt{2})$ ist, folgt:

$$\begin{aligned} \int \sqrt{2 + t^2} \, dt &= \sinh u \sqrt{1 + \sinh^2 u} + u \\ &= \frac{t}{\sqrt{2}} \sqrt{1 + \frac{t^2}{2}} + \ln\left(\frac{t}{\sqrt{2}} + \sqrt{1 + \frac{t^2}{2}} \right) \\ &= \frac{t}{2} \sqrt{2 + t^2} + \ln\left(t + \sqrt{2 + t^2} \right) - \frac{1}{2} \ln 2. \end{aligned}$$

Also ist $L(\boldsymbol{\alpha}) = \dfrac{\pi}{2} \sqrt{2 + \pi^2} + \ln\left(\pi + \sqrt{2 + \pi^2} \right) - \dfrac{1}{2} \ln 2.$

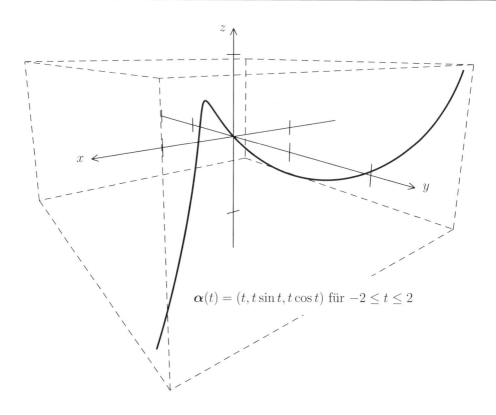

$$\boldsymbol{\alpha}(t) = (t, t\sin t, t\cos t) \text{ für } -2 \le t \le 2$$

3.5.5. Der Weg $\boldsymbol{\alpha}$ sieht folgendermaßen aus:

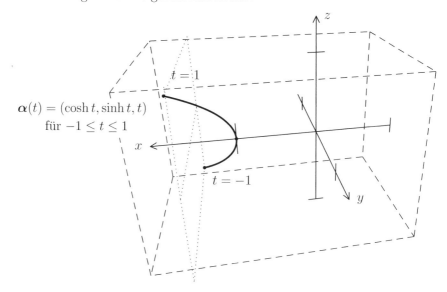

$$\boldsymbol{\alpha}(t) = (\cosh t, \sinh t, t)$$
$$\text{für } -1 \le t \le 1$$

Es ist $\boldsymbol{\alpha}'(t) = (\sinh t, \cosh t, 1)$, und daher

$$s_{\boldsymbol{\alpha}}(t) \;=\; \int_0^t \|\boldsymbol{\alpha}'(\tau)\| \, d\tau \;=\; \int_0^t \sqrt{\sinh^2 \tau + \cosh^2 \tau + 1} \, d\tau$$

$$=\; \sqrt{2} \int_0^t \sqrt{1 + \sinh^2 \tau} \, d\tau \;=\; \sqrt{2} \int_0^t \cosh \tau \, d\tau \;=\; \sqrt{2} \sinh t.$$

3.5.6. Es ist $\boldsymbol{\alpha}'(t) = (1, \sinh t)$, $\boldsymbol{\alpha}''(t) = (0, \cosh t)$ und $\|\boldsymbol{\alpha}'(t)\| = \sqrt{1 + \sinh^2 t} = \cosh t$. Die Krümmung ist deshalb gegeben durch

$$\kappa_{\boldsymbol{\alpha}}^{or}(t) = \frac{\alpha_1'(t)\alpha_2''(t) - \alpha_1''(t)\alpha_2'(t)}{\|\boldsymbol{\alpha}'(t)\|^3} = \frac{\cosh t}{\cosh^3 t} = \frac{1}{\cosh^2 t}.$$

3.5.7. Es soll die absolute Krümmung von $\boldsymbol{\alpha}(t) := (t, \sin t)$ bei $t = \pi/2$ und $t = 3\pi/2$ berechnet werden.

Es ist $\boldsymbol{\alpha}'(t) = (1, \cos t)$ und $\boldsymbol{\alpha}''(t) = (0, -\sin t)$. Daher ist $\kappa_{\boldsymbol{\alpha}}^{or}(t) = \dfrac{-\sin t}{\sqrt{1 + \cos^2 t}^3}$, also $\kappa_{\boldsymbol{\alpha}}^{or}(\pi/2) = -1$ und $\kappa_{\boldsymbol{\alpha}}^{or}(3\pi/2) = 1$.

Geht man zum Betrag über, so sind die Werte gleich.

3.5.8. Die Krümmung einer Raumkurve $\boldsymbol{\alpha}$ ist in den regulären Punkten die Zahl $\kappa_{\boldsymbol{\alpha}}(t) = \|\mathbf{T}_{\boldsymbol{\alpha}}'(t)\|/\|\boldsymbol{\alpha}'(t)\|$, in den anderen Punkten verschwindet sie.

a) Es ist $\boldsymbol{\alpha}'(t) = (1, 2, 3)$ und $\|\boldsymbol{\alpha}'(t)\| = \sqrt{14}$, also

$$\mathbf{T}_{\boldsymbol{\alpha}}(t) = \frac{1}{\sqrt{14}}(1, 2, 3) \quad \text{und} \quad \mathbf{T}_{\boldsymbol{\alpha}}'(t) \equiv (0, 0, 0).$$

Daher verschwindet die Krümmung von $\boldsymbol{\alpha}$ überall.

b) Es ist $\boldsymbol{\beta}'(t) = (\cos t - \sin t, \sin t + \cos t, 1)e^t$, und

$$\|\boldsymbol{\beta}'(t)\| = e^t \sqrt{(1 - 2\sin t \cos t) + (1 + 2\sin t \cos t) + 1} = e^t \sqrt{3}.$$

Also ist $\quad \mathbf{T}_{\boldsymbol{\beta}}(t) \;=\; \dfrac{1}{\sqrt{3}}(\cos t - \sin t, \sin t + \cos t, 1)$

und $\quad \mathbf{T}_{\boldsymbol{\beta}}'(t) \;=\; \dfrac{1}{\sqrt{3}}(-\sin t - \cos t, \cos t - \sin t, 0)$, und daher

$$\kappa_{\boldsymbol{\beta}}(t) = \frac{\|\mathbf{T}_{\boldsymbol{\beta}}'(t)\|}{\|\boldsymbol{\beta}'(t)\|} = \frac{1}{3}\sqrt{2}e^{-t}.$$

3.5.9. a) Durch $r = a$ wird der Kreis um $(0, 0)$ mit Radius a beschrieben. Die Gleichung $r = 2\sin t$ ist äquivalent zu der Gleichung $r^2 = 2r \sin t$, also $x^2 + y^2 = 2y$ bzw. $x^2 + (y - 1)^2 = 1$. Das ist der Kreis um $(0, 1)$ mit Radius 1.

b) Betrachten wir zunächst die logarithmische Spirale $r = e^t$. Hier ist $r'(t) = r(t) = e^t$, also

$$\begin{aligned}\boldsymbol{\alpha}'(t) &= (r'(t)\cos t - r(t)\sin t, r'(t)\sin t + r(t)\cos t)\\ &= e^t(\cos t - \sin t, \sin t + \cos t).\end{aligned}$$

Daher ist $s_{\boldsymbol{\alpha}}(t) = \displaystyle\int_0^t \|\boldsymbol{\alpha}'(\tau)\|\,d\tau = \sqrt{2}\int_0^t e^\tau\,d\tau = \sqrt{2}(e^t - 1)$.

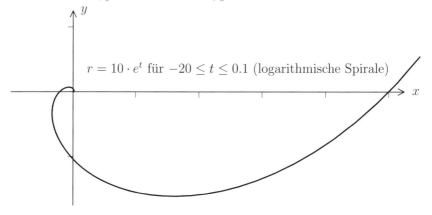

$r = 10 \cdot e^t$ für $-20 \le t \le 0.1$ (logarithmische Spirale)

Im Falle der archimedischen Spirale ist $r'(t) = a$, also

$$\boldsymbol{\alpha}'(t) = (a\cos t - at\sin t, a\sin t + at\cos t)$$

und $s_{\boldsymbol{\alpha}}(t) = a\displaystyle\int_0^t \sqrt{1 + \tau^2}\,d\tau$.

Wie man ein solches Integral auswertet, wurde schon in Aufgabe 3.5.4 gezeigt.

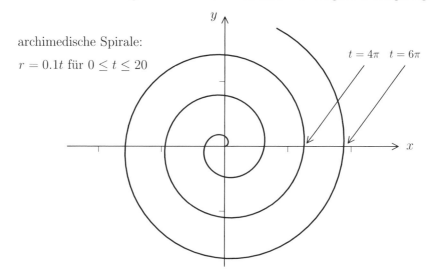

archimedische Spirale:

$r = 0.1t$ für $0 \le t \le 20$

$t = 4\pi$ $t = 6\pi$

Lösungen der Aufgaben in 3.6

3.6.1. Es ist $p(D)[1] = a_0$ und $p(D) - a_0 \mathrm{id} = a_1 D + a_2 D^2 + \cdots + a_n D^n$. Weil

$$D^n[x^k] = \begin{cases} k! & \text{für } n = k, \\ 0 & \text{für } n > k \end{cases}$$

ist, folgt:

$$\begin{aligned}
(p(D) - a_0\mathrm{id})[x] &= a_1, \\
(p(D) - a_0\mathrm{id} - a_1 D)[x^2] &= 2a_2
\end{aligned}$$

und schließlich $\big(p(D) - a_0\mathrm{id} - a_1 D - \ldots - a_k D^k\big)[x^{k+1}] = (k+1)! a_{k+1}$,

also

$$a_{k+1} = \frac{1}{(k+1)!}\big(p(D) - a_0\mathrm{id} - a_1 D - \ldots - a_k D^k\big)[x^{k+1}].$$

3.6.2. a) Das charakteristische Polynom $p(x) = x^3 - 7x + 6$ hat die Nullstellen 1, 2 und -3. Also bilden die Funktionen e^x, e^{2x} und e^{-3x} ein Fundamentalsystem.

b) Das charakteristische Polynom $p(x) = x^3 - x^2 - 8x + 12$ hat die Nullstellen 2 (mit Vielfachheit 2) und -3 (mit Vielfachheit 1). Das ergibt das Fundamentalsystem e^{2x}, $x \cdot e^{2x}$ und e^{-3x}.

c) Das charakteristische Polynom $p(x) = x^3 - 4x^2 + 13x = x(x^2 - 4x + 13)$ hat die Nullstellen $x = 0$ und $x = 2 \pm 3\,\mathrm{i}$. Das ergibt zunächst die komplexen Lösungen 1, $e^{(2+3\mathrm{i})x}$ und $e^{(2-3\mathrm{i})x}$ und daher die reellen Lösungen 1, $e^{2x}\cos(3x)$ und $e^{2x}\sin(3x)$.

3.6.3. Ein Fundamentalsystem bilden 1, e^{-x} und e^{3x}.

3.6.4. Das charakteristische Polynom ist

$$p(x) = x^4 + 4x^3 + 6x^2 + 4x + 1 = (x+1)(x^3 + 3x^2 + 3x + 1) = (x+1)^4.$$

Also erhält man als Fundamentalsystem e^{-x}, xe^{-x}, $x^2 e^{-x}$ und $x^3 e^{-x}$.

3.6.5. Das charakteristische Polynom $p(x) = x^3 - 1$ hat die komplexen Nullstellen 1 und $x = (-1 \pm \mathrm{i}\sqrt{3})/2$. Das ergibt die reellen Lösungen e^x, $e^{-x/2}\cos\big((\sqrt{3}/2)x\big)$ und $e^{-x/2}\sin\big((\sqrt{3}/2)x\big)$.

3.6.6. (1) $p(D)$ ist ein linearer Operator. Also ist $p(D)[c_1 f_1 + c_2 f_2] = c_1 \cdot p(D)[f_1] + c_2 \cdot p(D)[f_2]$.

(2) Es ist $D[g + \mathrm{i}h] = D[g] + \mathrm{i}\,D[h]$ und daher auch $p(D)[g + \mathrm{i}h] = p(D)[g] + \mathrm{i}\,p(D)[h]$ für jedes Polynom $p(x)$ (mit reellen Koeffizienten). Daraus folgt:

$$Q(t) = p(D)[\mathrm{Re}(Y) + \mathrm{i}\,\mathrm{Im}(Y)] = p(D)[\mathrm{Re}(Y)] + \mathrm{i}\,p(D)[\mathrm{Im}(Y)].$$

Vergleich der Real- und Imaginärteile ergibt die Behauptung.

Lösungen der Aufgaben in 4.1

4.1.1. 1) Die Reihe sei gleichmäßig konvergent, es sei $S_n := \sum_{\nu=0}^{n} f_\nu$. Zu jedem $\varepsilon > 0$ gibt es ein n_0, so dass $|f(x) - S_n(x)| < \varepsilon$ für $n \geq n_0$ und alle $x \in I$ gilt.

Beginnt man etwa mit $\varepsilon = 1$, so sieht man, dass $a_n := \|f - S_n\| < \infty$ für fast alle n ist. Außerdem ist $|f(x) - S_n(x)| \leq a_n$ für alle $x \in I$. Und es ist auch klar, dass (a_n) eine Nullfolge ist. Dabei spielen die ersten Terme der Folge keine Rolle.

2) Das Kriterium sei mit der Nullfolge (a_n) erfüllt. Ist $\varepsilon > 0$, so gibt es ein n_0, so dass $a_n < \varepsilon$ für $n \geq n_0$ ist. Dann ist aber auch $|f(x) - S_n(x)| < \varepsilon$ für $n \geq n_0$ und alle $x \in I$. Das bedeutet, dass (S_n) gleichmäßig gegen f konvergiert.

4.1.2. Es ist

$$S_n(x) := \sum_{\nu=0}^{n} \frac{1}{(x+\nu)(x+\nu+1)} = \sum_{\nu=0}^{n} \left(\frac{1}{x+\nu} - \frac{1}{x+\nu+1} \right)$$
$$= \frac{1}{x} - \frac{1}{x+n+1}.$$

Also konvergiert die Funktionenreihe punktweise gegen $f(x)$.

Ist $x > 0$, so ist

$$|f(x) - S_n(x)| = \frac{1}{x+n+1} < \frac{1}{n+1}.$$

Mit dem Kriterium aus der vorigen Aufgabe (oder direkt) folgt die gleichmäßige Konvergenz.

4.1.3. Offensichtlich konvergiert (f_n) punktweise gegen die Nullfunktion.

Es ist $f_n(0) = 0$ für alle n. Ist $x \neq 0$, so ist

$$f_n(x) = \frac{1}{n+1/x^2} \leq \frac{1}{n}.$$

Daraus folgt die gleichmäßige Konvergenz.

4.1.4. a) Ist $x_0 > 0$, so gibt es ein n_0, so dass $1/n < x_0$ und daher $f_n(x_0) = 0$ für $n \geq n_0$ ist. Außerdem ist $f_n(0) = 0$ für alle n.

b) Es ist

$$\int_0^1 f_n(x)\,dx = \int_0^{1/(2n)} 4n^2 x\,dx + \int_{1/(2n)}^{1/n} (4n - 4n^2 x)\,dx$$
$$= 2n^2 x^2 \Big|_0^{1/(2n)} + \left(4nx - 2n^2 x^2\right)\Big|_{1/(2n)}^{1/n}$$
$$= \frac{1}{2} + \left(4 - 2 - 2 + \frac{1}{2}\right) = 1.$$

c) Die Reihe kann nicht gleichmäßig konvergieren, weil Limes und Integral nicht vertauschen.

4.1.5. Sei $x > a$ (für $x < a$ ändern sich nur ein paar Vorzeichen). Dann ist

$$\lim_{n \to \infty} f_n(x) = \lim_{n \to \infty} \left(f_n(x) - f_n(a) \right) + c$$

$$= \lim_{n \to \infty} \int_a^x f_n'(t)\, dt + c = \int_a^x g(t)\, dt + c.$$

Also konvergiert (f_n) punktweise gegen eine Funktion f mit

$$f(x) = \int_a^x g(t)\, dt + c.$$

Offensichtlich ist dann f differenzierbar und $f' = g$.

Es bleibt noch die gleichmäßige Konvergenz von (f_n) auf abgeschlossenen Teilintervallen zu zeigen. Dazu sei $J \subset I$ ein abgeschlossenes Intervall der Länge ℓ, das a enthält. Für $x \in J$ ist

$$f(x) - f_n(x) = \int_a^x g(t)\, dt + c - \int_a^x f_n'(t)\, dt - f_n(a)$$

$$= \int_a^x \left(g(t) - f_n'(t) \right) dt + (c - f_n(a)),$$

also $|f(x) - f_n(x)| \leq \ell \cdot \|g - f_n'\| + (c - f_n(a))$. Weil $(f_n(a))$ gegen c und (f_n') gleichmäßig gegen g konvergiert, folgt die gleichmäßige Konvergenz von (f_n) gegen f auf J.

4.1.6. a) $f_n(0) = 0$ konvergiert natürlich gegen 0.

b) Ist $0 < |x| < 1$, so konvergiert (x^{2n}) gegen Null und daher auch $(f_n(x))$ gegen Null.

c) Ist $|x| = 1$, so ist auch $x^{2n} = 1$ und $(f_n(x))$ konvergiert gegen $1/2$.

d) Ist $|x| > 1$, so wächst x^{2n} über alle Grenzen. Daher konvergiert

$$f_n(x) = \frac{x^{2n}}{1 + x^{2n}} = \frac{1}{1 + 1/(x^{2n})}$$

gegen 1.

e) Wir haben gezeigt, dass (f_n) punktweise gegen die Funktion

$$f(x) := \begin{cases} 0 & \text{für } |x| < 1, \\ 1/2 & \text{für } |x| = 1, \\ 1 & \text{für } |x| > 1. \end{cases}$$

Da alle f_n stetig sind, f aber unstetig ist, kann die Konvergenz nicht gleichmäßig sein.

4.1.7. Sei $f(x) := \lim_{n\to\infty} f_n(x)$. Dann ist $f(x) = 0$ für $0 \le x < 1$ und $f(1) = 1$. Diese Funktion ist integrierbar (die Funktion $F(x) \equiv 1$ ist zum Beispiel eine Stammfunktion), es ist $\int_0^1 f(t)\,dt = F(1) - F(0) = 0$.

Andererseits ist $\displaystyle\int_0^1 f_n(t)\,dt = \int_0^1 t^n\,dt = \frac{1}{n+1}$ und daher $\displaystyle\lim_{n\to\infty}\int_0^1 f_n(t)\,dt = 0$.

Die Folge (f_n) konvergiert nicht gleichmäßig auf $[0,1]$, weil ihre Grenzfunktion nicht stetig ist.

4.1.8. Aus dem Leibniz-Kriterium folgt, dass die Reihe punktweise gegen eine Funktion f konvergiert. Aus den Voraussetzungen folgt (mit $u_N := S_{2N-1}$ und $v_N := S_{2N}$):

$f_n \ge 0$, $v_N \le v_{N+1} \le \ldots \le u_{N+1} \le u_N$ und $u_N - v_N$. Die Folgen (u_N) und (v_N) konvergieren monoton fallend bzw. wachsend gegen f. Dann ist

$$|f(x) - v_N(x)| = f(x) - v_N(x) \le u_N(x) - v_N(x) = f_{2N}(x) \text{ für alle } x,$$

also $\|f - v_N\| \le \|f_{2N}\|$. Daraus folgt, dass (v_N) gleichmäßig gegen f konvergiert. Genauso zeigt man, dass (u_N) und schließlich S_N gleichmäßig gegen f konvergiert.

4.1.9. Ist $n_0 \in \mathbb{N}$, so ist

$$\left\|\sum_{n=0}^{n_0} x^n\right\| \le \sum_{n=0}^{n_0} \|x\|^n \le \sum_{n=0}^{n_0} 1^n = n_0 + 1.$$

Auf der anderen Seite gilt für beliebiges $m \in \mathbb{N}$:

$$\left\|\sum_{n=0}^{n_0+m} x^n\right\| = \sup_{x\in(-1,1)} \left|\sum_{n=0}^{n_0+m} x^n\right| \ge \sup_{x\in[0,1)} \left|\sum_{n=0}^{n_0+m} x^n\right|$$

$$= \sup_{x\in[0,1)} \left(\sum_{n=0}^{n_0+m} x^n\right) = \sum_{n=0}^{n_0+m} 1^n = n_0 + m + 1.$$

Zusammen erhält man mit Hilfe der Dreiecks-Ungleichung:

$$\left\|\sum_{n=n_0+1}^{n_0+m} x^n\right\| = \left\|\sum_{n=0}^{n_0+m} x^n - \sum_{n=0}^{n_0} x^n\right\| \ge \left\|\sum_{n=0}^{n_0+m} x^n\right\| - \left\|\sum_{n=0}^{n_0} x^n\right\|$$

$$\ge (n_0 + m + 1) - (n_0 + 1) = m \ge 1.$$

Lösungen der Aufgaben in 4.2

4.2.1. Da $f(x)$ eine abbrechende (und daher überall konvergente) Potenzreihe mit Entwicklungspunkt $x_0 = 0$ ist, ergibt sich dort nichts Neues.

Es ist $f(2) = 7$, $f'(2) = 5$, $f''(2) = 2$ und $f^{(k)}(2) = 0$ für $k \geq 3$, also

$$f(x) = 7 + 5(x - 2) + (x - 2)^2.$$

Das Ergebnis erhält man auch ohne Berechnung von Ableitungen:

$$\begin{aligned} f(x) &= 1 + (x - 2 + 2) + (x - 2 + 2)^2 = 3 + (x - 2) + (x - 2)^2 + 4(x - 2) + 4 \\ &= 7 + 5(x - 2) + (x - 2)^2. \end{aligned}$$

4.2.2. Es ist $f'(x) = (1/2)x^{-1/2}$, $f''(x) = -(1/4)x^{-3/2}$, $f'''(x) = (3/8)x^{-5/2}$ und $f^{(4)}(x) = -(15/16)x^{-7/2}$. Dann ist

$$T_4 f(x) = 1 + \frac{1}{2}(x - 1) - \frac{1}{8}(x - 1)^2 + \frac{1}{16}x^3 - \frac{5}{128}(x - 1)^4$$

und

$$R_4(x) = \frac{f^{(5)}(c)}{5!}(x - 1)^5 = \frac{7}{256} c^{-9/2}(x - 1)^5,$$

mit einem c zwischen 1 und x.

4.2.3. Aus der Definition der hyperbolischen Funktionen und der Exponentialreihe folgt die Darstellung

$$\sinh x = \sum_{k=0}^{\infty} \frac{x^{2k+1}}{(2k + 1)!} \quad \text{und} \quad \cosh x = \sum_{k=0}^{\infty} \frac{x^{2k}}{(2k)!}.$$

Mit dem Satz über den Konvergenzradius von Potenzreihen mit Lücken erhält man die Konvergenz der Reihen auf ganz $\mathbb{R}$. Das ist aber nicht nötig, denn die Reihen setzen sich aus bekannten Potenzreihen zusammen, die auf ganz $\mathbb{R}$ konvergieren.

4.2.4. Induktionsanfang ($n = 0$): Es ist $f(x) = f(x_0) + R_0(x)$, also

$$R_0(x) = f(x) - f(x_0) = \int_{x_0}^{x} f'(t)\, dt.$$

Induktionsschluss von $n - 1$ nach n: Nach Induktionsvoraussetzung ist

$$\begin{aligned} R_{n-1}(x) &= \frac{1}{(n - 1)!} \int_{x_0}^{x} (x - t)^{n-1} f^{(n)}(t)\, dt \\ &= -\int_{x_0}^{x} \left(\frac{(x - t)^n}{n!} \right)' f^{(n)}(t)\, dt \\ &= \frac{(x - x_0)^n}{n!} f^{(n)}(x_0) + \int_{x_0}^{x} \frac{(x - t)^n}{n!} f^{(n+1)}(t)\, dt. \end{aligned}$$

Damit folgt:

$$\begin{aligned} R_n(x) &= f(x) - T_n f(x) = f(x) - T_{n-1} f(x) - \frac{f^{(n)}(x_0)}{n!}(x - x_0)^n \\ &= R_{n-1}(x) - \frac{f^{(n)}(x_0)}{n!}(x - x_0)^n = \int_{x_0}^{x} \frac{(x - t)^n}{n!} f^{(n+1)}(t)\, dt. \end{aligned}$$

4.2.5. a) Es ist

$$
\begin{aligned}
h(x) &= \ln(1+x) - \ln(1-x) \\
&= \sum_{\nu=1}^{\infty}(-1)^{\nu+1}\frac{x^\nu}{\nu} - \sum_{\nu=1}^{\infty}(-1)^{\nu+1}\frac{(-x)^\nu}{\nu} \\
&= \sum_{\nu=1}^{\infty}\big(1+(-1)^{\nu+1}\big)\frac{x^\nu}{\nu} = 2\sum_{k=0}^{\infty}\frac{x^{2k+1}}{2k+1}.
\end{aligned}
$$

b) Wir brauchen noch die Ableitungen von h:

$$
h'(x) = \frac{1}{1+x} + \frac{1}{1-x}\,,\quad h''(x) = -\frac{1}{(1+x)^2} + \frac{1}{(1-x)^2}\,,
$$

$$
h^{(3)}(x) = \frac{2}{(1+x)^3} + \frac{2}{(1-x)^3}\,,\quad h^{(4)}(x) = -\frac{6}{(1+x)^4} + \frac{6}{(1-x)^4}
$$

und schließlich

$$
h^{(5)}(x) = \frac{24}{(1+x)^5} + \frac{24}{(1-x)^5}\,.
$$

Es ist $h(1/11) = \ln\big((1+1/11)/(1-1/11)\big) = \ln(1.2)$. Weiter ist

$$
T_4 h(x) = h'(0)x + \frac{h^{(3)}(0)}{3!}x^3 = 2x + \frac{2}{3}x^3
$$

$$
\text{und}\quad R_4(x) = \frac{h^{(5)}(c)}{5!}x^5 = \Big(\frac{1}{5(1+c)^5} + \frac{1}{5(1-c)^5}\Big)x^5\,,
$$

mit einem c zwischen 0 und x.

Jetzt ist $1+c > 1$ und $1-c > 1 - 1/11 = 10/11$, also

$$
|R_4(1/11)| < \frac{1}{5\cdot 11^5}\Big(1 + \big(\tfrac{11}{10}\big)^5\Big) = \frac{1}{5}\Big(\frac{1}{11^5} + \frac{1}{10^5}\Big) < 0.000004.
$$

Außerdem ist $T_4 h(1/11) = 2/11 + 2/(3\cdot 11^3) \approx 0.18181818 + 0.00050087 = 0.182319056$. Die ersten vier Stellen hinter dem Komma sind gesichert, es ist $\ln(1.2) \approx 0.1823$.

4.2.6. Es ist

$$
\arcsin'(x) = \frac{1}{\sqrt{1-x^2}} = \big(1 + (-x^2)\big)^{-1/2} = \sum_{n=0}^{\infty}\binom{-1/2}{n}(-x^2)^n.
$$

Dabei ist

$$
\binom{-1/2}{n} = \frac{\big(-\tfrac{1}{2}\big)\big(-\tfrac{1}{2}-1\big)\cdots\big(-\tfrac{1}{2}-n+1\big)}{n!} = \frac{(-1)^n}{n!2^n}3\cdot 5\cdots(2n-1)\,.
$$

Wegen $n!2^n = 2\cdot 4\cdot 6\cdots 2n$ ist

$$\arcsin'(x) = \frac{1}{\sqrt{1-x^2}} = \sum_{n=0}^{\infty} \frac{1 \cdot 3 \cdot 5 \cdots (2n-1)}{2 \cdot 4 \cdot 6 \cdots (2n)} x^{2n}.$$

Setzen wir $a_n := \dfrac{1 \cdot 3 \cdot 5 \cdots (2n-1)}{2 \cdot 4 \cdot 6 \cdots (2n)}$, so folgt:

$$\begin{aligned}
\arcsin x &= \int_0^x \frac{dt}{\sqrt{1-t^2}} = \sum_{n=0}^{\infty} a_n \int_0^x t^{2n}\,dt = \sum_{n=0}^{\infty} a_n \frac{x^{2n+1}}{2n+1} \\
&= x + \frac{1}{2 \cdot 3} x^3 + \frac{1 \cdot 3}{2 \cdot 4 \cdot 5} x^5 + \frac{1 \cdot 3 \cdot 5}{2 \cdot 4 \cdot 6 \cdot 7} x^7 + \cdots
\end{aligned}$$

4.2.7. 1) Sei $f(x) = o(g(x))$ und $h(x) = o(g(x))$. Dann strebt

$$\frac{f(x) \pm h(x)}{g(x)} = \frac{f(x)}{g(x)} + \frac{h(x)}{g(x)}$$

für $x \to 0$ gegen Null. Im Grunde wurde das schon in 4.2 gezeigt.

2) Ist $f(x) = o(h(x))$ und $h(x) = o(g(x))$, so ist $f(x) = o(o(g(x)))$, und

$$\frac{f(x)}{g(x)} = \frac{f(x)}{h(x)} \cdot \frac{h(x)}{g(x)}$$

strebt gegen Null. Also ist auch $f(x) = o(g(x))$.

3) Es ist $1 - u + u \cdot (u/1 + u) = (1 - u^2 + u^2)/(1 + u) = 1/(1 + u)$, also

$$\frac{1}{1 + g(x)} = 1 - g(x) + g(x) \cdot \frac{g(x)}{1 + g(x)}.$$

Da $\lim_{x \to 0} g(x) = 0$ ist, ist $g(x) \cdot \dfrac{g(x)}{1 + g(x)} = o(g(x))$.

4.2.8. Zunächst berechne man die Ableitungen:

$$\begin{aligned}
f'(x) &= 5\sin^4 x \cos x, \\
f''(x) &= 20\sin^3 x \cos^2 x - 5\sin^5 x, \\
f'''(x) &= 60\sin^2 x \cos^3 x - 65\sin^4 x \cos x, \\
f^{(4)}(x) &= 120\sin x \cos^4 x - 440\sin^3 x \cos^2 x + 65\sin^5 x \\
\text{und } f^{(5)}(x) &= 120\big[\cos^5 x - 4\cos^3 x \sin^2 x\big] - 440\big[3\sin^2 x \cos^3 x - 2\sin^4 x \cos x\big] \\
&\quad + 325\sin^4 x \cos x.
\end{aligned}$$

Nun gilt:

$$\begin{aligned}
f'(x) = 0 &\iff \sin x = 0 \quad \textbf{oder} \quad \cos x = 0 \\
&\iff x = x_k := k\pi \quad \textbf{oder} \quad x = y_k := (2k+1)\frac{\pi}{2}.
\end{aligned}$$

Weiter ist $f''(x_k) = 0$ und $f''(y_k) = -5\sin^5(x) = 5 \cdot (-1)^{k+1}$. Ist k gerade, so liegt in y_k ein Maximum vor. Ist k ungerade, so liegt dort ein Minimum vor. Für x_k kann noch keine Entscheidung getroffen werden.

Es ist auch noch $f'''(x_k) = f^{(4)}(x_k) = 0$, aber $f^{(5)}(x_k) = 120 \cdot (-1)^k$. Also besitzt f in x_k kein lokales Extremum.

Lösungen der Aufgaben in 4.3

4.3.1. Es ist $f(2) = -1 < 0$ und $f(3) = 16 > 0$, also muss es in $[2, 3]$ eine Nullstelle geben. In diesem Intervall ist $f'(x) = 3x^2 - 2 \geq 10$, und $f''(x) = 6x$ liegt zwischen 12 und 18. Alle Voraussetzungen des vereinfachten Verfahrens sind erfüllt. Man kann $x_0 := 2$ setzen. Dann erhält man:

$$x_1 = x_0 - \frac{f(x_0)}{f'(x_0)} = 2.1 \text{ und } f(x_1) = 0.061,$$

$$x_2 = x_1 - \frac{f(x_1)}{f'(x_1)} \approx 2.09456812 \text{ und } f(x_2) \approx 0.00018571.$$

Weil $M := \min_{[2,3]}|f'| = 10$ ist, ist der Fehler $\leq |f(x_2)|/M \leq 0.00001858$. Dann liegt der wahre Wert im Intervall $(2.09454954, 2.09458670)$, und die ersten 4 Stellen nach dem Komma sind ermittelt. Damit ist die Aufgabe schon gelöst. Man kann natürlich weiter rechnen:

$$x_3 = x_2 - \frac{f(x_2)}{f'(x_2)} \approx 2.09455148 \text{ und } f(x_3) \approx -0.000000017. \text{ Hier ist der Fehler}$$

≤ 0.00000002, und der wahre Wert liegt im Intervall $(2.09455146, 2.09455150)$. Das liefert die ersten 6 Stellen nach dem Komma, die gesuchte Nullstelle ist $x^* \approx 2.094551$.

4.3.2. Sei
$f(x) := x^2 + 2 - e^x$,
also $f'(x) = 2x - e^x$.

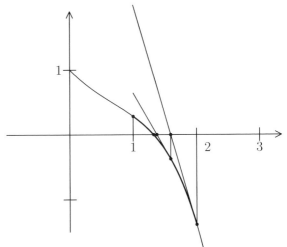

Wegen $f(1) = 3 - e > 0$ und $f(2) = 6 - e^2 = 6 - 7.389\ldots < 0$ muss eine Nullstelle in $[1, 2]$ liegen. Es ist $f''(x) = 2 - e^x \leq 2 - e < 0$ auf $[1, 2]$, also f' streng monoton fallend (und f damit streng konkav). Weil $f'(1) = 2 - e < 0$ ist, ist überall $f' <=$ und f damit streng monoton fallend. Also kann man zum Beispiel $x_0 = 2$ als Anfangswert wählen.

Dann ergibt sich:

$$x_1 = x_0 - \frac{f(x_0)}{f'(x_0)} \approx 1.5901348 \quad \text{und } f(x_1) \approx -0.37588135,$$

$$x_2 = x_1 - \frac{f(x_1)}{f'(x_1)} \approx 1.3721240 \quad \text{und } f(x_2) \approx -0.06099395,$$

$$x_3 = x_2 - \frac{f(x_2)}{f'(x_2)} \approx 1.3212733,$$

$$x_4 = x_3 - \frac{f(x_3)}{f'(x_3)} \approx 1.3190775 \text{ (4 Stellen nach dem Komma genau)}$$

$$\text{und } x_5 = x_4 - \frac{f(x_4)}{f'(x_4)} \approx 1.3190737237 \text{ (7 Stellen nach dem Komma genau).}$$

Etwas besser läuft es, wenn man $x_0 = 1.5$ als Anfangswert wählt. Dann ergibt sich:

$$x_1 \approx 1.3436318283,$$
$$x_2 \approx 1.3195479597,$$
$$x_3 \approx 1.3190739013$$
$$\text{und} \quad x_4 \approx 1.3190737237.$$

Bei der Fehlerabschätzung wird $M = \inf_{[1,2]}|f'| = |f'(2)| \leq 3.38906$ benutzt.

4.3.3. Zunächst sollte eine Plausibilitätsbetrachtung zur Existenz einer Nullstelle angestellt werden. Es ist $f(1) = 1 > 0$ und $f(2) = 16 > 0$. Das bringt einen nicht weiter. Allerdings ist $f(-2) = -44 < 0$. Also muss zwischen -2 und $+2$ eine Nullstelle x^* liegen.

Es ist $f'(x) = 5x^4 - 4x^3 - 1$. Mit dem Startwert $x_0 = 1$ kann man die Iteration $x_1 = x_0 - f(x_0)/f'(x_0)$ nicht durchführen, weil $f'(1) = 0$ ist und deshalb in x_0 eine waagerechte Tangente vorliegt.

Was ist das Problem mit dem Anfangswert $x_0 = 2$? Die Funktion $g(x) = f(x) - 1$ hat in $x = 1$ eine Nullstelle, es ist $g(x) = (x^4 - 1)(x - 1)$. Für $x > 1$ ist dann offensichtlich $g(x) > 0$. Für $0 < x < 1$ ist ebenfalls $g(x) = (1 - x)(1 - x^4) > 0$. Also ist $f(x) \geq 1$ für $x > 0$. Das bedeutet, dass f' bei $x = 1$ sein Vorzeichen wechselt und f zwischen $x = 0$ und $x = 2$ keine Nullstelle besitzt. Deshalb ist $x_0 = 2$ als Anfangswert denkbar ungeeignet. Berechnet man mit dem Startwert $x_0 = 2$ einige Approximationen, so erhält man:

$$x_1 \approx 1.65957,$$
$$x_2 \approx 1,37297,$$
$$x_3 \approx 1.0686,$$
$$x_4 \approx -0.52934$$
$$\text{und} \quad x_5 \approx 169.5250.$$

Mit dieser Folge funktioniert es tatsächlich nicht.

Man kann feststellen, dass $f'(-2/3) > 0$ ist und etwa im Intervall $(-1.2, -0.6)$ arbeiten. Mit dem Startwert $x_0 = -1$ erhält man als 4. Approximation den Wert $x_4 = -1.1021720\ldots$ Hier stimmen alle angegebenen Stellen.

Hier ist ein Programm zum Newton-Verfahren. Um die Abhängigkeit von einer speziellen Programmiersprache zu vermeiden, wird ein „Pseudocode" verwendet. Wahrscheinlich kann das jeder verstehen, es gibt aber hinterher noch einige Erläuterungen.

Variable:
   real A, M, G, X, F, Z, N
   integer I
   boolean B

Eingabe „Anfangswert:" A
Eingabe „min $|F'|$:"   M
Eingabe „Genauigkeit:" G
$I := 0$, $X := A$, $B := 0$
Berechne $Z := f(X)$
$F := \mathbf{abs}(Z)/M$
Ausgabe I„-te Näherung:" X
while
   $F \geq G$ **and** $B = 0$
do
   Berechne $N := f'(X)$
   if $N = 0$ **then**
      Ausgabe „Fehler, Division durch 0"
      $B := 1$
   else
      $X := X - Z/N$
      $I := I + 1$
      Berechne $Z := F(X)$
      $F := \mathbf{abs}(Z)/M$
      Ausgabe I„-te Näherung:" X, „Fehler:" F
   end-if
end-while

Anmerkungen dazu:

Am Anfang werden die benutzten Variablen deklariert. Die „real"-Variablen dienen als Speicherplätze für reelle Zahlen. Je nach den Möglichkeiten der verwendeten Programmiersprache sollte man möglichst hohe Genauigkeit verwenden. Eine ganzzahlige Variable wird als Zähler verwendet, eine logische Variable als Schalter für einen Fehlerabbruch.

Eingelesen wird der Anfangswert, das Minimum von $|f'|$ und die gewünschte Genauigkeit. Letztere hätte man auch als Anzahl der signifikanten Stellen angeben können, aber dann wäre die Programmierung ein wenig komplzierter. Die Variable X wird auf den Anfangswert gesetzt, der logische Schalter auf 0, weil ja noch kein Fehler aufgetreten ist, und der Zähler ebenfalls auf 0. Dann wird abgeschätzt, wie weit X von der gesuchten Nullstelle entfernt ist.

Das Hauptprogramm besteht aus einer großen Schleife, die hier als **while-end-while**-Konstruktion verwirklicht ist. Die Abbruchbedingung wird am Anfang der Schleife abgefragt. Wenn der Abstand des berechneten X-Werten von der gesuchten Nullstelle kleiner als die geforderte Genauigkeit ist oder wenn ein Fehler (Division durch Null) aufgetreten ist, dann ist das Programm-Ende erreicht. Andernfalls wird der Iterationsschritt durchgeführt.

Zunächst wird $f'(X)$ berechnet. Kommt Null heraus, so wird der Fehler-Schalter auf 1 gesetzt und die Schleife erneut durchlaufen, was zum endgültigen Abbruch führt. Ist $f'(X) \neq 0$, so geht es weiter. Ist $X = x_k$, so enthält die Variable Z den Wert $f(x_k)$ und N den Wert $f'(x_k)$. Nun wird X der Wert $x_{k+1} = x_k - f(x_k)/f'(x_k)$ zugeordnet und der Zähler um 1 erhöht. Schließlich bekommt Z den Wert $f(x_{k+1})$ und F als Wert den geschätzten Abstand zwischen x_{k+1} und der gesuchten Nullstelle, und die nächste Iteration beginnt. Die Berechnung von $f(X)$ und $f'(X)$ muss natürlich programmiert werden. Das ist einfach, wenn man sich auf eine feste Funktion beschränkt, und es kann deutlich komplizierter werden, wenn man möchte, dass die Funktion ad hoc vom Benutzer eingegeben werden kann. Würde man sich allerdings auf Polynome beschränken, so bräuchte der Benutzer nur die Koeffizienten einzugeben, und das Programm könnte die Ableitung ganz einfach selbst berechnen.

Der Graph der Beispielfunktion sieht übrigens folgendermaßen aus:

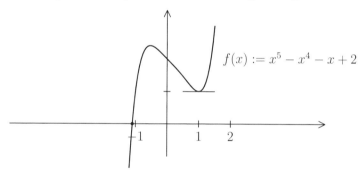

$$f(x) := x^5 - x^4 - x + 2$$

4.3.4. Die Bedingungen $p(0) = 0$, $p(\pi/2) = 1$ und $p(\pi) = 0$ reichen aus, um die Koeffizienten des quadratischen Polynoms p zu berechnen. Man erhält

$$p(x) = -(4/\pi^2)x^2 + (4/\pi)x.$$

Dann ist

$$\left| f(\pi/4) - p(\pi/4) \right| = \left| \frac{\sqrt{2}}{2} - \frac{3}{4} \right| \approx |0.7071067812 - 0.75| = 0.0428932188.$$

Die Abschätzung nach der Interpolationsformel ist deutlich ungenauer:

$$\left| f(\pi/4) - p(\pi/4) \right| \leq \frac{\pi}{4} \cdot \frac{\pi}{4} \cdot \frac{3\pi}{4} \cdot \frac{1}{6} = \frac{1}{2} \cdot \left(\frac{\pi}{4} \right)^3 \approx 0.242236536565.$$

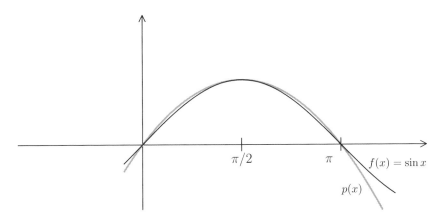

4.3.5. Exakt ist

$$\int_0^1 (x^3 + 3x^2 - x + 1)\, dx = \left(\frac{x^4}{4} + x^3 - \frac{x^2}{2} + x \right) \Big|_0^1 = 0.25 + 1 - 0.5 + 1 = 1.75.$$

Nach der Fassregel ist

$$\int_0^1 (x^3 + 3x^2 - x + 1)\, dx \approx \frac{1}{6}\big(f(0) + 4f(1/2) + f(1)\big)$$

$$= \frac{1 + 1/2 + 3 - 2 + 4 + 1 + 3 - 1 + 1}{6} = \frac{10.5}{6} = 1.75.$$

Die Übereinstimmung war zu erwarten, denn die Fassregel liefert bei Polynomen bis zum Grad 3 noch exakte Ergebnisse.

4.3.6. Sei $f(x) := 1/(1 + x^2)$. Dann ist

$$\begin{aligned}
f(0) &= 1.00000, \\
f(0.25) &= 16/17 = 0.94118, \\
f(0.5) &= 4/5 = 0.80000, \\
f(0.75) &= 16/25 = 0.64000 \\
\text{und} \quad f(1) &= 1/2 = 0.50000.
\end{aligned}$$

Außerdem ist $f'(x) = \dfrac{-2x}{(1+x^2)^2}$, $f''(x) = \dfrac{6x^2 - 2}{(1+x^2)^3}$, $f'''(x) = 24 \cdot \dfrac{x - x^3}{(1+x^2)^4}$ und $f^{(4)}(x) = 24 \cdot \dfrac{5x^4 - 10x^2 + 1}{(1+x^2)^5}$.

Sei $N_i(x) := (1 + x^2)^i$. Weil $f'''(x) = 24 \cdot x(1 - x^2)/N_4(x)$ auf $(0, 1)$ positiv ist, wächst $f''(x)$ dort streng monoton von -2 nach 0.5. Also ist $|f''(x)| \leq 2$ auf $[0, 1]$.

Weil $(1 + x^2)^5 - (5x^4 - 10x^2 + 1) = x^{10} + 5x^8 + 10x^6 + 5x^4 + 15x^2 \geq 0$ für alle x ist, ist $\dfrac{5x^4 - 10x^2 + 1}{(1+x^2)^5} \leq 1$ und $|f^{(4)}(x)| \leq 24$ auf $[0, 1]$.

Bei der Trapezregel kann daher der Fehler durch $1/96 = 0.01041666\ldots$ (bei 4 Teilintervallen) abgeschätzt werden, und bei der Simpson'schen Regel (bei 2 Teilintervallen) durch $24/(2880 \cdot 16) = 1/1920 = 0.000520833\ldots$.

Die Trapezregel ergibt nun

$$\frac{\pi}{4} = \frac{1}{4}\Big(\frac{1}{2} + 0.94118 + 0.80000 + 0.64000 + \frac{1}{4}\Big) = 0.78 \pm 0.02.$$

Bei der Simpson'schen Regel können wir die Teilpunkte 0, 0.5 und 1, also $h = 1/2$ benutzen, dann müssen keine neuen Teilungspunkte berücksichtigt werden und der Rechenaufwand ist der Gleiche wie bei der Trapezregel. Es ergibt sich

$$\frac{\pi}{2} = \frac{1}{12}\Big(1 + 0.5 + 2 \cdot 0.8 + 4 \cdot (0.94118 + 0.64000)\Big) = 0.7854 \pm 0.0006.$$

Will man die 4 Stellen nach dem Komma sicher verifizieren, so sollte man allerdings mehr Teilpunkte benutzen.

4.3.7. Es ist $a = 0$ und $b = \pi$. Im Falle $n = 2$, also $h = \pi/2$, ergibt sich

$$S_2(h) = \frac{\pi}{12}\Big[1 + 0 + 2 \cdot \frac{2}{\pi} + 4 \cdot \Big(\frac{\sin(\pi/4)}{\pi/4} + \frac{\sin(3\pi/4)}{3\pi/4}\Big)\Big] = \frac{\pi}{12} + \frac{1}{3} + \frac{8\sqrt{2}}{9} \approx 1.852211.$$

Das ist vielleicht noch zu ungenau, es stimmen nur 2 Stellen nach dem Komma.

Im Falle $n = 4$, also $h = \pi/4$, ergibt sich

$$
\begin{aligned}
S_4(h) &= \frac{\pi}{24}\Big[f(0) + f(\pi) + 2\big(f(\pi/4) + f(\pi/2) + f(3\pi/4)\big) \\
&\quad + 4\big(f(\pi/8) + f(3\pi/8) + f(5\pi/8) + f(7\pi/8)\big)\Big] \\
&= \frac{1}{24}\Big[\pi + 0 + 2\big(4\sin(\pi/4) + 2\sin(\pi/2) + 4\sin(3\pi/4)/3\big) \\
&\quad + 4\big(8\sin(\pi/8) + 8\sin(3\pi/8)/3 + 8\sin(5\pi/8)/5 + 8\sin(7\pi/8)/7\big)\Big] \\
&= \frac{\pi}{24} + \frac{1}{6}\big(2\sin(\pi/4) + \sin(\pi/2) + 2\sin(\pi/4)/3\big) \\
&\quad + \frac{4}{3}\big(\sin(\pi/8) + \sin(3\pi/8)/3 + \sin(3\pi/8)/5 + \sin(\pi/8)/7\big) \\
&= \frac{\pi}{24} + \frac{1}{6}\sin(\pi/2) + \frac{4}{9}\sin(\pi/4) + \frac{32}{21}\sin(\pi/8) + \frac{32}{45}\sin(3\pi/8) \\
&= 0.13089969 + 0.16666667 + 0.31426968 + 0.58313666 + 0.65698100 \\
&= 1.8519537.
\end{aligned}
$$

Jetzt stimmen immerhin schon 4 Stellen nach dem Komma. Für eine höhere Genauigkeit sollte man besser ein Computer-Programm schreiben.

Lösungen der Aufgaben in 4.4

4.4.1. a) Es ist $\sin x/x^{\alpha} = (\sin x/x) \cdot 1/x^{\alpha-1}$, wobei der erste Faktor stetig und durch 1 beschränkt ist. Für $\alpha < 2$ konvergiert $\int_0^1 1/x^{\alpha-1}\,dx$.

b) Weil $|\sin x/x^{\alpha}| \leq 1/x^{\alpha}$ ist, konvergiert $\int_1^{\infty} \sin x/x^{\alpha}\,dx$ für $\alpha > 1$ absolut.

c) Im Falle $\alpha > 0$ benutze man die Funktion $F(x) := \int_1^x \sin t\,dt$. Dann ist $F(1) = 0$, $F'(x) = \sin x$ und $|F(x)| \leq 2$ für alle x, also

$$
\begin{aligned}
\int_1^{\infty} \frac{\sin t}{t^{\alpha}}\,dt &= \lim_{x \to \infty} \int_1^x \frac{F'(t)}{t^{\alpha}}\,dt \\
&= \lim_{x \to \infty} \left[\frac{F(t)}{t^{\alpha}} \Big|_1^x + \alpha \int_1^x \frac{F(t)}{t^{\alpha+1}}\,dt \right] \\
&= \alpha \int_1^{\infty} \frac{F(t)}{t^{\alpha+1}}\,dt
\end{aligned}
$$

Wegen $|F(t)/t^{\alpha+1}| \leq 2/t^{\alpha+1}$ konvergiert das Integral für $\alpha > 0$.

4.4.2. Für $x \geq 1$ ist

$$
\frac{\sqrt{x}}{\sqrt{1+x^4}} = \sqrt{\frac{1}{x^3 + 1/x}} < \frac{1}{x^{3/2}} \,.
$$

Weil $3/2 > 1$ ist, konvergiert das Integral.

4.4.3. a) Eine Stammfunktion von $1/\sqrt{1-x^2}$ ist die Funktion $\arcsin(x)$. Damit erhält man sehr schnell den Wert π.

b) Mit der Substitution $u = \arcsin x$ erhält man

$$
\begin{aligned}
\int_0^{1-\varepsilon} \frac{\arcsin x}{\sqrt{1-x^2}}\,dx &= \int_0^{\arcsin(1-\varepsilon)} u\,du = \frac{\arcsin(x)^2}{2} \Big|_0^{1-\varepsilon} \\
&\to \frac{\pi^2}{8} \quad \text{für } \varepsilon \to 0.
\end{aligned}
$$

c) Mit der Substitution $x = e^t$ erhält man

$$
\int_1^{\infty} \frac{\ln x}{x^2}\,dx = \int_0^{\infty} t e^{-t}\,dt = \Gamma(2) = 1.
$$

Eigentlich müsste man erst über endliche Intervalle integrieren und dann den Grenzübergang vornehmen. Mit etwas Übung schafft man das in einem Schritt.

4.4.4. Für $0 < x \leq \pi/2$ ist

$$
|\ln \sin x| = \left| \ln\left(\frac{\sin x}{x} \cdot x \right) \right| = \left| \ln \frac{\sin x}{x} + \ln x \right| \leq g(x) + |\ln x|
$$

mit $\lim_{x \to 0} g(x) = 0$.

Weiter ist $\int_0^1 \ln x \, dx = (x \cdot \ln x - x) \big|_0^1 = -1$ (wobei $\lim_{x \to 0+} x \ln x = 0$ benutzt wird). Also konvergiert das Integral.

Man kann übrigens zeigen, dass der Wert des Ausgangsintegrals $= -(\pi/2) \ln 2$ ist. Mit Hilfe der Substitution $x = 2u$ und der Substitution $u = \pi/2 - t$ erhält man

$$
\int_0^{\pi/2} \ln \sin x \, dx = 2 \int_0^{\pi/4} \ln \sin(2u) \, du = 2 \int_0^{\pi/4} \ln\big(2 \sin u \cos u\big) \, du
$$

$$
= 2 \left[\int_0^{\pi/4} \ln 2 \, du + \int_0^{\pi/4} \ln \sin u \, du + \int_0^{\pi/4} \ln \cos u \, du \right]
$$

$$
= \frac{\pi}{2} \ln 2 + 2 \int_0^{\pi/4} \ln \sin u \, du - 2 \int_{\pi/2}^{\pi/4} \ln \cos\left(\frac{\pi}{2} - t\right) dt
$$

$$
= \frac{\pi}{2} \ln 2 + 2 \int_0^{\pi/2} \ln \sin u \, du,
$$

also $\int_0^{\pi/2} \ln \sin x \, dx = -\frac{\pi}{2} \ln 2$.

4.4.5. 1) Es ist $|(\sin x)/(1 + x^2)| \le 1/(1 + x^2)$ und

$$
\int_0^\infty \frac{1}{1 + x^2} \, dx = \arctan x \big|_0^\infty = \frac{\pi}{2}.
$$

2) Für $x \ge 1$ ist $\dfrac{x}{1 + x^2} \ge \dfrac{x}{2x^2} = \dfrac{1}{2x}$, also

$$
\int_1^R \frac{x}{1 + x^2} \, dx \ge \frac{1}{2} \int_1^R \frac{1}{x} \, dx = \frac{1}{2} \ln x \big|_1^R = \frac{1}{2} \ln R \to \infty \text{ für } R \to \infty.
$$

Wegen (1) kann dann auch $\displaystyle\int_1^\infty (x + \sin x)/(1 + x^2) \, dx$ nicht konvergieren.

3) $\displaystyle\lim_{r \to \infty} \int_{-r}^r \frac{x + \sin x}{1 + x^2} \, dx = 0$ gilt, weil der Integrand eine ungerade Funktion ist.

4.4.6. Es ist $f_1'(x) = 1/(x \ln x)$ und $f_\alpha'(x) = (1 - \alpha)/(x(\ln x)^\alpha)$.

Für $\alpha \ne 1$ ist

$$
\int_2^k \frac{dx}{x(\ln x)^\alpha} = \frac{1}{1 - \alpha}(\ln x)^{1-\alpha} \Big|_2^k = \frac{1}{1 - \alpha}\big[(\ln k)^{1-\alpha} - (\ln 2)^{1-\alpha}\big],
$$

und dies konvergiert für $\alpha < 1$ gegen $+\infty$ und für $\alpha > 1$ gegen einen endlichen Grenzwert.

Wir betrachten noch den Fall $\alpha = 1$. Hier gilt:

$$\int_2^k \frac{dx}{x \ln x} = \ln \ln x \,\Big|_2^k = \ln \ln(k) - \ln \ln(2) \;\to\; +\infty \text{ für } k \to \infty.$$

Als Folgerung ergibt sich:

$$\sum_{n=2}^{\infty} \frac{1}{n(\ln n)^\alpha} \text{ ist konvergent für } \alpha > 1, \text{ sonst divergent.}$$

4.4.7.

$$\int_1^{5-\varepsilon} \frac{dx}{\sqrt{5-x}} = -2(5-x)^{1/2} \,\Big|_1^{5-\varepsilon} = -2\sqrt{\varepsilon} + 4$$

konvergiert für $\varepsilon \to 0$ gegen 4.

Ist $b > 0$ und $a = \sqrt{2b}$, so ist $(x^2 - ax + b)(x^2 + ax + b) = x^4 + b^2$, also $(x^2 - 2x + 2)(x^2 + 2x + 2) = x^4 + 4$. Der Ansatz

$$\frac{Ax + B}{x^2 + 2x + 2} + \frac{Cx + D}{x^2 - 2x + 2} = \frac{8}{x^4 + 4}$$

liefert $A = 1$, $B = 2$, $C = -1$ und $D = 2$. Daher ist

$$
\begin{aligned}
\int_0^r \frac{8\,dx}{x^4+4} &= \int_0^r \frac{x+2}{x^2+2x+2}\,dx - \int_0^r \frac{x-2}{x^2-2x+2}\,dx \\
&= \int_1^{r+1} \frac{t+1}{t^2+1}\,dt - \int_{-1}^{r-1} \frac{t-1}{t^2+1}\,dt \\
&\quad \text{(mit den Substitutionen } x = t-1 \text{ bzw. } x = t+1\text{)} \\
&= 2\int_1^{r-1} \frac{dt}{t^2+1} + \int_{r-1}^{r+1} \frac{t+1}{t^2+1}\,dt - \int_{-1}^1 \frac{t-1}{t^2+1}\,dt \\
&= \arctan t \,\Big|_{-1}^{r-1} + \arctan t \,\Big|_1^{r+1} + \frac{1}{2}\Big[\ln(t^2+1)\,\Big|_{r-1}^{r+1} - \ln(t^2+1)\,\Big|_{-1}^1\Big] \\
&= \arctan(r-1) + \arctan(r+1) + \frac{1}{2}\ln\frac{1+2/r+2/r^2}{1-2/r+2/r^2},
\end{aligned}
$$

und das konvergiert für $r \to \infty$ gegen π.

4.4.8. a) $\displaystyle \int_r^5 \frac{3}{x \ln x}\,dx = 3\ln \ln x \,\Big|_r^5 = 3\big(\ln \ln(5) - \ln \ln(r)\big)$ strebt für $r \to 1+$ gegen $+\infty$. Das Integral divergiert.

b) Offensichtlich ist $\tanh'(x) = (\cosh^2 x - \sinh^2 x)/\cosh^2 x = 1 - \tanh^2 x$. Außerdem strebt

$$\tanh x = \frac{(e^x - e^{-x})/2}{(e^x + e^{-x})/2} = \frac{1 - e^{-2x}}{1 + e^{-2x}}$$

für $x \to \infty$ gegen 1. Man verwende die Substitution $\tanh x = u$. Dann ist $du = \tanh' x \, dx = (1 - u^2) \, dx$ und

$$\int (1 - \tanh x) \, dx = \int \frac{1 - u}{1 - u^2} \, du = \int \frac{du}{1 + u} = \ln(1 + \tanh x).$$

Also konvergiert $\int_0^r (1 - \tanh x) \, dx = \ln(1 + \tanh r)$ gegen $\ln(2)$ (für $r \to \infty$).

Lösungen der Aufgaben in 4.5

4.5.1. $f_x = 2x \cos(x^2 + e^y + z)$, $f_y = e^y \cos(x^2 + e^y + z)$ und $f_z = \cos(x^2 + e^y + z)$.

4.5.2. Es ist

$$
\begin{aligned}
f_x(x, y, z) &= \frac{1}{1 + \big((x + y)/(1 - xy)\big)^2} \cdot \frac{1 \cdot (1 - xy) - (x + y) \cdot (-y)}{(1 - xy)^2} \\
&= \frac{1 - xy + xy + y^2}{(1 - xy)^2 + (x + y)^2} = \frac{1 + y^2}{1 + x^2 + y^2 + x^2 y^2}
\end{aligned}
$$

und analog $f_y = (1 + x^2)/(1 + x^2 + y^2 + x^2 y^2)$.

4.5.3. Es ist $f_x = 2x/(x^2 + y^2)$ und $f_y = 2y/(x^2 + y^2)$, sowie $g_x = y^2/(x^2 + y^2)^{3/2}$ und $g_y = -xy/(x^2 + y^2)^{3/2}$.

4.5.4. Es ist

$$F(x) = \int_0^{\pi/2} x^2 \sin t \, dt = x^2(-\cos t) \Big|_0^{\pi/2} = x^2,$$

also $F'(x) = 2x$. Andererseits ist auch

$$\int_0^{\pi/2} f_x(x, t) \, dt = \int_0^{\pi/2} 2x \sin t \, dt = 2x(-\cos t) \Big|_0^{\pi/2} = 2x.$$

4.5.5. Es ist

$$F(x) = \int_0^1 \frac{x}{\sqrt{1 - x^2 t^2}} \, dt = \int_0^x du/\sqrt{1 - u^2} = \arcsin x$$

(bei Verwendung der Substitution $u = xt$) und daher $F'(x) = 1/\sqrt{1 - x^2}$.

Andererseits ist $f_x(x, t) := 1/\sqrt{1 - x^2 t^2}^{\,3}$ und deshalb auch

$$F'(x) = \int_0^1 f_x(x, t) \, dt = \int_0^1 \frac{dt}{\sqrt{1 - x^2 t^2}^{\,3}} = \frac{t}{\sqrt{1 - x^2 t^2}} \Big|_0^1 = \frac{1}{\sqrt{1 - x^2}}.$$

4.5.6. Durch Differentiation unter dem Integralzeichen erhält man

$$F'(x) = \int_0^\infty e^{-(x+1)t}\,dt = -\frac{1}{x+1}e^{-(x+1)t}\Big|_0^\infty = \frac{1}{x+1},$$

also $F(x) = \ln(x+1)$. Die Existenz der Integrale ergibt sich, wenn man bei der oberen Integralgrenze den Grenzübergang $R \to \infty$ sauber durchführt.

4.5.7. Sei $f(x,t) := \ln(1 + x\sin^2 t)$. Dann ist $f_x(x,t) = \sin^2 t/(1 + x\sin^2 t)$ und daher

$$
\begin{aligned}
x \cdot F'(x) &= \int_0^{\pi/2}\left(1 - \frac{1}{1 + x\sin^2 t}\right)dt \\
&= \pi/2 - \frac{1}{\sqrt{1+x}}\arctan(\sqrt{1+x}\tan t)\Big|_0^{\pi/2} \\
&= \frac{\pi}{2}\left(1 - \frac{1}{\sqrt{1+x}}\right).
\end{aligned}
$$

Das Integral kann man hier natürlich ausnahmsweise der Formelsammlung entnehmen und durch Differenzieren verifizieren. Man kann aber auch den Hinweis über die Substitution $u = \sqrt{1+x}\tan t$ verwenden und erhält dann:

$$\frac{dt}{1 + x\sin^2 t} = \frac{(1 + \tan^2 t)\,dt}{1 + (1+x)\tan^2 t} = \frac{(1 + \tan^2 t)\,dt}{1 + \left(\sqrt{1+x}\tan t\right)^2} = \frac{du}{\sqrt{1+x}(1 + u^2)}.$$

Also ist $F'(x) = \dfrac{\pi}{2}\dfrac{\sqrt{1+x} - 1}{x\sqrt{1+x}}$, sowie $F(0) = 0$. Bei der Integration von $F'(x)$ verwende man nun die Substitution $u^2 = 1 + x$. Dann ist

$$F(x) = \frac{\pi}{2}\int_1^{\sqrt{1+x}}\frac{u-1}{(u^2-1)u}2u\,du = \pi\int_1^{\sqrt{1+x}}\frac{du}{u+1} = \pi\ln\frac{1 + \sqrt{1+x}}{2}.$$

4.5.8. Mit der Leibniz-Formel erhält man

$$
\begin{aligned}
F'(x) &= \int_{\cos x}^{\sin x} e^{xt}\,dt + e^{x\sin x}\cot x + e^{x\cos x}\tan x \\
&= e^{x\sin x}(\cot x + 1/x) + e^{x\cos x}(\tan x - 1/x).
\end{aligned}
$$

4.5.9.

$$
\begin{aligned}
F'(x) &= \int_{1/x}^{e^x}\cos(xt)\,dt + \frac{\sin(xe^x)}{e^x}(e^x)' - \frac{\sin(x\cdot 1/x)}{1/x}(1/x)' \\
&= \frac{1}{x}\sin(xt)\Big|_{1/x}^{e^x} + \sin(xe^x) + \sin(1)/x \\
&= \sin(xe^x)/x - \sin(1)/x + \sin(xe^x) + \sin(1)/x \\
&= \sin(xe^x)(1 + 1/x).
\end{aligned}
$$

4.5.10. Weil f nur stetig ist, kann man nicht einfach unter dem Integral differenzieren. Es ist aber trotzdem nicht schwer. Sei $F_0(x) := \int_a^x f(t)\,dt$. Dann ist F_0 differenzierbar, $F_0'(x) = f(x)$ und $\int_{x_1}^{x_2} f(t)\,dt = F_0(x_2) - F_0(x_1)$. Also ist

$$F(x) = \frac{1}{b-a} \int_{x+a}^{x+b} f(u)\,du = \frac{1}{b-a}\Big(F_0(x+b) - F_0(x+a)\Big)$$

differenzierbar und

$$F'(x) = \frac{1}{b-a}\big(f(x+b) - f(x+a)\big).$$

4.5.11. Die Lagrange-Funktion ist gegeben durch $\mathcal{L}(t,q,p) = p^2/t^3$. Dann ist

$$\frac{\partial \mathcal{L}}{\partial q}(t,q,p) = 0 \quad \text{und} \quad \frac{\partial \mathcal{L}}{\partial p}(t,q,p) = \frac{2p}{t^3}.$$

Die Euler'sche Gleichung ergibt dann:

$$0 = \frac{d}{dt}\left(\frac{2\varphi'(t)}{t^3}\right) = \frac{2\varphi''(t)t^3 - 6\varphi'(t)t^2}{t^6} = \frac{2\big(\varphi''(t)t - 3\varphi'(t)\big)}{t^4}.$$

Also wird $S[\varphi]$ genau dann in φ kritisch, wenn $\varphi''(t)t = 3\varphi'(t)$ ist. Das ist genau dann der Fall, wenn $(\ln \varphi')'(t) = 3/t$ ist, also $\ln \varphi'(t) = 3\ln t + C_1$ mit einer Konstanten C_1, bzw. $\varphi'(t) = C_2 \cdot t^3$ (mit $C_2 = e^{C_1}$). Die letzte Gleichung bedeutet: $\varphi(t) = (C_2/4)t^4 + C_3$. Mit den Anfangsbedingungen erhält man die Gleichungen $1 = C_2/4 + C_3$ und $2 = 4C_2 + C_3$. Daher ist $\varphi(t) := (t^4 + 14)/15$.

Literaturverzeichnis

Standardwerke als Begleitliteratur:

Im Folgenden werden einige Standardwerke zur Analysis von einer Veränderlichen vorgestellt, die sehr beliebt sind und sich gut als Begleitlektüre zum Trainingsbuch Analysis 1 eignen. Die Liste erhebt keinerlei Anspruch auf Vollständigkeit, und sie wird weiter unten durch zusätzliche sehr empfehlenswerte Werke ergänzt.

[BaFlo] Martin Barner, Friedrich Flohr: *Analysis 1*. Walter de Gruyter, 4. Auflage (1991).

Ein solides und gut verständliches Werk, seit 1974 auf dem Markt. Im Jahre 2000 gab es noch eine Neuauflage, danach wohl nicht mehr.

Mengen werden als bekannt vorausgesetzt, ansonsten wird die Sprache der Analysis, beginnend mit einer axiomatischen Einführung der reellen Zahlen (inklusive des Vollständigkeitsaxioms über die Existenz des Supremums), weitgehend in Kapitel 1 und 2 erläutert. Mehrdimensionale Themen gibt es kaum, dafür eine Einführung in die Topologie von $\mathbb{R}$ in Abschnitt 7.2, und die komplexen Zahlen lernt man in Abschnitt 6.1 kennen.

Grenzwertbegriffe ziehen sich durch die Kapitel 3 bis 7. Logarithmus und Exponentialfunktion werden axiomatisch eingeführt, die Potenzreihenentwicklung folgt später. Die Winkelfunktionen werden dann aber wie in [GkA1] aus der komplexen Exponentialfunktion abgeleitet.

Die Differentialrechnung wird in Kapitel 8 nach bekanntem Standard eingeführt und am Schluss durch die Taylorsche Formel abgerundet, die Integralrechnung aus gutem Grund erst in Kapitel 10. Da nicht das Riemann-Integral benutzt wird, sondern der etwas engere Begriff des Cauchy-Integrals von Regelfunktionen, müssen die Autoren zuvor (in Kapitel 9) die gleichmäßige Konvergenz von Funktionenfolgen beschreiben, was sie dort allerdings sehr gut und ausführlich tun.

Aufgrund des etwas anderen Buch-Aufbaus verteilen sich die Sätze über die Vertauschung von Grenzprozessen auch etwas anders: Gleichmäßige Konvergenz und Differentiation in 9.5, gleichmäßige Konvergenz und Integration in 10.4, uneigentliche Integrale in Kapitel 11 und parameterabhängige Integrale in 10.5 und 11.2. Taylorreihen findet man schon am Ende von Kapitel 8, ihr Konvergenzverhalten kann aber naturgemäß erst in Kapitel 9 untersucht werden. Numerische Methoden beschränken sich hauptsächlich auf numerische Integration (Abschnitt 10.6). Eine Besonderheit des Buches ist das recht ausführliche Kapitel 12 über Fourier-Reihen.

[For1] Otto Forster: *Analysis 1*. vieweg studium, 10. Auflage (2011).

Die Bände von Otto Forster sind knapp, prägnant, inhaltlich sehr zuverlässig und vor allem preiswert und deshalb bei den Studierenden auch nach 10 oder mehr Auflagen unverändert beliebt. Fortgeschrittenere Studierende lieben diese Kürze, Anfänger wünschen sich manchmal etwas mehr Erklärungen.

Die Sprache der Analysis wird bei Forster sehr knapp in § 1, 2, 3, 5, 6 und 9 behandelt, wobei Logik und Mengenlehre weitgehend als bekannt vorausgesetzt werden. Mehrdimensionale Themen finden sich praktisch nicht, ausgenommen bei Funktionsgraphen und komplexen Zahlen. Letztere dienen dazu, wie hier die Winkelfunktionen über die komplexe Exponentialfunktion einzuführen. Die Vollständigkeit der reellen Zahlen wird mit dem Archimedes-Axiom **und** der Konvergenz von Cauchy-Folgen axiomatisch gefordert, was sehr früh schon recht abstraktes Verständnis erfordert. Begriffe wie „injektiv", „surjektiv" und „bijektiv" tauchen unvermittelt ohne große Erklärung auf. Der Autor setzt anscheinend den parallelen Besuch einer Einführung in die Lineare Algebra voraus, was ja bis vor wenigen Jahren eine Selbstverständlichkeit war.

Die Themen aus dem Kapitel „Der Grenzwertbegriff" (Konvergenz von Folgen und Reihen, Stetigkeit, Potenzreihen und elementare Funktionen) werden sehr solide bei Forster in den § 4 und 7 bis 14 behandelt, der Aufbau dieses Bereichs hatte für Generationen Vorbildfunktion. Die Einführung des Riemannschen Integrals erfolgt erst in § 18, nach der Differentiation.

Der klassische Calculus gliedert sich in die standardmäßige Behandlung differenzierbarer Funktionen (§ 15 und 16) und die Riemann'sche Integrationstheorie (§ 18 und 19). In den frühen Auflagen vermisst man die Regeln von de l'Hospital, in den neueren Auflagen wurden sie ergänzt.

Kurven im $\mathbb{R}^n$, Bogenlänge und lineare Differentialgleichungen tauchen bei Forster erst im 2. Band auf. Uneigentliche Integrale, gleichmäßige Konvergenz, Vertauschung von Grenzprozessen, Taylorentwicklung und Taylor-Reihen sind aber wieder in § 20 bis 22 präsent. Numerische Anwendungen findet man über das ganze Buch verstreut, das Newton-Verfahren steht in § 17, das Trapez-Verfahren für die numerische Integration in § 19. Das Simpson-Verfahren fehlt, taucht aber in den neueren Auflagen im Rahmen der Übungsaufgaben auf. Parameter-Integrale werden erst im 2. Band behandelt.

[GkA1]   Klaus Fritzsche; *Grundkurs Analysis 1.* Spektrum Akademischer Verlag, 2. Auflage (2008).

Der Aufbau des Trainingsbuches zur Analysis 1 orientiert sich exakt am Grundkurs Analysis 1, der sich ganz besonders an Studienanfänger wendet, möglichst einfach beginnt und den Schwierigkeitsgrad erst ganz allmählich steigert. Deshalb werden einige Themen (wie zum Beispiel die gleichmäßige Konvergenz und die Vertauschung von Grenzprozessen) erst relativ spät aufgegriffen und andere für Anfänger schwierige Begriffe (wie etwa das Cauchy-Kriterium) zunächst nur in der etwas einfacheren Situation von Reihen behandelt. Dafür gibt es schon früh Ausflüge ins Mehrdimensionale, was gelegentlich zu interessanten, neuen Blickrichtungen und – meist ohne Mehrarbeit – zu allgemeineren Lehrsätzen führt. Technische Fertigkeiten wie der Umgang mit Reihen oder Integralen werden besonders geübt, so dass das Buch auch für Anwender sehr gut geeignet ist.

[Heu1]   Harro Heuser: *Lehrbuch der Analysis, Teil 1.* Teubner, 15. Auflage (2002).

Das Buch von Heuser wird seit 1979 in mittlerweile 15 Auflagen von verschiedenen Verlagen fast unverändert angeboten. Es scheint sich bei allen, die umfangreicheren Texten den Vorzug geben, großer Beliebtheit zu erfreuen. Stellenweise hat das Werk schon fast enzyklopädischen Charakter.

Die Sprache der Analysis wird in Kapitel I und II ausgebreitet, inklusive einer ausführlichen Einführung in die Mengensprache. Auch hier werden die reellen Zahlen axiomatisch eingeführt, die Vollständigkeit mit Hilfe des Dedekind'schen Schnittaxioms. Manches – wie Vektoren und komplexe Zahlen – versteckt sich allerdings in den Aufgabenteilen. Dank des ausführlichen Index findet man es trotzdem.

Grenzwertprozesse verteilen sich auf Kapitel III bis V, allerdings ohne Potenzreihen und Flächenberechnung. Allgemeine Potenzen, Logarithmen und die Exponentialfunktion werden „zu Fuß" mit Hilfe von rationalen Approximationen eingeführt. Entstanden in der Zeit des Bourbaki-Booms, erklärt das Buch sogar, wie man mit „Netzen" die verschiedenen Grenzwertbegriffe unter einem einheitlichem Gesichtspunkt zusammenfassen kann.

Der Calculus verteilt sich auf Kapitel VI (Differenzierbare Funktionen) und Kapitel X (Integration). Dazwischen passiert natürlich eine Menge. Kapitel VII bis IX enthalten zahlreiche Anwendungen, die weit über normale Kurvendiskussionen hinausgehen: Differentialgleichungen, Taylorentwicklung, Potenzreihen, die Einführung der Winkelfunktionen (zunächst axiomatisch und dann über ihre Potenzreihenentwicklung), das Newton-Verfahren und den Fundamentalsatz der Algebra. Das Integral wird nach Riemann eingeführt. Kurven im $\mathbb{R}^n$ findet man erst im 2. Band.

Vertauschung von Grenzprozessen: Uneigentliche Integrale besetzen ein eigenes Kapitel (XI), Numerische Integration wird in XII, Abschnitt 100, behandelt. Gleichmäßige Konvergenz und ihr Verhalten bei Differentiation und Integration sind das Thema von Kapitel XIII.

[GKoe] Günter Köhler: *Analysis*. Heldermann Verlag, 1. Auflage (2006).

Dieses erst 2005 erschienene Werk ist recht umfangreich, deckt aber auch den Inhalt von zwei bis drei Vorlesungen ab. Es ist sehr exakt und zugleich verständlich geschrieben, ich lese immer gerne darin.

Eine umfangreiche Einführung in die Sprache der Analysis findet man im Kapitel I (Zahlen). Als Vollständigkeitsaxiom wird das Dedekind'sche Schnittaxiom verwendet. Mehrdimensionalität ist auch ein Thema, es werden sogar metrische Räume definiert.

Der Grenzwertbegriff steht in Kapitel II (Konvergenz und Stetigkeit) im Mittelpunkt. Die elementaren Funktionen werden über ihre Potenzreihenentwicklung eingeführt, speziell die Winkelfunktionen mit Hilfe der komplexen Exponentialfunktion. Gleichmäßige Konvergenz wird auch schon in diesem Kapitel betrachtet.

Die Abschnitte 13 und 14 in Kapitel III (Differentialrechnung einer Variablen), sowie die Abschnitte 17 und 18 in Kapitel IV (Integralrechnung einer Variablen), umfassen schon fast alles zum Thema Calculus, inklusive Differentialgleichungen. Als Integral wird das Riemannsche Integral benutzt. Bogenlänge und Krümmung sind Inhalt der Abschnitte 21 und 22 in Kapitel IV.

Die Vertauschung von Grenzprozessen wird an den verschiedensten Stellen angesprochen: Gleichmäßige Konvergenz in Abschnitt 11.2, die Vertauschbarkeit von Limes und Ableitung bzw. Integral in 15.5 und 18.8, die Taylorentwicklung in Abschnitt 15, numerische Anwendungen in 16.5 (Newton-Verfahren) und den Aufgaben zu 19.6 (Trapezregel und Kepler'sche Fassregel), uneigentliche Integrale in Abschnitt 20 und Parameterintegrale in 19.3 bis 19.5, sowie 20.5 bis 20.8. Den Fourierreihen ist ein komplettes Integral am Ende des Buches gewidmet.

[KKoe] Konrad Königsberger: *Analysis 1*. Springer, 6. Auflage (2003).

Das Buch von Königsberger ist zugleich populär und anspruchsvoll. Es werden sehr viele, auch schwierigere Themen darin angesprochen, knapp und auf hohem Niveau.

Zur Sprache der Analysis findet man nicht so viel. Logik, Mengenlehre und wohl auch der $\mathbb{R}^n$ werden als bekannt vorausgesetzt, in den Kapiteln 1 bis 4 werden die vollständige Induktion, die Axiomatik der reellen Zahlen, komplexe Zahlen, Polynome und rationale Funktionen kurz angesprochen. Archimedes und Intervallschachtelungsaxiom liefern die Vollständigkeit von $\mathbb{R}$.

Kapitel 5 bis 8 enthalten alles zum Grenzwertbegriff (mit Ausnahme der Flächenberechnung), inklusive Cauchy-Kriterium. Die komplexe Exponentialfunktion wird zugleich als Grenzwert einer Folge und einer Reihe eingeführt, und die Winkelfunktionen werden daraus abgeleitet. Dabei wird sehr viel im Komplexen gearbeitet.

In Kapitel 9 bis 12 geht es um die Differential- und Integralrechnung, inklusive Differentialgleichungen und Kurventheorie. Als Integral wird das Cauchy-Integral von Regelfunktionen eingeführt. Da die gleichmäßige Konvergenz zu diesem Zeitpunkt noch nicht eingeführt wurde, benutzt Königsberger wie in [GkA1] die normale Konvergenz von Funktionenreihen.

Ab Kapitel 14 tauchen Ergebnisse über die Vertauschung von Grenzprozessen auf: Gleichmäßige Konvergenz und Vertauschungssätze in 15.1 und 15.2, die Taylorentwicklung in 14.1 bis 14.3, das Newton-Verfahren in 14.4. Numerische Integration wird schon in 11.10 angesprochen, uneigentliche Integrale in 11.9. Parameter-Integrale kommen nicht vor, die trifft man erst im Folgeband in der Lebesgue-Theorie an. Die Gammafunktion wird nach Artin im Komplexen eingeführt, das funktioniert ohne Parameter-Integrale. Fourierreihen werden ausführlich behandelt.

[WoWa] Wolfgang Walter: *Analysis 1*. Springer, 5. Auflage (1999).

1983 erschien das Buch „Zahlen" eines Autorenteams als Band 1 der Serie „Grundwissen Mathematik" im Springer-Verlag, 1984 das Buch „Funktionentheorie I" von Reinhold Remmert als Band 5, beide längst absolute Standardwerke. Band 3 war die „Analysis" von Wolfgang Walter, die ab der 3. Auflage den Titel „Analysis 1" trägt. Dieses Buch wird seiner Rolle als Grundwissen-Band durchaus gerecht, scheint aber nicht mehr neu aufgelegt zu werden. Das Buch ist sauber geschrieben, behandelt die Analysis sehr vollständig und verständlich und ergänzt den Stoff durch historische Bemerkungen. Warum man es nicht in der Hand jedes Studierenden antrifft, erschließt sich einem nicht so recht.

Die Sprache der Analysis wird sehr ausführlich in Kapitel A (Grundlagen) vorgestellt, die Vollständigkeit mit der Supremums-Aussage. Lediglich die komplexen Zahlen werden am Ende von Kapitel B nachgereicht. Mehrdimensionale Themen fehlen, aber das entsprach wohl der ursprünglichen Intention der Reihe „Grundwissen", deren Band 2 die Lineare Algebra von Koecher beinhaltet. Die einzelnen Bände sollten sich wohl inhaltlich nicht zu sehr überschneiden. Das Mehrdimensionale in der Analysis wird in der „Analysis 2" von Wolfgang Walter behandelt, viele Autoren halten sich an diese strenge Trennung von einer und mehreren Veränderlichen.

Grenzwertbegriffe sind Inhalt von Kapitel B (Grenzwert und Stetigkeit). Auch hier werden Potenzen, Logarithmen und die Exponentialfunktion über rationale Folgen eingeführt. Im Abschnitt über Potenzreihen wird bereits der Begriff der gleichmäßigen Konvergenz verwendet. Die Exponentialreihe liefert die schon zuvor eingeführte Exponentialfunktion, und die Winkelfunktionen werden durch reelle Potenzreihen definiert. Die Euler'sche Gleichung $e^{it} = \cos t + i \sin t$ ist dann ein Satz.

Der Calculus erstreckt sich über die ersten drei Paragraphen von Kapitel C (Differential- und Integralrechnung). Dabei wird zuerst in §9 das Riemannsche Integral als Flächenfunktion eingeführt (das entspricht Abschnitt 2.5 in [GkA1]), dann kommt in §10 die Differentialrechnung inklusive Hauptsatz, Taylorentwicklung und

Taylorreihe, und schließlich am Anfang von § 11 die Integrationsregeln. Danach wird das Inhaltsproblem besprochen, und bei der Berechnung etwa von Rotationskörpern kommt doch noch etwas Mehrdimensionales ins Spiel. Konvexe Funktionen und Kurvendiskussionen tauchen ebenfalls in § 11 auf, sowie Differentialgleichungen in § 12.

Vertauschungen von Grenzprozessen verteilen sich über das ganze Buch: Gleichmäßige Konvergenz (§ 7), Taylorreihen (§ 10), uneigentliche Integrale (§ 12), Vertauschungssätze (§ 10 und § 12), Newton-Verfahren (§ 11), numerische Integration (§ 11). Parameter-Integrale fehlen, da partielle Ableitungen nicht behandelt werden. Eine Ausnahme stellt die Gamma-Funktion dar, deren Differenzierbarkeit dann etwas mühsamer nachzuweisen ist (§ 12).

Weitere hervorragende Literaturbeispiele:

Auch diese Liste ist natürlich keineswegs vollständig.

[GrwMa] Tilo Arens, Rolf Busam, Frank Hettlich, Christian Karpfinger, Hellmuth Stachel: *Grundwissen Mathematikstudium*. Springer Spektrum (2013).

> Dieses Werk, das man mit seinen weit über 1000 Seiten im wörtlichen Sinne zur „schweren" Literatur zählen kann, ist kurz vor der Fertigstellung des Trainings Analysis 1 erschienen. Ein erster Blick hinein machte auf mich einen sehr positiven Eindruck. Insbesondere erfreuen die vollständigen Beweise. Das Grundwissen Mathematikstudium deckt viele Gebiete ab, neben der Analysis von einer und mehreren Veränderlichen und der linearen Algebra zum Beispiel auch Einführungen in die Vektoranalysis, die Optimierung und die elementare Zahlentheorie.

[Apost] Tom M. Apostol: *Calculus, volume 1*, John Wiley & Sons, Inc, $2^{nd}ed.$ (1967).

> Eins der wenigen englischsprachigen Calculus-Bücher, das ernsthafte Analysis beinhaltet und gleichermaßen Mathematiker und Ingenieure anspricht.

[ThBro] Theodor Bröcker: *Analysis I*, Spektrum, 2. Auflage (1995).

> Dieses moderne Buch begeisterte nach seinem Erscheinen besonders die Dozenten durch Kürze und Leichtigkeit. Die praktische Verwendung im Lehrbetrieb machte bald klar, dass man manchen Studierenden die Dinge doch noch etwas ausführlicher erklären muss. Trotzdem ein wirklich tolles Buch, wenn man's knapp und elegant mag.

[Cour] Richard Courant: *Vorlesungen über Differential- und Integralrechnung 1*, Springer, 4. Auflage (1971).

> Dies ist der Klassiker, der über Jahrzehnte zum Vorbild nachfolgender Autoren wurde.

[EnLu1] Kurt Endl, Wolfgang Luh: *Analysis I, Eine integrierte Darstellung*, AULA-Verlag Wiesbaden, 8. Auflage (1986).

> Ein heute nicht mehr so bekanntes Werk mit einem etwas unkonventionellen Aufbau, das auf sehr interessante Weise die Verbindung zwischen den Klassikern und der modernen Literatur herstellt.

[EnLu2] Kurt Endl, Wolfgang Luh: *Analysis II, Eine integrierte Darstellung*, AULA-Verlag Wiesbaden, 7. Auflage (1989).

Für eine komplette Analysis von einer Veränderlichen braucht man auch noch Teile dieses 2. Bandes.

[GraLi] Hans Grauert, Ingo Lieb: *Differential- und Integralrechnung I*, Springer, 4. Auflage (1976).

Zu Anfang meines Mathematikstudiums Ende der Sechziger Jahre hatte ich das Glück, diese Einführung in die Analysis bei Hans Grauert zu hören. Neben den in die Jahre gekommenen Klassikern gab es damals im Wesentlichen das 1962 beim bibliographischen Institut erschienene Taschenbuch über Differential- und Integralrechnung von Friedhelm Erwe. Grauert wollte alles anders machen und erfand die Analysis neu. Seine Vorlesung war anspruchsvoll und unkonventionell, im Rückblick aber auch ein didaktisches Meisterstück. Weil sich Grauerts Werk aber zu sehr von allem unterschied, was die Kollegen lehrten, setzte es sich auf dem Markt nie so durch, wie man es sich gewünscht hätte.

[GraFi] Hans Grauert, Wolfgang Fischer: *Differential- und Integralrechnung II*, Springer, 3. Auflage (1978).

Der 2. Band enthält ein sehr gutes Kapitel über Wege im $\mathbb{R}^n$. Die nachfolgende Einführung in die Differentialrechnung von mehreren Veränderlichen inklusive einer ausführlichen Theorie der Differentialgleichungen habe ich seinerzeit als Student als schwierig empfunden. Dagegen war der hier nicht aufgezählte dritte Teil mit einer sehr unkonventionellen Einführung des Lebesgue-Integrals und der Theorie der Differentialformen für mich der Auslöser, eine Mathematik-Karriere zu beginnen.

[Hold] Horst S. Holdgrün: *Analysis, Band 1*, Leins Verlag Göttingen, 1. Auflage (1998).

Eine standardmäßige, aber sehr sorgfältig ausgearbeitete Einführung in die Analysis von einer Veränderlichen. Man braucht das Buch vor allem als Vorbereitung auf den 2. Band über Analysis von mehreren Veränderlichen, der einige interessante Aspekte bietet, die man sonst nirgends findet. Der geplante 3. Band über Mannigfaltigkeiten ist leider nie erschienen.

[deJon] Theo de Jong: *Analysis in einer Veränderlichen*, Pearson (2012).

Ein sehr interessantes Buch, das anders als andere an die Dinge herangeht. Die reellen Zahlen werden als unendliche Binärentwicklungen eingeführt, ihre Eigenschaften dann bewiesen. Winkel werden als Drehungen in der reellen Ebene definiert, so dass die Winkelfunktionen geometrisch verstanden werden können. Dieser konstruktive Ansatz ist faszinierend, aber für Studienanfänger vielleicht doch nicht ganz einfach. Ein Blick in dieses Buch lohnt aber allemal.

[Kab1] Winfried Kaballo: *Einführung in die Analysis I*, Spektrum (1996).

Das Buch von Kaballo könnte auch sehr gut als Begleitliteratur verwendet werden. Allerdings werden die Reihenentwicklungen der elementaren Funktionen erst sehr spät mit Hilfe der Taylorentwicklung hergeleitet, eingeführt werden diese Funktionen auf geometrischem Wege.

[SLan]   Serge Lang: *Undergraduate Analysis*, Springer, $2^{nd}ed.$ (1997).

   Es gibt von Serge Lang zahlreiche Versionen der Analysis. Dies ist eine der Einfachen. Die elementaren Funktionen werden erst mal axiomatisch benutzt, ihre Existenz wird sehr viel später mit Hilfe der Potenzreihen nachgetragen. Das Buch ist aus didaktischer Sicht hervorragend geschrieben, es liest sich flüssig wie ein Roman.

[Rud]   Walter Rudin: *Analysis*, Oldenbourg, 2. Auflage (2002).

   Rudins hervorragendes Buch (inzwischen sogar in der 3. Auflage erschienen) behandelt die Analysis von einer und mehreren Veränderlichen in erstaunlich knapper, klarer und prägnanter Weise. Durch die frühe Einführung metrischer Räume wird jegliche Redundanz vermieden, aber die Darstellung ist abschnittsweise recht abstrakt. Manchem mag das sehr entgegenkommen, anderen fehlt der Bezug zu konkreten Anwendungen und bekanntem Schulwissen. Es handelt sich sicher um eine der elegantesten Darstellungen der Analysis (neben dem Buch von Serge Lang), die auf schnellem Wege zur höheren Mathematik führt.

[RoWa]   Rolf Walter: *Einführung in die Analysis 1.* de Gruyter, 1. Auflage (2007)

   Das 2007 erschienene Buch ist in einem ganz eigenen, aber gut verständlichen Stil geschrieben. Wie im Buch von Holdgrün werden die elementaren Funktionen durch ihre Eigenschaften eingeführt, und auch bei der Definition des Integrals geht Walter so vor. Davon abgesehen passt das Buch aber gut als Begleitliteratur zum Training zur Analysis 1.

Ergänzende Literatur:

[BroLA] Theodor Bröcker: *Lineare Algebra und Geometrie.* Birkhäuser (2003)

   Alles zur Vektorgeometrie, anschaulich und abstrakt, bis hin zur multilinearen Algebra.

[Zahl]   H.-D. Ebbinghaus u.a.: *Zahlen.* Springer, 2. Auflage (1988)

   Alles über Zahlensysteme.

[MfE]   Klaus Fritzsche: *Mathematik für Einsteiger, Vor- und Brückenkurs zum Studienbeginn.* Spektrum, 4. Auflage (2007)

   Eine Einführung in die Mathematik, angesiedelt zwischen Schule und Hochschule.

[Jaen]   Klaus Jänich: *Lineare Algebra.* Springer Hochschultext, 3. Auflage (1984)

   Sehr einfache Einführung in die Lineare Algebra, inzwischen in der x-ten Auflage.

[RaWes] Lennart Råde, Bertil Westergren: *Springers Mathematische Formeln.* Springer (1995).

   Irgend eine Formelsammlung braucht ja jeder.

[voss]   Herbert Voß: *Einführung in LATEX.* Lehmanns media, (2012)

   Für alle, die sich für den druckfertigen Satz mathematischer Texte interessieren.

[wuss]   Hans Wußing: *6000 Jahre Mathematik 1+2.* Springer (2008)

   Ein sehr lesenswertes Werk zur Geschichte der Mathematik

Stichwortverzeichnis

Printing: Ten Brink, Meppel, The Netherlands
Binding: Stürtz, Würzburg, Germany